《奇异摄动丛书》编委会

主　编：张伟江

编　委：(按姓氏汉语拼音排序)

陈贤峰　戴世强　杜增吉　侯　磊　林武忠

刘树德　莫嘉琪　倪明康　仇　璘　汪志鸣

王　健　王翼飞　吴雄华　谢　峰　周明儒

U0283518

奇异摄动丛书　1

奇异摄动导论

张伟江　主编

周明儒　林武忠　倪明康　著
刘树德　谢　峰　仇　璘

科学出版社

北　京

内 容 简 介

本书系统、简要地介绍奇异摄动理论的起源、基本概念、经典方法、主要理论、当代发展和实际应用. 本书内容包括引论、经典摄动方法简介、吉洪诺夫定理和边界层函数法、微分不等式理论和方法、奇异奇摄动问题、快–慢系统的慢流形和鸭解问题、转向点问题、偏微分方程奇异摄动问题和奇异摄动的应用等. 本书为读者提供奇异摄动理论的一个全景概貌和基本线索,使读者可以从宏观的视野,较快、较全面地了解奇异摄动问题研究的基本思想、方法、方向和意义,既为进一步学习打下必要的基础,也为进一步研究指出了方向.

本书可供高等学校数学、物理等专业本科高年级学生、研究生和教师,以及从事自然科学和工程技术的研究人员及实际工作者阅读.

图书在版编目(CIP)数据

奇异摄动导论/周明儒等著. —北京:科学出版社,2014.3
(奇异摄动丛书/张伟江主编)
ISBN 978-7-03-039811-6

Ⅰ. ①奇… Ⅱ. ①周… Ⅲ. ①摄动-研究 Ⅳ. ①O177

中国版本图书馆 CIP 数据核字(2014) 第 030870 号

责任编辑:王丽平／责任校对:钟 洋
责任印制:赵 博／封面设计:耕者设计工作室

科 学 出 版 社 出版
北京东黄城根北街 16 号
邮政编码:100717
http://www.sciencep.com
北京厚诚则铭印刷科技有限公司印刷
科学出版社发行 各地新华书店经销

*

2014 年 3 月第 一 版 开本:720×1000 1/16
2024 年 4 月第五次印刷 印张:16 1/4
字数:310 000

定价:79.00 元
(如有印装质量问题,我社负责调换)

《奇异摄动丛书》序言

科学家之所以受到世人的尊敬, 除了因为世人都享受到了科学发明的恩惠之外, 还因为人们对科学家追求真理的执着精神深为感动. 而数学家又更为世人所折服, 能在如此深奥、复杂、抽象的数学天地里遨游着实难能可贵. 抽象的符号、公式、推理和运算已成了当今所有学科不可缺少的内核, 人们在享受各种科学成果时, 同样也在享受内在的数学原理与演绎的恩泽. 奇异摄动理论与应用是数学和工程融合的一个奇葩, 它居然涉足许多无法想象的奇观, 居然处理起人们原来常常忽略却又无法预测的奇特, 于是其名字也另有一词, 为 "奇异摄动"(singular perturbation).

20 世纪 40 年代, 科学先驱钱伟长等已对奇异摄动作了许多研究, 并成功地应用于力学等方面. 20 世纪 50 年代后, 中国出现了一大批专攻奇异摄动理论和应用的学者, 如著名的学者郭永怀, 在空间技术方面作出了巨大贡献, 苏煜城教授留苏回国后开创我国奇异摄动问题的数值计算研究, 美柯朗研究所的美籍华裔丁汝教授在 1980 年间奔波上海、西安、北京, 讲授奇异摄动理论及应用 …… 1979 年, 钱伟长教授发起并组织在上海召开了 "全国第一次奇异摄动讨论会".

可贵的是坚韧. 此后, 虽然起起伏伏, 但是开拓依旧. 2005 年 8 月在上海交通大学、华东师范大学、上海大学、东华大学组织下, 我们又召开了 "全国奇异摄动学术研讨会", 并且一发而不可止. 此后每年都召开全国性学术会议, 汇集国内各方学者研究讨论. 2010 年 6 月在中国数学会、上海教育委员会 E-研究院和上海交通大学支持下, 在上海召开了世界上第一次 "奇异摄动理论及其应用国际学术大会". 国际该方面权威人士 Robert O'Malley(华盛顿大学)、John J H Miller(爱尔兰 Trinity 学院) 等都临会, 并作学术报告.

更可喜的是经学者们努力, 在 2007 年 10 月中国数学会批准成立中国数学会奇异摄动专业委员会, 学术研究与合作的旗帜终于在华夏大地飘起.

难得的是慧眼识英雄. 科学出版社王丽平同志敏锐地觉察到了其中的成就和作用, 将出版奇异摄动丛书一事提到了议事日程, 并立刻得到学者们的赞同. 于是, 就有了一本又一本将呈现于读者的面前的著作.

除了简要介绍一下来历之外, 我更想表达对近七十年来中国学者们在奇异摄动理论和应用方面所作出巨大贡献的敬意. 中国科技创新与攀登少不了基础理论的支持, 更少不了坚持不懈精神的支撑.

但愿成功!

张伟江博士

中国数学会奇异摄动专业委员会理事长

2011 年 11 月

前　　言

本书作为《奇异摄动丛书》的第一分册, 既是一本学习奇异摄动理论的入门读物, 也是进一步研究奇异摄动理论的引导读物. 本书系统、简要地介绍奇异摄动理论的起源、基本概念、经典方法、主要理论、当代发展和实际应用, 为读者提供奇异摄动理论的一个全景概貌和基本线索, 使读者从宏观的视野, 较快、较全面地了解奇异摄动问题研究的基本思想、方法、方向和意义, 既为读者进一步学习打下必要的基础, 也为读者进一步研究指出方向. 读者可以根据需要或兴趣进一步阅读其他几个专题分册.

本书共分 9 章, 包括引论、经典摄动方法简介、吉洪诺夫定理和边界层函数法、微分不等式理论和方法、奇异奇摄动问题、快–慢系统的慢流形和鸭解问题、转向点问题、偏微分方程奇异摄动问题、奇异摄动的应用. 各章参考文献分别列出, 在本章引用时, 只标明文献序号; 引用其他章的文献时, 增加章号, 如 [1.7] 表示第 1 章的文献 7.

本书由我国研究奇异摄动理论的老中青学者通力合作而成, 张伟江 (上海交通大学) 主编. 周明儒 (江苏师范大学) 负责第 1 章和第 2 章前 6 节; 林武忠、倪明康 (华东师范大学) 负责第 3 章和第 5 章; 刘树德 (安徽师范大学) 负责第 4, 7, 8 章和 2.7 节; 谢峰 (东华大学) 负责第 6 章; 仇璘 (上海交通大学) 负责第 9 章. 最后由周明儒统稿. 莫嘉琪、陈贤峰为本书的编写做了大量工作, 作出宝贵贡献.

衷心感谢中国数学会奇异摄动专业委员会对本书编写和出版的指导、帮助. 衷心感谢科学出版社和王丽平编辑对本书编写、出版的大力支持.

作　者

2012 年 7 月 6 日

目　　录

第 1 章　引　　论

本章介绍摄动理论的起源和奇异摄动理论的一些最基本的概念.

1.1　摄动理论溯源

1.1.1　常微分方程发展历程的简要回顾

常微分方程伴随着微积分的创立和解决力学、物理学、天文学等提出的实际问题的需求而诞生, 其发展历程大体上可分为两个时期[1−4].

1. 古典时期 (17 世纪 70 年代 —19 世纪 70 年代)

古典时期特征是致力于利用初等函数及其积分寻求微分方程的通解 (精确解). 在这期间, 数学家们还运用幂级数和广义幂级数求出了一些二阶线性方程的级数解, 得到了一些十分重要的特殊函数.

1841 年, Liouville 证明了 Riccati 方程

$$\frac{\mathrm{d}y}{\mathrm{d}x} + y^2 = 1 + \frac{\alpha(\alpha + 1)}{x^2}$$

仅当 α 是整数时才有一个初等解; 19 世纪 70 年代, Sophus Lie 利用单参数连续变换群和他引入的无穷小变换, 进一步证明了只有极少数方程的解能用初等函数积分式表达, 从而宣告了微分方程古典研究时期的终结.

2. 近现代时期 (19 世纪 80 年代至今)

近现代时期对微分方程的研究在两种途径上迅速发展.

(1) 理论方面 —— 定性理论迅速发展, 即不具体求解, 而给出所研究问题的解的性质如存在性、唯一性、稳定性等的判据.

微分方程定性理论的先驱是法国数学家柯西 (Cauchy, 1789—1857), 他指出: 在求显式解无效的场合常常可以证明解的存在性. 19 世纪 20 年代他成功地对方程 $y' = f(x, y)$ 的初值问题建立了解的存在唯一性定理. 1876 年, Lipschitz 减弱了柯西定理的条件, 此后 Peano 在更一般的条件下证明了柯西问题解的存在性.

常微分方程定性理论标志性的工作有:

1881~1886 年, 法国数学家庞加莱 (Poincaré, 1854—1912) 发表了题为《微分方程所确定的曲线》的系列论文, 开创了微分方程定性理论的研究;

俄国数学家李雅普诺夫 (Ляпунов, 1857—1918) 在 1882~1892 年完成了博士论文《运动稳定性的一般问题》和一些附加文献, 开创了微分方程稳定性理论的研究;

美国数学家伯克霍夫 (Birkhoff, 1884—1944) 于 1912~1927 年完成《动力系统》一书, 定性理论研究进入新阶段.

20 世纪 60 年代以来, 分支 (bifurcation) 理论研究迅速发展, 混沌 (chaos) 动力学异军突起, 拓扑动力系统、微分动力系统、复动力系统、Hamilton 动力系统、随机动力系统等取得了重大成果.

(2) 求解方面 —— 近似解法与数值解法迅速发展.

从实际问题归结出来的数学模型, 常常是非线性、高阶、变系数的微分方程, 并且附以非线性的边界条件或初始条件, 有些问题的边界形状相当复杂, 或者是不定的 (自由边界), 这些问题多数求不出精确解; 有的虽然能够求到精确解, 但对于数学上或物理上的解释, 或对数值上的估算却可能是无用的, 因为方程本身只是实际问题的近似描摹, 求其精确解未必比求其近似解更有意义; 而有时求得的精确解则因其表达式太繁杂而不便应用 (如本书例 2.2.2 中初值问题 (2.2.21)—(2.2.19) 的解式 (2.2.22)). 因此, 人们转而寻求问题的近似解或数值解, 或者二者结合的形式.

微分方程的数值解法已发展成为计算数学的一个重要分支; 而近似解法, 其中最有效的一种就是**摄动方法**, 又称**渐近方法**, 它是一种半解析半数值的方法.

1.1.2　摄动方法及理论的起源与发展

摄动方法及理论产生于数学家和天文学家对天体运动三体问题的研究. 牛顿 (Newton, 1642—1727) 在其名著《自然哲学的数学原理》中, 研究月球绕地球的运动得到椭圆轨道后, 考虑了月球轨道的变值, 算出太阳对它的影响[2]. 高斯 (Gauss, 1777—1855) 在其 "科学日记"(*Notizen Journal*) 中记录了他在 1796 年 3 月 30 日到 1814 年 7 月 9 日期间的 146 条新发现或定理的证明, 其中就有他关于摄动理论的基础性贡献. 1801 年高斯在计算谷神星 (Ceres) 轨道时, 用了自己在超几何级数及算术–几何平均方面的研究成果; 在计算小行星 Pallas 的轨道时, 从理论上研究了扰动对一般星球轨道的影响, 特别是提出了一种分析摄动问题的具体模型, 据此计算星体间的相互影响, 探讨了星球间永年扰动 (secular pertubation) 的问题[5]. 19 世纪末期, 天文学家 Lindstedt(1882)、Bohlin(1889)、Gylden(1893) 等, 利用小参数的幂级数来研究行星的运行问题, 这些幂级数虽然是发散的, 但却正确地描述了客观现象. 1892 年, Poincaré 指出了这种级数是渐近级数, 从而为这种 "小参数法" 奠定了理论基础.

此后, 在流体力学、空气动力学、电动力学、量子力学、非线性振动等领域, 人们又创立了一系列摄动方法 (详见第 2 章). 20 世纪 70 年代以来, 微分不等式理论、边界层理论、几何奇摄动理论等迅速发展, 成为研究和解决摄动问题的新的强大武器. 关于偏微分方程、泛函微分方程等领域的奇异摄动问题的研究也有了广泛深入的开展.

应当指出的是, 虽然 20 世纪以来, 电子计算机和数值计算方法取得了巨大的发展, 但这并没有削弱摄动方法的重要性. 数值计算与渐近方法不是相互排斥而是相互补充的. 因为, 数值解法虽有许多优点, 但它给出的是离散的数值, 不便进行分析比较, 不容易看出该现象的内在规律; 而且, 由于难免的计算误差, 完全以数值解作为论据进行理论分析也未必可靠.

摄动方法的优点是能够得到简单而比较理想的近似解, 且可用来对所考虑的问题作定性的和近似定量的讨论, 容易看出实际问题中出现的参数对解的影响, 有助于弄清解的解析结构.

渐近方法与数值方法二者是互相补充、密切相关的. 例如, 在许多情况下渐近近似的表达式就可用来作为数值计算的零次近似. 此外, 数值方法理论中最重要的方面之一是研究该方法所得到方程的渐近性质. 例如, 利用差分方法求微分方程数值解, 采用某一差分格式时, 必须肯定由此得到的差分方程组的解当步长充分小时的确接近于原来微分方程的解; 又如, 对不适定问题进行正则化时, 也得到一个含有正则化小参数的辅助方程, 因此需要建立该辅助方程的解与原问题的解的近似性.

1.2　正则摄动与奇异摄动

通常称含小参数 ε(或大参数) 的定解问题

$$P_\varepsilon : \begin{cases} L_\varepsilon[u_\varepsilon] = f(x,\varepsilon), & x \in \Omega, \\ B_{\varepsilon,j}[u_\varepsilon] = \varphi_j(x,\varepsilon), & j = 0,1,\cdots,k, x \in \partial\Omega \end{cases}$$

为**摄动问题** (**扰动问题**), 其中 $0 < \varepsilon \ll 1$, $L_\varepsilon \equiv L_0 + \varepsilon L_{1\varepsilon}$ 是含小参数 ε 的微分算子, $B_{\varepsilon,j}$ 是定义在 $\partial\Omega$(或 $\partial\Omega$ 的一部分) 上的微分算子.

令 $\varepsilon = 0$, 得**退化问题**

$$P_0 : \begin{cases} L_0[u_0] = f(x,0), & x \in \Omega, \\ B_{0,j}[u_0] = \varphi_j(x,0), & j = 0,1,\cdots,l,\ l \leqslant k, x \in \partial\Omega. \end{cases}$$

人们自然会问: 摄动问题 P_ε 的解 (**摄动解**)$u_\varepsilon(x)$ 与退化问题 P_0 的解 (**退化解**)$u_0(x)$ 之间有没有关系?

首先, 当 $\varepsilon \to 0$ 时, $u_\varepsilon(x)$ 是否趋向于 $u_0(x)$?

其次, 在某种意义的模 $\|\cdot\|$ 下, 是否有 $\|u_\varepsilon(x) - u_0(x)\| \leqslant O(\varepsilon^n)$? 其中 n 是某个正数; 或者是否存在某个修正函数 $v(x)$, 使得 $\|u_\varepsilon(x) - u_0(x) - v(x)\| \leqslant O(\varepsilon^n)$?

再次, 如果估计式 $\|u_\varepsilon(x) - u_0(x) - v(x)\| \leqslant O(\varepsilon^n)$ 成立, 那么此式是当 $x \in \Omega$ 时一致成立, 还是仅在 Ω 的某个子区域内成立?

如果当 $\varepsilon \to 0$ 时, 对于 $x \in \Omega$ 有 $u_\varepsilon(x) \to u_0(x)$, 则称该问题是**正则摄动**, 否则称为**奇异摄动**, 通常也可简称为**奇摄动**.

估计式 $\|u_\varepsilon(x) - u_0(x)\| \leqslant O(\varepsilon^n)$ 常常是不成立的. 所谓**摄动方法**, 通常理解为是构造恰当的**修正函数**$v(x)$, 使得估计式 $\|u_\varepsilon(x) - u_0(x) - v(x)\| \leqslant O(\varepsilon^n)$ 在 $x \in \Omega$ 内一致有效的方法.

注 1.2.1   在有的文献 [6] 中定义: 当摄动系统 P_ε 所需定解条件的个数 k 多于退化系统 P_0 所需定解条件的个数 l 时, 则称 P_ε 为**奇异摄动**的.

例 1.2.1   初值问题

$$P_\varepsilon : y' + y = \varepsilon y^2, \quad y(0) = 1$$

有解

$$y(x, \varepsilon) = \frac{e^{-x}}{1 - (1 - e^{-x})\varepsilon}.$$

退化问题 $P_0 : y' + y = 0$, $y(0) = 1$ 的解为 $y(x, 0) = e^{-x}$. 显然, 当 $\varepsilon \to 0$ 时, $y(x, \varepsilon) \to y(x, 0)$, 故问题 P_ε 是正则摄动.

例 1.2.2   边值问题

$$\varepsilon y' + y = 1, \quad y(0) = 1$$

的解是 $y = 1$; 相应的退化问题 $y = 1$, $y(0) = 1$ 的解也是 $y = 1$. 该问题为正则摄动.

例 1.2.3   边值问题

$$\varepsilon y' + xy = 1, \quad y(0) = 1$$

有解

$$y_\varepsilon(x) = \left(1 + \frac{1}{\varepsilon} \int_0^x e^{\frac{1}{2\varepsilon} x^2} dx\right) e^{-\frac{1}{2\varepsilon} x^2},$$

而退化方程 $xy = 1$ 的解 $y = x^{-1}$ 无法满足条件 $y(0) = 1$. 该摄动问题属于奇异摄动.

例 1.2.4   二阶椭圆型方程的 Dirichlet 问题

$$P_\varepsilon : \begin{cases} \varphi_{xx} + \varepsilon\varphi_{yy} - \varphi_y = 0, & 0 < x, y < 1, \\ \varphi(0, y) = f_1(y), & \varphi(1, y) = f_2(y), \\ \varphi(x, 0) = g_1(x), & \varphi(x, 1) = g_2(x), \end{cases}$$

当 $\varepsilon > 0$ 时存在唯一的解, 但当 $\varepsilon = 0$ 时, 方程成为抛物型方程 $\varphi_{xx} - \varphi_y = 0$, 它一般无法满足 4 个边界条件, 只能满足 3 个边界条件. 故该问题属于奇异摄动.

1.3　渐近序列与渐近级数

1.3.1　渐近序列

设有函数序列 $\{\varphi_n(x)\}, n = 1, 2, \cdots$, 如果满足条件

$$\lim_{x \to x_0} \varphi_n(x) = 0, \quad \lim_{x \to x_0} \frac{\varphi_{n+1}(x)}{\varphi_n(x)} = 0,$$

则称 $\{\varphi_n(x)\}$ 是 $x \to x_0$ 时的一个渐近序列. 例如, 整幂函数序列 $\{(x - x_0)^n\}$.

特别地, 如果当 $\varepsilon \to 0$ 时, 有 $\delta_n(\varepsilon) \to 0$, 且 $\delta_{n+1}(\varepsilon) = o(\delta_n(\varepsilon))$, 则 $\{\delta_n(\varepsilon)\}$ 是 $\varepsilon \to 0$ 时的渐近序列. 例如, 标准函数序列 $\{\varepsilon^n\}$.

1.3.2　渐近展开式

设 $\{\varphi_n(x)\}$ 是 $x \to x_0$ 时的渐近序列, 对于函数 $f(x)$, 如果可以找到一组常数 $\{a_n\}, n = 1, 2, \cdots$ 使得对于任意给定的正整数 N 均有

$$f(x) = f_0 + \sum_{n=1}^{N} a_n \varphi_n(x) + R_N(x) \tag{1.3.1}$$

成立, 其中余项

$$R_N(x) = O(\varphi_{N+1}(x)) = o(\varphi_N(x)), \quad x \to x_0, \tag{1.3.2}$$

则称

$$f_0 + \sum_{n=1}^{N} a_n \varphi_n(x) \tag{1.3.3}$$

是 $f(x)$ 当 $x \to x_0$ 时的 N **阶渐近近似式**, 或 $N + 1$ **次渐近近似式**. 而称

$$f_0 + \sum_{n=1}^{\infty} a_n \varphi_n(x) \tag{1.3.4}$$

为 $f(x)$ 当 $x \to x_0$ 时的**渐近展开式**, 记作

$$f(x) \sim f_0 + \sum_{n=1}^{\infty} a_n \varphi_n(x), \quad x \to x_0. \tag{1.3.5}$$

如果余项 $R_N(x) = O(\varphi_{N+1}(x))$ 对 $x \in \Omega$ 一致地成立, 则称式 (1.4.5) 为 $f(x)$ 在域 Ω 内的**一致有效的渐近展开式**.

应当注意的是, 渐近近似是对特定的 $x \to x_0$ 而言的, 不是对 $n \to \infty$ 而言的. 在渐近近似式 (1.4.3) 中, N 是一个取定的数.

类似地, 函数 $f(x,\varepsilon)$ 关于渐近序列 $\{\delta_n(\varepsilon)\}$ 的渐近展开式为

$$f(x,\varepsilon) \sim f_0 + \sum_{n=1}^{\infty} a_n(x)\delta_n(\varepsilon), \quad \varepsilon \to 0, \tag{1.3.6}$$

其中 $a_n(x)$ 与 ε 无关, 余项

$$R_N(x,\varepsilon) = O(\delta_{N+1}(\varepsilon)), \quad \varepsilon \to 0, \tag{1.3.7}$$

对一切 N 均成立. 这时渐近近似是对 $\varepsilon \to 0$ 而言的, 不是对 $n \to \infty$ 而言的.

1.3.3 渐近级数

以整幂函数序列 $\{(x-x_0)^n\}$ 为渐近序列的渐近展开式

$$f(x) \sim \sum_{n=0}^{\infty} a_n(x-x_0)^n, \quad x \to x_0, \tag{1.3.8}$$

称为**渐近级数**.

以标准函数序列 $\{\varepsilon^n\}$ 为渐近序列的渐近展开式

$$f(x,\varepsilon) \sim \sum_{n=0}^{\infty} a_n\varepsilon^n, \quad \varepsilon \to 0, \tag{1.3.9}$$

是按 ε 各次方幂展开的渐近幂级数. 当其余项 $R_N(x,\varepsilon) = O(\varepsilon^{N+1})$ 对 $x \in \Omega$ 一致地成立时, 称式 (1.3.9) 为 $f(x,\varepsilon)$ 在域 Ω 内**一致有效的渐近幂级数展开式**. 这种形式的渐近展开式是最常用到的.

在 1.2 节中提到的修正函数 $v(x)$, 通常就是取某个渐近级数的前几项.

1.3.4 渐近与收敛

"渐近" 与 "收敛" 是两个不同的概念.

函数 $f(x)$ 在点 x_0 的 Taylor 级数当 $x \to x_0$ 时是渐近级数, 但未必收敛; 当自变量 x 固定, 项数 $n \to \infty$ 时, 级数的部分和序列有极限该级数才 "收敛". 对于收敛的级数而言, 项数取得越多, 结果就越精确.

所谓 "渐近" 则是说: 当级数的项数 N 固定, 变量 $x \to x_0$(或 $\varepsilon \to 0$) 时, $R_N(x) = O(\varphi_{N+1}(x))$(或 $R_N(x,\varepsilon) = O(\varepsilon^{N+1})$). 亦即 x 越接近 x_0, 结果越精确. 对于取定的 x 值, 并非 $f(x)$ 的近似表达式项数取得越多结果就必定越精确.

例 1.3.1 积分

$$f(x) = \int_x^{\infty} t^{-1}\mathrm{e}^{x-t}\mathrm{d}t, \quad x > 0, t \in \mathbf{R} \tag{1.3.10}$$

当 $x \geqslant \delta > 0$ 时收敛. 我们考察 $x \gg 1$ 的情形.

连续分部积分 n 次, 可得

$$f(x) = \sum_{m=1}^{n} u_m(x) + R_n(x), \tag{1.3.11}$$

其中,

$$u_m(x) = (-1)^{m-1}(m-1)! x^{-m}, \tag{1.3.12}$$

$$R_n(x) = (-1)^n n! \int_x^\infty t^{-(n+1)} \mathrm{e}^{x-t} \mathrm{d}t. \tag{1.3.13}$$

易知, 对于固定的 x, 级数 $\sum\limits_{m=1}^{\infty} u_m(x)$ 发散. 而当 $x \to \infty$ 时, $\{u_m(x)\}$ 是渐近序列, 并且因为

$$|R_n(x)| \leqslant \left| \frac{n!}{x^{n+1}} \right| = |u_{n+1}(x)|, \tag{1.3.14}$$

所以有渐近展开式

$$f(x) \sim \sum_{m=1}^{\infty} u_m(x), \quad x \to \infty. \tag{1.3.15}$$

由式 (1.3.14) 可知, 对于给定的 x 值, $f(x)$ 的近似表达式并非项数取得越多越好. 例如, 若取定 $x = 4$, $f(4)$ 取渐近展式前四项, 误差 $|R_4(4)| \leqslant |u_5(4)| = \dfrac{4!}{4^5}$; 若取前五项, 则 $|R_5(4)| \leqslant |u_6(4)| = \dfrac{5!}{4^6}$ 显然大于 $|R_4(4)|$. 但若取定了 $f(x)$ 的四阶近似, 则随着 x 取值的变大, 相应的误差会变小.

1.4　无　量　纲　化

在将实际问题归结为数学模型时, 常常需要对系统的一些元素作近似处理, 因此必须先要判定各个元素的量阶, 即大小. 元素的大小是相对的, 一厘米在有关行星运动的问题里微不足道, 但在有关粒子的问题中则极其巨大. 一个系统中各个元素的量阶是通过将它们互相比较以及和系统的基本元素比较来确定的. 这一过程称为**无量纲化**, 或称为**使变量无量纲**. 将方程表示成无量纲形式便导出支配系统状态的重要的无量纲参数, 而摄动方法则依赖于这些无量纲的参数. 下面举例说明无量纲化的过程[4,7].

例 1.4.1　考虑质量为 m 的质点的运动. 此质点受偶强系数为 k 的线性弹簧和阻尼系数为 μ 的黏性阻尼的约束. 设质点的瞬时位移为 $u(t)$, 由牛顿第二定律有

$$m\frac{\mathrm{d}^2 u}{\mathrm{d}t^2} + \mu\frac{\mathrm{d}u}{\mathrm{d}t} + ku = 0, \tag{1.4.1}$$

又假定质点在 u_0 处从静止状态开始运动, 即初始条件为

$$u(0) = u_0, \quad \frac{\mathrm{d}u}{\mathrm{d}t}(0) = 0. \tag{1.4.2}$$

在此例中, 可以利用初始位移 u_0 作为特征距离来使位移 u 成为无量纲的; 而利用系统的固有频率 $\omega_0 = \sqrt{km^{-1}}$ 的倒数, 则可将时间 t 成为无量纲的 (注意当 $\mu = 0$ 或 μ 可忽略不计时, 方程 (1.4.1) 有解 $u = c_1 \cos\sqrt{km^{-1}}t + c_2 \sin\sqrt{km^{-1}}t$). 事实上, 只需令

$$\bar{u} = uu_0^{-1}, \quad \bar{t} = \omega_0 t, \tag{1.4.3}$$

则 $\bar{u}$ 和 $\bar{t}$ 成为无量纲量. 这时有

$$\frac{\mathrm{d}u}{\mathrm{d}t} = \frac{\mathrm{d}(u_0\bar{u})}{\mathrm{d}\bar{t}} \cdot \frac{\mathrm{d}\bar{t}}{\mathrm{d}t} = \omega_0 u_0 \frac{\mathrm{d}\bar{u}}{\mathrm{d}\bar{t}}, \quad \frac{\mathrm{d}^2 u}{\mathrm{d}t^2} = \omega_0^2 u_0 \frac{\mathrm{d}^2\bar{u}}{\mathrm{d}\bar{t}^2},$$

从而式 (1.4.1) 变成

$$m\omega_0^2 u_0 \frac{\mathrm{d}^2\bar{u}}{\mathrm{d}\bar{t}^2} + \mu\omega_0 u_0 \frac{\mathrm{d}\bar{u}}{\mathrm{d}\bar{t}} + ku_0\bar{u} = 0. \tag{1.4.4}$$

注意到 $k = m\omega_0^2$, 上式可写成

$$\frac{\mathrm{d}^2\bar{u}}{\mathrm{d}\bar{t}^2} + \bar{\mu}\frac{\mathrm{d}\bar{u}}{\mathrm{d}\bar{t}} + \bar{u} = 0, \tag{1.4.5}$$

其中

$$\bar{\mu} = \mu(m\omega_0)^{-1} \tag{1.4.6}$$

是一个无量纲的参数 (参看注 1.4.1). 相应的初始条件 (1.4.2) 变为

$$\bar{u}(0) = 1, \quad \frac{\mathrm{d}\bar{u}}{\mathrm{d}\bar{t}}(0) = 0. \tag{1.4.7}$$

当 $\bar{\mu}$ 很小时, 该系统称为小阻尼系统. 因此, 不能仅仅因为阻尼系数 μ 很小就说它是小阻尼系统, 而必须 $\bar{\mu} = \mu(m\omega_0)^{-1}$ 是小量, 亦即当阻尼力与惯性力或弹簧恢复力之比是小量时, 该系统才称为小阻尼系统.

注 1.4.1 在物理学中, 质量、长度和时间的量纲分别为 M, L 和 T, 速度 v 的量纲 $[v] = LT^{-1}$, 力 F 的量纲 $[F] = MLT^{-2}$, 由

$$\left[\mu\frac{\mathrm{d}u}{\mathrm{d}t}\right] = [\mu]\left[\frac{\mathrm{d}u}{\mathrm{d}t}\right] = [\mu]LT^{-1}, \quad \left[\mu\frac{\mathrm{d}u}{\mathrm{d}t}\right] = [F] = MLT^{-2},$$

知 $[\mu] = MT^{-1}$. 又由

$$[ku] = [k]L, \quad [ku] = [F] = MLT^{-2},$$

知 $[k] = MT^{-2}$. 从而 $[km^{-1}] = [k]M^{-1} = T^{-2}$, $[\omega_0] = \left[\sqrt{km^{-1}}\right] = T^{-1}$. 从而

$$[\bar{\mu}] = [\mu]\left[(m\omega_0)^{-1}\right] = MT^{-1}M^{-1}T = 1.$$

所以 $\bar{\mu}$ 是一个无量纲的参数.

例 1.4.2　单自由度保守系统的自由振动常常归结为非线性方程

$$\frac{\mathrm{d}^2 u}{\mathrm{d}t^2} + f(u) = 0, \tag{1.4.8}$$

式中 f 是 u 的非线性函数. 不妨设系统的平衡位置在坐标原点 $u = 0$.

特别地, 如果恢复力

$$f(u) = k_1 u + k_3 u^3,$$

其中, $k_1 > 0$, k_3 可正可负, 则方程 (1.4.8) 即通常所称的 Duffing 方程

$$\frac{\mathrm{d}^2 u}{\mathrm{d}t^2} + k_1 u + k_3 u^3 = 0. \tag{1.4.9}$$

为使方程 (1.4.9) 无量纲化, 我们选取运动的一个特征长度 u_0 和一个特征时间 t_0, 并令

$$\bar{u} = u u_0^{-1}, \quad \bar{t} = t t_0^{-1},$$

则式 (1.4.9) 写成

$$\frac{u_0}{t_0^2}\frac{\mathrm{d}^2 \bar{u}}{\mathrm{d}\bar{t}^2} + k_1 u_0 \bar{u} + k_3 u_0^3 \bar{u}^3 = 0,$$

$$\frac{\mathrm{d}^2 \bar{u}}{\mathrm{d}\bar{t}^2} + k_1 t_0^2 \bar{u} + k_3 t_0^2 u_0^2 \bar{u}^3 = 0. \tag{1.4.10}$$

为方便, 选取 t_0 使得 $k_1 t_0^2 = 1$, 并设

$$\varepsilon = k_3 t_0^2 u_0^2 = k_3 k_1^{-1} u_0^2,$$

则式 (1.4.10) 可改写成

$$\frac{\mathrm{d}^2 \bar{u}}{\mathrm{d}\bar{t}^2} + \bar{u} + \varepsilon \bar{u}^3 = 0, \tag{1.4.11}$$

其中无量纲参数 ε 表征系统非线性的强弱.

注 1.4.2　$\varepsilon = (k_3 u_0^3)(k_1 u_0)^{-1}$, $[\varepsilon] = [F][F]^{-1} = 1$.

在研究实际问题时, 将所得到的微分方程无量纲化是一个必要的过程, 需要针对具体问题作具体分析, 只有通过实践才能熟练掌握.

参 考 文 献

[1]　伊夫斯 H. 数学史概论. 欧阳绛, 译. 太原: 山西人民出版社, 1986.

[2]　Kline M. 古今数学思想 (第二册). 张理京. 上海: 上海科学技术出版社, 2002.

[3]　李文林. 数学史概论. 3 版. 北京: 高等教育出版社, 2011.

[4]　林宗池, 周明儒. 应用数学中的摄动方法. 南京: 江苏教育出版社, 1995.

[5]   Hall T. Gauss. New York: Cambridge,1970.

[6]   Васильева АБ, Бутузов ВФ. Асимптотические Методыв Теорнн Сингул
      ярных Возмущенийева. 1990(奇异摄动方程解的渐近展开. 倪明康, 林武忠译. 北
      京: 高等教育出版社, 2008).

[7]   Nayfeh A H. Introduction to Perturbation Techniques. New York: John Wiley & Sons,
      1981(摄动方法导引. 宋家骕译. 上海: 上海翻译出版公司, 1990).

[8]   Erdelyi A. Asymptotic Expansions. New York: Dover, 1956.

[9]   de Bruijin N G. Asymptotic Methods in Analysis. Ansterdam, New York: Interscience,
      1958.

[10] Bellman R. Perturbation Techniques in Mathematics, Physics, and Engineering. New
      York: Holt, 1964.

[11] Rellich F. Perturbation Theory of Eigenvalue Problems. New York: Gordon and Breach.
      1969.

第 2 章　经典摄动方法简介

20 世纪, 许多学者在研究解决物理学和工程技术问题中创立了一系列行之有效的摄动方法. 例如, 由 Poincaré 于 1892 年奠定理论基础的 "小参数法", 20 世纪 40 年代在流体力学的研究中发展成 Poincaré-Lighthill- 郭永怀方法 (简称 **PLK 方法**); 1905 年, Prandtl 在研究航空工程的过程中引入了 "附面层法", 亦称**匹配法**, 50 年代, 刘斯铁尔尼克 (Люстерник) 和维希克 (Вишик) 等进一步将它发展为**边界层校正法**; 20 世纪 20 年代在量子力学的研究中创立了**WKB 方法**; 50 年代在非线性振动理论研究中创立了 KBM 方法, 亦称**平均法**; 50 年代后期问世的**多重尺度法**, 在 60 年代迅速发展, 广泛应用于非线性振动、轨道力学、流体力学、固体力学、大气科学、等离子体物理、统计物理等领域. 本章将简要介绍上述和其他一些经典摄动方法的基本思想和基本方法[1,2].

2.1　变形坐标法

2.1.1　变形坐标法的基本思想

变形坐标法(the method of strained coordinates) 又称**伸缩坐标法**, 它是通过将坐标加以变形, 以求得一致有效渐近解的方法. 为了说明这种方法的起因和基本思想, 我们考察 Duffing 方程的初值问题

$$P_\varepsilon : \begin{cases} \ddot{u} + u + \varepsilon u^3 = 0, & (2.1.1) \\ u(0) = a, \dot{u}(0) = 0. & (2.1.2) \end{cases}$$

其中自变量 $t > 0$ 可以任意大 (即为无限域问题), 参数 $0 < \varepsilon \ll 1$.

以 $\dot{u}$ 遍乘式 (2.1.1), 对 t 积分并利用初始条件 (2.1.2), 即得能量积分

$$\dot{u}^2 + u^2 + \frac{1}{2}\varepsilon u^4 = \left(1 + \frac{1}{2}\varepsilon a^2\right) a^2. \tag{2.1.3}$$

因 $\varepsilon > 0$, 上式左端各项均不超过右端, 故 $\dot{u}$ 和 u 在任何时刻都是有限的.

如果直接设 P_ε 有解

$$u = \sum_{m=0}^{\infty} \varepsilon^m u_m(t), \tag{2.1.4}$$

代入式 (2.1.1) 和式 (2.1.2) 后, 令等式两边 ε 同次幂系数相等, 可得关于 $u_0, u_1, \cdots$ 的定解问题, 依次求解, 容易得到

$$u(t) = a\cos t + \varepsilon a^3 \left[-\frac{3}{8} t\sin t + \frac{1}{32}(\cos 3t - \cos t) \right] + \cdots. \tag{2.1.5}$$

上式右端第一项是退化问题 P_0 的解, 称为主项. 后面的项是由于出现了弱非线性约束 εu^3 而对原来解的修正. 但修正项中出现因子 t, 当 $t \to \infty$ 时 $u(t)$ 无界, 因此上述直接展开法求解失效.

事实上, 当 $t = O(\varepsilon^{-1})$ 或 $t > O(\varepsilon^{-1})$ 时, $\varepsilon t = O(1)$ 或 $\varepsilon t > O(1)$, 式 (2.1.5) 中的修正项变得与主项具有相同的量阶或更大, 因此解式 (2.1.5) 仅在 $t \ll O(\varepsilon^{-1})$ 的时段内有效, 而在无穷时段 $t > 0$ 内非一致有效.

像 $t\sin t$ 这样的项, 天体力学家习惯称之为永年项或长期项 (secular term). secular 一词源于法文 siécle, 意为 "一个世纪", 因为在天文学应用中, ε 是个很小的量, 只有在很长的时间 (大约 100 年的量级) 之后, εt 才足以起到作用. 出现长期项是非线性振动问题的特征, 要处理 t 很大的情形, 需要消除长期项.

变形坐标法就是为了消去长期项才出现的. 它是将因变量和自变量 (空间或时间坐标) 都对小参数作渐近展开, 亦即将坐标加以变形, 达到消去长期项, 求得在无限域内一致有效渐近解的目的. 该方法为 19 世纪天文学家 Lindstedt[3]、Poincaré[4] 等创立, 20 世纪中叶, 经 Lighthill[5]、郭永怀[6,7] 等发展成为 PLK 方法, 又经普利图洛 (Притуло)[8] 推广为重正化方法. 下面对这些方法作一简要的介绍, 更多的内容和例子可参看文献 [1] 和 [2].

2.1.2 Lindstedt-Poincaré 方法 (L-P 方法)

这种方法的要点是: 对于系统

$$Lu = \varepsilon f(t, u, \dot{u}, \cdots), \quad \varepsilon \ll 1, \tag{2.1.6}$$

其中 L 为微分算子 (可含某个参数), 作因变量和自变量的变换

$$\begin{cases} u = u_0(s) + \varepsilon u_1(s) + \varepsilon^2 u_2(s) + \cdots, \tag{2.1.7} \\ t = s + \varepsilon \omega_1 s + \varepsilon^2 \omega_2 s + \cdots. \tag{2.1.8} \end{cases}$$

其中 $\omega_1, \omega_2, \cdots$ 待定, 以消去长期项.

例 2.1.1 求 Duffing 方程初值问题 (2.1.1)—(2.1.2) 的渐近解.

将式 (2.1.7)—(2.1.8) 代入问题 (2.1.1)—(2.1.2), 由

$$\frac{\mathrm{d}u}{\mathrm{d}t} = \frac{\mathrm{d}u}{\mathrm{d}s}\frac{\mathrm{d}s}{\mathrm{d}t} = (1 + \varepsilon\omega_1 + \cdots)^{-1}\frac{\mathrm{d}u}{\mathrm{d}s},$$

知式 (2.1.1) 变为

$$(1 + \varepsilon\omega_1 + \cdots)^{-2}\frac{\mathrm{d}^2 u}{\mathrm{d}s^2} + u + \varepsilon u^3 = 0,$$

以 u' 表示 u 对 s 求导, 上式即

$$(u_0'' + \varepsilon u_1'' + \cdots) + (1 + \varepsilon\omega_1 + \cdots)^2\left[(u_0 + \varepsilon u_1 + \cdots) + \varepsilon(u_0 + \varepsilon u_1 + \cdots)^3\right] = 0,$$
$$\tag{2.1.9}$$

式 (2.1.2) 变成

$$u_0(0) + \varepsilon u_1(0) + \cdots = a, \tag{2.1.10}$$

$$(1 + \varepsilon\omega_1 + \cdots)^{-1}(u_0'(0) + \varepsilon u_1'(0) + \cdots) = 0. \tag{2.1.11}$$

比较上面三式两边 ε^0 和 ε^1 项的系数, 可得

$$u_0'' + u_0 = 0, \quad u_0(0) = a, \quad u_0'(0) = 0. \tag{2.1.12}$$

$$u_1'' + u_1 = -u_0^3 - 2\omega_1 u_0, \quad u_1(0) = 0, \quad u_1'(0) = 0. \tag{2.1.13}$$

初值问题 (2.1.12) 有解

$$u_0 = a\cos s. \tag{2.1.14}$$

将它代入方程 (2.1.13), 得

$$\begin{aligned}
u_1'' + u_1 &= -a^3\cos^3 s - 2\omega_1 a\cos s \\
&= -\frac{1}{4}a^3\cos 3s - \left(\frac{3}{4}a^2 + 2\omega_1\right)a\cos s,
\end{aligned} \tag{2.1.15}$$

该方程满足初始条件 (2.1.13) 的解为

$$u_1 = \frac{1}{32}a^3(\cos 3s - \cos s) - \frac{1}{8}(3a^2 + 8\omega_1)as\sin s. \tag{2.1.16}$$

上式中出现了长期项 $s\sin s$, 但与直接展开得到的式 (2.1.5) 不同的是, 在那里当且仅当 $a = 0$ 时才能消去长期项, 从而, 若初始条件 (2.1.2) 中的 $a \neq 0$ 就不可能消去长期项; 而当 $a = 0$ 时只能得到平凡解. 而在式 (2.1.16) 中, 只需令

$$3a^2 + 8\omega_1 = 0 \quad 或 \quad \omega_1 = -\frac{3}{8}a^2, \tag{2.1.17}$$

即可消去长期项, 从而得到

$$u_1 = \frac{1}{32}a^3(\cos 3s - \cos s), \tag{2.1.18}$$

以及初值问题 (2.1.1)—(2.1.2) 的一阶渐近解

$$u = a\cos s + \frac{1}{32}a^3(\cos 3s - \cos s)\varepsilon + O(\varepsilon^2), \tag{2.1.19}$$

其中

$$s = \left(1 - \frac{3}{8}a^2\varepsilon + \cdots\right)^{-1} t = \left(1 + \frac{3}{8}a^2\varepsilon\right)t + O(\varepsilon^2). \tag{2.1.20}$$

注 2.1.1 如果注意到 $u_1'' + u_1 = 0$ 的特征根为 $\pm i$, 对应于 $\cos s$ 应当有形如 $s\cos s$ 的特解, 因此长期项就是由方程 (2.1.15) 右端第二项产生的. 所以, 为了消去长期项, 只需令 $\cos s$ 的系数为零, 即令 $\frac{3}{4}a^2 + 2\omega_1 = 0$ 或 $\omega_1 = -\frac{3}{8}a^2$.

类似地, 对应于 $u_1'' + 9u_1 = 0$, 为消去长期项只需令 $\cos 3s$ 的系数为零.

注 2.1.2 如果要求问题的二阶渐近解, 则需要比较等式 (2.1.9)—(2.1.11) 两边 ε^2 项的系数, 得到关于 u_2 的初值问题, 将式 (2.1.14)、式 (2.1.17) 和式 (2.1.18) 代入, 求 u_2, 通过消去长期项来确定 ω_2.

注 2.1.3 用 L-P 方法寻求渐近解, 有时是对因变量和某个参数作变换. 参看文献 [2] 例 3.2 Mathieu 方程的周期解和例 3.3 拟线性 Klein-Gordon 方程.

L-P 方法在天体力学和非线性振动中得到广泛的应用, 但不足之处是 t 为 s 的线性函数, 从而限制了其适用范围. 1949 年 Lighthill[5] 在研究确定超音速流中弓形激波位置的问题中, 将 L-P 方法做了重要而合理的推广, 给出 Lighthill 技巧.

2.1.3 Lighthill 技巧

Lighthill 技巧的实质是: 不仅将因变量按小参数 ε 的幂展开, 而且还将一个自变量按 ε 的幂展开. 亦即除了作变换 (2.1.7) 外, 改令

$$t = s + \varepsilon t_1(s) + \varepsilon^2 t_2(s) + \cdots, \tag{2.1.21}$$

其中 $t_m(m = 1, 2, \cdots)$ 称为变形函数, 它们可以是 s 是非线性函数, 通过适当选取 t_m 使得近似解一致有效. 当自变量多于一个时, 可将其中的一个按 ε 的幂展开, 其余的不变.

显然, 如取 $t_m(s) = s\omega_m$, 则式 (2.1.21) 就是式 (2.1.8), 因此凡 L-P 方法可行, 则 Lighthill 方法必可行, 且所得结果相同. 但因变形函数 $t_m(s)$ 可选择的自由度要大得多, 因此 Lighthill 方法可用来解决某些 L-P 方法不能解决的问题.

在具体确定变形函数时, Lighthill 给出了一个原则: "高阶近似不能比零阶近似有更强的奇性".

例 2.1.2 Lighthill[5] 和钱学森[9] 研究过下述边值问题:

$$(x + \varepsilon y)\frac{\mathrm{d}y}{\mathrm{d}x} + (2 + x)y = 0, \quad y(1) = Ae^{-1}. \tag{2.1.22}$$

其中 A 为常数.

如果用 L-P 方法, 即令

$$y = y_0(s) + \varepsilon y_1(s) + \cdots, \tag{2.1.23}$$

$$x = s(1 + \varepsilon\omega_1 + \cdots).\tag{2.1.24}$$

则可看到当 $s \to 0$ 时, $y_0 = O(s^{-2})$, $y_1 = O(s^{-5})$, 即 y_1 的奇性强于 y_0, 从而展开式非一致有效. L-P 方法在此不可行.

　　改用 Lighthill 方法. 作变换 (2.1.23) 和

$$x = s + \varepsilon x_1(s) + \varepsilon^2 x_2(s) + \cdots.\tag{2.1.25}$$

代入方程 (2.1.22), 以 y' 表示 y 对 s 求导, 可得

$$sy_0' + (2 + s)y_0 = 0,\tag{2.1.26}$$

$$sy_1' + (2 + s)y_1 = -(x_1 + y_0)y_0' - [(2 + s)x_1' + x_1]\,y_0.\tag{2.1.27}$$

为了应用方程 (2.1.22) 中的边界条件 $y(1) = Ae^{-1}$, 先要确定当 $x = 1$ 时 s 的值. 记 $s|_{x=1} = \tilde{s}$, 则由式 (2.1.25), 知

$$\tilde{s} = 1 - \varepsilon x_1(\tilde{s}) - \varepsilon^2 x_2(\tilde{s}) - \cdots\tag{2.1.28}$$

和

$$\tilde{s}|_{\varepsilon=0} = s|_{x=1,\varepsilon=0} = 1.\tag{2.1.29}$$

故可设

$$\tilde{s} = 1 + \varepsilon\tilde{s}_1 + \varepsilon^2\tilde{s}_2 + \cdots.\tag{2.1.30}$$

将式 (2.1.30) 代入式 (2.1.28), 得

$$1 + \varepsilon\tilde{s}_1 + \varepsilon^2\tilde{s}_2 + \cdots = 1 - \varepsilon x_1(1 + \varepsilon\tilde{s}_1 + \cdots) - \varepsilon^2 x_2(1 + \varepsilon\tilde{s}_1 + \cdots) - \cdots$$
$$= 1 - \varepsilon\left[x_1(1) + \varepsilon\tilde{s}_1 x_1'(1) + \cdots\right] - \varepsilon^2\left[x_2(1) + \varepsilon\tilde{s}_1 x_2'(1) + \cdots\right] - \cdots,$$

比较等式两边, 知

$$\tilde{s}_1 = -x_1(1),$$
$$\tilde{s}_2 = -\tilde{s}_1 x_1'(1) - x_2(1) = x_1(1)x_1'(1) - x_2(1),$$
$$\cdots\cdots$$

故得

$$\tilde{s} = 1 - \varepsilon x_1(1) - \varepsilon^2\left[x_2(1) - x_1(1)x_1'(1)\right] + \cdots.\tag{2.1.31}$$

从而可将边界条件写作

$$Ae^{-1} = y(\tilde{s}) = y_0(\tilde{s}) + \varepsilon y_1(\tilde{s}) + \cdots$$
$$= y_0(1) + \varepsilon\left[y_1(1) - x_1(1)y_0'(1)\right] + \cdots$$

或

$$y_0(1) = Ae^{-1}, \tag{2.1.32}$$

$$y_1(1) = x_1(1)y_0'(1). \tag{2.1.33}$$

方程 (2.1.26) 满足边界条件 (2.1.32) 的解为

$$y_0 = Ae^{-s}s^{-2}, \tag{2.1.34}$$

代入方程 (2.1.27), 得

$$sy_1' + (2+s)y_1 = Ae^{-s}s^{-2}\left[2Ae^{-s}s^{-3} + Ae^{-s}s^{-2} + 2s^{-1}x_1 - (2+s)x_1'\right]. \tag{2.1.35}$$

由此可见, 当 $s \to 0$ 时, 仍有 $y_0 = O(s^{-2})$, $y_1 = O(s^{-5})$. 但这里可适当地选取变形函数 x_1, 使得当 $s \to 0$ 时, $y_1 = O(s^{-2})$, 甚至 $y_1 = O(s^{-1})$, 即 y_1 比 y_0 的奇性要弱.

例如, 我们可以令式 (2.1.35) 右端方括号内等于 s, 亦即令

$$(2+s)x_1' - 2s^{-1}x_1 = Ae^{-s}(2s^{-3} + s^{-2}) - s,$$

此方程有特解

$$x_1 = \frac{s}{s+2}\left[\int_1^s Ae^{-s}(2s^{-4} + s^{-3})\mathrm{d}s - s\right], \tag{2.1.36}$$

将式 (2.1.36) 代入式 (2.1.35), 得

$$sy_1' + (2+s)y_1 = Ae^{-s}s^{-1}. \tag{2.1.37}$$

相应的边界条件 (2.1.33) 成为

$$y_1(1) = Ae^{-1}. \tag{2.1.38}$$

式 (2.1.37) 满足条件 (2.1.38) 的解为

$$y_1 = Ae^{-s}s^{-1} = O(s^{-1}). \tag{2.1.39}$$

从而得到一致有效的一阶展开式

$$y = Ae^{-s}s^{-2}(1 + \varepsilon s) + O(\varepsilon^2 s^{-2}), \tag{2.1.40}$$

$$x = s + \frac{\varepsilon s}{s+2}\left[\int_1^s Ae^{-s}(2s^{-4} + s^{-3})\mathrm{d}s - s\right] + O(\varepsilon^2). \tag{2.1.41}$$

注 2.1.4 变形函数可以有不同的选取, 如在本例中, 我们也可以令式 (2.1.35) 右端方括号内等于零来确定 x_1, 使 y_1 不比 y_0 更奇异. 进一步的讨论和例子可参看文献 [1][84−85], [2][55−59] 和 [7][110].

注 2.1.5　1953 年, 中国学者郭永怀 [6,7] 将 Lighthill 技巧与 Prandtl 边界层方法相结合, 克服了解大雷诺 (Reynolds) 数下黏性流体绕流问题在求高阶近似时前缘奇性增强的困难, 他通过物理坐标的两次变形, 消除了原来解的非一致有效性, 得到了一致有效的黏性流场 (参看文献 [2] 中的 3.6 节). 钱学森[9] 高度评价了郭永怀的工作, 指出他的贡献在于把边界层方法 "乘以" 变形坐标法, 将 Poincaré-Lighthill 的方法作了有效的推广, 并将这种方法命名为**PLK 方法**.

2.1.4　重正化方法

1962 年, 普利图洛[8] 指出, 为了得到一致有效的渐近展开, 可以先作直接展开, 如果展开式非一致有效, 再作自变量的线性变换 (2.1.8) 或非线性变换 (2.1.21), 进而适当选取 ω_m 或 t_m, 使得展式一致有效. 这种方法常称为**一致化**或**重正化**过程 (uniformization 或 renormalization procedure), 也称为**调整法**. 这种方法的优点是归结为求解关于 ω_m 或 t_m 的代数方程, 而非微分方程, 从而简化了计算.

例 2.1.3　考虑弱非线性系统

$$\ddot{u} + u = \varepsilon f(u, \dot{u}), \quad \varepsilon \ll 1. \tag{2.1.42}$$

先作直接展开. 设

$$u(t, \varepsilon) = u_0(t) + \varepsilon u_1(t) + \cdots, \tag{2.1.43}$$

代入系统 (2.1.42) 并比较 ε 同次幂系数, 可得

$$\ddot{u}_0 + u_0 = 0, \quad u_0 = a\cos(t + b),$$

$$\ddot{u}_1 + u_1 = f(u_0, \dot{u}_0) = f(a\cos(t + b), -a\sin(t + b))$$
$$= f_0 + \sum_{n=1}^{\infty} [f_n \cos n(t + b) + g_n \sin n(t + b)], \tag{2.1.44}$$

其中 f_0, f_n, g_n 是周期函数 $f(a\cos(t + b), -a\sin(t + b))$ 的 Fourier 级数的系数.

$$f_0 = \frac{1}{2\pi} \int_0^{2\pi} f(a\cos\varphi, -a\sin\varphi)\mathrm{d}\varphi,$$

$$f_n = \frac{1}{\pi} \int_0^{2\pi} f(a\cos\varphi, -a\sin\varphi)\cos n\varphi\mathrm{d}\varphi,$$

$$g_n = \frac{1}{\pi} \int_0^{2\pi} f(a\cos\varphi, -a\sin\varphi)\sin n\varphi\mathrm{d}\varphi.$$

求出线性微分方程 (2.1.44) 的特解 u_1, 连同 u_0 代入式 (2.1.43), 得

$$u = a\cos(t + b) + \varepsilon\left\{ f_0 + \frac{1}{2}f_1 t\sin(t + b) - \frac{1}{2}g_1 t\cos(t + b)\right.$$

$$+ \sum_{n=2}^{\infty} \frac{1}{1-n^2} [f_n \cos n(t+b) + g_n \sin n(t+b)] \Bigg\} + \cdots. \qquad (2.1.45)$$

式中含有长期项, 故非一致有效.

现用重正化方法求一致有效解. 令

$$t = s(1 + \varepsilon \omega_1 + \cdots), \qquad (2.1.46)$$

代入式 (2.1.45) 并作泰勒展开, 则有

$$u = a \cos(s+b) + \varepsilon \Bigg\{ f_0 + \left(\frac{1}{2} f_1 - a\omega_1 \right) s \sin(s+b) - \frac{1}{2} g_1 s \cos(s+b)$$

$$+ \sum_{n=2}^{\infty} \frac{1}{1-n^2} [f_n \cos n(s+b) + g_n \sin n(s+b)] \Bigg\} + O(\varepsilon^2). \qquad (2.1.47)$$

为消去长期项, 只需令

$$\frac{1}{2} f_1 - a\omega_1 = 0, \quad g_1 = 0.$$

亦即

$$\omega_1 = \frac{1}{2a} f_1 = \frac{1}{2a\pi} \int_0^{2\pi} f(a\cos\varphi, -a\sin\varphi) \cos\varphi \mathrm{d}\varphi, \qquad (2.1.48)$$

$$\int_0^{2\pi} f(a\cos\varphi, -a\sin\varphi) \sin\varphi \mathrm{d}\varphi = 0. \qquad (2.1.49)$$

从而, 当式 (2.1.48) 和式 (2.1.49) 成立时, 式 (2.1.42) 有一致有效的一阶近似解

$$u = a\cos(s+b) + \varepsilon \Bigg\{ f_0 + \sum_{n=2}^{\infty} \frac{1}{1-n^2} [f_n \cos n(s+b) + g_n \sin n(s+b)] \Bigg\} + O(\varepsilon^2),$$

$$(2.1.50)$$

其中

$$s = t(1 - \varepsilon\omega_1 + \cdots)$$

$$= t \left[1 - \frac{\varepsilon}{2a\pi} \int_0^{2\pi} f(a\cos\varphi, -a\sin\varphi) \cos\varphi \mathrm{d}\varphi \right] + O(\varepsilon^2). \qquad (2.1.51)$$

特别地, 对 Duffing 方程 (2.1.1) 而言, $f = -u^3$, 式 (2.1.49) 恒成立, 而式 (2.1.48) 成为

$$\omega_1 = \frac{1}{2a\pi} \int_0^{2\pi} -a^3 \cos^4 \varphi \mathrm{d}\varphi = -\frac{3}{8} a^2.$$

所得结果与式 (2.1.17) 一致.

例 2.1.4　1926 年, van der Pol 在研究三极管自激振荡电路时, 得到著名的 van der Pol 方程

$$\ddot{u} + u = \varepsilon(1 - u^2)\dot{u}. \tag{2.1.52}$$

这里 $f(u, \dot{u}) = (1 - u^2)\dot{u}$, 从而式 (2.1.48) 和式 (2.1.49) 分别成为

$$\omega_1 = \frac{1}{2a\pi} \int_0^{2\pi} -(1 - a^2\cos^2\varphi)a\sin\varphi\cos\varphi\mathrm{d}\varphi = 0,$$

$$\int_0^{2\pi} -(1 - a^2\cos^2\varphi)a\sin^2\varphi\mathrm{d}\phi = 2\pi\left(\frac{1}{8}a^3 - \frac{1}{2}a\right) = 0.$$

因振幅 $a > 0$, 故得 $a = 2$, 从而

$$s = t + O(\varepsilon^2),$$

$$u = 2\cos(s + b) + O(\varepsilon) = 2\cos(t + b) + O(\varepsilon). \tag{2.1.53}$$

这是振幅为 2 的周期解, 亦即极限环.

2.1.5　Temple 技巧

1958 年, Temple[10] 给出了变形坐标法的另一种形式, 其基本思想是: 为求问题

$$\frac{\mathrm{d}u}{\mathrm{d}x} = f(x, u, \varepsilon), \quad u(x_0) = u_0 \tag{2.1.54}$$

的一致有效渐近解, 引进中间变量 s, 将方程改写成

$$\frac{\mathrm{d}u}{\mathrm{d}s} = U(x, u, s, \varepsilon), \quad \frac{\mathrm{d}x}{\mathrm{d}s} = X(x, u, s, \varepsilon), \tag{2.1.55}$$

适当选择函数 U 与 $X(U/X = f)$, 再将原变量 u 和 x 展开为 ε 的幂级数, 系数待定. Temple 曾经考虑过下例.

例 2.1.5　求问题

$$(x + \varepsilon y)\frac{\mathrm{d}y}{\mathrm{d}x} + (2 + x)y = 0, \quad y(1) = \mathrm{e}^{-1} \tag{2.1.56}$$

的一阶渐近解.

解　将方程改写成对称形式并令其等于 $f(s)\mathrm{d}s$, 得

$$\frac{\mathrm{d}y}{-(2 + x)y} = \frac{\mathrm{d}x}{x + \varepsilon y} = f(s)\mathrm{d}s. \tag{2.1.57}$$

显然上式可改写成形如式 (2.1.55) 的方程组, 其中的 $f(s)$ 有很大的选取空间.

Temple 取 $f(s) = s^{-1}$, 从而将原方程改写成

$$s\frac{\mathrm{d}x}{\mathrm{d}s} = x + \varepsilon y, \quad s\frac{\mathrm{d}y}{\mathrm{d}s} = -(2+x)y. \tag{2.1.58}$$

其中 s 是中间变量. 将原来的因变量 y 和自变量 x 展开为 ε 的幂级数, 令

$$y = y_0(s) + \varepsilon y_1(s) + \cdots,$$
$$x = s + \varepsilon x_1(s) + \varepsilon^2 x_2(s) + \cdots,$$

代入方程 (2.1.58), 通过计算可得问题 (2.1.56) 的一阶渐近解为

$$y = s^{-2}\mathrm{e}^{-s}\left[1 - \varepsilon\int_1^s \varphi(t)\mathrm{d}t\right] + O(\varepsilon^2),$$
$$x = s\left[1 + \varepsilon\varphi(s)\right] + O(\varepsilon^2),$$

其中

$$\varphi(t) = \int_1^t u^{-4}\mathrm{e}^{-u}\mathrm{d}u.$$

2.1.6 变形坐标法的适用性

变形坐标法的突出优点是简便、灵活. 在此法适用的场合, 通常只需解零阶或一阶的线性方程就能得到令人满意的一致有效渐近解, 且可通过适当选择变形函数达到物理问题所需要的精确度. 因此它被成功地应用到力学、物理学的大量问题中. 但它并非总能成功, 而且有时看似成功, 实际却导出了错误的结果 (参看文献 [11]). 在实践中, 人们发现:

变形坐标法不适用于小参数乘以最高阶导数这类奇摄动问题 (参看文献 [2] 例 3.9). 对于这种情况, 可用后面将要介绍的匹配渐近展开法.

变形坐标法和重正化方法求得的是经过长时间后的一种稳态解, 用来求周期解很有效, 但不能确定瞬态响应 (transient responses), 因此, 一般不能用来求解振幅变化的问题, 而后面将要介绍的平均法和多重尺度法则是有效的工具.

对于偏微分方程, 一般说来, 变形坐标法适用于双曲型方程, 林家翘[12] 等的工作, 在这方面奠定了理论基础, 并在研究非线性振动和波动方面的问题中取得了很大成功. 对于抛物型问题和混合边值问题也有过一些成功的例子, 但对椭圆型方程一般说来不能得到一致有效的展开式.

2.2 平 均 法

2.2.1 KB 平均法

18世纪天文学家在研究天体力学中的非线性振动问题时常采用一种所谓"特殊的摄动方法"—— 参数变易法, 1947 年, 克雷洛夫 (Krylov) 和波戈留波夫

(Bogoliubov)[13] 等在非线性振动问题的研究工作中, 成功地采用了将一个慢变的非线性周期函数用它在一个周期上的平均值来近似地代替的方法, 从而形成了研究奇摄动问题的**平均法**(the method of averaging), 也称 **KB 方法**. 我们通过下面的例子来说明这种方法的基本思想. 方程

$$\ddot{u} + k^2 u = \varepsilon f(u, \dot{u}), \quad 0 < \varepsilon \ll 1. \tag{2.2.1}$$

当 $\varepsilon = 0$ 时有解

$$u = \alpha \cos(kt + \beta), \tag{2.2.2}$$

其中 α, β 是常数, 有时也称为参数. 为求 $\varepsilon \neq 0$ 时方程 (2.2.1) 的解, 我们如下处理.

第一步, 常 (参) 数变易. 设方程 (2.2.1) 有解

$$u = \alpha(t) \cos \varphi(t), \tag{2.2.3}$$

其中

$$\varphi(t) = kt + \beta(t). \tag{2.2.4}$$

将 u 对 t 求导, 则有

$$\dot{u} = \dot{\alpha} \cos \varphi - \alpha(k + \dot{\beta}) \sin \varphi.$$

注意到当 α 和 β 是常数时, 有

$$\dot{\alpha} \cos \varphi - \alpha \dot{\beta} \sin \varphi = 0, \tag{2.2.5}$$

故令式 (2.2.5) 成立, 将其作为约束条件. 这样就有

$$\dot{u} = -\alpha k \sin \varphi, \tag{2.2.6}$$

$$\ddot{u} = -\dot{\alpha} k \sin \varphi - \alpha k(k + \dot{\beta}) \cos \varphi. \tag{2.2.7}$$

将式 (2.2.3)、式 (2.2.4)、式 (2.2.6)—(2.2.7) 代入方程 (2.2.1), 得

$$-\dot{\alpha} k \sin \varphi - \alpha k \dot{\beta} \cos \varphi = \varepsilon f(\alpha \cos \varphi, -\alpha k \sin \varphi). \tag{2.2.8}$$

由式 (2.2.5) 和式 (2.2.8) 解得

$$\dot{\alpha} = -\frac{\varepsilon}{k} f(\alpha \cos \varphi, -\alpha k \sin \varphi) \sin \varphi, \tag{2.2.9}$$

$$\dot{\beta} = -\frac{\varepsilon}{\alpha k} f(\alpha \cos \varphi, -\alpha k \sin \varphi) \cos \varphi. \tag{2.2.10}$$

于是, 关于 u 的二阶方程 (2.2.1) 被关于振幅 α 和位相 β 的两个一阶微分方程所代替.

因为式 (2.2.9) 和式 (2.2.10) 的右端函数关于 φ 以 2π(关于 t 以 $2\pi/k$) 为周期, 故 $\dot{\alpha} = O(\varepsilon)$, $\dot{\beta} = O(\varepsilon)$. 即 α 和 β 是 t 的慢变函数, 从而可用它们在一个周期上的平均值来近似地代替.

第二步, 取积分平均, 得到不含 φ 的方程组

$$\dot{\alpha} = -\frac{\varepsilon}{k} \frac{1}{2\pi} \int_0^{2\pi} f(\alpha \cos \varphi, -\alpha k \sin \varphi) \sin \varphi \mathrm{d}\varphi, \tag{2.2.11}$$

$$\dot{\beta} = -\frac{\varepsilon}{\alpha k} \frac{1}{2\pi} \int_0^{2\pi} f(\alpha \cos \varphi, -\alpha k \sin \varphi) \cos \varphi \mathrm{d}\varphi. \tag{2.2.12}$$

从而容易求解 (在计算上面两个积分时, 可视 α 为常数).

将解得的 α, β 代入式 (2.2.3) 和式 (2.2.4) 即得方程 (2.2.1) 的近似解 $u = u_0(t, \varepsilon)$.

1961 年, 波戈留波夫和米特洛泊尔斯基 (Митропольский)[14] 证明了方程 (2.2.1) 的精确解 $u(t, \varepsilon)$ 与用平均法得到的近似解 $u_0(t, \varepsilon)$ 之间的误差估计式

$$|u(t, \varepsilon) - u_0(t, \varepsilon)| \leqslant c_1 \varepsilon \tag{2.2.13}$$

对于 $t \in [0, c_2 \varepsilon^{-1}]$ 一致地成立, 其中 c_1, c_2 是常数. 亦即, 至少在长为 $O(\varepsilon^{-1})$ 阶的时间区间内, $u_0(t, \varepsilon)$ 是方程 (2.2.1) 的一致有效的渐近解.

例 2.2.1   对于 van der Pol 方程

$$\ddot{u} + u = \varepsilon(1 - u^2)\dot{u}, \tag{2.2.14}$$

我们有

$$\dot{\alpha} = -\frac{\varepsilon}{2\pi} \int_0^{2\pi} (1 - \alpha^2 \cos^2 \varphi)(-\alpha \sin \varphi) \sin \varphi \mathrm{d}\varphi = \frac{\varepsilon}{2} \alpha \left(1 - \frac{1}{4}\alpha^2\right),$$
$$\dot{\beta} = 0.$$

所以 $\beta = \beta_0$(常数), 设 $\alpha|_{t=0} = \alpha_0 \neq 0$, 解得

$$\alpha^2 = 4 \left[1 + \left(4\alpha_0^{-2} - 1\right) \mathrm{e}^{-\varepsilon t}\right]^{-1},$$

从而式 (2.2.14) 对于小的 ε 有近似解

$$u = 2 \left[1 + \left(4\alpha_0^{-2} - 1\right) \mathrm{e}^{-\varepsilon t}\right]^{-1/2} \cos(t + \beta_0), \tag{2.2.15}$$

其中 α_0, β_0 为常数.

由式 (2.2.15) 可见, 当 $t \to \infty$ 时, $u \to 2\cos(t + \beta_0)$, 这正是用重正化方法得到的解式 (2.1.53).

例 2.2.2　水星的岁差 (precession of the planet Mercury)(参看文献 [2] 例 4.3 和文献 [15][29]).

考虑水星绕日运动. 在水星轨道平面内取极坐标 r, θ, 以太阳的位置为原点, 水星的运动可表为一条光滑曲线 γ, 其以时间 t 为参数的方程为

$$\gamma: \quad r = R(t), \quad \theta = \Theta(t), \quad t \geqslant 0. \tag{2.2.16}$$

Θ 是 t 的严格单调函数, 故可将 θ 作为自变量, 从而有

$$r = R\left[\Theta^{-1}(\theta)\right], \quad t = \Theta^{-1}(\theta).$$

以 $\bar{r}$ 表示水星和太阳之间距离的平均值, 引进无量纲函数

$$u = u(\theta) = \frac{\bar{r}}{R\left[\Theta^{-1}(\theta)\right]}, \tag{2.2.17}$$

则按照牛顿理论可得太阳水星二体运动方程

$$\frac{\mathrm{d}^2 u}{\mathrm{d}\theta^2} + u = a, \quad \theta > 0, \tag{2.2.18}$$

其中 a 是无量纲常数, $a = GM\bar{r}h^{-2} \approx 0.98$, 式中 G 是牛顿万有引力常数, M 是太阳的质量, h 是水星的每单位质量角动量.

设初始时刻水星位于近日点, 且 $\dfrac{\mathrm{d}u}{\mathrm{d}\theta} = 0$, 亦即初始条件为

$$u = b, \quad \frac{\mathrm{d}u}{\mathrm{d}\theta} = 0, \quad \theta = 0. \tag{2.2.19}$$

式中常数 $b \approx 1.01$.

解方程 (2.2.18)—(2.2.19), 得水星的一条固定的开普勒椭圆轨道:

$$u = a + (b - a)\cos\theta. \tag{2.2.20}$$

当计及其他行星的影响时, 按照牛顿的理论, 水星的轨道将在空间缓慢地旋转, 其轨道椭圆的长轴每百年大约进动 530s, 但实际观察的结果却为每百年长轴大约进动 570s. 19 世纪的天文学家们搞不清楚其中的原因. 爱因斯坦相对论提出后, 方程 (2.2.18) 被修正为

$$\frac{\mathrm{d}^2 u}{\mathrm{d}\theta^2} + u = a + \varepsilon u^2, \tag{2.2.21}$$

其中 $\varepsilon = 3GMC^{-2}\bar{r}^{-1} = O(10^{-7})$, 式中 C 为真空中的光速.

方程 (2.2.21) 附以初始条件 (2.2.19) 的精确解为 (文献 [2][77])

$$u(\theta, \varepsilon) = k_2 - (k_2 - k_1)\left\{\mathrm{sn}\left[\theta\left(\frac{\varepsilon(k_2 - k_1)}{6}\right)^{1/2}, \mathrm{i}\left(\frac{k_2 - k_1}{k_3 - k_2}\right)^{1/2}\right]\right\}^2, \tag{2.2.22}$$

其中, $k_1 \approx 0.95$, $k_2 = b \approx 1.01$, $k_3 = 1.5\varepsilon^{-1} = O(10^7)$, i 为虚单位, $\mathrm{sn} = \mathrm{sn}(x, y)$ 是变量 x 和 y 的 Jacobi 椭圆函数, 定义为

$$\mathrm{sn}(x, y) = \sin z, \quad x = \int_0^z (1 - y^2 \sin^2 t)^{1/2} \mathrm{d}t. \tag{2.2.23}$$

但上述精确解式直接给出的信息并不多, 利用它来对水星运动作物理诠释也是困难的.

下面我们用平均法来求初值问题 (2.2.21)—(2.2.19) 的近似解.

令 $u = a + v$, 则式 (2.2.21) 变为形如式 (2.2.1) 的方程:

$$\frac{\mathrm{d}^2 v}{\mathrm{d}\theta^2} + v = \varepsilon(a + v)^2. \tag{2.2.24}$$

这里 $f = (a + v)^2$, 而方程 (2.2.11) 和方程 (2.2.12) 则分别成为

$$\frac{\mathrm{d}\alpha}{\mathrm{d}\theta} = -\varepsilon \frac{1}{2\pi} \int_0^{2\pi} (a + \alpha \cos\varphi)^2 \sin\varphi \mathrm{d}\varphi = 0,$$

$$\frac{\mathrm{d}\beta}{\mathrm{d}\theta} = -\frac{\varepsilon}{\alpha} \frac{1}{2\pi} \int_0^{2\pi} (a + \alpha \cos\varphi)^2 \cos\varphi \mathrm{d}\varphi = -\varepsilon a.$$

从而得

$$\alpha = \alpha_0, \quad \beta = -\varepsilon a\theta + \beta_0,$$

α_0 和 β_0 为任意常数. 故方程 (2.2.24) 有近似解

$$v = \alpha_0 \cos(\theta - \varepsilon a\theta + \beta_0).$$

方程 (2.2.21) 有近似解

$$u = a + \alpha_0 \cos[(1 - \varepsilon a)\theta + \beta_0].$$

利用初始条件 (2.2.19), 可得

$$\alpha_0 = b - a, \quad \beta_0 = 0,$$

所以初值问题 (2.2.21)—(2.2.19) 有近似解

$$u = a + (b - a)\cos(1 - \varepsilon a)\theta. \tag{2.2.25}$$

显然, 在上式中令 $\varepsilon = 0$ 即得水星的开普勒轨道 (2.2.20).

可以证明 (参看文献 [15]^{108} 例 4.3.1), 当 $\theta \in [0, \varepsilon^{-1}]$ 时, 有误差估计

$$|u(\theta, \varepsilon) - [a + (b - a)\cos(1 - \varepsilon a)\theta]| \leqslant 17\varepsilon. \tag{2.2.26}$$

也就是说, 在几百万年的时间内 (注意 $\varepsilon = O(10^{-7})$, 用平均法得到的近似解 (2.2.25) 与精确解之间的误差, 至多只有大约 10^{-6}.

式 (2.2.25) 不仅提供了水星运动很好的近似解, 而且由此推算出来的水星的岁差与实际观察的结果是一致的.

2.2.2　一种推广的平均法 ——KBM 方法

不少人对 KB 平均法作了推广. 例如, 在得到式 (2.2.9)—(2.2.10) 之后, 不作积分平均, 而是将式 (2.2.3)、式 (2.2.4) 和式 (2.2.6) 看作是从 $u, \dot{u}$ 到 α, φ 的变换, 然后将 α, φ 展开 (详见文献 [2] 4.3 节). 推广平均法的一种变形是克雷洛夫–波戈留波夫–米特洛泊尔斯基方法, 简称为**KБM 方法**. 其要点, 以方程

$$\ddot{u} + k^2 u = \varepsilon f(u, \dot{u}), \quad 0 < \varepsilon \ll 1 \tag{2.2.1}$$

为例说明如下: 当 $\varepsilon = 0$ 时, 方程 (2.2.1) 有解

$$u = \alpha \cos \varphi, \quad \varphi = kt + \beta, \tag{2.2.2}$$

然后, 不是变易参数 α, β, 而是将 α 和 φ 视为新的变量, 令

$$u = \alpha \cos \varphi + \sum_{n=1}^{N} \varepsilon^n u_n(\alpha, \varphi) + O(\varepsilon^{N+1}), \tag{2.2.27}$$

保持修正项 $u_n(n = 1, 2, \cdots, N)$ 关于 φ 以 2π 为周期, 且仍有 α, β 关于时间的慢变性, 即 α 和 φ 对 t 按下列规律变化:

$$\dot{\alpha} = \varepsilon \alpha_1(\alpha) + \varepsilon^2 \alpha_2(\alpha) + \cdots, \tag{2.2.28}$$

$$\dot{\varphi} = k + \varepsilon \varphi_1(\alpha) + \varepsilon^2 \varphi_2(\alpha) + \cdots. \tag{2.2.29}$$

将上面两式对 t 求导, 并以 "′" 号表示对 α 求导, 则可得到

$$\ddot{\alpha} = \varepsilon^2 \alpha_1 \alpha_1' + O(\varepsilon^3), \tag{2.2.30}$$

$$\ddot{\varphi} = \varepsilon^2 \alpha_1 \varphi_1' + O(\varepsilon^3). \tag{2.2.31}$$

此外, 由链导法得

$$\begin{aligned}
\frac{\mathrm{d}}{\mathrm{d}t} &= \dot{\alpha} \frac{\partial}{\partial \alpha} + \dot{\varphi} \frac{\partial}{\partial \varphi} \\
&= k \frac{\partial}{\partial \varphi} + \varepsilon \left(\alpha_1 \frac{\partial}{\partial \alpha} + \varphi_1 \frac{\partial}{\partial \varphi} \right) + \varepsilon^2 \left(\alpha_2 \frac{\partial}{\partial \alpha} + \varphi_2 \frac{\partial}{\partial \varphi} \right) + O(\varepsilon^3),
\end{aligned} \tag{2.2.32}$$

$$\begin{aligned}
\frac{\mathrm{d}^2}{\mathrm{d}t^2} &= \dot{\alpha}^2 \frac{\partial^2}{\partial \alpha^2} + \ddot{\alpha} \frac{\partial}{\partial \alpha} + 2\dot{\alpha}\dot{\varphi} \frac{\partial^2}{\partial \alpha \partial \varphi} + \dot{\varphi}^2 \frac{\partial^2}{\partial \varphi^2} + \ddot{\varphi} \frac{\partial}{\partial \varphi} \\
&= k^2 \frac{\partial^2}{\partial \varphi^2} + 2k\varepsilon \left(\alpha_1 \frac{\partial^2}{\partial \alpha \partial \varphi} + \varphi_1 \frac{\partial^2}{\partial \varphi^2} \right) + \varepsilon^2 \left[(\varphi_1^2 + 2k\varphi_2) \frac{\partial^2}{\partial \varphi^2} \right. \\
&\quad \left. + 2(k\alpha_2 + \alpha_1 \varphi_1) \frac{\partial^2}{\partial \alpha \partial \varphi} + \alpha_1^2 \frac{\partial^2}{\partial \alpha^2} + \alpha_1 \alpha_1' \frac{\partial}{\partial \alpha} + \alpha_1 \varphi_1' \frac{\partial}{\partial \varphi} \right] + O(\varepsilon^3).
\end{aligned} \tag{2.2.33}$$

将式 (2.2.27)~ 式 (2.2.33) 代入方程 (2.2.1) 来确定 u_n, α_n, φ_n, 为了能唯一地确定 α_n 与 φ_n, 要求每一个 u_n 均不含 $\cos\varphi$(这相当于通过消去产生长期项的因素来确定 α_n 与 φ_n).

具体的例子可参看文献 [2] 例 4.6 和例 4.7.

除了 KBM 方法外, 还有一些推广的平均法, 如运用正则变量的平均法 (文献 [16] 第八章, [17] 第九章)、李级数和李变换的平均法[18,19]、拉格朗日函数的平均法 [20,21] 等. 有兴趣的可参看文献 [1] 第五章和有关文献.

2.3   匹配展开法

2.3.1   匹配展开法的基本思想

1905 年 Prandtl[22] 在研究沿物面的大雷诺数流动时提出了边界层理论,1962 年, Brethenton[23] 首先使用了**匹配渐近展开法**这一名称, 简称为**匹配展开法**(matched expansion), van Dyke[24]、Wasow[25]、Cole[26]、O'Malley[27]、Germain[28]、Carrier[29] 等进一步发展了这一方法, 并应用于流体力学、空气动力学和地球物理等领域. 我们先通过一个例子来说明这种方法的基本思想.

例 2.3.1   考察边值问题 P_ε:

$$\varepsilon y'' + y' + y = 0, \tag{2.3.1}$$

$$y(0) = a, \quad y(1) = b. \tag{2.3.2}$$

其退化方程 $y' + y = 0$ 的解一般不能同时满足问题中的两个边界条件, 故用直接展开法求解失效. 为了看清问题的症结所在, 我们来分析该问题的精确解

$$y = (e^s - e^r)^{-1} \left[(ae^s - b)\, e^{rx} + (b - ae^r)\, e^{sx} \right], \tag{2.3.3}$$

其中,

$$r = (2\varepsilon)^{-1} \left[-1 + \sqrt{1 - 4\varepsilon} \right], \quad s = (2\varepsilon)^{-1} \left[-1 - \sqrt{1 - 4\varepsilon} \right].$$

因为 $\sqrt{1 - 4\varepsilon} = 1 - 2\varepsilon - 2\varepsilon^2 + O(\varepsilon^2)$,

$$r = -1 - \varepsilon + O(\varepsilon), \quad s = -\varepsilon^{-1} + 1 + \varepsilon + O(\varepsilon).$$

所以当 $\varepsilon \to 0$ 时,

$$e^r \to e^{-1}, \quad e^s \to e^{1-\varepsilon^{-1}} \quad (e^s - e^r)^{-1} \to -e,$$

问题 P_ε 有近似解

$$y \sim be^{1-x} + (a - be)e^{(1-\varepsilon^{-1})x} + O(\varepsilon). \tag{2.3.4}$$

在上式中, 我们没有保留 $-ae^{2-\varepsilon^{-1}x}$, 因为当 $\varepsilon \to 0$ 时该项 $\to 0$; 但保留了含 $e^{-\varepsilon^{-1}x}$ 的项, 因为当 $x \leqslant O(\varepsilon)$ 时 $x\varepsilon^{-1} \leqslant O(1)$, 此项不可忽略.

注意 $y = be^{1-x}$ 是退化方程 $y' + y = 0$ 满足右边界条件 $y(1) = b$ 的解. 在不靠近原点的区域 $x > O(\varepsilon)$ 内, 它可以作为精确解的近似, 但在边界 $x = 0$ 附近的区域 $0 \leqslant x \leqslant O(\varepsilon)$ 内, 问题 P_ε 的解有剧烈的变化, $y = be^{1-x}$ 不能作为它的近似. 参看当 $a = 0, b = 1$ 时的图形 2.3.1.

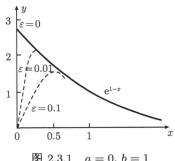

图 2.3.1　$a = 0,\, b = 1$

这一引起因变量剧变的边界附近的区域通常称为**边界层**. 该术语来自流体力学. 描写黏性流体的方程组是理想流体方程组的奇摄动系统, 在流体动力学中早已注意到, 理想流体方程对所描述的物体边界附近的流动过程, 即使在黏性很小的情况下也是不起作用的 (如绕流问题), 在流体力学中把这种物体边界附近的区域称为边界层. 边界层有时也 (按照固体力学) 称为**附面层**, 或 (按照电动力学) 称为**趋肤层**.

上述问题 P_ε 的解是由 $y = be^{1-x}$ 再加上修正项组成的. $y = be^{1-x}$ 只在边界层以外的区域内有效, 问题是如何构造修正项使得二者之和在所考察的整个区域内一致有效.

匹配展开法的基本思想是: 一个问题的近似解虽然不能用单一尺度的展开式给出, 但可先用不同尺度的展开式分别给出, 它们分别在所考虑区域的一部分内有效, 这些部分区域的并, 覆盖了所考虑的整个区域, 然后再在两个展式有效区域相互重叠的部分将它们 "匹配", 使它们构成一个在整个区域内有效的近似解.

具体地讲, 我们可以先在边界层以外的区域 (外部区域), 利用原变量作直接展开, 得到在外域内有效的 "**外解**"(outer solution)y°; 再在边界层内 (内部区域), 将尺度放大, 亦即将边界层放大, 从而使因变量的变化平缓, 求得在内域有效的 "**内解**"(inner solution)y^i; 然后在内域与外域的交内, 将内、外解 "匹配", 使之有机地联系起来, 从而得到一个 "**合成解**" 或 "**复合解**"(composite solution)y^c.

对于问题 P_ε(2.3.1)—(2.3.2), 在外域 $x > O(\varepsilon)$ 内, 得外解

$$y^{\circ} = b\mathrm{e}^{1-x}. \tag{2.3.5}$$

为求内解, 放大尺度, 令

$$\varsigma = x\varepsilon^{-1}, \tag{2.3.6}$$

式 (2.3.1) 变成

$$\frac{\mathrm{d}^2 y}{\mathrm{d}\varsigma^2} + \frac{\mathrm{d}y}{\mathrm{d}\varsigma} + \varepsilon y = 0. \tag{2.3.7}$$

固定内变量 ς, 令 $\varepsilon \to 0$(这相当于 $x \to 0$), 可得

$$\frac{\mathrm{d}^2 y}{\mathrm{d}\varsigma^2} + \frac{\mathrm{d}y}{\mathrm{d}\varsigma} = 0, \quad y|_{\varsigma=0} = a. \tag{2.3.8}$$

从而得内解

$$y^{\mathrm{i}} = c + (a - c)\mathrm{e}^{-\varsigma}, \tag{2.3.9}$$

其中常数 c 可通过将内、外解在它们公共存在的区域内按一定的原则匹配而定.

2.3.2 Prandtl 匹配原则

Prandtl 给出了下述**匹配原则**(matching principle):

$$\text{外解的内极限}(y^{\circ})^{\mathrm{i}} = \text{内解的外极限}(y^{\mathrm{i}})^{\circ}. \tag{2.3.10}$$

所谓 "内极限" 是 "内变量固定, $\varepsilon \to 0$", "外极限" 是 "外变量固定, $\varepsilon \to 0$".

对于上述问题 (2.3.1)—(2.3.2), 内极限相当于 ς 固定, $x \to 0$; 外极限相当于 x 固定, $\varsigma \to \infty$, 亦即

$$(y^{\circ})^{\mathrm{i}} = \lim_{x \to 0} b\mathrm{e}^{1-x} = b\mathrm{e},$$

$$(y^{\mathrm{i}})^{\circ} = \lim_{\varsigma \to \infty} \left[c + (a-c)\mathrm{e}^{-\varsigma} \right] = c.$$

Prandtl 匹配原则相当于令 $b\mathrm{e} = c$, 从而得到内解

$$y^{\mathrm{i}} = b\mathrm{e} + (a - b\mathrm{e})\mathrm{e}^{-\varsigma}. \tag{2.3.11}$$

在得到外解和内解后, 为了得到在整个区域内有效的近似解, 可以通过将外解加内解再去掉它们在内外区域之交内的重复部分而得到一个**合成解** y^{c}:

$$\begin{aligned} y^{\mathrm{c}} &= y^{\circ} + y^{\mathrm{i}} - (y^{\circ})^{\mathrm{i}} \\ &= y^{\circ} + y^{\mathrm{i}} - (y^{\mathrm{i}})^{\circ}. \end{aligned} \tag{2.3.12}$$

对于问题 (2.3.1)—(2.3.2) 而言, 合成解为

$$y^{\mathrm{c}} = b\mathrm{e}^{1-x} + (a - b\mathrm{e})\mathrm{e}^{-x\varepsilon^{-1}} + O(\varepsilon). \tag{2.3.13}$$

值得注意的是, 因为 $(y^{\mathrm{o}})^{\mathrm{i}} = (y^{\mathrm{i}})^{\mathrm{o}}$, 所以

$$\left((y^{\mathrm{o}})^{\mathrm{i}}\right)^{\mathrm{o}} = \left((y^{\mathrm{i}})^{\mathrm{o}}\right)^{\mathrm{o}} = (y^{\mathrm{i}})^{\mathrm{o}} = (y^{\mathrm{o}})^{\mathrm{i}},$$

从而

$$(y^{\mathrm{c}})^{\mathrm{o}} = y^{\mathrm{o}} + \left(y^{\mathrm{i}}\right)^{\mathrm{o}} - (y^{\mathrm{o}})^{\mathrm{i}} = y^{\mathrm{o}}, \tag{2.3.14}$$

$$(y^{\mathrm{c}})^{\mathrm{i}} = (y^{\mathrm{o}})^{\mathrm{i}} + y^{\mathrm{i}} - (y^{\mathrm{o}})^{\mathrm{i}} = y^{\mathrm{i}}. \tag{2.3.15}$$

故合成解 y^{c} 在内、外区域都是好的近似.

2.3.3　边界层位置的确定

运用匹配展开法的前提是要确定边界层的位置, 即确定内部区域和外部区域, 进而求出满足外部边界条件的外解和满足内部边界条件的内解, 然后将它们匹配.

边界层位置的确定, 一靠物理直观. 例如, 对于黏性流体, 外部区域是势流区, 内部区域是紧靠物体表面的区域; 二用数学试求. 即先假设边界层在某个端点附近, 抛掉此处的边界条件、求得外解、再求内解, 然后按匹配原则将二者匹配, 若可行, 则原假设正确, 否则就需做另一种选择. 如果两种选择均失败, 则表明在两个端点处均没有边界层存在.

例 2.3.2　考察边值问题 P_ε:

$$\varepsilon y'' + p_1(x)y' + p_0(x)y = 0, \qquad 0 < \varepsilon \ll 1, \tag{2.3.16}$$

$$y(0) = a, \qquad y(1) = b. \tag{2.3.17}$$

若边界层在 $x = 0$ 附近, 则退化方程

$$p_1(x)y' + p_0(x)y = 0$$

附以边界条件 $y(1) = b$ 可得 (一项) 外解

$$y^{\mathrm{o}} = b\exp\left(\int_x^1 \frac{p_0(t)}{p_1(t)}\mathrm{d}t\right). \tag{2.3.18}$$

为求内解, 设

$$\varsigma = x\varepsilon^{-\lambda}, \tag{2.3.19}$$

其中 $\lambda > 0$ 待定. 将式 (2.3.19) 代入式 (2.3.16), 得

$$\varepsilon^{1-2\lambda}\frac{\mathrm{d}^2 y}{\mathrm{d}\varsigma^2} + \varepsilon^{-\lambda}p_1(\varepsilon^\lambda\varsigma)\frac{\mathrm{d}y}{\mathrm{d}\varsigma} + p_0(\varepsilon^\lambda\varsigma)y = 0, \tag{2.3.20}$$

方程 (2.3.20) 的解与 ε 的幂次有关, 其中左端三项 ε 的幂次分别是

$$1 - 2\lambda, \quad -\lambda, \quad 0.$$

若设第一、第三两项平衡, 且当 $\varepsilon \to 0$ 时起支配作用, 则应有

$$1 - 2\lambda = 0, \quad \lambda = \frac{1}{2},$$

从而三项 ε 的幂次分别是 $0, -\dfrac{1}{2}, 0$, 即第二项起支配作用了, 故原假设不对.

改设第一、二两项平衡, 且起支配作用, 则有

$$1 - 2\lambda = -\lambda, \quad \lambda = 1,$$

三项 ε 的幂次为 $-1, -1, 0$. 原假设合理. 所以可选择变换

$$\varsigma = x\varepsilon^{-1}. \tag{2.3.21}$$

方程 (2.3.20) 成

$$\frac{\mathrm{d}^2 y}{\mathrm{d}\varsigma^2} + p_1(\varepsilon\varsigma)\frac{\mathrm{d}y}{\mathrm{d}\varsigma} + \varepsilon p_0(\varepsilon\varsigma)y = 0. \tag{2.3.22}$$

令 $\varepsilon = 0$, 得

$$\frac{\mathrm{d}^2 y}{\mathrm{d}\varsigma^2} + p_1(0)\frac{\mathrm{d}y}{\mathrm{d}\varsigma} = 0,$$

附以边界条件 $y(0) = a$, 其解为

$$y^{\mathrm{i}}(\varsigma) = a + c\left(1 - \mathrm{e}^{-p_1(0)\varsigma}\right), \tag{2.3.23}$$

其中 c 为任意常数.

利用 Prandtl 匹配原则, 令

$$\lim_{x \to 0} y^{\mathrm{o}} = \lim_{\varsigma \to \infty} y^{\mathrm{i}},$$

得

$$b\exp\left(\int_0^1 \frac{p_0(t)}{p_1(t)}\mathrm{d}t\right) = a + c\left(1 - \lim_{\varsigma \to \infty} \mathrm{e}^{-p_1(0)\varsigma}\right),$$

当 $p_1(0) > 0$ 时, 有解

$$c = b\exp\left(\int_0^1 \frac{p_0(t)}{p_1(t)}\mathrm{d}t\right) - a, \tag{2.3.24}$$

即匹配可行, 从而边界层的确在左端点邻域.

但若 $p_1(0) < 0$, 则 y^{i} 与 y^{o} 无法匹配, 这时原假设边界层在 $x = 0$ 附近是错的, 实际上这时边界层在 $x = 1$ 附近, 求内解可改令变换 $\varsigma = (1-x)\varepsilon^{-1}$.

回顾方程 (2.3.1) $\varepsilon y'' + y' + y = 0$, $p_1(x) \equiv 1$, 故边界层在左端点附近.

注 2.3.1　　一般地, 对于边值问题

$$P_\varepsilon : \varepsilon y'' = f(x, y, y'), \quad y(a) = A, \quad y(b) = B. \tag{2.3.25}$$

若存在常数 $k > 0$, 使得 $f_{y'} \geqslant k$, 则边界层在右端点邻域内; 倘若有 $f_{y'} \leqslant -k$, 则边界层在左端点邻域内. 但需注意, 此结论对于该方程的 Robin 问题不成立.

2.3.4　　van Dyke 匹配原理

前面我们所求的外解和内解均只有一项, 即 "零阶近似", 实际问题往往需要较高的精确度, 即要求一阶或二阶近似, 这时需要求得二项或三项外解与内解, 并采用更为精细的匹配原则. 其中之一是 van Dyke[24] 提出的下述匹配原理:

m 项内解的 n 项外展开 $\left[y^{\mathrm{i}}_{(m)} \right]^{\mathrm{o}}_{(n)}$ = n 项外解的 m 项内展开 $\left[y^{\mathrm{o}}_{(n)} \right]^{\mathrm{i}}_{(m)}$.
所谓外展开是用外变量的展开式, 内展开是用内变量的展开式.

由 m 项内解和 n 项外解构成的合成解记作 $y^{\mathrm{c}}_{(m,n)}$,

$$y^{\mathrm{c}}_{(m,n)} = y^{\mathrm{i}}_{(m)} + y^{\mathrm{o}}_{(n)} - \left[y^{\mathrm{o}}_{(n)} \right]^{\mathrm{i}}_{(m)} = y^{\mathrm{i}}_{(m)} + y^{\mathrm{o}}_{(n)} - \left[y^{\mathrm{i}}_{(m)} \right]^{\mathrm{o}}_{(n)}. \tag{2.3.26}$$

例 2.3.3　　求问题 (2.3.1)—(2.3.2) 的一阶近似解.

解　　(1) 确定边界层在 $x = 0$ 附近.

(2) 利用原变量作直接展开求外解. 设

$$y^{\mathrm{o}}(x, \varepsilon) = y_0(x) + \varepsilon y_1(x) + \varepsilon^2 y_2(x) + \cdots,$$

代入式 (2.3.1), 令 ε 各次幂的系数和为零, 可得

$$y_0' + y_0 = 0, \quad y_0(1) = b,$$
$$y_1' + y_1 = -y_0'', \quad y_1(1) = 0,$$

两项外解

$$y^{\mathrm{o}}_{(2)} = y_0 + \varepsilon y_1 + O\left(\varepsilon^2\right) = b[1 + \varepsilon(1-x)]\mathrm{e}^{1-x} + O\left(\varepsilon^2\right).$$

(3) 变换自变量尺度, 求内解.

令 $\varsigma = x\varepsilon^{-1}$, 代入式 (2.3.1), 得

$$\frac{\mathrm{d}^2 y}{\mathrm{d}\varsigma^2} + \frac{\mathrm{d}y}{\mathrm{d}\varsigma} + \varepsilon y = 0. \tag{2.3.27}$$

设方程 (2.3.27) 有解

$$y^{\mathrm{i}}(\varsigma, \varepsilon) = z_0(\varsigma) + \varepsilon z_1(\varsigma) + \varepsilon^2 z_2(\varsigma) + \cdots,$$

代入式 (2.3.27), 可得

$$z_0'' + z_0' = 0, \quad z_0(0) = a,$$
$$z_1'' + z_1' = -z_0, \quad z_1(0) = 0,$$

两项内解

$$\begin{aligned} y^{\mathrm{i}}_{(2)} &= z_0 + \varepsilon z_1 + O\left(\varepsilon^2\right) \\ &= a - c_1(1 - \mathrm{e}^{-\varsigma}) + \varepsilon\left\{c_2(1 - \mathrm{e}^{-\varsigma}) - \left[a - c_1(1 + \mathrm{e}^{-\varsigma})\right]\varsigma\right\}. \end{aligned}$$

(4) 按匹配原理 $\left[y^{\mathrm{o}}_{(2)}\right]^{\mathrm{i}}_{(2)} = \left[y^{\mathrm{i}}_{(2)}\right]^{\mathrm{o}}_{(2)}$ 求未定常数 c_1, c_2.

两项外解

$$y^{\mathrm{o}}_{(2)} = b[1 + \varepsilon(1 - x)]\mathrm{e}^{1-x},$$

上式右端用内变量表示为

$$b[1 + \varepsilon(1 - \varepsilon\varsigma)]\mathrm{e}^{1-\varepsilon\varsigma},$$

再按小量 ε 展开, 得

$$b\mathrm{e}(1 + \varepsilon - \varepsilon\varsigma + \cdots),$$
$$\left[y^{\mathrm{o}}_{(2)}\right]^{\mathrm{i}}_{(2)} = b\mathrm{e}(1 + \varepsilon - \varepsilon\varsigma) = b\mathrm{e}(1 + \varepsilon - x). \tag{2.3.28}$$

两项内解

$$y^{\mathrm{i}}_{(2)} = a - c_1(1 - \mathrm{e}^{-\varsigma}) + \varepsilon\left\{c_2(1 - \mathrm{e}^{-\varsigma}) - \left[a - c_1(1 + \mathrm{e}^{-\varsigma})\right]\varsigma\right\},$$

用外变量表示

$$a - c_1(1 - \mathrm{e}^{-x\varepsilon^{-1}}) + \varepsilon\left\{c_2(1 - \mathrm{e}^{-x\varepsilon^{-1}}) - \left[a - c_1(1 + \mathrm{e}^{-x\varepsilon^{-1}})\right]x\varepsilon^{-1}\right\},$$

按小量 ε 展开

$$(a - c_1)(1 - x) + \varepsilon c_2 + \cdots,$$
$$\left[y^{\mathrm{i}}_{(2)}\right]^{\mathrm{o}}_{(2)} = (a - c_1)(1 - x) + \varepsilon c_2. \tag{2.3.29}$$

令式 (2.3.28) 与式 (2.3.29) 相等, 得

$$a - c_1 = b\mathrm{e}, \quad c_2 = b\mathrm{e}.$$

所以得到该问题的两项外解, 两项内解, 和由它们构成的一阶合成解:

$$y_{(2)}^{\circ} = b[1 + \varepsilon(1 - x)]\mathrm{e}^{1-x},$$

$$y_{(2)}^{\mathrm{i}} = b\mathrm{e} + (a - b\mathrm{e})\mathrm{e}^{-\varsigma} + \varepsilon\left\{b\mathrm{e}(1 - \mathrm{e}^{-\varsigma}) - \left[b\mathrm{e} - (a - b\mathrm{e})\mathrm{e}^{-\varsigma}\right]\varsigma\right\}$$

$$y_{(2,2)}^{\mathrm{c}} = b[1 + \varepsilon(1 - x)]\mathrm{e}^{1-x} + [(a - b\mathrm{e})(1 + x) - \varepsilon b\mathrm{e}]\,\mathrm{e}^{-x\varepsilon^{-1}} + O(\varepsilon^2). \quad (2.3.30)$$

式 (2.3.30) 在外部区域和内部区域都是很好的近似.

2.3.5　几点说明

(1) 边界层可能存在于两端, 而不仅仅是在一端. 例如, 问题 (文献 [1][129])

$$\varepsilon u'' + 2(1 - x^2)u + u^2 = 1, \quad u(-1) = u(1) = 0.$$

和问题 (文献 [1.7]§12.6, 中译本[348])

$$\varepsilon^2 y^{(4)} - (1 + x^2)y'' = 1, \quad y(0) = \alpha, y'(0) = \beta, y(1) = \gamma, y'(1) = \delta.$$

(2) 展开式的非一致有效性可能发生在区域的内部而未必在边界上, 即出现 "内层".

例 2.3.4　　问题 (文献 [1.7]§12.5 例 4, 中译本[344])

$$\varepsilon y'' + \left(x - \frac{1}{2}\right)y' - \left(x - \frac{1}{2}\right)y = 0, \quad (2.3.31)$$

$$y(0) = \alpha, \quad y(1) = \beta. \quad (2.3.32)$$

边界层在 $p_1(x) = \left(x - \dfrac{1}{2}\right)$ 的零点 $x = \dfrac{1}{2}$ 的附近. 设外展开

$$y^{\circ} = y_0(x) + \varepsilon y_1(x) + \cdots,$$

代入式 (2.3.31) 可得

$$\left(x - \frac{1}{2}\right)y_0' - \left(x - \frac{1}{2}\right)y_0 = 0,$$

其通解为 $y_0 = c\mathrm{e}^x$.

在零点右侧区间 $\left(\dfrac{1}{2}, 1\right]$ 内, y° 满足 $y_0(1) = \beta$, 故右侧解 $y_r^0 = \beta\mathrm{e}^{x-1} + \cdots$;

在零点左侧区间 $\left[0, \dfrac{1}{2}\right)$ 内, y° 满足 $y_0(0) = \alpha$, 故左侧解 $y_l^0 = \alpha\mathrm{e}^x + \cdots$.

为求内解, 作伸展变换

$$\varsigma = \left(x - \frac{1}{2}\right)\varepsilon^{-\lambda}, \quad \lambda > 0,$$

类似于例 2.3.2 中的分析, 可知当 $\lambda = \dfrac{1}{2}$ 时合理, 故

$$\varsigma = \left(x - \frac{1}{2} \right) \varepsilon^{-1/2}.$$

式 (2.3.31) 变换成

$$\frac{\mathrm{d}^2 y}{\mathrm{d}\varsigma^2} + \varsigma \frac{\mathrm{d}y}{\mathrm{d}\varsigma} - \varepsilon^{1/2} \varsigma y = 0.$$

令 $\varepsilon \to 0$, 得

$$\frac{\mathrm{d}^2 y}{\mathrm{d}\varsigma^2} + \varsigma \frac{\mathrm{d}y}{\mathrm{d}\varsigma} = 0,$$

$$y^i = c_1 + c_2 \int_0^\varsigma \mathrm{e}^{-\tau^2/2} \mathrm{d}\tau.$$

在 $\left(\dfrac{1}{2}, 1 \right]$ 内, 将 y_r° 与 y^i 匹配, 令 $\left[y_{r(1)}^\circ \right]_{(1)}^i = \left[y_{(1)}^i \right]_{(1)r}^\circ$, 得到 c_1, c_2 的一个关系式

$$\beta \mathrm{e}^{-1/2} = c_1 + c_2 \sqrt{\pi/2};$$

在 $\left[0, \dfrac{1}{2} \right)$ 内, 将 y_l° 与 y^i 匹配, 又可得到

$$\alpha \mathrm{e}^{-1/2} = c_1 - c_2 \sqrt{\pi/2},$$

从而解得

$$c_1 = \frac{1}{2} \left(\beta \mathrm{e}^{-1/2} + \alpha \mathrm{e}^{1/2} \right), \quad c_2 = \frac{1}{\sqrt{2\pi}} \left(\beta \mathrm{e}^{-1/2} - \alpha \mathrm{e}^{1/2} \right),$$

$$y^i = \frac{1}{2} \left(\beta \mathrm{e}^{-1/2} + \alpha \mathrm{e}^{1/2} \right) + \frac{1}{\sqrt{2\pi}} \left(\beta \mathrm{e}^{-1/2} - \alpha \mathrm{e}^{1/2} \right) \int_0^\varsigma \mathrm{e}^{-\tau^2/2} \mathrm{d}\tau + \cdots.$$

在这种情况下, 我们不能得到在整个区间上一致有效的单一的合成展开式, 而是形成两个合成展开式分别在区间 $\left[0, \dfrac{1}{2} \right]$ 和 $\left[\dfrac{1}{2}, 1 \right]$ 上有效.

$$\begin{aligned} y_l^c &= y_l^\circ + y^i - (y_l^\circ)^i \\ &= \alpha \mathrm{e}^x + \left(\beta \mathrm{e}^{-1/2} - \alpha \mathrm{e}^{1/2} \right) \left(\frac{1}{2} + \frac{1}{\sqrt{2\pi}} \int_0^\varsigma \mathrm{e}^{-\tau^2/2} \mathrm{d}\tau \right) + \cdots, \end{aligned} \tag{2.3.33}$$

$$\begin{aligned} y_r^c &= y_r^\circ + y^i - (y_r^\circ)^i \\ &= \beta \mathrm{e}^{x-1} - \left(\beta \mathrm{e}^{-1/2} - \alpha \mathrm{e}^{1/2} \right) \left(\frac{1}{2} - \frac{1}{\sqrt{2\pi}} \int_0^\varsigma \mathrm{e}^{-\tau^2/2} \mathrm{d}\tau \right) + \cdots. \end{aligned} \tag{2.3.34}$$

需要指出, 在上例中, $p_1(x)$ 是单增的, 只有一个内层, 当 $p_1(x)$ 单减时, 情况更复杂, 可能出现一个在端点的边界层以及一个内层.

(3) 求外展开和内展开有时需要采用其他的渐近序列. 例如,

$$(x+y)\frac{\mathrm{d}y}{\mathrm{d}x} + y = \varepsilon^{1/2}, \qquad x \to \infty, |y| < \infty. \tag{2.3.35}$$

方程 (2.3.35) 的右端为 $\varepsilon^{1/2}$, 展开时应取渐近序列 $\{\varepsilon^{m/2}\}, m = 1, 2, \cdots$ (参看文献 [2][106]). 有时则需要用比 ε 分数次幂更慢地趋于 ∞ 的渐近序列, 例如, $\ln \varepsilon^{-1}$, $\ln(\ln \varepsilon^{-1})$, $\ln\left[\ln(\ln \varepsilon^{-1})\right], \cdots$ (参看文献 [1]§4.1.7, 中译本[139]).

(4) 求内解时, 有时不是采用放大的尺度而是用缩小的尺度. 例如, 问题

$$y'' + \frac{2}{x}y' + \varepsilon yy' = 0, \qquad y(1) = 0, y(\infty) = 1.$$

无限域引起非一致性, 为了研究对于大的 x 处的性态, 引进压缩变换 $\xi = x\varepsilon^\lambda (\lambda > 0)$ (参看文献 [1.7]§12.8, 中译本[359]).

(5) 有时会出现多重边界层. 例如, 问题

$$\varepsilon^3 y'' + x^3 y' + (x^3 - \varepsilon)y = 0, \qquad y(0) = \alpha, y(1) = \beta.$$

边界层在 $x = 0$ 附近, 但有两重: 左层 y^{l} 和中间层 y^{m} 为边界层, 还有右层 y^{o} (外解). y^{l} 可通过变换 $\xi = x\varepsilon^{-1}$ 求得; y^{m} 可通过变换 $\varsigma = x\varepsilon^{-1/2}$ 求得 (参看文献 [1.7]§12.7, 中译本[355]).

(6) 解题时, 有时需要将自变量和因变量都作变换 (参看文献 [2][106]).

(7) 关于匹配渐近展开, 还有更复杂更精细的匹配原理, 如 **Fraenkel 匹配原理** (参看文献 [2][110])、**Kaplun 中间匹配原理**[30], 此外, 读者可参看本丛书的第二分册《奇异摄动的边界层和内层理论》对匹配展开法的介绍.

注 2.3.2　1957 年, 苏联学者维希克和刘斯铁尔尼克[31] 针对匹配渐近展开法匹配手续复杂、困难的缺点和由此带来的局限性, 提出了一种比较简便的构造边界层函数的方法 ——**边界层校正法**, 文献 [2] 第 9 章对此有简要的介绍.

20 世纪 60 年代, 瓦西里耶娃 (А. Б. Васильева)[32] 等进一步提出了 "边界层函数法", 并建立了严格的理论, 参看本书第 3 章.

2.4　合成展开法

2.4.1　合成展开法的基本思想

1948 年, 钱伟长[33] 在研究圆薄板大挠度问题时, 提出了一种有别于匹配展开法的新的展开方法, 后经进一步发展完善, 称为**合成展开法**. 这种方法的基本思想

是：不是分别求得外解和内解然后将它们匹配, 而是将外解修正, 使之满足内层边界条件. 具体地讲, 就是：

(1) 先用渐近展开法求外解 $F(x, \varepsilon)$, 使之满足外部区域边界条件;

(2) 将 $F(x, \varepsilon)$ 中的 x 化为内变量 ς, 并将原方程用内变量 ς 来表示;

(3) 设合成解

$$y(x, \varepsilon) = F(x, \varepsilon) + G(\varsigma, \varepsilon),$$

改用内变量 ς 表示, 记作 $\bar{y}(\varsigma, \varepsilon)$;

(4) 将内层函数 $G(\varsigma, \varepsilon)$ 按照与 F 相同的渐近序列展开为渐近级数;

(5) 将 $\bar{y}(\varsigma, \varepsilon)$ 代入方程逐级求解, 并假定 $G(\varsigma, \varepsilon)$ 在外部区域很小, 令合成解满足逐级的内边界条件.

2.4.2 例

例 2.4.1　用合成法求下述问题的一阶渐近解：

$$\varepsilon y'' + y' + y = 0, \quad y(0) = a, \quad y(1) = b. \tag{2.4.1}$$

解　(1) 易知边界层在左端点邻域内. 设外解

$$F(x, \varepsilon) = F_0(x) + \varepsilon F_1(x) + \cdots,$$

代入方程及外边界条件 $y(1) = b$, 可求得

$$F(x, \varepsilon) = b\mathrm{e}^{1-x} \left[1 + (1-x)\varepsilon + \frac{1}{2}(1-x)(5-x)\varepsilon^2 + \cdots \right].$$

(2) 设内变量 $\varsigma = x\varepsilon^{-1}$, 原方程和左边界条件变为

$$\frac{\mathrm{d}^2 y}{\mathrm{d}\varsigma^2} + \frac{\mathrm{d}y}{\mathrm{d}\varsigma} + \varepsilon y = 0, \quad y(0) = a. \tag{2.4.2}$$

(3) 设合成解 (用 $\varepsilon\varsigma$ 代替 x)

$$y(x, \varepsilon) = y(\varepsilon\varsigma, \varepsilon) \overset{\text{def}}{=} \bar{y}(\varsigma, \varepsilon),$$

$$
\begin{aligned}
\bar{y}(\varsigma, \varepsilon) = y(\varepsilon\varsigma, \varepsilon) =& F(\varepsilon\varsigma, \varepsilon) + G(\varsigma, \varepsilon) \\
=& F_0(\varepsilon\varsigma) + \varepsilon F_1(\varepsilon\varsigma) + \varepsilon^2 F_2(\varepsilon\varsigma) + \cdots + G_0(\varsigma) + \varepsilon G_1(\varsigma) + \varepsilon^2 G_2(\varsigma) + \cdots \\
=& G_0(\varsigma) + F_0(0) + \varepsilon \left[G_1(\varsigma) + F_1(0) + F_0'(0)\varsigma \right] \\
& + \varepsilon^2 \left[G_2(\varsigma) + F_2(0) + F_1'(0)\varsigma + \frac{1}{2}F_0''(0)\varsigma^2 \right] + \cdots.
\end{aligned}
$$

将 $\bar{y}(\varsigma, \varepsilon)$ 代入式 (2.4.2), 并设 $\varsigma \to \infty$ 时, $G_n(\varsigma) \to 0(n = 0, 1, \cdots)$, 可逐次得到

$$G_0(\varsigma) = (a - be)\mathrm{e}^{-\varsigma},$$

$$G_1(\varsigma) = [(a - be)\varsigma - be]\,\mathrm{e}^{-\varsigma},$$

$$G_2(\varsigma) = \left[\frac{1}{2}(a - be)\varsigma^2 + (a - 2be)\varsigma - \frac{5}{2}be\right]\mathrm{e}^{-\varsigma},$$

(4) 再将 ς 换回到 x, 得合成解

$$y(x, \varepsilon) = be^{1-x}\left[1 + (1-x)\varepsilon + \frac{1}{2}(1-x)(5-x)\varepsilon^2\right]$$
$$+ \left\{(a - be)\left(1 + x + \frac{1}{2}x^2\right) - [be - (a - 2be)x]\,\varepsilon - \frac{5}{2}be\varepsilon^2\right\}\mathrm{e}^{-x\varepsilon^{-1}} + O(\varepsilon^2).$$

注 2.4.1　1964 年, Latta[34] 提出了类似的解法, 但他的方法局限于内层解可以用一组特定的函数和 $\mathrm{e}^{-y\varepsilon^{-1}}$ 或 $\mathrm{e}^{-x\varepsilon^{-1}} = \mathrm{e}^{-\varsigma}$ 作为因子来表达, 这类函数有时是很难识别的 (参看文献 [2][117−123]). 1971 年, O'Malley[35] 重新发现了合成展开法.

2.5　WKB 近似法

物理文献中的 WKB 近似, 起源于对含有大参数二阶线性常微分方程

$$y'' + p(x; \lambda)y' + q(x; \lambda)y = 0, \quad \lambda \gg 1$$

的研究. 因为只需令 $y = u(x)\exp\left[-\frac{1}{2}\int p(x; \lambda)\mathrm{d}x\right]$ 就可消去方程中的一阶导数项, 故只需研究 "标准形式" 的方程

$$y'' + q(x; \lambda)y = 0, \quad \lambda \gg 1.$$

我们这里只讨论物理学中常常遇到的 Liouville 型方程

$$y'' + \left[\lambda^2 q_1(x) + q_2(x)\right]y = 0, \quad \lambda \gg 1, \tag{2.5.1}$$

其中 $q_1 \in C^2[a, b]$, $q_2 \in C[a, b]$.

方程 (2.5.1) 中对解的性质起支配作用的是 $\lambda^2 q_1(x)y$ 这一项, 通常总是先将它尽可能简化.

2.5.1 最简单的三类二阶常微分方程

(1) $\dfrac{\mathrm{d}^2 v}{\mathrm{d}z^2} + v = 0$, 其解 $v = c_1 \cos z + c_2 \sin z$ 是 "振动的";

(2) $\dfrac{\mathrm{d}^2 v}{\mathrm{d}z^2} - v = 0$, 其解 $v = c_1 \mathrm{e}^z + c_2 \mathrm{e}^{-z}$ 是指数式变化的;

(3) Airy 方程 $\dfrac{\mathrm{d}^2 v}{\mathrm{d}z^2} - zv = 0$, 其解是第一类 Airy 函数 $Ai(z)$ 和第二类 Airy 函数 $Bi(z)$ 的线性组合: (2.5.2)

$$v = c_1 \mathrm{Ai}(z) + c_2 \mathrm{Bi}(z).\qquad(2.5.3)$$

对于大的 $|z|$, 有下列渐近展式 (参看文献 [2][137−138,157−161]):

$$\mathrm{Ai}(z) \sim \frac{1}{2\sqrt{\pi}} z^{-1/4} \mathrm{e}^{-w}, \quad z \to +\infty,\qquad(2.5.4)$$

$$\mathrm{Ai}(z) \sim \frac{1}{\sqrt{\pi}} (-z)^{-1/4} \sin\left(w + \frac{\pi}{4}\right), \quad z \to -\infty,\qquad(2.5.5)$$

$$\mathrm{Bi}(z) \sim \frac{1}{\sqrt{\pi}} z^{-1/4} \mathrm{e}^{w}, \quad z \to +\infty,\qquad(2.5.6)$$

$$\mathrm{Bi}(z) \sim \frac{1}{\sqrt{\pi}} (-z)^{-1/4} \cos\left(w + \frac{\pi}{4}\right), \quad z \to -\infty.\qquad(2.5.7)$$

其中 $w = \dfrac{2}{3} |z|^{3/2}$.

所以, 当 $|z| \to \infty$ 时, Airy 方程 (2.5.2) 有渐近解

$$v \sim \frac{1}{\sqrt{\pi}} z^{-1/4} \left(\frac{1}{2} c_1 \mathrm{e}^{-\frac{2}{3}z^{3/2}} + c_2 \mathrm{e}^{\frac{2}{3}z^{3/2}}\right), \quad z \to +\infty,\qquad(2.5.8)$$

$$v \sim \frac{1}{\sqrt{\pi}} |z|^{-1/4} \left[c_1 \sin\left(\frac{2}{3} |z|^{3/2} + \frac{\pi}{4}\right) + c_2 \cos\left(\frac{2}{3} |z|^{3/2} + \frac{\pi}{4}\right)\right], \quad z \to -\infty.$$
$$(2.5.9)$$

由此可见, Airy 方程的解当 $z \to +\infty$ 时指数变化, 当 $z \to -\infty$ 时振动.

2.5.2 Liouville-Green 变换

对于方程 (2.5.1), 早在 1837 年, Liouville 和 Green 就通过作自变量和因变量的变换

$$z = \varphi(x), \quad v(z) = \psi(x)y(x)\qquad(2.5.10)$$

将它变为

$$\frac{\mathrm{d}^2 v}{\mathrm{d}z^2} + \frac{1}{\varphi'^2} \left(\varphi'' - \frac{2\varphi'\psi'}{\psi}\right) \frac{\mathrm{d}v}{\mathrm{d}z} + \left(\frac{\lambda^2 q_1}{\varphi'^2} + \zeta\right) v = 0,\qquad(2.5.11)$$

其中

$$\zeta = \frac{1}{\varphi'^2} \left(q_2 - \frac{\psi''}{\psi} + \frac{2\psi'^2}{\psi^2} \right). \tag{2.5.12}$$

显然, 只需令 $\psi = \sqrt{\varphi'}$, 就可消去方程 (2.5.11) 中的一阶导数项, 得到

$$\frac{\mathrm{d}^2 v}{\mathrm{d}z^2} + \left(\frac{\lambda^2 q_1}{\varphi'^2} + \zeta \right) v = 0. \tag{2.5.13}$$

然后再适当地选取 φ, 使得方程 (2.5.13) 的支配部分 $\lambda^2 q_1 \varphi'^{-2} v$ 尽可能简单, 且其解与原方程 (2.5.1) 的解具有相同的定性性态.

2.5.3　WKB 近似

若 $q_1(x)$ 定号, 可令方程 (2.5.13) 支配部分的系数为常数, 不失一般性, 可令

$$\frac{\lambda^2 q_1}{\varphi'^2} = \begin{cases} 1, & q_1(x) > 0, \\ -1, & q_1(x) < 0. \end{cases} \tag{2.5.14}$$

由此可得

$$\varphi = \begin{cases} \pm\lambda \int \sqrt{q_1}\mathrm{d}x, & q_1 > 0, \\ \pm\lambda \int \sqrt{-q_1}\mathrm{d}x, & q_1 < 0. \end{cases} \tag{2.5.15}$$

$$\psi = \begin{cases} \lambda^{1/2} \sqrt[4]{q_1}, & q_1 > 0, \\ \lambda^{1/2} \sqrt[4]{-q_1}, & q_1 < 0, \end{cases} \tag{2.5.16}$$

方程 (2.5.13) 变成

$$\frac{\mathrm{d}^2 v}{\mathrm{d}z^2} \pm v = -\zeta v, \tag{2.5.17}$$

式中正、负号分别对应于 $q_1 > 0$ 和 $q_1 < 0$ 的情形,

$$\zeta = \frac{1}{\pm\lambda^2 q_1} \left(q_2 + \frac{5 q_1'^2}{16 q_1^2} - \frac{q''_1}{4 q_1} \right). \tag{2.5.18}$$

因为 $q_1 \in C^2[a, b]$, $q_2 \in C[a, b]$, 且 q_1 在 $[a, b]$ 上无零点, 故 ζ 有界, 且因 $\lambda \gg 1$, 从而 ζ 是小量. 故在求一次近似时, 可忽略 $-\zeta v$ 这一项, 方程 (2.5.17) 变成

$$\frac{\mathrm{d}^2 v}{\mathrm{d}z^2} \pm v \approx 0. \tag{2.5.19}$$

解得 v, 进而得方程 (2.5.1) 的近似解

$$y \approx q_1^{-1/4} \left[a_1 \cos\left(\lambda \int \sqrt{q_1}\mathrm{d}x \right) + b_1 \sin\left(\lambda \int \sqrt{q_1}\mathrm{d}x \right) \right], \quad q_1 > 0, \tag{2.5.20}$$

$$y \approx (-q_1)^{-1/4} \left[a_2 \exp\left(\lambda \int \sqrt{-q_1}\mathrm{d}x \right) + b_2 \exp\left(-\lambda \int \sqrt{-q_1}\mathrm{d}x \right) \right], \quad q_1 < 0. \tag{2.5.21}$$

1926 年, Wentzel、Kramers 和 Brillouin[36−38] 几乎同时在薛定谔方程的研究中得到上述结果, 所以在物理文献中常称式 (2.5.20) 和式 (2.5.21) 为**WKB 近似**.

2.5.4　转向点

若 $q_1(x)$ 在 $[a, b]$ 上有零点, 且在其零点的左、右两侧符号相反, 由上段的讨论可知, 方程 (2.5.1) 的解在 $q_1(x)$ 零点的一侧是振动的, 而在 $q_1(x)$ 零点的另一侧则是指数变化的, 经过零点, 解的性质发生了转化. 在经典力学中, 当质点入射到这样的点处时, 其动能全部转化为势能, 质点运动方向改变, 反射回来, 因此称这样的点为 "转向点". 从 2.5.1 小节的讨论可知, 对于转向点而言, Airy 方程是最简单的数学模型.

关于转向点问题, 可以采用 Langer 变换等方法研究, 本书第 7 章有专门介绍, 另可参看文献 [2] 第 6 章.

2.6　多重尺度法

2.6.1　多重尺度法的基本思想

在求渐近解时, 人们注意到, 解 $u(t; \varepsilon)$ 作为 t 和 ε 的函数, 除直接依赖于 t 和 ε 外, 还常常与 $\varepsilon t, \varepsilon^2 t$ 等有关, 因此可以将它看作是 $t, \varepsilon, \varepsilon t, \varepsilon^2 t$ 等的函数而写成

$$u(t; \varepsilon) = \hat{u}(t, \varepsilon t, \varepsilon^2 t, \cdots; \varepsilon). \tag{2.6.1}$$

若记

$$T_n = \varepsilon^n t, \tag{2.6.2}$$

则有

$$u(t; \varepsilon) = \hat{u}(T_0, T_1, T_2, \cdots; \varepsilon). \tag{2.6.3}$$

T_n 可以视为不同的时间尺度, 比方说, 若 $\varepsilon = 1/60$, 则尺度 T_0, T_1, T_2 的变化可以分别在手表的秒针、分针和时针上观察到, 而手表的运动则可以看作是与秒针、分针、时针三者有关的运动, 即可视为是 T_0, T_1, T_2 三个变量的函数.

上述思考, 就是将一个尺度的自变量 t 细分为多个尺度 $T_0, T_1, T_2, \cdots$, 从而 t 成为变量 $T_0, T_1, T_2, \cdots$ 的函数. 求全微分 $\dfrac{\mathrm{d}}{\mathrm{d}t}$, 并记 $D_n = \dfrac{\partial}{\partial T_n}$, 则有

$$\frac{\mathrm{d}}{\mathrm{d}t} = \sum_{n=0}^{\infty} \varepsilon^n \frac{\partial}{\partial T_n} = \sum_{n=0}^{\infty} \varepsilon^n D_n, \tag{2.6.4}$$

$$\frac{\mathrm{d}^2}{\mathrm{d}t^2} = D_0^2 + 2\varepsilon D_0 D_1 + \varepsilon^2 (2 D_0 D_2 + D_1^2) + \cdots, \tag{2.6.5}$$

从而可将原来的常微分方程化为一个偏微分方程, 相应地, 将因变量 $u(t; \varepsilon)$ 用多变量来展开,

$$u(t; \varepsilon) = \sum_{m=0}^{\infty} \varepsilon^m u_m(T_0, T_1, \cdots), \tag{2.6.6}$$

再进一步求解.

20 世纪 50 年代后期问世的上述方法, 因为引进了多个尺度, 因此称为**多重尺度法**(the method of multiple scales), 也叫**多变量展开法**. 鉴于式 (2.6.4) 将导数展开为小参数的幂级数, Sturrock 和 Nayfey 等学者也称这种方法为**导数展开法**. 这种方法虽然将常微分方程化为偏微分方程, 看似复杂了, 但实践证明, 这一形式上的复杂化, 其损失远小于好处, 因此应用十分广泛.

下面用一个例子来说明多重尺度法的求解过程.

例 2.6.1　求 Duffing 方程

$$\ddot{u} + u + \varepsilon u^3 = 0 \tag{2.6.7}$$

的二阶近似解.

解　设

$$u = \sum_{n=0}^{2} \varepsilon^n u_n(T_0, T_1, T_2) + O(\varepsilon^3), \tag{2.6.8}$$

由式 (2.6.5) 和式 (2.6.8), 方程 (2.6.7) 化为

$$D_0^2(u_0 + \varepsilon u_1 + \varepsilon^2 u_2) + 2\varepsilon D_0 D_1(u_0 + \varepsilon u_1) + \varepsilon^2(2D_0 D_2 + D_1^2)u_0$$
$$+ (u_0 + \varepsilon u_1 + \varepsilon^2 u_2) + \varepsilon(u_0 + \varepsilon u_1)^3 = 0. \tag{2.6.9}$$

得到

$$D_0^2 u_0 + u_0 = 0, \tag{2.6.10}$$

$$D_0^2 u_1 + u_1 = -2D_0 D_1 u_0 - u_0^3, \tag{2.6.11}$$

$$D_0^2 u_2 + u_2 = -2D_0 D_1 u_1 - (2D_0 D_2 + D_1^2)u_0 - 3u_0^2 u_1. \tag{2.6.12}$$

注意到上述方程是实系数的, 如果它有一个复值解, 则其共轭函数仍为该方程的解, 因此在求这些方程的解时, 将解用复指数函数表示而不用三角函数表示, 往往会带来方便. 方程 (2.6.10) 的通解为

$$u_0 = A(T_1, T_2)\mathrm{e}^{\mathrm{i}T_0} + CC, \tag{2.6.13}$$

式中 CC 表示第一项的复共轭 (complex conjugate)$\bar{A}(T_1, T_2)\mathrm{e}^{-\mathrm{i}T_0}$. 因 u_0 是 T_0, T_1, T_2 的函数, 方程 (2.6.10) 是 u_0 关于 T_0 的偏微分方程, 故通解中的叠加系数 A 通常是 T_1, T_2 的函数.

将式 (2.6.13) 代入式 (2.6.11), 得

$$D_0^2 u_1 + u_1 = -(2\mathrm{i}D_1 A + 3A^2\bar{A})\mathrm{e}^{\mathrm{i}T_0} - A^3\mathrm{e}^{3\mathrm{i}T_0} + CC. \tag{2.6.14}$$

为使 u_1 中不出现长期项, 应有

$$2\mathrm{i}D_1 A + 3A^2\bar{A} = 0, \tag{2.6.15}$$

由此可得

$$A = \frac{1}{2}a(T_2)\exp\left[\mathrm{i}\left(\frac{3}{8}a^2 T_1 + \varphi(T_2)\right)\right], \tag{2.6.16}$$

其中 $a(T_2)$ 和 $\varphi(T_2)$ 都是实值函数. 为使 u_1 中不出现长期项, 还需式 (2.6.14) 的复共轭项中 $\mathrm{e}^{-\mathrm{i}T_0}$ 的系数为零, 但由此得到的方程正好是式 (2.6.15) 的 "共轭方程" $-2\mathrm{i}D_1\bar{A} + 3\bar{A}^2 A = 0$, 而式 (2.6.16) 也是该方程的解, 因此在具体解题时, 可以不考虑复共轭项, 这也是将解选用复指数函数表示带来的方便.

取 A 为式 (2.6.16), 则有

$$D_0^2 u_1 + u_1 = -A^3 \mathrm{e}^{3\mathrm{i}T_0} + CC, \tag{2.6.17}$$

$$u_1 = B(T_1, T_2)\mathrm{e}^{\mathrm{i}T_0} + \frac{A^3}{8}\mathrm{e}^{3\mathrm{i}T_0} + CC. \tag{2.6.18}$$

式 (2.6.18) 中的 CC 为前两项的复共轭.

将式 (2.6.13) 和式 (2.6.18) 代入式 (2.6.12), 消去使 u_2 中出现长期项的项, 可得

$$D_0^2 u_2 + u_2 = -\frac{3}{8}A^5 \mathrm{e}^{5\mathrm{i}T_0} + \frac{21}{8}A^4\bar{A}\mathrm{e}^{3\mathrm{i}T_0} + CC, \tag{2.6.19}$$

其中

$$A = \frac{1}{2}a\exp\left[\mathrm{i}\left(\frac{3}{8}a^2\varepsilon - \frac{15}{256}a^4\varepsilon^2\right)t + c\right], \tag{2.6.20}$$

a, c 为任意常数. 方程 (2.6.19) 有特解

$$u_2 = \frac{1}{64}A^5 \mathrm{e}^{5\mathrm{i}T_0} - \frac{21}{64}A^4\bar{A}\mathrm{e}^{3\mathrm{i}T_0} + CC. \tag{2.6.21}$$

将 $T_n = \varepsilon^n t$ 代入式 (2.6.20), 计算 u_0, u_1, u_2, 并记

$$\theta = \left(1 + \frac{3}{8}a^2\varepsilon - \frac{15}{256}a^4\varepsilon^2\right)t + c, \tag{2.6.22}$$

则得到方程 (2.6.7) 的二阶近似解

$$u = a\cos\theta + \frac{1}{32}\varepsilon a^3\cos 3\theta + \frac{1}{1024}\varepsilon^2 a^5(\cos 5\theta - 21\cos 3\theta) + O(\varepsilon^3). \tag{2.6.23}$$

2.6.2　两变量展开法

有些问题可以用 Cole 和 Kevorkian[26] 引入的两变量展开法. 我们通过一个简单的例子来说明其求解方法.

例 2.6.2　求线性阻尼振动方程

$$\ddot{x} + 2\varepsilon\dot{x} + x = 0, \quad \varepsilon \ll 1 \tag{2.6.24}$$

的一阶近似解.

解　引入两个时间尺度

$$\xi = \varepsilon t, \quad \eta = (1 + \varepsilon^2\omega_2 + \varepsilon^3\omega_3 + \cdots + \varepsilon^M\omega_M)t, \tag{2.6.25}$$

这里 ξ 是 "慢变量", η 是 "快变量". η 不含 εt, 即不含 ξ. 设

$$x(t;\varepsilon) = \sum_{m=0}^{M-1} \varepsilon^m x_m(\xi,\eta) + O(\varepsilon^M). \tag{2.6.26}$$

这时

$$\frac{\mathrm{d}}{\mathrm{d}t} = \varepsilon\frac{\partial}{\partial\xi} + (1 + \varepsilon^2\omega_2 + \cdots + \varepsilon^M\omega_M)\frac{\partial}{\partial\eta},$$

方程 (2.6.24) 变成

$$(1 + \varepsilon^2\omega_2 + \cdots)^2\frac{\partial^2 x}{\partial\eta^2} + 2\varepsilon(1 + \varepsilon^2\omega_2 + \cdots)\frac{\partial^2 x}{\partial\xi\partial\eta} + \varepsilon^2\frac{\partial^2 x}{\partial\xi^2}$$

$$+ 2\varepsilon(1 + \varepsilon^2\omega_2 + \cdots)\frac{\partial x}{\partial\eta} + 2\varepsilon^2\frac{\partial x}{\partial\xi} + x = 0. \tag{2.6.27}$$

将式 (2.6.26) 代入, 比较 ε 同次幂, 得

$$\frac{\partial^2 x_0}{\partial\eta^2} + x_0 = 0, \tag{2.6.28}$$

$$\frac{\partial^2 x_1}{\partial\eta^2} + x_1 + 2\frac{\partial^2 x_0}{\partial\xi\partial\eta} + 2\frac{\partial x_0}{\partial\eta} = 0, \tag{2.6.29}$$

$$\frac{\partial^2 x_2}{\partial\eta^2} + x_2 + 2\omega_2\frac{\partial^2 x_0}{\partial\eta^2} + 2\frac{\partial^2 x_1}{\partial\xi\partial\eta} + \frac{\partial^2 x_0}{\partial\xi^2} + 2\frac{\partial x_1}{\partial\eta} + 2\frac{\partial x_0}{\partial\xi} = 0. \tag{2.6.30}$$

解方程 (2.6.28) 得

$$x_0 = A_0(\xi)\mathrm{e}^{\mathrm{i}\eta} + CC. \tag{2.6.31}$$

代入式 (2.6.29), 得

$$\frac{\partial^2 x_1}{\partial\eta^2} + x_1 = -2\mathrm{i}\left(A_0'(\xi) + A_0\right)\mathrm{e}^{\mathrm{i}\eta} + CC. \tag{2.6.32}$$

为消去长期项, 令 $A_0'(\xi) + A_0 = 0$, 得

$$A_0 = a_0 e^{-\xi}, \tag{2.6.33}$$

$$x_1 = A_1(\xi)e^{i\eta} + CC. \tag{2.6.34}$$

将 x_0, x_1 代入式 (2.6.30), 得

$$\frac{\partial^2 x_2}{\partial \eta^2} + x_2 = \left[-2i(A_1' + A_1) + (2\omega_2 + 1)a_0 e^{-\xi}\right] e^{i\eta} + CC, \tag{2.6.35}$$

令 $e^{i\eta}$ 的系数为 0, 得

$$A_1 = a_1 e^{-\xi} - \frac{1}{2}i(2\omega_2 + 1)a_0 \xi e^{-\xi}. \tag{2.6.36}$$

注意到将式 (2.6.36) 代入式 (2.6.34) 并与 x_0 比较后可知, 当 $\xi \to +\infty$ 时 x_1/x_0 无界, 除非 $\omega_2 = -1/2$, 因此, 最终得到

$$x = a_0 e^{-\xi+i\eta} + \varepsilon a_1 e^{-\xi+i\eta} + CC + O(\varepsilon^2)$$

$$= a e^{-\varepsilon t} \cos\left(t - \frac{1}{2}\varepsilon^2 t + \varphi\right) + O(\varepsilon^2), \tag{2.6.37}$$

其中 a 与 φ 由下式定义:

$$a_0 + \varepsilon a_1 = \frac{1}{2}a e^{i\varphi}. \tag{2.6.38}$$

2.6.3 推广的多重尺度法

20 世纪 60 年代, Nayfeh 等学者[39,40] 将多重尺度法做了推广, 导数按 ε 的幂展开被推广为按 ε 的渐近序列展开, 即设

$$T_n = \delta_n(\varepsilon)t, \quad D_n = \frac{\partial}{\partial T_n}, \tag{2.6.39}$$

$$\frac{d}{dt} = \sum_{n=0}^{M} \delta_n(\varepsilon)D_n. \tag{2.6.40}$$

或者再取一个渐近序列 $\{\mu_n(\varepsilon)\}$, 设

$$T_n = \delta_n(\varepsilon)g_n\left[\mu_n(\varepsilon)t\right], \tag{2.6.41}$$

$$\frac{d}{dt} = \sum_{n=0}^{M} \delta_n(\varepsilon)\mu_n(\varepsilon)g_n'\left[\mu_n(\varepsilon)t\right]D_n. \tag{2.6.42}$$

两变量展开法也可类似地推广. 设

$$\xi = \mu(\varepsilon)t, \quad \eta = \sum_{n=0}^{M} \delta_n(\varepsilon)g_n\left[\mu(\varepsilon)t\right], \tag{2.6.43}$$

$$\frac{\mathrm{d}}{\mathrm{d}t} = \mu(\varepsilon)\frac{\partial}{\partial\xi} + \left(\sum_{n=0}^{M}\delta_n(\varepsilon)\mu(\varepsilon)g'_n\left[\mu(\varepsilon)t\right]\right)\frac{\partial}{\partial\eta}. \tag{2.6.44}$$

下面举例说明.

例 2.6.3　考察边值问题

$$\varepsilon y'' + (2x+1)y' + 2y = 0, \quad y(0) = \alpha, \quad y(1) = \beta. \tag{2.6.45}$$

易知在 $x = 0$ 有边界层, 如用匹配渐近展开法求解, 内变量为 $x\varepsilon^{-1}$, 在求得内解、外解后再匹配构成一个复合渐近解. 我们现在用推广的多重尺度法, 这样可以得到一个单一的一致有效展开式. 引进两个尺度

$$\xi = x, \quad \eta = g_0(x)\varepsilon^{-1} + g_1(x) + \varepsilon g_2(x), \tag{2.6.46}$$

其中函数 $g_i(x)$ 待定, 我们要求 $g_0(0) = g_i(0) = 0$, 当 $x \to 0$ 时 $g_0(x) \to x$, 从而 η 接近于内变量 $x\varepsilon^{-1}$. 用 "′" 表示对自变量求导, 有

$$\frac{\mathrm{d}}{\mathrm{d}x} = \eta'\frac{\partial}{\partial\eta} + \frac{\partial}{\partial\xi},$$
$$\frac{\mathrm{d}^2}{\mathrm{d}x^2} = \eta'^2\frac{\partial^2}{\partial\eta^2} + \eta''\frac{\partial}{\partial\eta} + 2\eta'\frac{\partial^2}{\partial\eta\partial\xi} + \frac{\partial^2}{\partial\xi^2}.$$

方程 (2.6.45) 变成

$$\varepsilon\left(g'_0\varepsilon^{-1} + g'_1 + \varepsilon g'_2\right)^2\frac{\partial^2 y}{\partial\eta^2} + \varepsilon\left(g''_0\varepsilon^{-1} + g''_1 + \varepsilon g''_2\right)\frac{\partial y}{\partial\eta}$$
$$+2\varepsilon\left(g'_0\varepsilon^{-1} + g'_1 + \varepsilon g'_2\right)\frac{\partial^2 y}{\partial\xi\partial\eta} + \varepsilon\frac{\partial^2 y}{\partial\xi^2}$$
$$+(2\xi+1)\left[\left(g'_0\varepsilon^{-1} + g'_1 + \varepsilon g'_2\right)\frac{\partial y}{\partial\eta} + \frac{\partial y}{\partial\xi}\right] + 2y = 0. \tag{2.6.47}$$

对 y 作两变量展开, 令

$$y = \sum_{n=0}^{N-1}\varepsilon^n y_n(\xi,\eta) + O(\varepsilon^N), \tag{2.6.48}$$

其中

$$\frac{y_n}{y_{n-1}} < \infty, \quad \forall\xi = x, \eta = \eta(x;\varepsilon), x \in [0,1].$$

代入式 (2.6.47), 分别令 $\varepsilon^{-1}, \varepsilon^0, \varepsilon^1$ 的系数为零, 得关于 y_0, y_1, y_2 的方程:

$$\left[g_0' \frac{\partial^2 y_0}{\partial \eta^2} + (2\xi + 1) \frac{\partial y_0}{\partial \eta} \right] g_0' = 0, \tag{2.6.49}$$

$$\left[g_0' \frac{\partial^2 y_1}{\partial \eta^2} + (2\xi + 1) \frac{\partial y_1}{\partial \eta} \right] g_0' + 2 g_0' \frac{\partial^2 y_0}{\partial \xi \partial \eta} + 2 g_0' g_1' \frac{\partial^2 y_0}{\partial \eta^2}$$
$$+ [g_0'' + (2\xi + 1)g_1'] \frac{\partial y_0}{\partial \eta} + (2\xi + 1) \frac{\partial y_0}{\partial \xi} + 2 y_0 = 0, \tag{2.6.50}$$

$$\left[g_0' \frac{\partial^2 y_2}{\partial \eta^2} + (2\xi + 1) \frac{\partial y_2}{\partial \eta} \right] g_0' + 2 g_0' g_1' \frac{\partial^2 y_1}{\partial \eta^2} + (g_1'^2 + 2 g_0' g_2') \frac{\partial^2 y_0}{\partial \eta^2}$$
$$+ 2 g_1' \frac{\partial^2 y_0}{\partial \xi \partial \eta} + 2 g_0' \frac{\partial^2 y_1}{\partial \xi \partial \eta} + \frac{\partial^2 y_0}{\partial \xi^2} + [g_0'' + (2\xi + 1)g_1'] \frac{\partial y_1}{\partial \eta}$$
$$+ [g_1'' + (2\xi + 1)g_2'] \frac{\partial y_0}{\partial \eta} + (2\xi + 1) \frac{\partial y_1}{\partial \xi} + 2 y_1 = 0. \tag{2.6.51}$$

因为当 $x \to 0$ 时 $g_0(x) \to x$, g_0' 不恒等于 0, 从而方程 (2.6.49) 的解为

$$y_0 = A_0(\xi) + B_0(\xi) \mathrm{e}^{-f(\xi)\eta}, \tag{2.6.52}$$

其中

$$f(\xi) = \frac{2\xi + 1}{g_0'}. \tag{2.6.53}$$

将式 (2.6.52) 代入式 (2.6.50), 以 "′" 表示函数对其自变量求导, 整理可得

$$\left[\frac{\partial^2 y_1}{\partial \eta^2} + f \frac{\partial y_1}{\partial \eta} \right] g_0'^2 = - [(2\xi + 1) A_0' + 2 A_0] - \{ g_0' f f' B_0 \eta$$
$$+ [-2 g_0'(B_0 f)' + (2\xi + 1) B_0' + (2 - f g_0'' + g_0' g_1' f^2) B_0] \} \mathrm{e}^{-f\eta}, \tag{2.6.54}$$

其通解可写成

$$y_1 = A_1(\xi) + B_1(\xi) \mathrm{e}^{-f\eta} - \frac{1}{g_0'^2 f} [(2\xi + 1) A_0' + 2 A_0] \eta + \frac{1}{g_0'^2} \left\{ \frac{1}{2} g_0' f' B_0 \eta^2 \right.$$
$$\left. + \frac{1}{f} \left[-2 g_0'(B_0 f)' + (2\xi + 1) B_0' + (2 - f g_0'' + g_0' g_1' f^2 + g_0' f') B_0 \right] \eta \right\} \mathrm{e}^{-f\eta}, \tag{2.6.55}$$

为了使 y_1/y_0 对于所有的 η 有界, 必须 η, $\eta \mathrm{e}^{-f\eta}$ 及 $\eta^2 \mathrm{e}^{-f\eta}$ 的系数均为零, 由此可以解得

$$A_0 = \frac{a_0}{2\xi + 1}, \quad a_0 = \text{const.}; \tag{2.6.56}$$

f 为常数, 不妨取 $f = 1$,

$$B_0 = b_0 \mathrm{e}^{g_1(\xi)}, \quad b_0 = \text{const..} \tag{2.6.57}$$

从而有

$$y_0 = \frac{a_0}{2\xi+1} + b_0 e^{g_1(\xi)-\eta} = \frac{a_0}{2\xi+1} + b_0 e^{-\varepsilon^{-1}g_0(\xi)} + O(\varepsilon), \tag{2.6.58}$$

$$y_1 = A_1(\xi) + B_1(\xi)e^{-\eta}. \tag{2.6.59}$$

在利用方程 (2.6.51) 来确定 A_1, B_1 之前, 注意到在已经得到的零阶近似

$$y = \frac{a_0}{2\xi+1} + b_0 e^{-\varepsilon^{-1}g_0(\xi)} + O(\varepsilon) \tag{2.6.60}$$

中, 并未出现 $g_1(\xi)$, 所以不妨从一开始就设 $g_1 = 0$. 然后, 将 y_0, y_1 以及 (由式 (2.6.53), $f = 1$ 和 $g_0(0) = 0$ 推知的)

$$g_0 = \xi^2 + \xi \tag{2.6.61}$$

一并代入方程 (2.6.51), 得到

$$\left(\frac{\partial^2 y_2}{\partial \eta^2} + \frac{\partial y_2}{\partial \eta}\right)(2\xi+1)^2 = -\left[(2\xi+1)A_1' + 2A_1 + 8a_0(2\xi+1)^{-3}\right]$$

$$+ (2\xi+1)(B_1' - b_0 g_2')e^{-\eta}, \tag{2.6.62}$$

为使 y_2/y_0 对一切 η 有界, 式 (2.6.62) 右端方括号内的三项之和, 以及 $e^{-\eta}$ 的系数均应为零, 由此解得 (注意: $g_2(0) = 0$)

$$A_1 = a_1(2\xi+1)^{-1} + 2a_0(2\xi+1)^{-3}, \tag{2.6.63}$$

$$B_1 = b_1, \quad g_2 = 0, \tag{2.6.64}$$

其中 a_1, b_1 为任意常数.

将 $\xi = x$, $\eta = (x^2+x)\varepsilon^{-1}$ 代入 y_0, y_1, 得方程 (2.6.45) 的一阶近似为

$$y = \frac{a_0}{2x+1} + b_0 e^{-(x^2+x)\varepsilon^{-1}} + \varepsilon\left[\frac{a_1}{2x+1} + \frac{2a_0}{(2x+1)^3} + b_1 e^{-(x^2+x)\varepsilon^{-1}}\right] + O(\varepsilon^2). \tag{2.6.65}$$

由方程 (2.6.45) 的两个边界条件, 先确定零阶近似的系数 a_0 和 b_0, 然后再适当选取 a_1 和 b_1, 可得

$$a_0 = 3\beta, \quad b_0 = \alpha - 3\beta, \quad a_1 = -\frac{2}{3}\beta, \quad b_1 = -\frac{16}{3}\beta,$$

所以该边值问题的近似解为

$$y = \frac{3\beta}{2x+1} + (\alpha - 3\beta)e^{-(x^2+x)\varepsilon^{-1}}$$

$$- \varepsilon\left[\frac{2\beta}{3(2x+1)} - \frac{6\beta}{(2x+1)^3} + \frac{16}{3}\beta e^{-(x^2+x)\varepsilon^{-1}}\right] + O(\varepsilon^2). \tag{2.6.66}$$

注 2.6.1   凡可用前面所述导数展开法及两变量展开法的问题,均可用本小节所述的推广方法求解,但反之未必. 例如, 具有慢变系数的振荡器等要求非线性尺度的问题 (参看文献 [2] 例 7.5),或者如地球–月球–宇宙飞船等具有剧变的问题 (参看文献 [2] 例 7.7). 但推广方法代数运算更复杂了,因此,对于具有常系数的非线性振动问题,导数展开法和两变量展开法更可取些.

注 2.6.2   对于可用变形坐标法处理的问题,利用多重尺度法可以得到一致有效的展开式, 一些不能利用变形坐标法的问题, 如含有阻尼或剧变的问题, 也可应用多重尺度法求解. 当尺度是由原变量的隐式而非显式给出时,多重尺度法可看作是变形坐标法的推广.

多重尺度法可用于能用平均法、KBM 法以及匹配渐近展开法处理的问题, 以及一些用这些方法不能处理的问题, 如非线性共振问题 (参看文献 [2] 例 7.4 范得坡方程的强迫振荡). 多重尺度法可以得到一个单一的一致有效展开式,虽然将原来的常微分方程变成了偏微分方程,但求解其零阶近似并不比解匹配展开法的首次内部方程更困难.

多重尺度法也可应用于偏微分方程,但对展开式的首项是非线性的 (如黏性流体绕流问题),具有非齐次边界摄动的椭圆型方程 (如薄翼的绕流问题) 等还未能应用.

多重尺度的思想方法也被江福汝等[41,42] 成功地应用于边界层项的构造.

多重尺度法问世以来, 由于其广泛的适应性与有效性, 在物理、工程和应用数学中得到了十分广泛的应用 (参看文献 [1]236−240).

2.7   奇异摄动理论和方法的一些发展动向

奇异摄动问题是应用数学界十分关注的研究对象[43]. 平均法、边界层法、匹配渐近展开法和多重尺度法等经典渐近方法已经被发展和优化, 许多学者应用奇异摄动理论做了大量的工作, 诸如反应扩散、转向点、边界层、激波、孤子、激光、吸引子、鸭解、光波散射、种群和神经网络等; 以及在流体力学、弹性力学、光学、热力学、量子力学、等离子物理学、物理化学、传染病学、神经学、工程学、环境科学、生态学、大气物理学、海洋科学和航空航天学等学科中解决了大量的应用问题. 进入 21 世纪后, 在奇异摄动理论和方法上出现了一些新的热点问题和研究动向.

1. 从常微分方程到偏微分方程

Grenier 和 Rousset[44] 研究了抛物型系统在非特征情形下一维边界层上的稳定性, 指出了频谱的稳定性可用近似解的稳定性代替.

Butuzov 和 Nedel'ko[45] 考虑了具有立方非线性反应扩散方程的奇异摄动初始边值问题, 并研究了属于解的影响区域的一组初始函数.

Meunier 和 Sanchez-Palencia[46] 研究了一类奇异摄动椭圆型边值问题, 它具有典型正的小参数 ε, 但当 $\varepsilon = 0$ 时为高度地不适定性, 边界条件不满足 Shapiro-Lopatinskii 条件. 渐近过程显示一个复杂的现象: 当 ε 减小时, 解变得越来越复杂, 并且其极限不存在. 这个现象与新的特征参数 $|\ln \varepsilon|$ 相关联.

Martinez 和 Wolanski[47] 讨论了一个满足自然条件的拟线性算子的奇异摄动问题, 考虑了退化问题的情形.

2. 从单个方程到系统

陈贤峰、郁培、韩茂安和张伟江[48] 用渐近方法研究了广义二维奇异摄动系统, 它的临界流形有一个 $(m-2)/2$ 次退化极值点. 得到了鸭解存在性的一些充分条件, 延伸和校正了某些已有的结果.

Ni 和 Wei[49] 研究了在 $\mathbf{R}^N$ 中的一个球域中的稳定的 Gierer-Meinhardt 系统:

$$\varepsilon^2 \Delta u - u + u^p/v^q = 0, \quad \Delta v - v + u^m/v^s = 0, \quad x \in B_N,\, u, v > 0,$$

$$\frac{\partial u}{\partial r} = \frac{\partial v}{\partial r} = 0,\, x \in \partial B_N, \quad 其中\ r\ 为矢径.$$

并且构造了当 ε 充分小时系统在 $(N-1)$ 维球面上的正解. 更确切地说, 在某些条件下, 证明了上述问题有一个对称的正解 $(u_\varepsilon,\, v_\varepsilon)$, 它在 $\Omega \backslash (r \neq r_0)$ 中的某点 $r_0 \in (0, \bar{r})$ 具有 $\lim\limits_{r \to r_0} u_\varepsilon(r) = 0$ 的性态.

Ramos[50] 研究了一个超线性椭圆型奇异摄动系统, 在适当的条件下得到了正解的存在性, 多样性.

3. 从边界层到内层

Bellettini 和 Fusco[51] 讨论了反应扩散系统:

$$\frac{\partial u_i}{\partial t} = \varepsilon^2 \Delta u_i + F(u_i) + \sigma(u_1 - u_2), \quad x \in \Omega, \quad \frac{\partial u_i}{\partial n}\bigg|_{\partial \Omega} = 0,\ i = 1, 2,$$

其中 $\sigma > 0$, ε 为正的小参数. 研究了其解的尖层的稳定动力学.

Jaume、da Silva 和 Teixeira[52] 考虑了一类间断向量场的奇异摄动问题. 其主要结果是具有一个间断的中心流形的奇异摄动问题的解. 发展了 Sotomayor 和 Teixeira 正规化过程, 并且得到一组滑动向量场与对应于奇异摄动问题的退化问题的一组向量场的一致性.

Kellogg 和 Kopteva[53] 讨论了一类半线性奇异摄动反应扩散方程 Dirichlet 边值问题. 构造了包括边界层和角层函数的渐近展开式.

4. 对以往的问题作更深入的研究

Apreuteseihe 和 Volpert[54] 利用 Vishik 和 Lyusternik 边界函数法得到了相应非线性边界条件的热传导方程的解的渐近展开式的精度估计.

Efendiev 和 Zelik[55] 研究了一个具有非线性的反应扩散系统解的长期性态. 证明了在一般假设下, 对应的动力过程的一致整体吸引子的性态, 并当 $\varepsilon \to 0$ 时, 这些吸引子趋于平均自动系统的整体吸引子.

Zhang[56] 建立了在神经网络中出现的积分方程的非线性奇异摄动系统, 得到了快速行波脉冲解的指数稳定性.

周明儒[57] 研究了二阶非线性奇异摄动方程 Robin 边值问题解的边界层和角层性态, 并且利用微分不等式理论讨论了解的存在性和渐近估计.

杜增吉、葛谓高和周明儒[58] 研究了三阶多点奇异摄动边值问题. 利用先验估计, 微分不等式技巧和 Leray-Schauder 理论给出了边值问题解的存在性、唯一性和渐近估计.

Alvarez、Bardi 和 Marchi[59] 证明了具有任意尺度的完全退化抛物型方程奇异摄动问题解的收敛性.

5. 新的研究理论

谢峰、韩茂安和张伟江[60] 研究了一类具有快变量的三维奇异摄动系统:

$$\dot{x} = f(x, y_1, y_2, \varepsilon), \quad \varepsilon \dot{y}_i = g_i(x, y_1, y_2, \lambda_i, \varepsilon), \quad x, y_i \in \mathbf{R}, \ i = 1, 2,$$

其中 $f \in C^{\infty}([x_1, x_2] \times \mathbf{R}^2 \times [0, \varepsilon_0])$, $x_1 < x_2$, ε_0, $\lambda_i > 0$. 并在某些充分条件下利用渐近方法证明了奇异摄动问题鸭解的存在性.

Ei、Mimura 和 Nagayama[61] 研究了二维行波斑点解的动力学. 在 Jordan 阻塞型衰减的分叉结构下构造了行波斑点解, 并且证明了慢波速能使行波斑点具有反射性态.

倪明康、Vasilieva 和 Dmitriev[62] 研究了变分问题中的内部层问题, 用直接展开法构造了一致有效渐近解并讨论了等价性问题.

Kadalbajoo 和 Sharma[63] 讨论了一个二阶奇异摄动时滞微分方程边值问题. 当时滞量充分小时, 为了解决时滞项, 使用了 Taylor 级数展开来研究, 并提出了和数值近似一样来求解一类边值问题.

Duehring 和 Huang[64] 改进了一个奇异摄动新方法, 研究了一类具有时滞和非局部响应的反应扩散方程带有大波速的周期行波解. 这与古典的奇异摄动方法不同, 它是在一个 Banach 空间中将微分方程转变为积分方程还原到正规摄动问题来研究. 利用 Liapunov-Schmidt 方法和一个推广的隐函数定理得到了周期行波解, 并应用到一个具有年龄结构的逻辑型出生函数的人口问题的模型.

Suzuki[65] 讨论了具有局部反应项的半线性热传导方程 Dirichlet 问题的非负解, 指出了某个无界整体解的存在性.

Vasilieva、Butuzov 和 Nefedov[66] 讨论了奇异摄动方程和方程组中的空间对照结构理论, 即退化问题出现多个孤立根而形成的内部层问题. 并在化学动力学中成功地进行了应用.

Butuzov 和 Nefedov[67] 讨论了当退化问题的多个孤立根发生相交, 并产生稳定性交替时奇异摄动方程和方程组解的存在性, 构造了一致有效渐近解.

6. 新的研究方法

Marques[68] 研究了一类径向非线性微分方程边值问题

$$-\varepsilon^2 (r^2 |u'|^\beta u')' = r^\gamma f(u), \quad 0 < r < R, \quad u'(0) = u'(R) = 0$$

的非常数渐近解的存在性, 并用一个 "山脉型过渡定理" 证明了此解不为常数.

Kumar[69] 基于内插小波变换在二元点上使用立方样条插值, 利用小波优化有限差分方法, 讨论了椭圆型和抛物型奇异摄动反应扩散方程. 用定阈值小波系数完成自适应特征.

Alvarez-Dios、Chipot 和 Garcia 等 [70] 依赖正的小参数的变分不等式研究了一个退化的奇异摄动问题的渐近性态, 并给出了解的存在性和唯一性.

7. 更广泛的应用范围

Alvarez 和 Bardi[71] 提供了一个有用的工具, 讨论了高振荡初始数据的完全退化的抛物型偏微分方程奇异摄动问题黏性解的收敛性定理, 并给出了详细的遍历性和稳定性的叙述.

莫嘉琪和林万涛[72] 研究了一个 EI Niño-南方涛动海气振子模型的非线性方程的渐近方法, 对应问题的近似解是借助于摄动方法来得到的. 由模拟图形的比较知, 用摄动方法得到渐近摄动解具有良好的精度. 同时指出用摄动方法得到的展开式还能进行解析运算, 可进一步得到海表温度异常的有关性态.

侯磊和仇璘[73] 应用非线性数值方法并结合奇异摄动理论, 求解了联系到具有黏性–弹性–塑性的材料的碰撞. 通过有限元模拟与著名的欧洲碰撞安全分析一致. 在冲击发生时, 得到了在大变形的复合材料中的压力分布.

焦小玉和楼森岳[74] 将直接近似退化方法应用到具有弱四阶色散和耗散的摄动 mKdV 方程. 利用有限级数得到退化解与原方程的解具有相似的近似度. 并得到了一个 Painlevé 型方程退化方程的双曲正切函数和 Jacobi 椭圆函数形式的零阶近似解.

Bonfoh、Grassrlli 和 Miranville[75] 研究了一个黏性-Cahn-Hilliard 方程, 并建立了一簇内部流形解的存在性.

　　Faye、Frenod 和 Seck[76] 建立了沙丘和大波型的形态动力学的简短项、平均项和长期项动力学模型. 基于退化抛物型方程的时间–空间周期解的存在性结果, 得到了简短项和平均项模型解的存在性和唯一性定理.

　　奇异摄动理论还有一些发展动向, 这里不再列举. 总之, 奇异摄动理论和方法的研究已经进入更深的层次和更广的领域, 它在科学技术领域研究中所起的作用无疑将会更大.

参 考 文 献

[1] Nayfeh A H. Perturbation Methods. New York: Wiley, 1973 (中译本. 摄动方法. 王辅俊, 等译. 上海: 上海科学技术出版社, 1984).

[2] 林宗池, 周明儒. 应用数学中的摄动方法. 南京: 江苏教育出版社, 1995.

[3] Lindstedt A. Ueber die integration einer fur die strorungs-theorie wichtigen differential gleichung. Astron, Nach, 1882, 103: 211-220.

[4] Poincaré H. New Methods of Celestial Mechanics. Vol. I-III(English transl). National Aeronautics and Space Administration TTF-450, 1967.

[5] Lighthill M J. A technique for rendering approximate solution to physical problems uniformly valid. Phil. Mag., 1949, 40: 1179-1201.

[6] Kou Y H. On the flow of an incompressible viscous fluid past a flat at moderate Reynolds numbers. J. Math. and Phys., 1953, 32: 83-101.

[7] Kou Y H. Viscous flow along a flat plate moving at high supersonic speeds. J.Aeron. Sci., 1956,23:125-136.

[8] ПритулоМ Ф. Обопределений равномерно точных решений дифферен-циальных уравнений методом воз мущения координат. ПММ, 1962, 26: 444-448 (或 Pritulo M.F. J. Appl. Math. Mech., 1962, 26: 661-667).

[9] Tsien H S. The Poincaré-Lighthill-Kuo method. Advan. Appl. Mech., 1956, 4: 281-349

[10] Temple G. Linearization and delinearization. Proceedings of the International Congress of mathematics. Edinburgh, 1958: 233-247.

[11] Comstock C. On Lighthill's method of strained coordinates. SIAM J. Appl. Math., 1968, 16: 596-602.

[12] Lin C C. On a perturbation theory based on the method of characteristics. J. Math. and Phys., 1954, 33: 117-134.

[13] Krylov N, Bogoliubov N N. Introduction to Nonlinear Mechanics. Princeton: Princeton University Press, 1947.

[14] Bogoliubov N N, Mitropolski Y.A. Asymptotic Methods in the Theory of Nonlinear Oscillations. New York: Gordon and Breach, 1961.

[15] Smith D R. Singular Perturbation Theory and Introduction with Applications. Cam-

bridge, London, New York: Cambridge University Press, 1985.

[16] Goldstein H. Classical Mechanics. Reading: Addison-Wesley, 1965.

[17] Meirovitch L. Methods of Analytical Dynamic. New York: McGraw-Hill, 1970.

[18] Kamel A A. Perturbation method in the theory of nonlinear oscillations. Celestial Mech., 1970, 3: 90-106.

[19] Kamel A A. Lie transforms and the Hamiltonigation of non-Hamiltonian systems. Celestial Mech., 1971, 4: 397-405.

[20] Sturrock P A. A variational principle and an energy theorem for small amplitude disturbances of electron beams and of electronion plasmas. Ann. Phys., 1958, 4: 306-324.

[21] Sturrock P A. Plasma Hydromagnetic. Stanford: Stanford University Press, 1962.

[22] Prandtl L. Motion of fluids with very little liscosity. Proceedings, Third Internat. Math. Kongr. Heidelberz, 1905: 484-491.

[23] Brethenton F P. Slow viscous motion round a cylinder in a simple shear. J. Fluid Mech., 1962, 12: 591-613.

[24] van Dyke M. Perturbation methods in fluid mechanics. New York: Academic Press, 1964.

[25] Wasow W A. Asy mptotic expansions for ordinary differential equations. New York: John Wiley, 1965.

[26] Cole J D, Kevorkian J. Uniformly valid asymptotic approximations for certain nonlinear differential equations// Lasalle J P, Lefschetz S, eds. Nonlinear Differential Equations and Nonlinear Mechanics. New York: Academic, 1963: 113-120.

[27] O'Malley R E Jr. Topics in sigular perturbations. Advance in Math., 1968, 2: 265-470.

[28] Germain P. Recent evolution in problems and methods in aerodynamics. J. Roy, Aeron Soc., 1967, 71: 673-691.

[29] Carrier G F. Singular perturbabion theerg and geophysics. SIAM Rew., 1970 12: 175-193

[30] Kaplun S. Fluid mechanics and sigular perturbations// Lagerstrom P A, Howard L N, Lin C S, ed. New York: Academic Press, 1967.

[31] Регулярное вырождение и пограничный слойдлялинейных дифференциал ьных уравнений с малым параметром, 1957, 3-122.

[32] Vasil'eva A B, Butuzov V F. Asymptotic expansions of solutions of singularly perturbed equations(原著是俄文), Nauka, Moscow: 1973.

[33] Chien W Z. Asymptotic behavior of a thin clamped circular plate under uniform normal pressure at very large deflection. The saiena Reports of National Tsing Hua Univ., 1948, 5(1): 1-24.

[34] Latta G E. Advanccd ordinary fifferential equations. Lecture notes. Stanford University, 1964.

[35] O'Malley R E Jr. Boundary layer methods for nonlinear initial valve probbems. SIAM. Rew., 1971, 13: 425-434.

[36] Wentzel G. Eine Verallgemeinerung der Quantenbedingung fur die Zwecke der Wellenmechanik. Z. Phys. 1926, 38: 518-529.

[37] Kramers H A. Wellenmechanik und halbzahlige Quantisierung. Z. Phys., 1926, 39: 828-840.

[38] Brillouin L. Remarques sur la mecanique ondulatoire. J. Phys. Radium., 1926, 7: 353-368.

[39] Nayfeh A H. An expansion method for treating singular perturbation problems. J. Math. Phys., 1965, 6: 1946-1951.

[40] Cochran J A. Problems in Singular perturbation theory. Ph.D.Thesis, Stanford Univ., 1962.

[41] 江福汝. 关于边界层方法. 应用数学和力学, 1981, 2(5): 461-473.

[42] Jiang F R. The boundary valve problems for quasilinear ligher order elliptic equations with a small parameter. Chinese Ann. Of Math., 1984, 5B(2): 153-162.

[43] Barbu L, Morosanu, Singularly Perturbed Boundary-Value Problems. Basel: Birkhauserm Verlag AG, 2007.

[44] Grenier E, Rousset F. Stablity of one-dimensional boundary layers by using Green's functions, Commun. Pure Appl. Math., 2001, 54(11): 1343-1385.

[45] Butuzov V F, Nedel'ko I V. On the global domain of influence of stable solutions with interior layers in the two-dimensional case. Izv. Math., 2002, 66(1): 1-40.

[46] Meunier N, Sanchez-Palencia E. Sensitive versus classical singular perturbation problem via Fourier transform, Math. Models Methods Appl. Sci., 2006, 16(11): 1783-1816.

[47] Martinez, Sandra, Wolanski, et al. A singular perturbation problem for a quasi-linear operator satisfying the natural condition of Lieberman. SIAM J. Math. Anal., 2009, 41(1): 318-359.

[48] Chen X F, Yu P, Han M A, et al. Canard solutions of two-dimaensional singularly perturbed systems. Chaos, Soliton and Fractals, 2005, 23(3): 915-927.

[49] Ni W M, Wei J C. On positive solution concentrating on spheres for the Gierer-Meinhardt system. J. Diff. Eqns., 2006, 221(1): 158-189.

[50] Ramos M. On singular perturbation of superlinear elliptic systems. J. Math. Anal. Appl., 2009, 352 (1): 246-258.

[51] Bellettini G, Fusco G. Stable dynamics of spikes in solutions to a system of reaction-diffusion equations II. Asymptotic Anal., 2003, 33(1): 9-50.

[52] Jaume J, da Silva P R, Teixeira M A. Regularization of discontinuous vector field on R^3 via singular perturbation. J. Dyn. Differ. Eqns, 2007, 19(2): 309-331.

[53] Kellogg R B, Kopteva N. A singularly perturbed semilinear reaction-diffusion problem in a polygonal domain. J. Differ. Equations, 2010, 248(1): 184-208.

[54] Apreutesei N C, Volpert V A. Elliptic regularization for the heat equation with nonlinear boundary conditions. Asymptotic Anal., 2003, 35(2): 151-164.

[55] Efendiev M, Zelik S. The regular attractor for the reaction-diffusion system with a nonlinear rapidly oscillating in time and its averaging. Adv. Differ. Eqns, 2003, 8(6): 673-732.

[56] Zhang L H. Exponential stability of traveling pulse solutions of a singularly perturbed system of integral differential equations arising from excitatory neuronal networks. Acta Math. Appl. Sin., 2004, 20(2): 283-308.

[57] Zhou M R. Boundary and corner layer behavior in singularly perturbed Robin boundary value problem. Ann. Differ. Eqns., 2005, 21(4): 639-647.

[58] Du Z J, Ge W G, Zhou M R. Singular perturbations for third-order nonlinear multipoint boundary value problem. J. Differ. Eqns., 2005, 218(1): 69-90.

[59] Alvarez O, Bardi M, Marchi C. Multiscale problems and homogenization for second-order Hamilton-Jacobi equations. J. Differ. Eqns., 2007, 243(2): 349-387.

[60] Xie F, Han M A, Zhang W J. The persistence of canards in 3-D singularly perturbed systems with two fast variables. Asymptotic Anal., 2006, 47(1): 95-106.

[61] Ei S I, Mimura M, Nagayama M. Interacting spots in reaction diffusion systems. Discrete Contin. Dyn. Syst., 2006, 14(1): 31-62.

[62] Ni M K, Vasi'eva A B, Dmitriev M G. Equivalence of two sets of transition points corresponding to solutions with interior transition layers. Math. Notes, 2006, 79(1): 109-115.

[63] Kadalbajoo M K, Sharma K K. A numerical method based finite difference for boundary value problems for singularly perturbed delay differential equations. Appl. Math. Comput., 2008, 197(2): 692-707.

[64] Duehring D, Huang W Z. Periodic traveling waves for diffusion equations with time delayed and non-local responding reaction. J. Dyn. Differ. Eqns., 2007, 19(2): 457-477.

[65] Suzuki R. Asymptotic behavior of solutions o a semilinear heat equation with localized reaction. Adv. Differ. Equ., 2010, 15(3-4): 283-314.

[66] Бутузов В Ф, Васильева А Б, и Нефедов Н Н. Асимптотическая теори яконтрастных структур(обэ). Автоматика и Телемеханика, 1997, 7: 4-32.

[67] Бутузов В Ф, и Громова Е А. Теорема о предельном переходе для системы уравнений тихновского типа. Ж. Вычисл. Матем. и Матем. Физики, 2000, 40(5): 703-713.

[68] Marques I. Existence and asymptotic behavior of solutions for a class of nonlinear elliptic equations with Neumann condition. Nonlinear Anal., 2005, 61(1): 21-40.

[69] Kumar V. Solving singularly perturbed reaction diffusion problems using wavelet optimized finite difference and cubic spline adaptive weavelet scheme. Intl. J. Numer.

Anal. Model., 2008, 5(2), 270-285.

[70] Alvarez-Dios J A, Chipot M, Garcia J C, et al. On a singular perturbation problem for a class of variational ineaualities, Zeitschrift fur Anal. Und Ihre Anwendungen, 2008, 27(1): 79-94.

[71] Alvarez O. Bardi M. Singular perturbations of nonlinear degenerate parabolic PDEs: a general convergence result. Arch. Ration. Mech. Anal., 2003, 170(1): 17-61.

[72] Mo J Q, Lin W T, Asymptotic solution for a class of sea-air oscillator model for EI Niño-southern oscillation. Chin. Phys., 2008, 17(2), 370-372.

[73] Hou L, Qiu L. Computation and asymptotic analysis in the impact problem. Acta Appl. Math. Sin., 2009, 25: 117-126.

[74] Jiao X Y, Lou S Y. Approximate direct reduction method: infinite series reductions to the perturbed mKdV equation. Chinese Physics B, 2009, 18(9): 3611-3615.

[75] Bonfoh A, Grassrlli M, Miranville A. Intertial manifolds for a singular perturbation of the viscous Cahn-Hilliiard-Gurtin equation. Topol. Methods Nonlinear Anal. 2010, 35 (1): 155-185.

[76] Faye L, Frenod E, Seck D. Singularly perturbed degenerated parabolic equations and application to seabed morphodynamics in tided environment. Discrete Contin. Dyn. Syst. 2011, 29(3): 1001-1030.

第3章　吉洪诺夫定理和边界层函数法

本章以后各节将顺序地讨论由瓦西里耶娃 (Vasil'eva) 提出并深入研究的上面前三个问题 (从 3.2 到 3.4 节), 以及过值问题 (3.1.1)—(3.1.4)(3.5 节) 和一般边值问题 (3.1.1)—(3.1.5)(3.6 节).

3.1　引　　论

在 20 世纪 50 年代初, 吉洪诺夫 (Tikhonov) 的文章 (见文献 [1]) 奠定了奇摄动问题的理论基础; 文中考虑了吉洪诺夫方程组的初值问题

$$\begin{cases} \varepsilon \dfrac{\mathrm{d}x}{\mathrm{d}t} = F(x, y, t), \\ \dfrac{\mathrm{d}y}{\mathrm{d}t} = f(x, y, t); \end{cases} \tag{3.1.1}$$

$$\begin{cases} x(0, \varepsilon) = x^0, \\ y(0, \varepsilon) = y^0; \end{cases} \tag{3.1.2}$$

其中 $0 \leqslant \varepsilon \ll 1$ 为小参数, $0 \leqslant t \leqslant T$, $x \in D_x \subseteq \mathbf{R}^m$, $y \in D_y \subseteq \mathbf{R}^n$, D_x, D_y 为区域, $x^0 \in D_x, y^0 \in D_y$ 为常向量.

我们的主要问题是: (1) 在什么条件下, 初值问题 (3.1.1)—(3.1.2) 的解 $x(t, \varepsilon), y(t, \varepsilon)$ 当 $\varepsilon \to 0$ 时的**极限解**是否存在? 如果存在, 是否等于退化方程组 (微分–代数方程组)

$$\begin{cases} 0 = F(x, y, t), \\ \dfrac{\mathrm{d}y}{\mathrm{d}t} = f(x, y, t) \end{cases} \tag{3.1.3}$$

的解?

(2) 对于方程组 (3.1.1), 一般无法求出其精确解, 因此在什么条件下, 解 $x(t, \varepsilon)$, $y(t, \varepsilon)$ 可对 ε 的怎样的渐近序列进行渐近展开?

(3) 如何构造这个渐近展开式并对它进行余项估计?

(4) 当式 (3.1.2) 改成边界条件

$$ax(0, \varepsilon) + bx(1, \varepsilon) = x^0, \quad y(0, \varepsilon) = y^0, \quad b = I_m - a, \tag{3.1.4}$$

或者更一般的边界条件

$$R(x(0,\varepsilon), y(0,\varepsilon); x(1,\varepsilon), y(1,\varepsilon)) = 0 \tag{3.1.5}$$

时, 同样讨论上述三个问题, 其中 a, b 均为 m 阶方阵, $a = \begin{bmatrix} I_k & 0 \\ 0 & 0 \end{bmatrix}$, I_k 为 k 阶单位方阵, $0 \leqslant k \leqslant m$, R 为 $2(m+n)$ 个变量的充分光滑函数.

3.2 吉洪诺夫定理

我们现在就来回答上面提出的第一个问题, 为此我们要求方程组 (3.1.1) 满足下列条件:

I. 函数 $F(x, y, t)$ 和 $f(x, y, t)$ 在变量 (x, y, t) 空间中的某个开区域 G 中连续, 并且关于 x 和 y 满足利普希茨 (Lipschitz) 条件.

II. 方程组 $F(x, y, t) = 0$ 在变量 (y, t) 空间的某个有界闭区域 $\overline{D}$ 上存在满足下列条件的解 $x = \varphi(y, t)$:

(1) $\varphi(y, t)$ 是 $\overline{D}$ 上的连续函数;

(2) 当 $(y, t) \in \overline{D}$ 时, $(\varphi(y, t), y, t) \in G$;

(3) 解 $x = \varphi(y, t)$ 在 $\overline{D}$ 上是孤立的, 即存在 $\eta > 0$, 使得当 $0 < \|x - \varphi(y, t)\| < \eta$, $(y, t) \in \overline{D}$ 时, 有 $F(x, y, t) \neq 0$.

III. 初值问题

$$\frac{\mathrm{d}\bar{y}}{\mathrm{d}t} = f(\varphi(\bar{y}, t), \bar{y}, t), \quad \bar{y}(0) = y^0 \tag{3.2.1}$$

在区间 $[0, T]$ 上有唯一解 $\bar{y}(t)$, 而且当 $t \in [0, T]$ 时, 点 $(\bar{y}(t), t) \in D$, 这里 D 为闭域 $\overline{D}$ 的内部. 此外, 我们还假设对 $(y(t), t) \in \overline{D}$ 有 $f(\varphi(y, t), y, t)$ 关于 y 满足利普希茨条件.

我们现在引进所谓的**附加方程组**

$$\frac{\mathrm{d}\tilde{x}}{\mathrm{d}\tau} = F(\tilde{x}, y, t), \quad \tau \geqslant 0, \tag{3.2.2}$$

其中 y 和 t 看成参数. 根据条件 II, $\tilde{x} = \varphi(y, t)$ 为方程组 (3.2.2) 当 $(y, t) \in \overline{D}$ 时的**孤立奇点**. 我们进一步假设:

IV. 方程组 (3.2.2) 的奇点 $\tilde{x} = \varphi(y, t)$ 是在李雅普诺夫意义下关于 $(y, t) \in \overline{D}$ **一致渐近稳定的**.

这就意味着对任给的 $\varepsilon > 0$, 总存在着 (与 $(y, t) \in \overline{D}$ 无关的) $\bar{\delta}(\varepsilon) > 0$, 使得只要 $\|\tilde{x}(0) - \varphi(y, t)\| < \bar{\delta}(\varepsilon)$, 就有 $\|\tilde{x}(\tau) - \varphi(y, t)\| < \varepsilon$ 对一切 $\tau \geqslant 0$ 成立, 而且当 $\tau \to +\infty$ 时有 $\tilde{x}(\tau) \to \varphi(y, t)$.

当满足条件 IV 时, 就称根 $\tilde{x} = \phi(y, t)$ 在区域 $\overline{D}$ 上**稳定的**.

我们现在考虑当 $y = y^0$, $t = 0$ 时的附加方程组 (3.2.2):

$$\frac{\mathrm{d}\tilde{x}}{\mathrm{d}\tau} = F(\tilde{x}, y^0, 0), \quad \tau \geqslant 0 \tag{3.2.3}$$

及初始条件

$$\tilde{x}(0) = x^0. \tag{3.2.4}$$

由于初值 x^0 一般并不接近于奇点 $\varphi(y^0, 0)$, 所以初值问题 (3.2.3)—(3.2.4) 的解 $\tilde{x}(\tau)$ 当 $\tau \to +\infty$ 时可以**不趋向于** $\varphi(y^0, 0)$. 因此还需要假设:

V. 初值问题 (3.2.3)—(3.2.4) 的解 $\tilde{x}(\tau)$ 满足下列条件:

(1) 当 $\tau \to +\infty$ 时, $\tilde{x}(\tau) \to \varphi(y^0, 0)$;

(2) 对一切 $\tau \geqslant 0$ 都有点 $(\tilde{x}(\tau), y^0, 0) \in G$.

这时按照吉洪诺夫的说法, 将称初始点 x^0 属于奇点 $\tilde{x} = \varphi(y^0, 0)$ 的**影响域**. 我们在此不仔细地研究有关影响域的结构问题, 而只注意由于奇点 $\tilde{x} = \varphi(y^0, 0)$ 的渐近稳定性, 因此至少所有充分接近于它的点必须属于它的影响域. 当 x 为数值函数时, 其影响域的结构就是在 D_x 中包含点 $\varphi(y^0, 0)$ 的区间.

定理 3.2.1(吉洪诺夫极限定理)　　如果满足条件 I~V, 那么存在常数 $\varepsilon_0 > 0$, 使得当 $0 < \varepsilon \leqslant \varepsilon_0$ 时, 初值问题 (3.1.1)—(3.1.2) 在区间 $[0, T]$ 上存在唯一满足极限等式

$$\lim_{\varepsilon \to 0} y(t, \varepsilon) = \bar{y}(t), \quad 0 \leqslant t \leqslant T, \tag{3.2.5}$$

$$\lim_{\varepsilon \to 0} x(t, \varepsilon) = \bar{x}(t) = \varphi(\bar{y}(t), t), \quad 0 < t \leqslant T \tag{3.2.6}$$

的解 $x(t, \varepsilon), y(t, \varepsilon)$.

根据常微分方程基本理论和数学分析基本概念即可完成这条定理的证明, 其详细过程可参看文献 [2] 中的第二章.

3.3　初值问题形式渐近解的构造方法

根据吉洪诺夫定理, 方程组 (3.1.1) 的精确解 $x(t, \varepsilon), y(t, \varepsilon)$, 当 $\varepsilon \to 0$ 时, 慢变量 $y(t, \varepsilon)$ 在区间 $[0, T]$ 上一致地趋于退化解 $\bar{y}(t)$; 但是一般来说, 由于 $x^0 \neq \bar{x}(0) = \varphi(y^0, 0)$, 所以快变量 $x(t, \varepsilon)$ 在区间 $[0, T]$ 上不一致收敛于退化解 $\bar{x}(t) = \varphi(\bar{y}(t), t)$. 于是 $x(t, \varepsilon)$ 在 $t = 0$ 的很小右邻域中, 从 x^0 很快地变到接近于 $\bar{x}(t)$ 的值. 我们称这个小邻域为**边界层区域**. 根据这个情况, 瓦西里耶娃在 20 世纪 60 年代初提出, 问题 (3.1.1)—(3.1.2) 的精确解由不同时间尺度的两部分函数直接相加组成:

$$x(t, \varepsilon) = \bar{x}(t, \varepsilon) + Bx(\tau, \varepsilon), \quad y(t, \varepsilon) = \bar{y}(t, \varepsilon) + By(\tau, \varepsilon), \tag{3.3.1}$$

其中

$$\tau = \frac{t}{\varepsilon}$$

为快时间尺度. 此外, 为了得到上述初值问题关于 ε 不同精度的近似解, 我们还要求式 (3.3.1) 右端函数对 ε 的整数幂进行展开, 亦即要求函数 $F(x, y, t), f(x, y, t)$ 对其变量充分光滑; 我们确切地叙述定理 3.2.1 的条件 I 中有关函数 $F(x, y, t), f(x, y, t)$ 的连续可微性阶数. 用 L_0 表示 (x, y, t) 空间中这样的曲线, 它是初值问题 (3.1.1)—(3.1.2) 的解 $x(t, \varepsilon), y(t, \varepsilon)$ 确定的积分曲线 $L(t, \varepsilon)$ 当 $\varepsilon \to 0$ 时所趋向的极限曲线. 所谓曲线 L_0 的 ε- 邻域是指空间 (x, y, t) 中所有与 L_0 的距离 (在通常最大范数的意义下) 不超过 ε 的点集. 显然, 存在着充分小的 $\varepsilon_0 > 0$, 使得当 $\delta < \varepsilon_0$ 时, 曲线 L_0 的 δ- 邻域整个地含于在定理 3.2.1 和条件 I 中出现的区域 G 中. 下面仍然用 I 记确切叙述的下述条件 I.

I. 假设函数 $F(x, y, t)$ 和 $f(x, y, t)$ 在曲线 L_0 的某个 δ-邻域中, 对它的所有变量具有直到包括 $(N + 2)$ 阶在内的连续偏导数.

定理 3.2.1 中的条件 II, III, V 不变, 且在此重新把它们记作 II, III, V.

定理 3.2.1 中的条件 IV, 即关于附加方程组

$$\frac{\mathrm{d}\tilde{x}}{\mathrm{d}\tau} = F(\tilde{x}, y, t); \quad y, t \text{为参数}$$

的孤立奇点 $\tilde{x} = \varphi(y, t)$ 必须是对 $(y, t) \in \overline{D}$ 一致渐近稳定的假设, 由于在构造渐近解时, 需要有能够保证渐近稳定性的具体条件, 亦即**一次近似的稳定性条件**. 所以我们用 $\lambda_i(y, t), i = 1, 2, \cdots, m$, 表示矩阵 $F_x(\varphi(y, t), y, t) = \left(\dfrac{\partial F_i}{\partial x_j}\right)_{x = \varphi(y,t)}$ 的特征值, 而以 $\overline{\lambda}_i(t)$ 表示矩阵 $\overline{F}_x(t) \equiv F_x(\varphi(\bar{y}(t), t), \bar{y}(t), t)$ 的特征值, 亦即 $\overline{\lambda}_i(t) = \lambda_i(\bar{y}(t), t)$, 这里 $(\bar{x}(t) = \varphi(\bar{y}(t), t), \bar{y}(t))$ 是退化问题 (3.2.1) 的解, 而 $\overline{\lambda}_i(t)$ 就是从**特征方程**

$$\det(\overline{F}_x(t) - \lambda I_m) = 0$$

求出的根 (这里 I_m 表示 $m \times m$ 阶单位方阵).

IV. 假设对 $t \in [0, T]$ 有

$$\mathrm{Re}\overline{\lambda}_i(t) < 0, \quad i = 1, 2, \cdots, m, \tag{3.3.2}$$

并称式 (3.3.2) 为**稳定性条件**.

当满足这个条件时, 由于 $F_x(\varphi(y, t), y, t)$ 的连续性, 从而保证了 $\lambda_i(y, t)$ 的连续性, 因此存在区域 $\overline{D}_1 = \{(y, t) : \|y - \bar{y}(t)\| \leqslant \eta, \eta > 0 \text{ 为常数}; 0 \leqslant t \leqslant T\} \subseteq \overline{D}$ 使得对一切 $(y, t) \in \overline{D}_1$ 有

$$\mathrm{Re}\lambda_i(y, t) < -\alpha < 0, \quad i = 1, 2, \cdots, m \tag{3.3.3}$$

$(\alpha > 0$ 为某一常数). 由此可以推出, $\tilde{x} = \varphi(y, t)$ 是附加方程组关于 $\overline{D}_1$ 一致的渐近稳定奇点 (亦即满足定理 3.2.1 的条件 IV).

于是根据条件 I 可对式 (3.3.1) 右端的 ε 至少展开到 ε^N 项, 亦即

$$\begin{cases} \bar{x}(t, \varepsilon) = \bar{x}_0(t) + \varepsilon \bar{x}_1(t) + \cdots + \varepsilon^k \bar{x}_k(t) + \cdots, \\ \bar{y}(t, \varepsilon) = \bar{y}_0(t) + \varepsilon \bar{y}_1(t) + \cdots + \varepsilon^k \bar{y}_k(t) + \cdots; \end{cases} \tag{3.3.4}$$

$$\begin{cases} Bx(\tau, \varepsilon) = B_0 x(\tau) + \varepsilon B_1 x(\tau) + \cdots + \varepsilon^k B_k x(\tau) + \cdots, \\ By(\tau, \varepsilon) = B_0 y(\tau) + \varepsilon B_1 y(\tau) + \cdots + \varepsilon^k B_k y(\tau) + \cdots; \end{cases} \tag{3.3.5}$$

这里式 (3.3.5) 称为**边界层级数**, 而 $B_i x$, $B_i y$, $i = 0, 1, \cdots, k, \cdots$ 称为**边界层函数**.

为了使得这些级数的确是问题 (3.1.1)—(3.1.2) 解的渐近展开, 不仅要做余项估计, 而且要给出求出这些函数所满足的方程组及定解条件的具体方法和步骤. 为此, 我们将式 (3.3.1) 代入方程组 (3.1.1), 并按 t 和快时间尺度 τ 分开, 即得

$$\begin{cases} \varepsilon \dfrac{\mathrm{d}\bar{x}}{\mathrm{d}t} = F(\bar{x}, \bar{y}, t) \overset{\text{def}}{=\!=} \bar{F}, \\ \dfrac{\mathrm{d}\bar{y}}{\mathrm{d}t} = f(\bar{x}, \bar{y}, t) \overset{\text{def}}{=\!=} \bar{f}; \end{cases} \tag{3.3.6}$$

$$\begin{cases} \dfrac{\mathrm{d}Bx}{\mathrm{d}\tau} = F(\bar{x}(\varepsilon\tau, \varepsilon) + Bx, \bar{y}(\varepsilon\tau, \varepsilon) + By, \varepsilon\tau) \\ \qquad - F(\bar{x}(\varepsilon\tau, \varepsilon), \bar{y}(\varepsilon\tau, \varepsilon), \varepsilon\tau) \overset{\text{def}}{=\!=} BF(Bx, By, \tau, \varepsilon), \\ \dfrac{\mathrm{d}By}{\mathrm{d}\tau} = \varepsilon[f(\bar{x}(\varepsilon\tau, \varepsilon) + Bx, \bar{y}(\varepsilon\tau, \varepsilon) + By, \varepsilon\tau) \\ \qquad - f(\bar{x}(\varepsilon\tau, \varepsilon), \bar{y}(\varepsilon\tau, \varepsilon), \varepsilon\tau)] \overset{\text{def}}{=\!=} \varepsilon Bf(Bx, By, \tau, \varepsilon). \end{cases} \tag{3.3.7}$$

将式 (3.3.4)—(3.3.5) 分别代入式 (3.3.6)—(3.3.7) 的右端, 并对 ε 进行幂级数展开, 即得 $\bar{F}$ 和 BF 对 ε 的幂级数展开式:

$$\begin{aligned} \bar{F} &\overset{\text{def}}{=\!=} F(\bar{x}(t, \varepsilon), \bar{y}(t, \varepsilon), t) \\ &= F(\bar{x}_0(t) + \varepsilon \bar{x}_1(t) + \varepsilon^2 \bar{x}_2(t) + \cdots, \bar{y}_0(t) + \varepsilon \bar{y}_1(t) + \varepsilon^2 \bar{y}_2(t) + \cdots, t) \\ &= F(\bar{x}_0(t), \bar{y}_0(t), t) + \varepsilon[\overline{F}_x(t) \bar{x}_1(t) + \overline{F}_y(t) \bar{y}_1(t) + F_1(t)] + \cdots \\ &\quad + \varepsilon^k[\overline{F}_x(t) \bar{x}_k(t) + \overline{F}_y(t) \bar{y}_k(t) + F_k(t)] + \cdots \\ &\overset{\text{def}}{=\!=} \overline{F}_0 + \varepsilon \overline{F}_1 + \cdots + \varepsilon^k \overline{F}_k + \cdots, \end{aligned} \tag{3.3.8}$$

其中矩阵 $\overline{F}_x(t) = \left(\dfrac{\partial F^i}{\partial x^j} \right)$ 和 $\overline{F}_y(t) = \left(\dfrac{\partial F^i}{\partial y^j} \right)$ 的元素是在点 $(\bar{x}_0(t), \bar{y}_0(t), t)$ 处进行

计算, 而向量 $F_k(t)$ 是用 $\bar{x}_i(t), \bar{y}_i(t), i = 0, 1, \cdots, k-1$, 按完全确定的方式表示的.

$$BF \overset{\text{def}}{=} F(\bar{x}(\varepsilon\tau,\varepsilon) + Bx(\tau,\varepsilon), \bar{y}(\varepsilon\tau,\varepsilon) + By(\tau,\varepsilon), \varepsilon\tau) - F(\bar{x}(\varepsilon\tau,\varepsilon), \bar{y}(\varepsilon\tau,\varepsilon), \varepsilon\tau)$$

$$= F(\bar{x}_0(\varepsilon\tau) + \varepsilon\bar{x}_1(\varepsilon\tau) + \cdots + B_0x(\tau) + \varepsilon B_1x(\tau) + \varepsilon^2 B_2x(\tau) + \cdots,$$

$$\bar{y}_0(\varepsilon\tau) + \varepsilon\bar{y}_1(\varepsilon\tau) + \cdots + B_0y(\tau) + \varepsilon B_1y(\tau) + \varepsilon^2 B_2y(\tau) + \cdots, \varepsilon\tau)$$

$$-F(\bar{x}_0(\varepsilon\tau) + \varepsilon\bar{x}_1(\varepsilon\tau) + \cdots, \bar{y}_0(\varepsilon\tau) + \varepsilon\bar{y}_1(\varepsilon\tau) + \varepsilon^2\bar{y}_2(\varepsilon\tau) + \cdots, \varepsilon\tau)$$

$$= [F(\bar{x}_0(0) + B_0x(\tau), \bar{y}_0(0) + B_0y(\tau), 0) - F(\bar{x}_0(0), \bar{y}_0(0), 0)]$$

$$+\varepsilon[F_x(\tau)B_1x(\tau) + F_y(\tau)B_1y(\tau) + G_1(\tau)] + \cdots$$

$$+\varepsilon^k[F_x(\tau)B_kx(\tau) + F_y(\tau)B_ky(\tau) + G_k(\tau)] + \cdots$$

$$\overset{\text{def}}{=} B_0F + \varepsilon B_1F + \cdots + \varepsilon^k B_kF + \cdots, \tag{3.3.9}$$

其中矩阵 $F_x(\tau)$ 和 $F_y(\tau)$ 的元素是在点 $(\bar{x}_0(0) + B_0x(\tau), \bar{y}_0(0) + B_0y(\tau), 0)$ 处进行计算的, 而向量 $G_k(\tau)$ 是用 $B_ix(\tau), i = 0, 1, \cdots, k-1$, 按完全确定的方法表示的.

对于函数 $f(x, y, t)$ 也有如同式 (3.3.8) 和式 (3.3.9) 的展开式成立.

在式 (3.3.9) 中最后的等式实际上就是**算子** $B_k, k = 0, 1, 2, \cdots$ 的定义.

将式 (3.3.1), $F = \overline{F} + BF$ 和 $f = \bar{f} + Bf$ 代入式 (3.1.1), 即得

$$\varepsilon\frac{\mathrm{d}\bar{x}}{\mathrm{d}t} + \frac{\mathrm{d}Bx}{\mathrm{d}\tau} = \overline{F} + BF, \quad \varepsilon\frac{\mathrm{d}\bar{y}}{\mathrm{d}t} + \frac{\mathrm{d}By}{\mathrm{d}\tau} = \varepsilon\bar{f} + \varepsilon Bf.$$

用展开式 (3.3.4)—(3.3.5) 代替上式左端的 $\bar{x}, \bar{y}, Bx, By$, 而右端用展开式 (3.3.8) 和式 (3.3.9) 及 $\bar{f}$ 和 Bf 的同样的展开式代替; 然后令 ε 的同次幂系数相等, 并且把与 t 有关的项和与 τ 有关的项分开, 即可得到确定展开式 (3.3.4)—(3.3.5) 各项系数的方程.

然后比较两端 ε 的同次幂的系数, 即得下列方程组.

对于 ε^0 的系数有

$$\begin{cases} 0 = \overline{F}_0 \overset{\text{def}}{=} F(\bar{x}_0, \bar{y}_0, t), \\ \dfrac{\mathrm{d}\bar{y}_0}{\mathrm{d}t} = \bar{f}_0 \overset{\text{def}}{=} f(\bar{x}_0, \bar{y}_0, t); \end{cases} \tag{$3.3.10)_0$}$$

显然, 这与微分–代数方程组 (3.1.3) 完全一致.

$$\begin{cases} \dfrac{\mathrm{d}B_0x}{\mathrm{d}\tau} = B_0F \overset{\text{def}}{=} F(\bar{x}_0(0) + B_0x, \bar{y}_0(0) + B_0y, 0) - F(\bar{x}_0(0), \bar{y}_0(0), 0) \\ \qquad\quad = F(\bar{x}_0(0) + B_0x, \bar{y}_0(0) + B_0y, 0), \\ \dfrac{\mathrm{d}B_0y}{\mathrm{d}\tau} = 0. \end{cases} \tag{$3.3.11)_0$}$$

由于式 $(3.3.10)_0$ 有 $F(\bar{x}_0(0), \bar{y}_0(0), 0) = 0$.

对于 ε 的系数有

$$
\begin{cases}
\dfrac{\mathrm{d}\bar{x}_0}{\mathrm{d}t}(t) = \overline{F}_1 \overset{\text{def}}{=} \overline{F}_x(t)\bar{x}_1 + \overline{F}_y(t)\bar{y}_1, \\[2mm]
\dfrac{\mathrm{d}\bar{y}_1}{\mathrm{d}t} = \overline{f}_1 \overset{\text{def}}{=} \overline{f}_x(t)\bar{x}_1 + \overline{f}_y(t)\bar{y}_1;
\end{cases}
\tag{3.3.10}_1
$$

$$
\begin{cases}
\dfrac{\mathrm{d}B_1 x}{\mathrm{d}\tau}(\tau) = B_1 F \overset{\text{def}}{=} F_x(\tau)B_1 x + F_y(\tau)B_1 y + G_1(\tau), \\[2mm]
\dfrac{\mathrm{d}B_1 y}{\mathrm{d}\tau} = B_0 f \overset{\text{def}}{=} f(\bar{x}_0(0) + B_0 x(\tau), \bar{y}_0(0) + B_0 y(\tau), 0) \\[1mm]
\qquad\qquad\qquad - f(\bar{x}_0(0), \bar{y}_0(0), 0).
\end{cases}
\tag{3.3.11}_1
$$

其中

$$
\begin{aligned}
G_1(\tau) = &\, [F_x(\tau) - \overline{F}_x(0)][\bar{x}_0'(0)\tau + \bar{x}_1(0)] + [F_y(\tau) - \overline{F}_y(0)] \\
&\times [\bar{y}_0'(0)\tau + \bar{y}_1(0)] + [F_t(\tau) - \overline{F}_t(0)]\tau.
\end{aligned}
\tag{3.3.12}
$$

一般来说, $\varepsilon^k, k = 1, 2, \cdots$ 的系数有

$$
\begin{cases}
\dfrac{\mathrm{d}\bar{x}_{k-1}}{\mathrm{d}t}(t) = \overline{F}_k \overset{\text{def}}{=} \overline{F}_x(t)\bar{x}_k + \overline{F}_y(t)\bar{y}_k + F_k(t), \\[2mm]
\dfrac{\mathrm{d}\bar{y}_k}{\mathrm{d}t} = \overline{f}_k \overset{\text{def}}{=} \overline{f}_x(t)\bar{x}_k + \overline{f}_y(t)\bar{y}_k + f_k(t);
\end{cases}
\tag{3.3.10}_k
$$

$$
\begin{cases}
\dfrac{\mathrm{d}B_k x}{\mathrm{d}\tau} = B_k F \overset{\text{def}}{=} F_x(\tau)B_k x + F_y(\tau)B_k y + G_k(\tau), \\[2mm]
\dfrac{\mathrm{d}B_k y}{\mathrm{d}\tau} = B_{k-1} f(\tau).
\end{cases}
\tag{3.3.11}_k
$$

这里的 $f_k(t)$ 与 $F_k(t)$ 类似, 都是用 $\bar{x}_i(t), \bar{y}_i(t), i = 0, 1, \cdots, k-1$, 按完全确定的方式表示的. $B_{k-1}f$ 是 Bf 类似于 BF 在展开式 (3.3.9) 中用 $B_i x, B_i y, i = 0, 1, \cdots, k-1$ 表示的 ε^{k-1} 的系数.

为了从所得到的方程组中求出展开式 (3.3.4) 和式 (3.3.5) 的项, 还需要给出初始条件. 为此, 将式 (3.3.3) 代入原来的初始条件 (3.1.2) 之后得到

$$
\begin{cases}
\bar{x}_0(0) + \varepsilon\bar{x}_1(0) + \cdots + B_0 x(0) + \varepsilon B_1 x(0) + \cdots = x^0, \\[1mm]
\bar{y}_0(0) + \varepsilon\bar{y}_1(0) + \cdots + B_0 y(0) + \varepsilon B_1 y(0) + \cdots = y^0.
\end{cases}
\tag{3.3.13}
$$

令式 (3.3.13) 两边中 ε 的同次幂系数相等, 于是对于 ε^0 得到

$$
\bar{x}_0(0) + B_0 x(0) = x^0, \quad \bar{y}_0(0) + B_0 y(0) = y^0.
\tag{3.3.14}
$$

由于 $\bar{x}_0(t), \bar{y}_0(t)$ 是方程组 $(3.3.10)_0$ 的解, 所以对 $\bar{x}_0(t)$ 不需要再加上任何定解条件, 而对 $\bar{y}_0(t)$ 自然是像在退化问题 $(3.2.1)$ 中那样给出初始条件, 亦即

$$\bar{y}_0(0) = y^0. \tag{3.3.15}$$

于是问题 $(3.3.10)_0$-$(3.3.15)$ 的解 $\bar{x}_0(t), \bar{y}_0(t)$ 就与出现在关于极限过程的定理 3.2.1 中的退化解 $\bar{x}(t) = \varphi(\bar{y}(t), t), \bar{y}(t)$ 完全一致. 因此退化解就是级数 $(3.3.4)$ 的主项.

由式 $(3.3.14)$ 并考虑到式 $(3.3.15)$, 即得方程组 $(3.3.11)_0$ 的初始条件为

$$B_0 y(0) = 0, \tag{3.3.16}$$

$$B_0 x(0) = x^0 - \bar{x}_0(0). \tag{3.3.17}$$

于是方程组 $(3.3.11)_0$ 的第二组方程在初始条件 $(3.3.16)$ 下的解为

$$B_0 y(\tau) \equiv 0, \quad \tau \geqslant 0.$$

由此及条件 $(3.3.15)$, 从而对于 $B_0 x$ 我们得到方程组

$$\frac{\mathrm{d}B_0 x}{\mathrm{d}\tau} = F(\bar{x}_0(0) + B_0 x, y^0, 0), \tag{3.3.18}$$

其中 $\bar{x}_0(0) = \varphi(y^0, 0)$. 不难看出, 方程组 $(3.3.18)$ 可以从附加方程组 $\dfrac{\mathrm{d}\tilde{x}}{\mathrm{d}\tau} = F(\tilde{x}, y^0, 0)$, 经代换 $\tilde{x} = \bar{x}_0(0) + B_0 x$ 得到. 因此点 $B_0 x = 0$ 就是方程组 $(3.3.18)$ 的奇点. 由稳定性条件 IV 即知奇点 $B_0 x = 0$ 是渐近稳定的. 又因为从条件 V 知道, 初始值 $B_0 x(0) = x^0 - \bar{x}_0(0)$ 是属于这个奇点的影响域, 所以有

$$B_0 x(\tau) \to 0, \quad \tau \to +\infty.$$

关于 $B_0 x(\tau)$ 趋于零的更精确估计将在 3.4 节中得出; 因此, 零次近似就完全确定了.

在式 $(3.3.13)$ 中, 令 ε^1 的系数相等, 我们即得

$$\bar{x}_1(0) + B_1 x(0) = 0, \quad \bar{y}_1(0) + B_1 y(0) = 0. \tag{3.3.19}$$

我们先考虑式 $(3.3.19)$ 中的第一个等式, 如果没有任何补充的假设, 那么只从这个等式是不能确定初始值 $\bar{y}_1(0)$ 和 $B_1 y(0)$ 的. 这样的补充假设就是当 $\tau \to +\infty$ 时, 边界层函数应当趋于零的条件.

由式 $(3.3.11)_1$ 的第二组方程我们有

$$B_1 y(\tau) = B_1 y(0) + \int_0^\tau B_0 f(s) \mathrm{d}s;$$

由此根据当 $\tau \to +\infty$ 时有 $B_1 y(\tau) \to 0$ 的条件, 即得

$$B_1 y(0) = -\int_0^{+\infty} B_0 f(s) \mathrm{d}s. \tag{3.3.20}$$

关于这个广义积分, 以及在下面出现的类似广义积分的收敛性, 将在 3.4 节中给出证明. 最后, 对于 $B_1 y(\tau)$ 得到表达式

$$B_1 y(\tau) = -\int_\tau^{+\infty} B_0 f(s) \mathrm{d}s. \tag{3.3.21}$$

从而, 由式 (3.3.19) 的第二个等式得出

$$\bar{y}_1(0) = \int_0^{+\infty} B_0 f(s) \mathrm{d}s. \tag{3.3.22}$$

下面我们转到方程组 $(3.3.10)_1$. 为了对它进行求解, 需要从第一组方程中解出 $\bar{x}_1(t)$, 而这是可能的, 因为根据条件 $\operatorname{Re}\bar\lambda_i(t) < 0$(见式 (3.3.2)) 即知 $\det \overline{F}_x \neq 0$. 将得到的 $\bar{x}_1(t)$ 表达式代入第二组方程, 并求解具有初始条件 (3.3.22) 的关于 $\bar{y}_1(t)$ 的线性常微分方程组, 从而求出 $\bar{x}_1(t)$, $\bar{y}_1(t)$. 而由式 (3.3.19) 的第一个等式即得

$$B_1 x(0) = -\bar{x}_1(0). \tag{3.3.23}$$

为了求出 $B_1 x(\tau)$, 由于 $B, y(\tau)$ 已经求出 (见式 (3.3.21)), 现在只需求解具有初始条件 (3.3.23) 的式 $(3.3.11)_1$ 第一组方程就可以了. 这就确定了展开式 (3.3.4) 和式 (3.3.5) 中所有下标为 1 的项.

一般来说, 在式 (3.3.13) 两边, 令 ε^k 的系数相等, 并利用当 $\tau \to +\infty$ 时, 边界层函数应趋向于零的补充条件, 我们即可得到 ε^k 系数方程的定解条件

$$B_k y(\tau) \to 0, \quad \tau \to +\infty,$$

$$\bar{y}_k(0) = \int_0^{+\infty} B_{k-1} f(s) \mathrm{d}s, \tag{3.3.24}$$

$$B_k x(0) = -\bar{x}_k(0), \tag{3.3.25}$$

由此及方程组 $(3.3.10)_k$-$(3.3.11)_k$ 可以完全类似地决定 $\bar{x}_k(t), B_k x(\tau); \bar{y}_k(t), B_k y(\tau)$, $k = 2, 3, \cdots$. 至此初值问题的形式渐近展开式 (3.3.1) 和式 (3.3.4)—(3.3.5) 就构造出来了.

3.4 初值问题的瓦西里耶娃定理

3.4.1 定理的叙述

现在我们确切地叙述定理 3.2.1 的条件 I 中有关函数 $F(x,y,t)$, $f(x,y,t)$ 的连续可微性阶数. 我们用 L_0 表示 (x,y,t) 空间中这样的曲线, 它是问题 (3.1.1)—(3.1.2) 的解 $x(t,\varepsilon)$, $y(t,\varepsilon)$ 确定的积分曲线 $L(t,\varepsilon)$ 当 $\varepsilon \to 0$ 时所趋向的极限曲线. 所谓曲线 L_0 的 ε- 邻域是指空间 (x,y,t) 中所有与 L_0 的距离 (在通常最大范数的意义下) 不超过 ε 的点集. 显然, 存在着充分小的 $\varepsilon > 0$, 使得当 $\delta < \varepsilon$ 时, 曲线 L_0 的 δ- 邻域整个地含于在定理 3.2.1 和条件 I 中出现的区域 G 中. 下面仍然用 I 记经过确切叙述的下述条件 I.

I. 假设函数 $F(x,y,t)$ 和 $f(x,y,t)$ 在曲线 L_0 的某个 δ- 邻域中, 对它的所有变量具有到包括 $(N+2)$ 阶在内的连续偏导数.

在新的条件 I~V 之下, 我们考虑式 (3.3.4)—(3.3.5) 右端展开式中直到包括号码 N 在内的项, 并用 $X_N(t,\varepsilon)$, $Y_N(t,\varepsilon)$ 表示把式 (3.3.4)—(3.3.5) 展开后代入式 (3.3.1) 右端的前 $N+1$ 项部分和:

$$\begin{cases} X_N(t,\varepsilon) = \sum_{k=0}^{N} \varepsilon^k [\bar{x}_k(t) + B_k x(\tau)], \\ Y_N(t,\varepsilon) = \sum_{k=0}^{N} \varepsilon^k [\bar{y}_k(t) + B_k y(\tau)]. \end{cases} \tag{3.4.1}$$

定理 3.4.1(瓦西里耶娃) 当满足条件 I~V 时, 必存在常数 $\varepsilon_0 > 0$ 和 $c > 0$, 使得当 $\varepsilon \in (0, \varepsilon_0]$ 时, 问题 (3.1.1)—(3.1.2) 的解 $x(t,\varepsilon)$, $y(t,\varepsilon)$ 在区间 $[0,T]$ 上存在、唯一且满足不等式

$$\begin{cases} \|x(t,\varepsilon) - X_N(t,\varepsilon)\| \leqslant c\varepsilon^{N+1}, & t \in [0,T]; \\ \|y(t,\varepsilon) - Y_N(t,\varepsilon)\| \leqslant c\varepsilon^{N+1}, & t \in [0,T]. \end{cases} \tag{3.4.2}$$

注 3.4.1 解的存在唯一性由吉洪诺夫定理即可得出, 但是从估计式 (3.4.2) 的推导中, 我们不依靠吉洪诺夫定理而顺便地再一次证明了解的存在唯一性.

定理 3.4.1 的证明将在 3.4.4 小节进行. 在 3.4.2 小节给出线性微分方程组和积分方程组某些结果的预备知识, 而在第三段证明边界函数指数式衰减的估计. 如果直接利用阿达玛 (Hadamard) 引理、格龙华尔 (Gronwall) 不等式及泛函方法中的度论, 那么本定理的证明要简单一些. 但为了完整地看出瓦西里耶娃的思路, 我们这里还是引用她[2] 的证明.

3.4.2　微分和积分方程组的向量−矩阵形式记法

假设 $A = (a_{ij})$ 为 $l \times m$ 阶矩阵. 根据在数值分析中给出的向量范数的定义
($\|x\| = \max\limits_i |x^i|$), 我们用等式

$$\|A\| = \max_{1 \leqslant i \leqslant l} \sum_{j=1}^{m} |a_{ij}|$$

来定义**矩阵的范数**. 于是对任意 m 维向量 x, y 和 m 阶方阵 A, B, 有下列关系式成立:

$$\|x + y\| \leqslant \|x\| + \|y\|; \quad \|A + B\| \leqslant \|A\| + \|B\|;$$
$$\|Ax\| \leqslant \|A\| \|x\|; \quad \|AB\| \leqslant \|A\| \|B\|;$$
$$\|cx\| = |c| \|x\|; \quad \|cA\| = |c| \|A\|;$$

其中 c 为常数. 如果 $A = A(t) = (a_{ij}(t))$, 那么 $A'(t) = (a'_{ij}(t))$ 为矩阵 $A(t)$ 的
导数, $\int_a^b A(t)\mathrm{d}t = \int_a^b a_{ij}(t)\mathrm{d}t$ 为矩阵 $A(t)$ 的积分. 不难看出, 当 $a < b$ 时有
$\left\| \int_a^b A(t)\mathrm{d}t \right\| \leqslant \int_a^b \|A(t)\| \,\mathrm{d}t.$

考虑线性齐次常微分方程组

$$\frac{\mathrm{d}x}{\mathrm{d}t} = A(t)x, \quad t \geqslant 0, \tag{3.4.3}$$

其中 x 为 l 维向量函数, 而 $A(t)$ 为在 $[0, +\infty)$ 上连续的 $l \times l$ 阶方阵.

设 $X(t)$ 为方程组 (3.4.3) 满足条件 $X(0) = I_l (I_l$ 为 $l \times l$ 阶单位方阵) 的**基本解
矩阵**(亦即其列向量为方程组 (3.4.3) 的线性无关解的矩阵), 那么方程组 (3.4.3) 满
足初始条件 $x(0) = x^0$ 的解为

$$x(t) = X(t)x^0.$$

于是 l 维一阶非齐次线性方程组

$$\frac{\mathrm{d}x}{\mathrm{d}t} = A(t)x + f(t)$$

满足初始条件 $x(0) = x^0$ 的解可以写成

$$x(t) = X(t)x^0 + \int_0^t X(t)X^{-1}(s)f(s)\mathrm{d}s. \tag{3.4.4}$$

如果 $A(t) = A$ 为常数矩阵, 则 $X(t)$ 为矩阵幂级数

$$X(t) = \exp(At) = E_l + tA + \frac{t^2}{2!}A^2 + \cdots + \frac{t^k}{k!}A^k + \cdots,$$

而且有

$$X^{-1}(s) = X(-s) = \exp(-As), \quad X(t)X^{-1}(s) = X(t-s) = \exp(A(t-s)). \quad (3.4.5)$$

如果矩阵 A 的任一特征值 λ_i 都满足不等式 $\mathrm{Re}\lambda_i < -\alpha < 0$, 那么存在常数 $c > 0$, 使得对 $t \geqslant 0$ 有

$$\|\exp(At)\| \leqslant c\exp(-\alpha t); \quad (3.4.6)$$

这是由于: 作为基解阵 $X(t)$ 列向量的 $x_i(t), i = 1, 2, \cdots, l$ 是方程组 (3.4.3) 的线性无关解, 且其形式为 $x_i(t) = P_{n_i}(t)\exp(\lambda_i t), i = 1, 2, \cdots, l$, 这里 $P_{n_i}(t)$ 为 t 的多项式.

现在考虑线性非齐次的伏尔泰拉 (Volterra) 积分方程组

$$x(t) = \int_0^t K(t,s)x(s)\mathrm{d}s + f(s),$$

其中 $x(t)$ 和 $f(t)$ 为 l 维向量函数, 而 $K(t,s)$ 为矩阵核 ($l \times l$ 阶方阵). 假设 $f(t)$ 和 $K(t,s)$ 分别在 $0 \leqslant t \leqslant T$ 和 $0 \leqslant s \leqslant t \leqslant T$ 上连续. 于是上面的积分方程组存在唯一连续解, 它可以写成如下形式:

$$x(t) = f(t) + \int_0^t R(t,s)f(s)\mathrm{d}s, \quad (3.4.7)$$

其中 $R(t,s)$ 为核 $K(t,s)$ 的预解式 ($l \times l$ 阶方阵), 它由 (在区域 $0 \leqslant s \leqslant t \leqslant T$ 上) 一致收敛的级数

$$R(t,s) = \sum_{k=1}^{\infty} K_k(t,s)$$

所确定, 其中迭代核 $K_k(t,s)$ 为

$$K_1(t,s) = K(t,s), \quad K_k(t,s) = \int_s^t K_{k-1}(t,\xi)K(\xi,s)\mathrm{d}\xi, \quad k = 2, 3, \cdots.$$

3.4.3   边界层函数的估计

引理 3.4.1   对于边界层函数 $B_i x(\tau), B_i y(\tau), i = 0, 1, 2, \cdots, N$, 有不等式

$$\begin{cases} \|B_i x(\tau)\| \leqslant c\exp(-\kappa\tau), \\ \|B_i y(\tau)\| \leqslant c\exp(-\kappa\tau), \end{cases} \quad \tau \geqslant 0 \quad (3.4.8)$$

成立, 其中 $c > 0$ 和 $\kappa > 0$ 为某些常数.

证明   我们在 3.3 节中得到, 对 $\tau \geqslant 0$ 有 $B_0 y(\tau) \equiv 0$, 而 $B_0 x(\tau)$ 为方程组 (3.3.18) 满足初始条件 (3.3.17) 的解, 并且当 $\tau \to +\infty$ 时有 $B_0 x(\tau) \to 0$. 由此得出, 对任给的 $\delta > 0$, 存在 $\tau_0 = \tau_0(\delta)$, 使得对一切 $\tau \geqslant \tau_0$ 有

$$\|B_0 x(\tau)\| \leqslant \delta, \quad (3.4.9)$$

我们在 $[\tau_0, \infty)$ 上考虑方程组 (3.3.18), 并将它写成

$$\frac{\mathrm{d}B_0 x}{\mathrm{d}\tau} = \overline{F}_x(0) B_0 x + G(B_0 x), \tag{3.4.10}$$

其中 $\overline{F}_x(0) = F_x(\bar{x}_0(0), y^0, 0), G(B_0 x) = F(\bar{x}_0(0) + B_0 x, y^0, 0) - \overline{F}_x(0) B_0 x$. 函数 $G(u)$ 具有下列两条性质:

(1) 由式 $(3.3.10)_0$ 和式 (3.3.15) 可知, $G(0) = F(\bar{x}_0(0), y^0, 0) = 0$;

(2) 对 $\forall \varepsilon > 0, \exists \eta = \eta(\varepsilon)$, 使得当 $\|u_1\| \leqslant \eta, \|u_2\| \leqslant \eta$ 时有

$$\|G(u_1) - G(u_2)\| \leqslant \varepsilon \|u_1 - u_2\|. \tag{3.4.11}$$

这一条性质不难验证, 只要对差 $G(u_1) - G(u_2)$ 运用有限增量公式: $G(u_1) - G(u_2) = G_u^*(u_1 - u_2)$, 这里 $G_u^* = F_x^* - \overline{F}_x(0)$, 而矩阵 F_x^* 的元素 $\frac{\partial F^i}{\partial x^j}$ 在中间点 $(\bar{x}_0(0) + u_2 + \theta_i(u_1 - u_2), y^0, 0), 0 < \theta_i < 1, i, j = 1, 2, \cdots, m$ 取值. 由此得出, 当 $\|u_1\|$ 和 $\|u_2\|$ 充分小时, $\|G_u^*\|$ 即可任意小, 从而不等式 (3.4.11) 成立.

根据式 (3.4.9) 即知, $B_0 x(\tau_0)$ 满足不等式

$$\|B_0 x(\tau_0)\| \leqslant \delta. \tag{3.4.12}$$

当 $\tau \geqslant \tau_0$ 时, 代替式 (3.4.10) 我们考虑与它等价的积分方程

$$B_0 x(\tau) = \exp(\overline{F}_x(0)(\tau - \tau_0)) B_0 x(\tau_0) + \int_{\tau_0}^{\tau} \exp(\overline{F}_x(0)(\tau - s)) G(B_0 x(s)) \mathrm{d}s. \tag{3.4.13}$$

为了得到对 $B_0 x(\tau)$ 的指数式估计式 (3.4.8), 我们运用逐次逼近法: 令

$$\overset{(0)}{B_0} x(\tau) = \exp(\overline{F}_x(0)(\tau - \tau_0)) B_0 x(\tau_0),$$

对于 $k = 1, 2, \cdots$, 取

$$\overset{(k)}{B_0} x(\tau) = \exp(\overline{F}_x(0)(\tau - \tau_0)) B_0 x(\tau_0) + \int_{\tau_0}^{\tau} \exp(\overline{F}_x(0)(\tau - \tau_0)) G\left(\overset{(k-1)}{B_0} x(s)\right) \mathrm{d}s.$$

因为根据条件 IV, 矩阵 $\overline{F}_x(0)$ 的特征值 $\bar{\lambda}_i(0)$ 满足不等式 $\mathrm{Re}\bar{\lambda}_i(0) < -\alpha < 0$(见式 (3.3.3)), 所以存在常数 $c_1 > 0$, 使得 (见式 (3.4.6))

$$\|\exp(\overline{F}_x(0)(\tau - s))\| \leqslant c_1 \exp(-\alpha(\tau - s)), \quad \tau_0 \leqslant s \leqslant \tau < +\infty.$$

由此根据式 (3.4.12) 得出, 当 $\tau \geqslant \tau_0$ 时有

$$\left\|\overset{(0)}{B_0} x(\tau)\right\| \leqslant c_1 \exp(-\alpha(\tau - \tau_0)) \|B_0 x(\tau_0)\| \leqslant \delta c_1 \exp(-\alpha(\tau - \tau_0)).$$

在区间 $(0, \alpha)$ 中任取 κ, 并将它固定下来, 于是有

$$\left\|\overset{(0)}{B_0} x(\tau)\right\| \leqslant \delta c_1 \exp(-\kappa(\tau - \tau_0)), \quad \tau \geqslant \tau_0. \tag{3.4.14}$$

现在取 $\varepsilon > 0$ 如此之小, 使得不等式

$$q \overset{\text{def}}{=} \frac{\varepsilon c_1}{\alpha - \kappa} < 1$$

成立. 对于这样的 ε, 相应地存在某个 $\eta = \eta(\varepsilon)$, 使得满足条件 (3.4.11). 其次选取不等式 (3.4.9) 中的 δ 这样小, 使得满足不等式

$$\frac{\delta c_1}{1 - q} \leqslant \eta;$$

只要 $\tau_0 = \tau_0(\delta)$ 充分大, 这样的 δ 总可以取到. 于是根据式 (3.4.14) 和条件 (3.4.11) 即知当 $\tau \geqslant \tau_0$ 时, 有不等式

$$\left\|\overset{(0)}{B_0} x(\tau)\right\| \leqslant \eta$$

和不等式

$$\begin{aligned}
\left\|\overset{(1)}{B_0} x(\tau) - \overset{(0)}{B_0} x(\tau)\right\| &\leqslant \int_{\tau_0}^{\tau} \left\|\exp(\overline{F}_x(0)(\tau - s))\right\| \left\|G(\overset{(1)}{B_0} x(s)) - G(0)\right\| \mathrm{d}s \\
&\leqslant \int_{\tau_0}^{\tau} c_1 \exp(-\alpha(\tau - s)) \varepsilon \delta c_1 \exp(-\kappa(s - \tau_0)) \mathrm{d}s \\
&\leqslant \delta c_1 \varepsilon c_1 \exp(-\kappa(\tau - \tau_0)) \int_{\tau_0}^{\tau} \exp(-(\alpha - \kappa)(\tau - s)) \mathrm{d}s \\
&\leqslant \delta c_1 \frac{\varepsilon c_1}{\alpha - \kappa} \exp(-\kappa(\tau - \tau_0)) \\
&= \delta c_1 q \exp(-\kappa(\tau - \tau_0)) \tag{3.4.15}
\end{aligned}$$

成立, 由此得出

$$\left\|\overset{(1)}{B_0} x(\tau)\right\| \leqslant \delta c_1(1 + q) \exp(-\kappa(\tau - \tau_0)) < \frac{\delta c_1}{1 - q} \exp(-\kappa(\tau - \tau_0)) \leqslant \eta, \quad \tau \geqslant \tau_0. \tag{3.4.16}$$

我们用归纳法证明: 当 $\tau \geqslant \tau_0$ 时, 有

$$\left\|\overset{(k)}{B_0} x(\tau)\right\| \leqslant \delta c_1(1 + q + \cdots + q^k) \mathrm{e}^{-\kappa(\tau - \tau_0)}, \quad k = 0, 1, \cdots, \tag{3.4.17}$$

$$\left\|\overset{(k)}{B_0} x(\tau) - \overset{(k-1)}{B_0} x(\tau)\right\| \leqslant \delta c_1 q^k \exp(-\kappa(\tau - \tau_0)), \quad k = 1, 2, \cdots, \tag{3.4.18}$$

由式 (3.4.16) 和式 (3.4.15) 可知: 当 $k = 1$ 时, 式 (3.4.17) 和式 (3.4.18) 是正确的. 假设式 (3.4.17) 和式 (3.4.18) 直到号码 k 都正确, 那么由于式 (3.4.17), 当 $\tau \geqslant \tau_0$ 时有

$$\left\| \overset{(k-1)}{B_0} x(\tau) \right\| \leqslant \delta c_1 (1 + q + \cdots + q^{k-1}) \exp(-\kappa(\tau - \tau_0)) \leqslant \frac{\delta c_1}{1 - q} \exp(-\kappa(\tau - \tau_0)) \leqslant \eta.$$

类似地, 当 $\tau \geqslant \tau_0$ 时有 $\left\| \overset{(k)}{B_0} x(\tau) \right\| \leqslant \eta$. 由此及性质 (3.4.11) 和不等式 (3.4.18) 可得

$$
\begin{aligned}
\left\| \overset{(k+1)}{B_0} x(\tau) - \overset{(k)}{B_0} x(\tau) \right\| & \leqslant \int_{\tau_0}^{\tau} \left\| \exp(\overline{F}_x(0)(\tau - s)) \right\| \left\| G(\overset{(k)}{B_0} x(s)) - G(\overset{(k-1)}{B_0} x(s)) \right\| \mathrm{d}s \\
& \leqslant \int_{\tau_0}^{\tau} c_1 \exp(-\alpha(\tau - s)) \varepsilon \left\| \overset{(k)}{B_0} x(\tau) - \overset{(k-1)}{B_0} x(\tau) \right\| \mathrm{d}s \\
& \leqslant \int_{\tau_0}^{\tau} c_1 \exp(-\alpha(\tau - s)) \varepsilon \delta c_1 q^k \exp(-\kappa(s - \tau_0)) \mathrm{d}s \\
& \leqslant \delta c_1 \varepsilon c_1 q^k \exp(-\kappa(\tau - \tau_0)) \int_{\tau_0}^{\tau} \exp(-(\alpha - \kappa)(\tau - s)) \mathrm{d}s \\
& \leqslant \delta c_1 \frac{\varepsilon c_1}{\alpha - \kappa} q^k \exp(-\kappa(\tau - \tau_0)) \\
& = \delta c_1 q^{k+1} \exp(-\kappa(\tau - \tau_0)), \quad \tau \geqslant \tau_0.
\end{aligned}
$$

这就证明了式 (3.4.18) 对 $k + 1$ 的正确性. 从最后这个不等式以及式 (3.4.17) 得出对 $\tau \geqslant \tau_0$ 有

$$\left\| \overset{(k+1)}{B_0} x(\tau) \right\| \leqslant \delta c_1 (1 + q + \cdots + q^{k+1}) \exp(-\kappa(\tau - \tau_0)),$$

亦即式 (3.4.17) 对 $k + 1$ 也正确.

由不等式 (3.4.18) 和恒等式

$$\overset{(k)}{B_0} x = \left(\overset{(k)}{B_0} x - \overset{(k-1)}{B_0} x \right) + \left(\overset{(k-1)}{B_0} x - \overset{(k-2)}{B_0} x \right) + \cdots + \left(\overset{(1)}{B_0} x - \overset{(0)}{B_0} x \right) + \overset{(0)}{B_0} x$$

得出收敛于方程组 (3.3.18) 解 $B_0 x(\tau)$ 的逐次逼近序列 $\left\{ \overset{(k)}{B_0} x \right\}$ 当 $\tau \geqslant \tau_0$ 时对 τ 的一致收敛性, 而且从式 (3.4.17) 得出估计

$$\| B_0 x(\tau) \| \leqslant \frac{\delta c_1}{1 - q} \exp(-\kappa(\tau - \tau_0)), \quad \tau \geqslant \tau_0. \tag{3.4.19}$$

当 $0 \leqslant \tau \leqslant \tau_0$ 时, 问题 (3.3.18)—(3.3.17) 的解 $B_0 x(\tau)$ 以某常数 c_2 为界:

$$\|B_0 x(\tau)\| \leqslant c_2, \quad 0 \leqslant \tau \leqslant \tau_0. \tag{3.4.20}$$

如果令 $c = \max\left\{c_2 \exp(\kappa \tau_0), \dfrac{\delta c_1}{1-q} \exp(\kappa \tau_0)\right\}$, 则由估计 (3.4.19)—(3.4.20) 有不等式

$$\|B_0 x(\tau)\| \leqslant c \exp(-\kappa \tau), \quad \tau \geqslant 0. \tag{3.4.21}$$

成立, 亦即对 $i = 0$ 证明了不等式 (3.4.8).

我们转到当 $i = 1$ 时不等式 (3.4.8) 的证明. 根据式 (3.3.11)$_1$ 可将式 (3.3.21) 右边的被积函数写成

$$B_0 f(s) = f(\bar{x}_0(0) + B_0 x(s), y^0, 0) - f(\bar{x}_0(0), y^0, 0) = f_x^* B_0 x(s),$$

其中矩阵 f_x^* 的元素 $\dfrac{\partial f^i}{\partial x^j}$ 是在中间点 $(\bar{x}_0(0) + \theta_i B_0 x(s), y^0, 0)$, $0 < \theta_i < 1$, $i = 1, \cdots, n, j = 1, \cdots, m$ 处取值的; 由此得出 $\|f_x^*\|$ 的有界性. 根据式 (3.4.21) 从最后这个等式即得

$$\|B_0 f(s)\| \leqslant c \exp(-\kappa s), \quad s \geqslant 0. \tag{3.4.22}$$

注 3.4.2　这里的常数 c 一般来说与在式 (3.4.21) 中的 c 并不一样, 但为了简单起见, 我们约定对这种不依赖于 ε、其大小在讨论中不起本质作用的相似常数, 今后总用同一个符号 c 来表示.

从得到的不等式 (3.4.22) 即可推出式 (3.3.20) 右端广义积分的收敛性及对 $B_1 y(\tau)$ 的如下估计:

$$\|B_1 y(\tau)\| \leqslant c \int_\tau^{+\infty} e^{-\kappa \tau} \mathrm{d}s = \frac{c}{\kappa} e^{-\kappa \tau}, \quad \tau \geqslant 0.$$

根据注 3.4.2, 常数 c/κ 仍然用 c 来表示, 因此有

$$\|B_1 y(\tau)\| \leqslant c e^{-\kappa \tau}, \quad \tau \geqslant 0. \tag{3.4.23}$$

对于 $B_1 y(\tau)$ 的方程 (见式 (3.3.11)$_1$), 我们把它重新写成

$$\frac{\mathrm{d} B_1 x}{\mathrm{d}\tau} = F_x(\tau) B_1 x + \widetilde{G}_1(\tau), \tag{3.4.24}$$

其中 $\widetilde{G}_1(\tau) = F_y(\tau) B_1 y(\tau) + G_1(\tau)$, 而 $G_1(\tau)$ 是由公式 (3.3.12) 确定. 类似于不等式 (3.4.22), 由此我们可得估计

$$\|G_1(\tau)\| \leqslant (c\tau + c) e^{-\kappa \tau}, \quad \tau \geqslant 0.$$

取 $\kappa_1 < \kappa$, 考虑到注 3.4.2 即得 $(c\tau + c) e^{-\kappa \tau} \leqslant c e^{-\kappa_1 \tau}$.

注 3.4.3　在这个结论的推理中, 以及在以后类似的情况下, 这样减小参数 κ 还必须进行有限次. 为了简单起见, 我们约定仍然用同一个字母 κ 来表示 (以代替 $\kappa_1, \kappa_2, \cdots$).

于是有

$$\|G_1(\tau)\| \leqslant ce^{-\kappa\tau}, \quad \tau \geqslant 0. \tag{3.4.25}$$

由此及式 (3.4.23) 即可推出当 $\tau \geqslant 0$ 时有 $\left\|\widetilde{G}_1(\tau)\right\| \leqslant ce^{-\kappa\tau}$.

方程组 (3.4.24) 在初始条件 (3.3.23) 之下的解可以写成

$$B_1 x(\tau) = -\Phi(\tau)\bar{x}_1(0) + \int_0^\tau \Phi(\tau)\Phi^{-1}(s)\widetilde{G}_1(s)\mathrm{d}s, \tag{3.4.26}$$

其中 $\Phi(\tau)$ 为齐次方程组初值问题

$$\frac{\mathrm{d}\Phi}{\mathrm{d}\tau} = F_x(\tau)\Phi, \quad \Phi(0) = I_m$$

的基本解矩阵. 类似于推导 $B_0 x(\tau)$ 的估计式 (3.4.21), 不难证明

$$\|\Phi(\tau)\| \leqslant ce^{-\kappa\tau}, \quad \tau \geqslant 0, \tag{3.4.27}$$

$$\left\|\Phi(\tau)\Phi^{-1}(s)\right\| \leqslant ce^{-\kappa(\tau-s)}, \quad 0 \leqslant s \leqslant \tau. \tag{3.4.28}$$

利用这些不等式和对 $\left\|\widetilde{G}_1(\tau)\right\|$ 的估计, 从式 (3.4.26) 即得

$$\|B_1 x(\tau)\| \leqslant ce^{-\kappa\tau}, \quad \tau \geqslant 0. \tag{3.4.29}$$

不等式 (3.4.23) 和 (3.4.29) 完成了当 $i = 1$ 时对式 (3.4.8) 的证明.

下面我们用归纳法对当 $i > 1$ 时式 (3.4.8) 的证明. 假设不等式 (3.4.8) 对 $i = 0, 1, \cdots, k-1$ 都成立. 从方程组 (3.3.11)$_2$ 的第二组方程有

$$B_k y(\tau) = B_k y(0) + \int_0^\tau B_{k-1} f(s)\mathrm{d}s.$$

我们曾对 $B_k y(\tau)$ 加上补充条件: 当 $\tau \to +\infty$ 时有 $B_k y(\tau) \to 0$; 由此推出

$$B_k y(0) = -\int_0^{+\infty} B_{k-1} f(s)\mathrm{d}s,$$

从而可得

$$B_k y(\tau) = -\int_\tau^{+\infty} B_{k-1} f(s)\mathrm{d}s.$$

因此为了对 $B_k y(\tau)$ 证明不等式 (3.4.8), 只需证明当 $\tau \geqslant 0$ 时有

$$\|B_{k-1} f(\tau)\| \leqslant ce^{-\kappa\tau} \tag{3.4.30}$$

即可. 为此目的, 仔细地考虑表达式

$$Bf = f(\bar{x}(\varepsilon\tau,\varepsilon) + Bx(\tau,\varepsilon), \bar{y}(\varepsilon\tau,\varepsilon) + By(\tau,\varepsilon), \varepsilon\tau) - f(\bar{x}(\varepsilon\tau,\varepsilon), \bar{y}(\varepsilon\tau,\varepsilon), \varepsilon\tau)$$

对 ε 的幂级数展开式. 引进函数

$$\Psi(\sigma) \stackrel{\text{def}}{=} f(\bar{x}(\varepsilon\tau,\varepsilon) + \sigma Bx(\tau,\varepsilon), \bar{y}(\varepsilon\tau,\varepsilon) + \sigma By(\tau,\varepsilon), \varepsilon\tau).$$

于是有

$$Bf = \Psi(1) - \Psi(0) = \int_0^1 \frac{\mathrm{d}\Psi}{\mathrm{d}\sigma}\mathrm{d}\sigma = \left(\int_0^1 f_x\mathrm{d}\sigma\right) Bx(\tau,\varepsilon) + \left(\int_0^1 f_y\mathrm{d}\sigma\right) By(\tau,\varepsilon),$$

其中矩阵 f_x 和 f_y 的元素是在点 $(\bar{x}(\varepsilon\tau,\varepsilon) + \sigma Bx(\tau,\varepsilon), \bar{y}(\varepsilon\tau,\varepsilon) + \sigma By(\tau,\varepsilon), \tau)$ 处取值的. 我们用式 (3.3.4) 右边的级数代替 $\bar{x}(\varepsilon\tau,\varepsilon), \bar{y}(\varepsilon\tau,\varepsilon)$, 并把这些级数的系数 $\bar{x}_k(t)$ 表示成 $\bar{x}_k(t) = \bar{x}_k(\varepsilon\tau) = \bar{x}_k(0) + \varepsilon\bar{x}_k'(0) + \cdots$; 而同样用式 (3.3.5) 右边的级数代替 $Bx(\tau,\varepsilon), By(\tau,\varepsilon)$; 然后在点 $(\bar{x}_0(0) + \sigma B_0 x(\tau), \bar{y}_0(0) + \sigma B_0 y(0), 0) = (\bar{x}_0(0) + \sigma B_0 x(\tau), y^0, 0)$ 处将 f_x 和 f_y 进行 Taylor 级数展开, 并且合并关于 ε 同次幂的项即得

$$f_x(\bar{x}(\varepsilon\tau,\varepsilon) + \sigma Bx(\tau,\varepsilon), \bar{y}(\varepsilon\tau,\varepsilon) + \sigma By(\tau,\varepsilon), \varepsilon\tau) = A_0(\sigma,\tau) + \varepsilon A_1(\sigma,\tau) + \cdots,$$

$$f_y(\bar{x}(\varepsilon\tau,\varepsilon) + \sigma Bx(\tau,\varepsilon), \bar{y}(\varepsilon\tau,\varepsilon) + \sigma By(\tau,\varepsilon), \varepsilon\tau) = B_0(\sigma,\tau) + \varepsilon B_1(\sigma,\tau) + \cdots,$$

其中 $A_i(\sigma,\tau), B_i(\sigma,\tau)$ 均为当 $\tau \to +\infty$ 时其元素增长不比 τ^i 快的矩阵. 由此得出, 在 Bf 展开式中 ε^{k-1} 的系数 $B_{k-1}f$ 为

$$f(\tau) = \sum_{i=0}^{k-1} \left[\left(\int_0^1 A_i(\sigma,\tau)\mathrm{d}\sigma\right) B_{k-1-i}x(\tau) + \left(\int_0^1 B_i(\sigma,\tau)\mathrm{d}\sigma\right) B_{k-1-i}y(\tau) \right].$$

$$(3.4.31)$$

由于按归纳假设, $B_i x(\tau), B_i y(\tau), i = 0, 1, \cdots, k-1$, 都满足不等式 (3.4.8), 所以从式 (3.4.31) 直接推出对 $\|B_{k-1}f(\tau)\|$ 的估计式 (3.4.30), 亦即对于 $B_k y(\tau)$ 的不等式 (3.4.8).

对于 $B_k x(\tau)$ 的方程 (见式 $(3.3.11)_2$), 现在可将它重新写成

$$\frac{\mathrm{d}B_k x}{\mathrm{d}\tau} = F_x(\tau)B_k x + \widetilde{G}_k(\tau), \tag{3.4.32}$$

其中 $\widetilde{G}_k(\tau) = F_y(\tau)B_k y(\tau) + G_k(\tau)$. 类似于对 $B_{k-1}f(\tau)$ 估计式的推导, 对 $G_k(\tau)$ 同样可以得到估计 $\|G_k(\tau)\| \leqslant ce^{-\kappa\tau}, \tau \geqslant 0$. 像从问题 (3.4.24)—(3.3.23) 求出 $B_1 x(\tau)$ 一样, 在初始条件 (3.3.25) 之下求解方程组 (3.4.32) 即得

$$\|B_k x(\tau)\| \leqslant ce^{-\kappa\tau}, \tau \geqslant 0.$$

这就完成了引理 3.4.1 的证明.

注 3.4.4　我们考虑当 $(y,t) \in \overline{D}_1$ 时的附加方程组

$$\frac{\mathrm{d}\tilde{x}}{\mathrm{d}\tau} = F(\tilde{x}, y, t). \tag{3.4.33}$$

这里 $\overline{D}_1$ 是由条件 IV 所确定. 变量替换 $\tilde{x} = Bx + \varphi(y,t)$ 将式 (3.4.33) 变成类似于式 (3.3.18) 的方程:

$$\frac{\mathrm{d}Bx}{\mathrm{d}\tau} = F(\varphi(y,t) + Bx, y, t). \tag{3.4.34}$$

式 (3.4.34) 的奇点是 $Bx = 0$, 而矩阵 $F_x(\varphi(y,t), y, t)$ 的特征值 $\lambda_i(y,t)$ 满足不等式 (3.3.3). 由此得出: 存在常数 $c > 0$, 使得当 $0 \leqslant s \leqslant \tau < +\infty$ 时有

$$\|\exp(F_x(\varphi(y,t), y, t)(\tau - s))\| \leqslant ce^{-\alpha(\tau-s)}.$$

在文献 [4] 中证明了对所有 $(y,t) \in \overline{D}_1$ 存在使得上式成立的共同常数 c. 考虑到方程组 (3.4.34) 在 $\tau = 0$ 时有满足估计式的初始条件, 并像对式 (3.4.10) 那样应用逐次逼近法, 即可得到解在 $\tau \geqslant 0$ 上存在, 且满足不等式

$$\|Bx(\tau)\| \leqslant \frac{\delta c}{1-q} e^{-\kappa\tau}, \quad \tau \geqslant 0.$$

由此得出, 在稳定性条件之下, 附加方程组 (3.4.33) 的奇点 $\tilde{x} = \varphi(y,t)$ 关于 $\overline{D}_1$ 是一致渐近稳定的. 这就证明了满足定理 3.4.1 中的条件 IV, 也必满足定理 3.2.1 中的条件 IV.

3.4.4　定理 3.4.1 的证明

我们令

$$u(t,\varepsilon) = x(t,\varepsilon) - X_N(t,\varepsilon), \quad v(t,\varepsilon) = y(t,\varepsilon) - Y_N(t,\varepsilon),$$

其中 $x(t,\varepsilon), y(t,\varepsilon)$ 为问题 (3.1.1)—(3.1.2) 的解, 而 $X_N(t,\varepsilon), Y_N(t,\varepsilon)$ 由式 (3.4.1) 确定, 亦即

$$X_N(t,\varepsilon) = \sum_{k=0}^{N} \varepsilon^k(\bar{x}_k(t) + B_kx(\tau)), \quad Y_N(t,\varepsilon) = \sum_{k=0}^{N} \varepsilon^k(\bar{y}_k(t) + B_ky(\tau)).$$

将 $x = u + X_N, y = v + Y_N$ 代入问题 (3.1.1)—(3.1.2), 即得余项 $u(t,\varepsilon), v(t,\varepsilon)$ 的方程组

$$\begin{cases} \varepsilon\dfrac{\mathrm{d}u}{\mathrm{d}t} = F(u + X_N, v + Y_N, t) - \varepsilon\dfrac{\mathrm{d}X_N}{\mathrm{d}t}, \\ \dfrac{\mathrm{d}v}{\mathrm{d}t} = f(u + X_N, v + Y_N, t) - \dfrac{\mathrm{d}Y_N}{\mathrm{d}t}, \end{cases} \tag{3.4.35}$$

以及它们的初始条件

$$u(0,\varepsilon)=0, \quad v(0,\varepsilon)=0. \tag{3.4.36}$$

正如注 3.4.1 所指出那样, 问题 (3.4.35)—(3.4.36) 解在区间 $0 \leqslant t \leqslant T$ 上的存在唯一性可由定理 3.2.1 得出, 因此, 为了证明不等式 (3.4.2) 只需再证存在常数 $\varepsilon_0 > 0$ 和 $c > 0$, 使得当 $0 < \varepsilon \leqslant \varepsilon_0$ 时, 对一切 $t \in [0,T]$ 有估计式

$$\|u(t,\varepsilon)\| \leqslant c\varepsilon^{N+1}, \quad \|v(t,\varepsilon)\| \leqslant c\varepsilon^{N+1}. \tag{3.4.37}$$

但在证明不等式 (3.4.37) 时, 我们不依赖于定理 3.2.1 而顺便地再一次证明了问题 (3.4.35)—(3.4.36) 解的存在性.

我们首先考虑表达式

$$\begin{cases} H_1(t,\varepsilon) = F(X_N(t,\varepsilon),Y_N(t,\varepsilon),t) - \varepsilon\dfrac{\mathrm{d}X_N(t,\varepsilon)}{\mathrm{d}t}, \\[2mm] H_2(t,\varepsilon) = f(X_N(t,\varepsilon),Y_N(t,\varepsilon),t) - \dfrac{\mathrm{d}Y_N(t,\varepsilon)}{\mathrm{d}t}; \end{cases} \tag{3.4.38}$$

并证明当 ε 充分小时 $(0 < \varepsilon \leqslant \varepsilon_0)$, 对 $t \in [0,T]$ 有估计式

$$\|H_1(t,\varepsilon)\| \leqslant c\varepsilon^{N+1}, \quad \|H_2(t,\varepsilon)\| \leqslant c\left(\varepsilon^{N+1} + \varepsilon^N\exp\left(-\frac{\kappa t}{\varepsilon}\right)\right), \tag{3.4.39}$$

其中 c 为常数. 我们证明其中的第二个不等式. 为此把 $H_2(t,\varepsilon)$ 的表达式重新写成

$$\begin{aligned}
H_2(t,\varepsilon) = &\big[f(\bar{x}_0(\varepsilon\tau) + \cdots + \varepsilon^N\bar{x}_N(\varepsilon\tau) + B_0x(\tau) + \cdots + \varepsilon^N B_Nx(\tau), \\
&\bar{y}_0(\varepsilon\tau) + \cdots + \varepsilon^N\bar{y}_N(\varepsilon\tau) + \varepsilon B_1y(\tau) + \cdots + \varepsilon^N B_Ny(\tau),\varepsilon\tau) \\
&-f(\bar{x}_0(\varepsilon\tau) + \cdots + \varepsilon^N\bar{x}_N(\varepsilon\tau),\bar{y}_0(\varepsilon\tau) + \cdots + \varepsilon^N\bar{y}_N(\varepsilon\tau),\varepsilon\tau) \\
&-\frac{\mathrm{d}}{\mathrm{d}\tau}\big(B_1y(\tau) + \cdots + \varepsilon^{N-1}B_Ny(\tau)\big)\big] \\
&+\big[f(\bar{x}_0(t) + \cdots + \varepsilon^N\bar{x}_N(t),\bar{y}_0(t) + \cdots + \varepsilon^N\bar{y}_N(t),t) \\
&-\frac{\mathrm{d}}{\mathrm{d}\tau}\big(\bar{y}_0(t) + \cdots + \varepsilon^N\bar{y}_N(t)\big)\big]. \tag{3.4.40}
\end{aligned}$$

利用在证明估计式 (3.4.30) 时所使用的同样方法, 不难证明当 $\varepsilon \in (0,\varepsilon_0]$ 充分小时有

$$\begin{aligned}
&f(\bar{x}_0(\varepsilon\tau) + \cdots + \varepsilon^N\bar{x}_N(\varepsilon\tau) + B_0x(\tau) + \cdots + \varepsilon^N B_Nx(\tau),\bar{y}_0(\varepsilon\tau) + \cdots \\
&+\varepsilon^N\bar{y}_N(\varepsilon\tau) + \varepsilon B_1y(\tau) + \cdots + \varepsilon^N B_Ny(\tau),\varepsilon\tau) - f(\bar{x}_0(\varepsilon\tau) + \cdots + \varepsilon^N\bar{x}_N(\varepsilon\tau), \\
&\bar{y}_0(\varepsilon\tau) + \cdots + \varepsilon^N\bar{y}_N(\varepsilon\tau),\varepsilon\tau) = \sum_{k=0}^{N}\varepsilon^k B_kf(\tau) + O(\varepsilon^{N+1}); \tag{3.4.41}
\end{aligned}$$

与前面一样, 这里 $O(\alpha(t,\varepsilon))$ 表示当 $0 \leqslant t \leqslant T, 0 < \varepsilon \leqslant \varepsilon_0$ 时满足 $\|O(\alpha(t,\varepsilon))\| \leqslant c\alpha(t,\varepsilon)$ 的量.

注 3.4.5　常数 ε_0 充分小的要求, 在本定理的下面证明以及后面的其他章节中将不止一次遇到. 类似于在注 3.4.2 和注 3.4.3 中对常数 c 和 κ 所说明的那样, 我们约定今后也用同一个 ε_0 表示满足对 ε 充分小的所有要求: $0 < \varepsilon \leqslant \varepsilon_0$.

根据方程 $(3.3.11)_1\text{-}(3.3.11)_k$, 从式 $(3.4.41)$ 得出, 在式 $(3.4.40)$ 中的第一个方括号应等于 $\varepsilon^N B_N f(\tau) + O(\varepsilon^{N+1})$, 亦即有量阶 $O\left(\varepsilon^{N+1} + \varepsilon^N \exp\left(-\dfrac{\kappa t}{\varepsilon}\right)\right)$. 类似地, 根据方程 $(3.3.10)_0\text{-}(3.3.10)_1\text{-}(3.3.10)_k$ 及等式

$$f(\bar{x}_0(t) + \cdots + \varepsilon^N \bar{x}_N(t), \bar{y}_0(t) + \cdots + \varepsilon^N \bar{y}_N(t), t) = \sum_{k=0}^{N} \varepsilon^k \overline{f}_k + O(\varepsilon^{N+1})$$

得出在式 $(3.4.40)$ 中的第二个方括号有量阶 $O(\varepsilon^{N+1})$. 因此

$$H_2(t,\varepsilon) = O\left(\varepsilon^{N+1} + \varepsilon^N \exp\left(-\frac{\kappa t}{\varepsilon}\right)\right).$$

这就证明了式 $(3.4.39)$ 中的第二个不等式. 类似地可以证明式 $(3.4.39)$ 中的第一个不等式.

我们现在回到问题 $(3.4.35)$—$(3.4.36)$, 并将方程组 $(3.4.35)$ 写成

$$\begin{cases} \varepsilon \dfrac{\mathrm{d}u}{\mathrm{d}t} = F_x(t,\varepsilon)u + F_y(t,\varepsilon)v + G_1(u,v,t,\varepsilon), \\[2mm] \dfrac{\mathrm{d}v}{\mathrm{d}t} = f_x(t,\varepsilon)u + f_y(t,\varepsilon)v + G_2(u,v,t,\varepsilon), \end{cases} \tag{3.4.42}$$

其中矩阵 $F_x(t,\varepsilon), F_y(t,\varepsilon), f_x(t,\varepsilon), f_y(t,\varepsilon)$ 都是在点 $(\bar{x}_0(t) + B_0 x(t/\varepsilon), \bar{y}_0(t), t)$ 处取值的, 而

$$G_1(u,v,t,\varepsilon) = F(u + X_N, v + Y_N, t) - \varepsilon \frac{\mathrm{d}X_N}{\mathrm{d}t} - F_x(t,\varepsilon)u - F_y(t,\varepsilon)v,$$

$$G_2(u,v,t,\varepsilon) = f(u + X_N, v + Y_N, t) - \frac{\mathrm{d}Y_N}{\mathrm{d}t} - f_x(t,\varepsilon)u - f_y(t,\varepsilon)v.$$

我们注意到函数 G_1 和 G_2 有如下两个对今后来讲是重要的性质:

(1) 当 $0 \leqslant t \leqslant T, 0 < \varepsilon \leqslant \varepsilon_0$ 时有

$$\|G_1(0,0,t,\varepsilon)\| = \|H_1(t,\varepsilon)\| \leqslant c\varepsilon^{N+1},$$
$$\|G_2(0,0,t,\varepsilon)\| = \|H_2(t,\varepsilon)\| \leqslant c\left(\varepsilon^{N+1} + \varepsilon^N \exp\left(-\frac{\kappa t}{\varepsilon}\right)\right);$$

(2) 对 $\forall \varepsilon > 0, \exists$ 常数 $\delta = \delta(\varepsilon)$ 和 $\varepsilon_0 = \varepsilon_0(\varepsilon)$, 使得只要 $\|u_1\| \leqslant \delta, \|u_2\| \leqslant \delta$, $\|v_1\| \leqslant \delta, \|v_2\| \leqslant \delta, 0 < \varepsilon \leqslant \varepsilon_0$, 则对 $i = 1, 2$ 有

$$\|G_i(u_1,v_1,t,\varepsilon) - G_i(u_2,v_2,t,\varepsilon)\| \leqslant \varepsilon(\|u_1 - u_2\| + \|v_1 - v_2\|). \tag{3.4.43}$$

为了证明后一条性质, 只要对式 (3.4.43) 左边的差应用中值定理, 并考虑到当 $\|u\|, \|v\|, \varepsilon_0$ 充分小时, $\|G_{1u}\| = \|F_x(u + X_N, v + Y_N, t) - F_x(X_0, Y_0, t)\|, \|G_{1v}\|$, $\|G_{2u}\|$ 和 $\|G_{2v}\|$ 均可任意小.

代替初值问题 (3.4.42)—(3.4.36), 我们考虑与它等价的积分方程组

$$\begin{cases} u(t, \varepsilon) = \displaystyle\int_0^t U(t, s, \varepsilon) \frac{1}{\varepsilon} [F_y(s, \varepsilon) v(s, \varepsilon) + G_1(u, v, s, \varepsilon)] \mathrm{d}s, \\ v(t, \varepsilon) = \displaystyle\int_0^t V(t, s, \varepsilon) [f_x(s, \varepsilon) u(s, \varepsilon) + G_2(u, v, s, \varepsilon)] \mathrm{d}s, \end{cases} \quad (3.4.44)$$

其中 $U(t, s, \varepsilon)$ 和 $V(t, s, \varepsilon)$ 为矩阵方程初值问题

$$\varepsilon \frac{\mathrm{d}U}{\mathrm{d}t} = F_x(t, \varepsilon) U, \ U(s, s, \varepsilon) = I_M; \qquad \frac{\mathrm{d}V}{\mathrm{d}t} = f_y(t, \varepsilon) V, \ V(s, s, \varepsilon) = I_m \qquad (3.4.45)$$

的解. 由于 $\|f_y(t, \varepsilon)\|$ 在 $0 \leqslant s \leqslant t \leqslant T, 0 < \varepsilon \leqslant \varepsilon_0$ 上的有界性, 所以矩阵 $V(t, s, \varepsilon)$ 也是有界的. 至于矩阵 $U(t, s, \varepsilon)$, 可以证明: 当 $0 \leqslant s \leqslant t \leqslant T, 0 < \varepsilon \leqslant \varepsilon_0$ 时有指数式估计

$$\|U(t, s, \varepsilon)\| \leqslant c \exp\left(-\frac{\kappa(t - s)}{\varepsilon}\right), \qquad (3.4.46)$$

其中 $\kappa > 0$ 为某常数. 为此我们利用下面引理, 其证明将在本节最后一段给出.

引理 3.4.2 假设方阵 $A(t)$ 在 $[0, T]$ 上连续, 且其特征值 $\lambda_i(t)$ 满足不等式

$$\mathrm{Re}\,\lambda_i(t) < -2\sigma < 0, \quad 0 \leqslant t \leqslant T; \qquad (3.4.47)$$

那么当 ε 充分小时 $(0 < \varepsilon \leqslant \varepsilon_0)$, 矩阵方程初值问题

$$\varepsilon \frac{\mathrm{d}W}{\mathrm{d}t} = A(t) W, \quad W(s, s, \varepsilon) = I_m \qquad (3.4.48)$$

的解 $W(t, s, \varepsilon)$ 满足估计

$$\|W(t, s, \varepsilon)\| \leqslant c \exp\left(-\frac{\sigma(t - s)}{\varepsilon}\right), \quad 0 \leqslant s \leqslant t \leqslant T. \qquad (3.4.49)$$

引理 3.4.2 不能直接应用到式 (3.4.45) 的第一个方程上, 因为一般说来, 矩阵 $F_x(t, \varepsilon)$ 的特征值在点 $t = 0$ 的某个邻域中不满足不等式 (3.4.47), 所以为了证明估计 (3.4.46), 我们将式 (3.4.45) 的第一个问题重新写成

$$\varepsilon \frac{\mathrm{d}U}{\mathrm{d}t} = \overline{F}_x(t) U + K(t, \varepsilon) U, \quad U(s, s, \varepsilon) = I_m, \qquad (3.4.50)$$

其中

$$K(t, \varepsilon) = F_x(t, \varepsilon) - \overline{F}_x(t) = F_x(\bar{x}_0(t) + B_0 x(t/\varepsilon), \bar{y}_0(t), t) - F_x(\bar{x}_0(t), \bar{y}_0(t), t).$$

由于式 (3.3.2), 矩阵 $\overline{F}_x(t)$ 满足条件 (3.4.47); 而且只要 τ_0 充分大, 当 $t \geqslant \varepsilon\tau_0$ 时显然 $\|K(t,\varepsilon)\|$ 可以足够小. 代替初值问题 (3.4.50), 我们讨论等价的积分方程

$$U(t,s,\varepsilon) = W(t,s,\varepsilon) + \int_s^t W(t,p,\varepsilon)\frac{1}{\varepsilon}K(p,\varepsilon)U(p,s,\varepsilon)\mathrm{d}p, \qquad (3.4.51)$$

其中 $W(t,s,\varepsilon)$ 为矩阵方程初值问题

$$\varepsilon\frac{\mathrm{d}W}{\mathrm{d}t} = \overline{F}_x(t)W, \quad W(s,s,\varepsilon) = I_m$$

的解, 且由引理 3.4.2, 它满足估计式 (3.4.49). 利用在证明 $B_0x(\tau)$ 的指数式估计时所用的逐次逼近法, 容易证明 $U(t,s,\varepsilon)$ 满足估计式 (3.4.46).

现在把式 (3.4.44) 中的第二个方程所确定的 $v(s,\varepsilon)$ 代入第一个方程, 即得等价的积分方程组

$$\begin{cases} u(t,\varepsilon) = \displaystyle\int_0^t \widetilde{K}(t,s,\varepsilon)u(s,\varepsilon)\mathrm{d}s + Q_1(u,v,t,\varepsilon), \\[3mm] v(t,\varepsilon) = \displaystyle\int_0^t V(t,s,\varepsilon)f_x(s,\varepsilon)u(s,\varepsilon)\mathrm{d}s + Q_2(u,v,t,\varepsilon), \end{cases} \qquad (3.4.52)$$

其中

$$\widetilde{K}(t,s,\varepsilon) = K_1(t,s,\varepsilon)f_x(s,\varepsilon),$$
$$K_1(t,s,\varepsilon) = \int_s^t \frac{1}{\varepsilon}U(t,p,\varepsilon)F_y(p,\varepsilon)V(p,s,\varepsilon)\mathrm{d}p.$$

由此及估计 (3.4.46) 得出, 当 $0 \leqslant s \leqslant t \leqslant T, 0 < \varepsilon \leqslant \varepsilon_0$ 时, $\|K_1(t,s,\varepsilon)\| \leqslant c$; 而且由于 G_1 和 G_2 的两条性质, 积分算子

$$Q_1(u,v,t,\varepsilon) = \int_0^t \left[\frac{1}{\varepsilon}U(t,s,\varepsilon)G_1(u,v,s,\varepsilon) + K_1(t,s,\varepsilon)G_2(u,v,s,\varepsilon)\right]\mathrm{d}s,$$
$$Q_2(u,v,t,\varepsilon) = \int_0^t V(t,s,\varepsilon)G_2(u,v,s,\varepsilon)\mathrm{d}s$$

也具有类似的两条性质:

(1) 当 $0 \leqslant t \leqslant T, 0 < \varepsilon \leqslant \varepsilon_0$ 时, $\|Q_i(0,0,t,\varepsilon)\| \leqslant c\varepsilon^{N+1}, i = 1,2$;

(2) 对 $\forall \varepsilon > 0, \exists \delta = \delta(\varepsilon)$ 和 $\varepsilon_0 = \varepsilon_0(\varepsilon)$, 使得如果当 $0 \leqslant s \leqslant t \leqslant T, 0 < \varepsilon \leqslant \varepsilon_0$ 时, 有 $\|u_1(s,\varepsilon)\| \leqslant \delta, \|u_2(s,\varepsilon)\| \leqslant \delta, \|v_1(s,\varepsilon)\| \leqslant \delta, \|v_2(s,\varepsilon)\| \leqslant \delta$, 那么对 $i = 1,2$ 有

$$\|Q_i(u_1,v_1,t,\varepsilon) - Q_i(u_2,v_2,t,\varepsilon)\|$$
$$\leqslant \varepsilon \max_{0 \leqslant s \leqslant t} \left[\|u_1(s,\varepsilon) - u_2(s,\varepsilon)\| + \|v_1(s,\varepsilon) - v_2(s,\varepsilon)\|\right].$$

我们用 $R(t, s, \varepsilon)$ 记核 $\widetilde{K}(t, s, \varepsilon)$ 的预解式. 由于 $\widetilde{K}(t, s, \varepsilon)$ 的有界性, 预解式 $R(t, s, \varepsilon)$ 也是有界的. 将式 (3.4.52) 第一组方程中的 $Q_1(u, v, t, \varepsilon)$ 看成该积分方程组的非齐次项, 并利用公式 (3.4.7), 则可代替这第一组方程以如下的积分方程

$$u(t, \varepsilon) = Q_1(u, v, t, \varepsilon) + \int_0^t R(t, s, \varepsilon) Q_1(u, v, s, \varepsilon) \mathrm{d}s \overset{\text{def}}{=} S_1(u, v, t, \varepsilon). \qquad (3.4.53)$$

我们记 $V(t, s, \varepsilon) f_x(s, \varepsilon) \overset{\text{def}}{=} H(t, s, \varepsilon)$, $Q_2 \overset{\text{def}}{=} S_2$, 则式 (3.4.52) 的第二组方程可写成

$$v(t, \varepsilon) = \int_0^t H(t, s, \varepsilon) u(s, \varepsilon) \mathrm{d}s + S_2(u, v, t, \varepsilon). \qquad (3.4.54)$$

显然, 积分算子 S_1 和 S_2 也具有像 Q_1 和 Q_2 那样的两条性质.

为了完成定理的证明, 只需证明方程组 (3.4.53) 和 (3.4.54) 存在唯一解, 且有估计式

$$\|u(t, \varepsilon)\| \leqslant c\varepsilon^{N+1}, \quad \|v(t, \varepsilon)\| \leqslant c\varepsilon^{N+1}, \quad 0 \leqslant t \leqslant T, 0 < \varepsilon \leqslant \varepsilon_0 \qquad (3.4.55)$$

成立. 为此我们利用逐次逼近法: 对 $k = 1, 2, \cdots$, 令

$$\begin{cases} \overset{(0)}{u}(t, \varepsilon) = 0, \ \overset{(0)}{v}(t, \varepsilon) = 0; \quad \overset{(k)}{u}(t, \varepsilon) = S_1(\overset{(k-1)}{u}, \overset{(k-1)}{v}, t, \varepsilon). \\ \overset{(k)}{v}(t, \varepsilon) = \int_0^t H(t, s, \varepsilon) \overset{(k-1)}{u}(s, \varepsilon) \mathrm{d}s + S_2(\overset{(k-1)}{u}, \overset{(k-1)}{v}, t, \varepsilon). \end{cases} \qquad (3.4.56)$$

由于 S_1 和 S_2 的第一条性质, 当 $k = 1$ 时有

$$\left\| \overset{(1)}{u}(t, \varepsilon) \right\| \leqslant c\varepsilon^{N+1}, \ \left\| \overset{(1)}{v}(t, \varepsilon) \right\| \leqslant c\varepsilon^{N+1}, \quad 0 \leqslant t \leqslant T, 0 < \varepsilon \leqslant \varepsilon_0; \qquad (3.4.57)$$

而根据 S_1 和 S_2 的第二条性质, 由式 (3.4.56) 可得

$$\begin{cases} \left\| \overset{(k+1)}{u}(t, \varepsilon) - \overset{(k)}{u}(t, \varepsilon) \right\| \leqslant \varepsilon \max_{0 \leqslant s \leqslant t} \left[\left\| \overset{(k)}{u}(s, \varepsilon) - \overset{(k-1)}{u}(s, \varepsilon) \right\| + \left\| \overset{(k)}{v}(s, \varepsilon) - \overset{(k-1)}{v}(s, \varepsilon) \right\| \right], \\ \left\| \overset{(k+1)}{v}(t, \varepsilon) - \overset{(k)}{v}(t, \varepsilon) \right\| \leqslant \varepsilon \max_{0 \leqslant s \leqslant t} \left[\left\| \overset{(k)}{u}(s, \varepsilon) - \overset{(k-1)}{u}(s, \varepsilon) \right\| + \left\| \overset{(k)}{v}(s, \varepsilon) - \overset{(k-1)}{u}(s, \varepsilon) \right\| \right] \\ \qquad\qquad + cT \max_{0 \leqslant s \leqslant t} \left\| \overset{(k)}{u}(s, \varepsilon) - \overset{(k-1)}{u}(s, \varepsilon) \right\|, \end{cases} \qquad (3.4.58)$$

于是如果 $0 \leqslant s \leqslant t \leqslant T, 0 < \varepsilon \leqslant \varepsilon_0(\varepsilon)$, 就有

$$\begin{aligned} \left\| \overset{(k-1)}{u}(s, \varepsilon) \right\| \leqslant \delta(\varepsilon), \quad \left\| \overset{(k)}{u}(s, \varepsilon) \right\| \leqslant \delta(\varepsilon), \\ \left\| \overset{(k-1)}{v}(s, \varepsilon) \right\| \leqslant \delta(\varepsilon), \quad \left\| \overset{(k)}{v}(s, \varepsilon) \right\| \leqslant \delta(\varepsilon). \end{aligned} \qquad (3.4.59)$$

令 $a = \max(4cT, 1)$ 以及

$$D_{k+1} = \max_{0 \leqslant t \leqslant T} \left[a \left\| \overset{(k+1)}{u}(t,\varepsilon) - \overset{(k)}{u}(t,\varepsilon) \right\| + \left\| \overset{(k+1)}{v}(t,\varepsilon) - \overset{(k)}{v}(t,\varepsilon) \right\| \right].$$

于是由式 (3.4.58) 有 $D_{k+1} \leqslant \dfrac{D_k}{4} + \varepsilon(1+a)D_k$. 由于 ε 可任意小, 因此取它满足不等式: $\varepsilon(1+a) \leqslant 1/4$; 从而在满足不等式 (3.4.59) 的前提下有

$$D_{k+1} \leqslant \frac{D_k}{2}. \tag{3.4.60}$$

我们证明当 $\varepsilon \in (0, \varepsilon_0]$ 充分小时, 由不等式 (3.4.59), 从而式 (3.4.60) 对所有的 $k = 1, 2, \cdots$ 都成立. 为此我们利用估计式 (3.4.57), 并取 $\varepsilon_0 \leqslant \varepsilon_0(\varepsilon)$ 充分小, 使得当 $0 < \varepsilon \leqslant \varepsilon_0$ 时满足不等式

$$D_1 = \max_{0 \leqslant t \leqslant T} \left[a \left\| \overset{(1)}{u}(t,\varepsilon) + \overset{(1)}{v}(t,\varepsilon) \right\| \right] \leqslant c(1+a)\varepsilon^{N+1} \leqslant \frac{1}{2}\delta(\varepsilon); \tag{3.4.61}$$

于是当 $k = 1$ 时有式 (3.4.59) 成立, 从而式 (3.4.60) 也成立. 其次假设式 (3.4.60) 对 $k = 1, 2, \cdots, l-1$ 都成立, 那么有

$$D_{k+1} \leqslant \frac{1}{2}D_k \leqslant \frac{1}{2^2}D_{k-1} \leqslant \cdots \leqslant \frac{1}{2^k}D_1, \quad k = 1, 2, \cdots, l-1.$$

由此得出, 当 $0 \leqslant t \leqslant T, \quad 0 < \varepsilon \leqslant \varepsilon_0$ 时有

$$\left\| \overset{(l)}{u} \right\| \leqslant \left\| \overset{(l)}{u} - \overset{(l-1)}{u} \right\| + \left\| \overset{(l-1)}{u} - \overset{(l-2)}{u} \right\| + \cdots + \left\| \overset{(1)}{u} \right\| \leqslant D_l + D_{l-1} + \cdots + D_1$$
$$\leqslant \left(\frac{1}{2^{l-1}} + \frac{1}{2^{l-2}} + \cdots + \frac{1}{2} + 1 \right) D_1 \leqslant 2D_1 \leqslant \delta(\varepsilon). \tag{3.4.62}$$

类似可得

$$\left\| \overset{(l)}{v} \right\| \leqslant \delta(\varepsilon), \quad \left\| \overset{(l-1)}{u} \right\| \leqslant \delta(\varepsilon), \quad \left\| \overset{(l-1)}{v} \right\| \leqslant \delta(\varepsilon), \quad 0 \leqslant t \leqslant T, \quad 0 < \varepsilon \leqslant \varepsilon_0,$$

亦即式 (3.4.59) 在当 $k = l$ 时成立, 从而式 (3.4.60) 当 $k = l$ 时也成立. 因此对于选定的 ε_0, 当 $0 < \varepsilon \leqslant \varepsilon_0$ 时对所有的 $k = 1, 2, \cdots$, 不等式 (3.4.60) 都是正确的. 由此不等式即得逐次逼近序列 $\left\{ \overset{(k)}{u}(t,\varepsilon) \right\}, \left\{ \overset{(k)}{v}(t,\varepsilon) \right\}$ 当 $k \to +\infty$ 时对 $t \in [0, T]$ 的一致收敛性, 这就证明了方程组 (3.4.53)—(3.4.54) 的 $u(t,\varepsilon), v(t,\varepsilon)$ 存在性.

　　为了证明解的唯一性, 只需注意到式 (3.4.35) 右端对 u 和 v 满足利普希茨条件即可.

根据式 (3.4.62), 所有逐次近似 $\overset{(k)}{u}(t,\varepsilon)$ 都满足不等式 $\left\|\overset{(k)}{u}(t,\varepsilon)\right\| \leqslant 2D_1, k =$ $1, 2, \cdots$; 且类似地有 $\left\|\overset{(k)}{v}(t,\varepsilon)\right\| \leqslant 2D_1, k = 1, 2, \cdots$; 所以解 $u(t,\varepsilon), v(t,\varepsilon)$ 满足同样的不等式, 由此及式 (3.4.61) 即知: 对 $0 \leqslant t \leqslant T, 0 < \varepsilon \leqslant \varepsilon_0$ 有

$$\|u(t,\varepsilon)\| \leqslant c\varepsilon^{N+1}, \quad \|v(t,\varepsilon)\| \leqslant c\varepsilon^{N+1}.$$

这就是估计式 (3.4.55), 从而定理 3.4.1 得证.

3.4.5　引理 3.4.2 的证明

我们将式 (3.4.48) 重新写成

$$\varepsilon \frac{\mathrm{d}W}{\mathrm{d}t} = A(p)W + [A(t) - A(p)]W, \quad W(s,s,\varepsilon) = E_M; \tag{3.4.63}$$

其中 p 为区间 $[0,T]$ 中任一确定的值. 根据式 (3.4.4)—(3.4.5) 及式 (3.4.63) 即得

$$W(t,s,\varepsilon) = \exp\left(\frac{1}{\varepsilon}A(p)(t-s)\right) + \int_s^t \frac{1}{\varepsilon} \exp\left(\frac{1}{\varepsilon}A(p)(t-q)\right)[A(q)-A(p)]W(q,s,\varepsilon)\mathrm{d}q. \tag{3.4.64}$$

对于任给的 $p \in [0,T]$, 方程 (3.4.64) 与式 (3.4.63) 等价; 特别令 $p = t$ 即得

$$W(t,s,\varepsilon) = \exp\left(\frac{1}{\varepsilon}A(t)(t-s)\right) + \int_s^t \frac{1}{\varepsilon} \exp\left(\frac{1}{\varepsilon}A(t)(t-q)\right)[A(q)-A(t)]W(q,s,\varepsilon)\mathrm{d}q. \tag{3.4.65}$$

对于 $0 \leqslant s \leqslant t \leqslant T$, 令

$$\|W(t,s,\varepsilon)\| \exp\left(\frac{\sigma}{\varepsilon}(t-s)\right) = \omega(t,s,\varepsilon). \tag{3.4.66}$$

将式 (3.4.64) 的两边都乘以 $\exp\left(\dfrac{\sigma}{\varepsilon}(t-s)\right)$; 由于式 (3.4.47) 和式 (3.4.6), 故当 $t \geqslant 0$ 时有不等式

$$\omega(t,s,\varepsilon) \leqslant c \exp\left(-\frac{\sigma}{\varepsilon}(t-s)\right) + \frac{c}{\varepsilon} \exp\left(-\frac{\sigma}{\varepsilon}(t-s)\right)$$
$$\times \int_s^t \exp\left(-\frac{2\sigma}{\varepsilon}(t-s)\right) \|A(q) - A(t)\| \exp\left(-\frac{\sigma}{\varepsilon}(q-s)\right) \omega(q,s,\varepsilon)\mathrm{d}q,$$

或者

$$\omega(t,s,\varepsilon) \leqslant c + \frac{c}{\varepsilon} \int_s^t \exp\left(-\frac{\sigma}{\varepsilon}(t-q)\right) \|A(q) - A(t)\| \omega(q,s,\varepsilon)\mathrm{d}q. \tag{3.4.67}$$

对于固定的 ε, 令 $M = \max\limits_{0 \leqslant s \leqslant t \leqslant T} \omega(t,s,\varepsilon)$, 于是由式 (3.4.67) 有

$$M \leqslant c + \frac{c}{\varepsilon} M \left(\max\limits_{0 \leqslant s \leqslant t \leqslant T} J\right), \tag{3.4.68}$$

其中 $J = \int_s^t \exp\left(-\dfrac{\sigma}{\varepsilon}(t-q)\right) \|A(q) - A(t)\| \mathrm{d}q$ 令

$$\varepsilon(\varepsilon) = \max_{0 \leqslant t-\sqrt{\varepsilon} \leqslant q \leqslant t \leqslant T} \|A(q) - A(t)\|.$$

由于 $A(t)$ 的连续性, 故当 $\varepsilon \to 0$ 时有 $\varepsilon(\varepsilon) \to 0$. 如果 $t - s \leqslant \sqrt{\varepsilon}$, 则有 $\|A(q) - A(t)\| \leqslant \varepsilon(\varepsilon)$, 从而

$$J \leqslant \varepsilon(\varepsilon) \int_s^t \exp\left(-\frac{\sigma}{\varepsilon}(t-q)\right) \mathrm{d}q = \frac{\varepsilon(\varepsilon)\varepsilon}{\sigma}\left[1 - \exp\left(-\frac{\sigma}{\varepsilon}(t-s)\right)\right] \leqslant \frac{\varepsilon(\varepsilon)\varepsilon}{\sigma}.$$

如果 $t - s > \sqrt{\varepsilon}$, 则 $J = J_1 + J_2$, 这里

$$\begin{aligned}
J_1 &= \int_s^{t-\sqrt{\varepsilon}} \exp\left(-\frac{\sigma}{\varepsilon}(t-q)\right) \|A(q) - A(t)\| \mathrm{d}q \\
&\leqslant c \int_s^{t-\sqrt{\varepsilon}} \exp\left(-\frac{\sigma}{\varepsilon}(t-q)\right) \mathrm{d}q \\
&= \frac{c\varepsilon}{\sigma}\left[\exp\left(-\frac{\sigma}{\sqrt{\varepsilon}}\right) - \exp\left(-\frac{\sigma}{\varepsilon}(t-s)\right)\right] \leqslant c\varepsilon \exp\left(-\frac{\sigma}{\sqrt{\varepsilon}}\right), \\
J_2 &= \int_{t-\sqrt{\varepsilon}}^t \exp\left(-\frac{\sigma}{\varepsilon}(t-q)\right) \|A(q) - A(t)\| \mathrm{d}q \\
&\leqslant \varepsilon(\varepsilon) \int_{t-\sqrt{\varepsilon}}^t \exp\left(-\frac{\sigma}{\varepsilon}(t-q)\right) \mathrm{d}q \leqslant \frac{\varepsilon(\varepsilon)\varepsilon}{\sigma}.
\end{aligned}$$

从得到的不等式推出

$$\max_{0 \leqslant s \leqslant t \leqslant T} J \leqslant \varepsilon\left[\frac{\varepsilon(\varepsilon)}{\sigma} + c\exp\left(-\frac{\sigma}{\sqrt{\varepsilon}}\right)\right].$$

取 ε 充分小, 使得当 $0 < \varepsilon \leqslant \varepsilon_0$ 时有不等式

$$c\left[\frac{\varepsilon(\varepsilon)}{\sigma} + c\exp\left(-\frac{\sigma}{\sqrt{\varepsilon}}\right)\right] \leqslant \frac{1}{2}$$

成立. 于是从式 (3.4.68) 即得 $M \leqslant c + M/2$, 从而 $M \leqslant 2c$, 因此由式 (3.4.66) 即得

$$\|W(t, s, \varepsilon)\| \leqslant c\exp\left(-\frac{\sigma}{\varepsilon}(t-s)\right), \quad 0 \leqslant s \leqslant t \leqslant T, \quad 0 < \varepsilon \leqslant \varepsilon_0.$$

引理 3.4.2 证毕.

3.5　奇异摄动边值问题

3.5.1　双边界层问题

我们现在讨论本章引论中提出的边值问题 (3.1.1)—(3.1.4). 这时与初值问题的最大区别在于 $t = 0$ 时, 快变量 $x(0)$ 取值 ax^0, 而在 $t = 1$ 时取值 bx^0. 在这种情况

下, 区间的两个端点都可能出现边界层, 即出现双边界层问题; 这时特征方程

$$\det(\overline{F}_x(t) - \lambda I_m) = 0 \tag{3.5.1}$$

的特征根不再满足式 (3.3.2), 而是有 k 个正实部, $m - k$ 个负实部. 这个 k 就是定解条件 (3.1.4) 中那个 k. 因此, 讨论边值问题时, 定理 3.4.1 的条件 I, IV, V 都必须进行修改.

3.5.2 分块矩阵及其运算

在这一节我们将遇到**分块**的 $M \times M$ 阶方阵 A; 对于这样的方阵, 我们采用如下的记法:

$$A = \left[\begin{array}{cc} A_{11} & A_{12} \\ A_{21} & A_{22} \end{array} \right], \tag{3.5.2}$$

其中 $A_{11}, A_{12}, A_{21}, A_{22}$ 是阶数分别为 $k \times k, k \times (M-k), (M-k) \times k, (M-k) \times (M-k)$ 阶的分块矩阵. 而矩阵 A 的元素将用 $A^{ij}, i, j = 1, 2, \cdots, M$ 来表示.

对于向量函数 ζ, 将类似地写成如下的分块形式

$$\zeta = \left[\begin{array}{c} \zeta_1 \\ \zeta_2 \end{array} \right], \tag{3.5.3}$$

其中 ζ_1 有 k 个分量, 而 ζ_2 有 $(M-k)$ 个分量; 此外, ζ 的第 i 个分量用 ζ^i 来表示.

若在式 (3.5.2) 中的 $A_{12} = 0, A_{21} = 0$, 则称 A 为**对角分块矩阵**, 即矩阵

$$A = \left[\begin{array}{cc} A_{11} & 0 \\ 0 & A_{22} \end{array} \right]. \tag{3.5.4}$$

为了今后对分块矩阵进行的运算, 我们在此简要地介绍下列运算规则.

(1) **分块阵的乘积** 如果

$$A = \left[\begin{array}{cc} A_{11} & A_{12} \\ A_{21} & A_{22} \end{array} \right], \quad B = \left[\begin{array}{cc} B_{11} & B_{12} \\ B_{21} & B_{22} \end{array} \right],$$

则有

$$AB = \left[\begin{array}{cc} A_{11}B_{11} + A_{12}B_{21} & A_{11}B_{12} + A_{12}B_{22} \\ A_{21}B_{11} + A_{22}B_{21} & A_{21}B_{12} + A_{22}B_{22} \end{array} \right].$$

二阶分块阵的乘积与 A_{ik}, B_{jl} 不是分块阵而是矩阵元素时的乘积规则完全一样. 特别, 若乘积因子中有一个为式 (3.5.4) 形式的对角分块阵时, 那么当对一个分块阵左

乘一个式 (3.5.4) 的对角分块阵就等于把该分块阵按行分块左乘, 而对一个分块阵右乘一个式 (3.5.4) 的对角分块阵, 就是按列分块右乘, 即

$$
\begin{bmatrix} A_{11} & 0 \\ 0 & A_{22} \end{bmatrix} \begin{bmatrix} B_{11} & B_{12} \\ B_{21} & B_{22} \end{bmatrix} = \begin{bmatrix} A_{11}B_{11} & A_{11}B_{12} \\ A_{22}B_{21} & A_{22}B_{22} \end{bmatrix},
$$

$$
\begin{bmatrix} B_{11} & B_{12} \\ B_{21} & B_{22} \end{bmatrix} \begin{bmatrix} A_{11} & 0 \\ 0 & A_{22} \end{bmatrix} = \begin{bmatrix} B_{11}A_{11} & B_{12}A_{22} \\ B_{21}A_{11} & B_{22}A_{22} \end{bmatrix}.
$$

(2) **分块阵与列向量的乘积**

$$
A\zeta = \begin{bmatrix} A_{11} & A_{12} \\ A_{21} & A_{22} \end{bmatrix} \begin{bmatrix} \zeta_1 \\ \zeta_2 \end{bmatrix} = \begin{bmatrix} A_{11}\zeta_1 + A_{12}\zeta_2 \\ A_{21}\zeta_1 + A_{22}\zeta_2 \end{bmatrix}. \tag{3.5.5}
$$

(3) **逆阵**(Frobenius 公式) 若 A 为式 (3.5.2) 形式的矩阵, 且 $\det A \neq 0, \det A_{11} \neq 0$, 则有

$$
A^{-1} = \begin{bmatrix} A_{11}^{-1} + A_{11}^{-1}A_{12}H^{-1}A_{21}A_{11}^{-1} & -A_{11}^{-1}A_{12}H^{-1} \\ -H^{-1}A_{21}A_{11}^{-1} & H^{-1} \end{bmatrix}, \tag{3.5.6}
$$

其中 $H = A_{22} - A_{21}A_{11}^{-1}A_{12}$ 非奇异.

(4) 若 A 为**拟三角矩阵**(即 $A_{12} = 0$ 或者 $A_{21} = 0$), 则有

$$
\det A = \det A_{11} \det A_{22}. \tag{3.5.7}
$$

3.5.3　条件稳定, 不变流形 S^+ 和 S^-

我们考虑定常方程组

$$
\frac{\mathrm{d}\zeta}{\mathrm{d}\tau} = F(\zeta), \tag{3.5.8}
$$

这里 ζ 为欧氏空间 $\mathbf{R}^m$ 中的 m 维向量.

我们称具有如下性质的流形 $J(\mathbf{R}^m$ 中的子集) 为系统 (3.5.8) 的**不变流形**, 若系统 (3.5.8) 从 J 上出发的轨线 $\zeta(\tau)$ 对一切 $\tau \in (-\infty, +\infty)$ 都整个地位于 J 上. 换句话说, 这个流形是由系统 (3.5.8) 的轨线所组成.

设 $\zeta = 0$ 为系统 (3.5.8) 的奇点, 即 $F(0) = 0$, 则系统 (3.5.8) 关于 $\zeta = 0$ 的特征方程为

$$
\det(F_\zeta(0) - \lambda I_m) = 0.
$$

假设这个特征方程的根 λ_i 满足如下条件:

$$
\mathrm{Re}\lambda_i < 0, i = 1, \cdots, k, k < m; \quad \mathrm{Re}\lambda_j > 0, j = k+1, \cdots, m. \tag{3.5.9}
$$

我们考虑系统 (3.5.8) 的**一次近似 (线性近似)**系统

$$\frac{\mathrm{d}\zeta}{\mathrm{d}\tau} = F_\zeta(0)\zeta.$$

令 $F_\zeta(0) = A$, 则有

$$\frac{\mathrm{d}\zeta}{\mathrm{d}\tau} = A\zeta. \tag{3.5.10}$$

由于方阵 A 有正实部的特征值, 所以系统 (3.5.10) 的奇点 $\zeta = 0$ 在李雅普诺夫意义下是不稳定的; 但是下面我们将看到, 在 $\mathbf{R}^m$ 中存在一个 k 维 (k 为负实部根的个数) 的线性子空间 $\mathbf{R}^k$, 它是系统 (3.5.10) 的不变流形, 而且若只在 $\mathbf{R}^k$ 上考虑系统 (3.5.10) 的话, 则其零解 $\zeta = 0$ 当 $\tau \to +\infty$ 时, 在李雅普诺夫意义下是渐近稳定的. $\mathbf{R}^k$ 自然就称为**稳定子空间**.

如果式 (3.5.9) 成立, 我们就说系统 (3.5.10) 的零解 $\zeta = 0$ 是**条件稳定的**. 上面的讨论说明这个名称的意义, 即如果不是在整个空间 $\mathbf{R}^m$ 上, 而只是在它的某个子空间 $\mathbf{R}^k$ 上考虑系统 (3.5.10) 时, 则其零解是渐近稳定的.

我们不仅可以确信这个稳定子空间的存在性, 而且可以找出系统 (3.5.10) 的解在这个子空间中应取的形式. 为此在系统 (3.5.10) 中作变量替换

$$\zeta = B\eta, \tag{3.5.11}$$

这里的方阵 B 把方阵 A 变成对角分块形式

$$B^{-1}AB = \begin{bmatrix} C^+ & 0 \\ 0 & C^- \end{bmatrix} \stackrel{\text{def}}{=} C;$$

并且 C^+ 有特征值 $\lambda_1, \cdots, \lambda_k$, 而 C^- 有特征值 $\lambda_{k+1}, \cdots, \lambda_m$. 这样的方阵 B 显然是存在的, 例如把 A 变成约当标准形的矩阵. 这时系统 (3.5.10) 成为

$$\frac{\mathrm{d}\eta_1}{\mathrm{d}\tau} = C^+\eta_1, \tag{3.5.12}$$

$$\frac{\mathrm{d}\eta_2}{\mathrm{d}\tau} = C^-\eta_2. \tag{3.5.13}$$

由于矩阵 C 的性质, 系统 (3.5.12) 的零解 $\eta_1 = 0$ 当 $\tau \to +\infty$ 时是渐近稳定的, 而系统 (3.5.13) 的零解 $\eta_2 = 0$ 当 $\tau \to -\infty$ 时也是渐近稳定的.

考虑系统 (3.5.12)—(3.5.13) 满足初始条件 $\eta_2(0) = 0$ ($\eta_1(0)$ 任意) 的轨线集合, 于是在此集合上有 $\eta_2(\tau) \equiv 0$. 在变量 ζ 之下, 这个轨线集合就是我们所要找的 $\mathbf{R}^k$. 在式 (3.5.11) 中令 $\eta_2 = 0$, 并利用式 (3.5.3) 的记号即得

$$\zeta_1 = B_{11}\eta_1, \quad \zeta_2 = B_{21}\eta_1. \tag{3.5.14}$$

假设

$$\det B_{11} \neq 0, \tag{3.5.15}$$

则在式 (3.5.14) 中消去 η_1 之后, 可得在变量 ζ 之下 $\mathbf{R}^k$ 的方程

$$\zeta_2 = B_{21} B_{11}^{-1} \zeta_1; \tag{3.5.16}$$

将此代入系统 (3.5.10), 即得 ζ_1 应满足的微分方程

$$\frac{\mathrm{d}\zeta_1}{\mathrm{d}\tau} = (A_{11} + A_{12} B_{21} B_{11}^{-1}) \zeta_1 \overset{\text{def}}{=} \widetilde{A} \zeta_1. \tag{3.5.17}$$

可以证明, 矩阵 $\widetilde{A}$ 与 C^+ 之间有如下关系

$$\widetilde{A} = B_{11} C^+ B_{11}^{-1}. \tag{3.5.18}$$

为此, 我们采用另外的方法推出式 (3.5.17). 由等式 $\zeta = B_{11}\eta_1$ 及式 (3.5.12) 可得

$$\frac{\mathrm{d}\zeta_1}{\mathrm{d}\tau} = B_{11} \frac{\mathrm{d}\eta_1}{\mathrm{d}\tau} = B_{11} C^+ \eta_1 = B_{11} C^+ B_{11}^{-1} \zeta_1. \tag{3.5.19}$$

比较式 (3.5.17) 与式 (3.5.19), 即得式 (3.5.18). 式 (3.5.18) 也可以直接从等式 $AB = BC$(即 $B^{-1}AB = C$) 得到, 这只要在此等式两边令其左上方块相等即可. 由式 (3.5.18) 即知, $\widetilde{A}$ 具有与 C^+ 同样的特征值, 即 $\lambda_1, \cdots, \lambda_k$. 我们用引理的形式总结所得的结果.

　　引理 3.5.1　　在条件 (3.5.9) 和式 (3.5.15) 之下, 方程组 (3.5.10) 存在不变流形 (3.5.16). 在此不变流形上, 方程组取式 (3.5.17) 的形式, 而且 $\widetilde{A}$ 的特征值为 $\lambda_1, \cdots, \lambda_k$.

　　注 3.5.1　　在条件 $\det B_{22} \neq 0$ 之下, 可以得到关于 $\lambda_{k+1}, \cdots, \lambda_m$ 的不变流形的类似引理.

　　注 3.5.2　　在二维的情况下 $(\lambda_1 < 0, \lambda_2 > 0)$, 这两个流形就是鞍点 $(0,0)$ 的分界线.

　　我们现在回到非线性方程组 (3.5.8). 在条件 (3.5.9) 之下, 可以类似地证明, 系统 (3.5.8) 也存在具有同样性质的 k 维不变流形 S^+ 和 $(m-k)$ 维不变流形 S^-; 它们都是由系统 (3.5.8) 的整条轨线所组成; 且在 S^+ 上的轨线当 $\tau \to +\infty$ 时都趋于坐标原点; 而对 S^- 上的轨线来说, 当 $\tau \to -\infty$ 时也都趋于坐标原点.

　　我们还发现, 在所考虑的情况下, S^+ 起了一个类似于渐近稳定奇点影响域的作用 (当 $\tau \to +\infty$). 与影响域的结构一样, 在此并不研究 S^+ 的全局结构, 而只需要在 $\zeta = 0$ 的某个充分小邻域中 S^+ 的存在性 (这使我们想起, 对渐近稳定奇点来说, 这种局部意义下影响域的存在性, 可以直接由渐近稳定的定义推出). 关于 S^- 也可以进行同样的讨论.

从几何上来说, 在线性系统的情况下, S^+ 和 S^- 都是超平面; 而对于非线性系统, 一般来说它们是 $\mathbf{R}^m$ 中经过原点的某些超曲面.

我们现在对 S^+ 和 S^- 的分析表达式作出某些假设. 如果定常系统 (3.5.8) 有 $m-1$ 个首次积分

$$\psi_i(\zeta^1, \cdots, \zeta^m) = c_i, \quad i = 1, \cdots, m-1, \tag{3.5.20}$$

且其中的 c_i 为独立参数, 则式 (3.5.2) 一般来说就完全确定了充满整个空间 $\mathbf{R}^m$ 的相轨线集合. 如果在 c_i 之间加上了一些联系, 如令 $c_i = c_i(u_1, \cdots, u_{k-1})$, 这里 $u_1, \cdots, u_{k-1}$ 为独立参数, 那么就得到某个由整条轨线组成的 k 维流形

$$\psi_i(\zeta^1, \cdots, \zeta^m) = c_i(u_1, \cdots, u_{k-1}), \quad i = 1, \cdots, m-1.$$

从这些方程消去 $u_1, \cdots, u_{k-1}$, 则可得到 $m-k$ 个方程

$$\Psi_j(\zeta^1, \cdots, \zeta^m) = 0, \quad j = k+1, \cdots, m.$$

假设这些方程对 $\zeta^{k+1}, \cdots, \zeta^m$ 可解, 亦即

$$\zeta^i = \Phi^i(\zeta^1, \cdots, \zeta^k), \quad i = k+1, \cdots, m,$$

或者利用式 (3.5.3) 的分块记法有

$$\zeta_2 = \Phi_2(\zeta_1). \tag{3.5.21}$$

从式 (3.5.21) 本身的推导即知, 当相点沿轨线运动时, 它是一个恒等式, 因此有 $\dfrac{\mathrm{d}\zeta_2}{\mathrm{d}\tau} = \dfrac{\partial \Phi_2}{\partial \zeta_1} \dfrac{\mathrm{d}\zeta_1}{\mathrm{d}\tau}$, 或者

$$F_2(\zeta(\tau)) = H(\zeta_1(\tau)) F_1(\zeta(\tau)), \tag{3.5.22}$$

其中 F_1, F_2 分别为 F 的 k 维和 $m-k$ 维分块列向量 (见式 (3.5.3)), 而 $H(\zeta_1) = \dfrac{\partial \Phi_2}{\partial \zeta_1}$. 由于曲面式 (3.5.21) 是由整条轨线组成的, 所以式 (3.5.22) 满足关于 ζ_1 的恒等式

$$F_2(\zeta(\zeta_1)) \equiv H(\zeta_1) F_1(\zeta(\zeta_1)), \tag{3.5.23}$$

这里 $\zeta(\zeta_1)$ 表示在 ζ 中的 ζ_2 由 $\Phi_2(\zeta_1)$ 代替. 将式 (3.5.21) 代入式 (3.5.8) 的右端即得

$$\frac{\mathrm{d}\zeta_1}{\mathrm{d}\tau} = F_1(\zeta(\zeta_1)), \tag{3.5.24}$$

$$\frac{\mathrm{d}\zeta_2}{\mathrm{d}\tau} = F_2(\zeta(\zeta_1)). \tag{3.5.25}$$

我们用方程组 (3.5.24) 来确定 $\zeta_1(\tau)$, 而 $\zeta_2(\tau)$ 就利用这个 $\zeta_1(\tau)$ 代入式 (3.5.21) 之后求出. 因此式 (3.5.22) 就变成了一个恒等式. 实际上, 由式 (3.5.22) 有

$$\frac{\mathrm{d}\zeta_2}{\mathrm{d}\tau} = H(\zeta_1(\tau))\frac{\mathrm{d}\zeta_1}{\mathrm{d}\tau} = H(\zeta_1(\tau))F_1(\zeta(\zeta_1)) = F_2(\zeta(\zeta_1)),$$

即式 (3.5.25) 成立.

现在我们提出对 S^+ 的基本假设.

(1) 设 S^+ 在变量 ζ_1 的某个区域 G^+ 上可写成

$$\zeta_2 = \Phi_2(\zeta_1). \tag{3.5.26}$$

如果在流形 S^+ 上考虑系统 (3.5.8), 则像上面指出那样, 它的前 k 个方程就取式 (3.5.24) 的形式, 而后 $(m-k)$ 个方程变成了恒等式. 显然方程组 (3.5.10) 是系统 (3.5.8) 的线性近似方程组, 关系式 (3.5.16) 是式 (3.5.26) 的线性近似, 方程组 (3.5.17) 是方程组 (3.5.24) 的线性近似. 由此得出方程组 (3.5.24) 的解 $\zeta_1 = 0$ 也是渐近稳定的, 从而如引理 3.4.1 对 $B_0 x(\tau)$ 的估计那样, 若 $\zeta_1(0) \in G^+$, 则对 $\zeta_1(\tau)$ 来说, 式 (3.4.8) 型的指数式估计也是正确的. 从而只要 $\zeta_2(0) = \Phi_2(\zeta_1(0))$, 由式 (3.5.26) 即得对 $\zeta_2(\tau)$ 的同样估计.

现在对 S^- 给出类似于上面对 S^+ 所作的假设.

(2) 设 S^- 在变量 ζ_2 的某个区域 G^- 上可写成

$$\zeta_1 = \Phi_1(\zeta_2). \tag{3.5.27}$$

由此推出关于 ζ_2 的类似于式 (3.5.24) 的方程, 以及若 $\zeta_2(0) \in G^-$, $\zeta_1(0) = \Phi_1(\zeta_2(0))$, 则可得到对 $\zeta_2(\tau)$ 和 $\zeta_1(\tau)$ 当 $\tau \to -\infty$ 时的指数式减小的估计. 我们把这些结果写成如下引理.

引理 3.5.2　若方程组 (3.5.8) 的初始点 $\zeta(0) \in S^+$, 则对 $\tau \geqslant 0$ 有不等式

$$\|\zeta(\tau)\| \leqslant c\exp(-\kappa\tau) \tag{3.5.28}$$

成立. 若 $\zeta(0) \in S^-$, 则对 $\tau \leqslant 0$ 满足不等式

$$\|\zeta(\tau)\| \leqslant c\exp(\kappa\tau).$$

正像对线性系统 (3.5.10) 那样, 我们称系统 (3.5.8) 的原点 $\zeta = 0$ 为**条件稳定奇点**.

现在考虑式 (3.5.26) 及式 (3.5.24)—(3.5.25) 的变分方程组

$$\frac{\mathrm{d}\Delta_1}{\mathrm{d}\tau} = F_{11}\Delta_1 + F_{12}\Delta_2, \tag{3.5.29}$$

$$\frac{\mathrm{d}\Delta_2}{\mathrm{d}\tau} = F_{21}\Delta_1 + F_{22}\Delta_2, \tag{3.5.30}$$

$$\Delta_2 = H\Delta_1, \tag{3.5.31}$$

其中 Δ_1, Δ_2 表示向量函数 Δ 的分块, 而 F_{ij} 为 F_ζ 对应的分块矩阵, F_{ij} 的变量是 $\zeta(\zeta_1(\tau))$, 这里当 $\tau \to +\infty$ 时有 $\zeta_1(\tau) \to 0$.

可以证明, 式 (3.5.30) 可由式 (3.5.29) 和式 (3.5.31) 推出 (这与式 (3.5.25) 是式 (3.5.24) 和式 (3.5.21) 的结果完全一样); 为此, 将式 (3.5.31) 的两边对 τ 求导, 并利用式 (3.5.29) 和式 (3.5.24) 即得

$$\begin{aligned}
\frac{\mathrm{d}\Delta_2}{\mathrm{d}\tau} &= H\frac{\mathrm{d}\Delta_1}{\mathrm{d}\tau} + \frac{\mathrm{d}H}{\mathrm{d}\tau}\Delta_1 = H\frac{\mathrm{d}\Delta_1}{\mathrm{d}\tau} + \left(\frac{\partial H}{\partial \zeta_1}F_1\right)\Delta_1 \\
&= \left[H(F_{11} + F_{12}H) + \left(\frac{\partial H}{\partial \zeta_1}F_1\right)\right]\Delta_1,
\end{aligned} \tag{3.5.32}$$

其中 $\left(\dfrac{\partial H}{\partial \zeta_1}F_1\right)$ 是以 $\displaystyle\sum_{i=1}^k \frac{\partial H^{jl}}{\partial \zeta^i}F^i$ 为元素的矩阵. 把恒等式 (3.5.23) 两边对 ζ_1 求导, 可得 $F_{21} + F_{22}H = H(F_{11} + F_{12}H) + \left(\dfrac{\partial H}{\partial \zeta_1}F_1\right)$. 由此可见式 (3.5.32) 的右端为 $F_{21}\Delta_1 + F_{22}H\Delta_1$, 亦即与式 (3.5.30) 的右边完全一致, 因此式 (3.5.30) 实际上就是式 (3.5.29) 和式 (3.5.31) 的结果.

如果 $\Delta_1(\tau)$ 是方程组

$$\frac{\mathrm{d}\Delta_1}{\mathrm{d}\tau} = F_{11}\Delta_1 + F_{12}H\Delta_1 \stackrel{\mathrm{def}}{=\!\!=} F_{\Delta_1}\Delta_1 \tag{3.5.33}$$

的解, 而 $\Delta_2(\tau)$ 通过式 (3.5.31) 由 $\Delta_1(\tau)$ 确定, 那么由上面所说, $\Delta_1(\tau), \Delta_2(\tau)$ 将是方程组 (3.5.29)—(3.5.30) 的解, 而且这个解满足初始条件

$$\Delta_1(0) = \Delta_1^0, \quad \Delta_2(0) = H(\zeta_1(0))\Delta_1^0, \tag{3.5.34}$$

其中 Δ_1^0 是任意的. 因此我们得到了方程组 (3.5.29)—(3.5.30) 满足条件 (3.5.34) 的解.

由于式 (3.5.33) 是式 (3.5.24) 的变分方程组, 因此当 $\tau \to +\infty$ 时 F_{Δ_1} 的极限与方程组 (3.5.17) 中的 $\widetilde{A}$ 是一样的. 实际上, 式 (3.5.17) 是式 (3.5.24) 在点 $\zeta_1 = 0$ 的邻域中的线性近似, 即 $F_{\Delta_1}(\zeta(\zeta_1(+\infty))) = F_{\Delta_1}(\zeta(0)) = \widetilde{A}$; 因此, 根据本章小节 (3.4.3) 关于边界层函数估计的结果 (式 (3.4.24) 的齐次方程组就是式 (3.3.18) 的变分方程组; 而这个齐次方程组的解有式 (3.4.8) 型的估计, 对 $\Delta_1(\tau)$ 有式 (3.5.28) 型的估计, 于是由于式 (3.5.31), 对 $\Delta_2(\tau)$ 也有同样的估计. 把这些结果写成如下引理.

引理 3.5.3　初值问题 (3.5.29)—(3.5.30)—(3.5.34) 的解满足估计式

$$\|\Delta(\tau)\| \leqslant c \exp(-\kappa\tau), \quad \tau \geqslant 0.$$

在方程组 (3.5.29)—(3.5.30) 中, 分块阵 F_{ij} 依赖于 $\zeta_1(\tau)$, 而当 $\tau \to +\infty$ 时有 $\zeta_1(\tau) \to 0$. 因此令 $\tau \to +\infty$ 求极限即知矩阵 $F_\zeta(\zeta(\zeta_1(\tau)))$ 变成矩阵 A, 它满足条件 (3.5.9). 方程组 (3.5.29)—(3.5.30) 的基本解组是由 k 个当 $\tau \to +\infty$ 时指数式趋于零的向量和 $(m-k)$ 个当 $\tau \to +\infty$ 时指数式增长的向量组成. 而方程组 (3.5.33) 的基本解组是由 k 个指数式减小的向量组成. 因此方程组 (3.5.33) 的基本解组与式 (3.5.31) 一起就给出了方程组 (3.5.29)—(3.5.30) 的基本解组向量, 当 $\tau \to +\infty$ 时它们是指数式衰减的.

我们现在证明, 若初值不满足条件 (3.5.34), 则方程组 (3.5.29)—(3.5.21) 具有这个初值的解当 $\tau \to +\infty$ 时就不可能趋于零. 倘若它趋于零, 则它必为上述 k 个趋于零的解的线性组合, 即为方程组 (3.5.33)—(3.5.31) 的解, 从而其初值必满足条件 (3.5.34). 将这些事实写成如下引理.

引理 3.5.4　如果方程组 (3.5.29)—(3.5.30) 的解的初值不满足条件 (3.5.34), 则当 $\tau \to +\infty$ 时, 方程组 (3.5.29)—(3.5.30) 的这个解不可能趋于零.

结果　方程组 (3.5.29)—(3.5.30) 不存在满足条件 $\Delta_1(0) = 0$ 且当 $\tau \to +\infty$ 时趋于零的非平凡解.

实际上, 倘若这种解存在, 则必定有 $\Delta_2(0) \neq 0$, 否则这个解将为平凡解. 但若 $\Delta_2(0) \neq 0$, 则这个解就不能满足初始条件 (3.5.34), 因此根据引理 3.5.4, 当 $\tau \to +\infty$ 时解就不可能趋于零.

下面我们研究方程组 (3.5.29)—(3.5.30) 型的非线性系统

$$\frac{\mathrm{d}\Delta}{\mathrm{d}\tau} = F_\zeta(\zeta(\zeta_1(\tau)))\Delta + \psi(\tau), \tag{3.5.35}$$

其中对 $\tau \geqslant 0$ 有 $\|\psi(\tau)\| \leqslant c \exp(-\kappa\tau)$.

引理 3.5.5　方程组 (3.5.35) 存在满足初始条件 $\Delta_1(0) = \Delta_1^0$ 且当 $\tau \to +\infty$ 时趋于零的唯一解 $\Delta(\tau)$, 对这个解还满足不等式

$$\|\Delta(\tau)\| \leqslant c \exp(-\kappa\tau), \quad \tau \geqslant 0. \tag{3.5.36}$$

我们首先构造系统 (3.5.35) 的一个当 $\tau \to +\infty$ 时趋于的特解. 为此, 在系统 (3.5.35) 中作变量替换

$$\Delta_1 = \delta_1, \quad \Delta_2 = H\delta_1 + \delta_2; \tag{3.5.37}$$

将式 (3.5.37) 代入系统 (3.5.35) 即得

$$\frac{\mathrm{d}\delta_1}{\mathrm{d}\tau} = F_{\Delta_1}\delta_1 + F_{12}\delta_2 + \psi_1(\tau), \quad \frac{\mathrm{d}\delta_2}{\mathrm{d}\tau} = F_{\Delta_2}\delta_2 + \psi_2(\tau) - H\psi_1(\tau), \tag{3.5.38}$$

这里 F_{Δ_1} 由式 (3.5.33) 所定义, 而 $F_{\Delta_2} \overset{\text{def}}{=} F_{22} - HF_{12}$.

在上面对方程组 (3.5.33) 的讨论中, 我们看到当 $\tau \to +\infty$ 时 F_{Δ_1} 的极限值为 $F_{\Delta_1}(\zeta(0)) = \widetilde{A} = B_{11}C^{+}B_{11}^{-1}$, 这说明当 $\tau \to +\infty$ 时的 F_{Δ_2} 极限值是

$$F_{\Delta_2}(\zeta(0)) = \widetilde{\widetilde{A}} \overset{\text{def}}{=} ((B^{-1})_{22})^{-1}C^{-}(B^{-1})_{22}.$$

由矩阵 C^{-} 的性质即知, 这个极限矩阵的特征值有正实部. 在条件 (3.5.15) 之下, 容易从式 (3.5.6) 推出 $((B^{-1})_{22})^{-1}$ 的存在性, 这只要在式 (3.5.6) 中取 $A = B$, 即见 $H = ((B^{-1})_{22})^{-1}$.

练习 证明等式 $F_{\Delta_2}(\zeta(0)) = \widetilde{\widetilde{A}}$ 的正确性.

我们用 $\Phi(\tau)$ 和 $\Psi(\tau)$ 分别表示齐次方程组 $\dfrac{\mathrm{d}\varphi}{\mathrm{d}\tau} = F_{\Delta_1}\varphi$ 和 $\dfrac{\mathrm{d}\psi}{\mathrm{d}\tau} = F_{\Delta_2}\psi$ 的基本解矩阵. 由于矩阵 $\widetilde{A}$ 的特征值实部都是负的, 因此对 $\Phi(\tau)$ 来说, 不等式 (3.4.28) 是正确的; 而对 $\Psi(\tau)$ 来说, 由于矩阵 $\widetilde{\widetilde{A}}$ 的特征值都有正实部, 因而满足类似的不等式

$$\left\| \Psi(\tau)\Psi^{-1}(s) \right\| \leqslant c\exp(-\kappa(s - \tau)), \quad 0 \leqslant \tau \leqslant s. \tag{3.5.39}$$

由于当 $\tau \to +\infty$ 时有 $\delta_2(\tau) \to 0$, 且 $\Psi(\tau)$ 为基本解矩阵, 所以从式 (3.5.38) 第二组方程得到

$$\delta_2(\tau) = \int_{+\infty}^{\tau} \Psi(\tau)\Psi^{-1}(s)[\psi_2(s) - H\psi_1(s)]\mathrm{d}s,$$

因此由不等式 (3.5.39) 及对 $\psi(\tau)$ 的估计得出对 $\delta_2(\tau)$ 的式 (3.5.36) 型的指数式估计. 知道 $\delta_2(\tau)$ 之后, 利用基本解矩阵 $\Phi(\tau)$, 我们可以写出式 (3.5.38) 第一组方程满足条件 $\delta_1(0) = 0$ 的解

$$\delta_1(\tau) = \int_{0}^{\tau} \Phi(\tau)\Phi^{-1}(s)[F_{12}\delta_2(s) + \psi_1(s)]\mathrm{d}s.$$

于是由不等式 (3.4.28) 及 $\delta_2(\tau)$ 和 $\psi_1(\tau)$ 的指数式估计, 即得 $\delta_1(\tau)$ 的式 (3.5.36) 型估计. 此外, 从式 (3.5.37) 直接推出对式 (3.5.35) 所构造的特解的式 (3.5.36) 型估计.

为了得到引理 3.5.5 所说的解, 必须对所构造的特解再加上齐次方程组 (3.5.29)—(3.5.30) 满足条件

$$\Delta_1(0) = \Delta_1^0, \quad \Delta_2(0) = H(\zeta_1(0))\Delta_1^0$$

的解. 根据引理 3.5.3, 这个解也满足式 (3.5.36) 型的不等式. 亦即它们的和也满足式 (3.5.36), 这就是所需要的证明.

解的唯一性直接从引理 3.5.4 的结果得出.

对于 S^{-} 也有类似于引理 3.5.3~ 引理 3.5.5 的结论.

最后我们注意到, 在这里所采用的办法是为了使得描述 S^+ 和 S^- 的解析形式尽量简单而不得不加上某些不必要的限制 (见假设 (1) 和 (2)), 可以给出 S^+, S^- 和本小节讨论的其他对象以具有几何特性的更一般描述.

3.5.4　边值问题的提法

我们仍然考虑方程组 (3.1.1),

$$\varepsilon\frac{\mathrm{d}x}{\mathrm{d}t} = F(x, y, t), \quad \frac{\mathrm{d}y}{\mathrm{d}t} = f(x, y, t), \tag{3.5.40}$$

其中 x, F 为 m 维、而 y, f 为 n 维向量函数. 为了确定这组方程的解, 我们给定边界条件

$$x_1(0, \varepsilon) = x_1^0, \quad x_2(1, \varepsilon) = x_2^0, \tag{3.5.41}$$

$$y(0, \varepsilon) = y^0, \tag{3.5.42}$$

其中下标是表示分块的号码 (见式 (3.5.3)). 由此即见, 在区间 $[0, 1]$ 的左端点给定了 x 的 k 个分量, 而在右端点给出了其余的 $(m - k)$ 个分量. 条件 (3.5.41) 还可以写成如下的形式:

$$ax(0, \varepsilon) = ax^0, \tag{3.5.43}$$

$$bx(1, \varepsilon) = bx^0, \tag{3.5.44}$$

其中,

$$a = \left[\begin{array}{cc} I_k & 0 \\ 0 & 0 \end{array} \right], \quad b = \left[\begin{array}{cc} 0 & 0 \\ 0 & I_{m-k} \end{array} \right].$$

在式 (3.5.40) 中令 $\varepsilon = 0$ 之后即得退化方程组

$$0 = F(\bar{x}, \bar{y}, t), \quad \frac{\mathrm{d}\bar{y}}{\mathrm{d}t} = f(\bar{x}, \bar{y}, t), \tag{3.5.45}$$

并对其给定初始条件

$$\bar{y}(0) = y^0. \tag{3.5.46}$$

我们保留本章前面中的条件 II, III, 而且仍用 II, III 表示; 至于定理 3.4.1 中的条件 IV, V 将做实质性的修改.

代替 IV(即代替式 (3.3.2)), 我们提出如下仍然记作 IV 的条件:

IV. 对于 $0 \leqslant t \leqslant 1$, 假设矩阵 $\overline{F}_x(t) \equiv F_x(\bar{x}(t), \bar{y}(t), t)$ 的特征值 $\bar{\lambda}_i(t)$ 满足条件

$$\begin{cases} \mathrm{Re}\bar{\lambda}_i(t) < 0, & i = 1, \cdots, k < m; \\ \mathrm{Re}\bar{\lambda}_j(t) > 0, & j = k+1, \cdots, m; \end{cases} \quad 0 \leqslant t \leqslant 1. \tag{3.5.47}$$

这时我们将称方程 $F(x, y, t) = 0$ 的根 $x = \varphi(y, t)$ 为**条件稳定的**.

我们注意到: 特征值 $\bar{\lambda}_i(t)$ 有负实部的个数 k 正好与向量 x 在 $t=0$ 给定值的分量个数一样; 而特征值 $\bar{\lambda}_j(t)$ 有正实部的个数 $m-k$ 正好与向量 x 在 $t=1$ 给定值的分量个数一样.

条件 V 是有关初值 x^0 应满足的条件. 这时为了叙述加在边界条件 (3.5.41) 中的 x^0 上的这个要求 (我们仍然称之为条件 V), 我们首先对式 (3.5.40) 的第一组方程作变量替换 $\tau_i = \dfrac{t-i}{\varepsilon}$, $i=0,1$, 并令 $y=\bar{y}(i), t=i$. 当 $i=0$ 时我们得到曾在 3.2 节称为在点 $y=\bar{y}(0), t=0$ 处的附加方程组

$$\frac{\mathrm{d}\tilde{x}}{\mathrm{d}\tau_0} = F(\tilde{x}, \tilde{y}(0), 0). \tag{3.5.48}$$

显然, 点 $\tilde{x} = \varphi(\bar{y}(0), 0)$ 是这个定常系统的奇点, 但这时不同于初值问题的是, 这个奇点已不再是渐近稳定奇点, 而由于式 (3.5.47), 它现在是条件稳定奇点. 如果对方程组 (3.5.48) 作变量替换 $\tilde{\zeta} = \tilde{x} - \varphi(\bar{y}(0), 0)$, 并将 τ_0 看成 τ, 以及记 $F(\tilde{\zeta} + \varphi(\bar{y}(0),0), \bar{y}(0), 0)$ 为 $F(\tilde{\zeta})$, 则方程组 (3.5.48) 就成为

$$\frac{\mathrm{d}\tilde{\zeta}}{\mathrm{d}\tau_0} = F(\tilde{\zeta} + \varphi(\bar{y}(0),0), \bar{y}(0), 0) \stackrel{\text{def}}{=} F(\tilde{\zeta}), \tag{3.5.49}$$

这就是上面讨论过的方程组 (3.5.8).

当 $i=1$ 时, 首先代替方程组 (3.5.48), 我们有方程组

$$\frac{\mathrm{d}\tilde{x}}{\mathrm{d}\tau_1} = F(\tilde{\tilde{x}}, \bar{y}(1), 1); \tag{3.5.50}$$

其次利用替换 $\tilde{\tilde{\zeta}} = \tilde{\tilde{x}} - \varphi(\bar{y}(1), 1)$, 可得方程组

$$\frac{\mathrm{d}\tilde{\tilde{\zeta}}}{\mathrm{d}\tau_1} = F(\tilde{\tilde{\zeta}} + \varphi(\bar{y}(1),1), \bar{y}(1), 1). \tag{3.5.51}$$

这也是式 (3.5.8) 型的方程组.

在 3.4.3 小节研究方程组 (3.5.8) 与它的积分流形 S^+, S^- 的关系时, 曾用过矩阵 B(亦即将 $A \equiv F_\zeta(0)$ 化成对角分块阵的矩阵), 那时我们曾要求 $\det B_{11} \neq 0$(见式 (3.5.15)) 及 $\det B_{22} \neq 0$.

我们现在考虑矩阵 $B(t)$, 它的列向量为 $\overline{F}_x(t)$ 的特征向量. 显然, 矩阵 $B(t)$ 将 $\overline{F}_x(t)$ 化成对角矩阵

$$B^{-1}(t)\overline{F}_x(t)B(t) = \mathrm{diag}(\bar{\lambda}_1(t), \cdots, \bar{\lambda}_m(t)),$$

(在此以及今后, 我们总是用 $\mathrm{diag}(a_1, \cdots, a_m)$ 记以 $a_1, \cdots, a_m$ 为对角元素的对角矩阵) 因此我们可以取 $B(0)$ 作为式 (3.5.49) 的矩阵 B, 而取 $B(1)$ 作为式 (3.5.51) 的矩阵 B; 于是我们所需要的条件 V 如下.

V. (a) 假设 $\det B_{11}(0) \neq 0$, 式 (3.5.49) 有满足 3.5.3 小节中基本假设 (1) 的不变流形 S^+ 而且

$$(x_1^0 - \varphi_1(\bar{y}(0),0)) \in G^+;$$

(b) 假设 $\det B_{22}(1) \neq 0$, 式 (3.5.51) 有满足 3.5.3 小节中基本假设 (2) 的不变流形 S^- 而且

$$(x_2^0 - \varphi_2(\bar{y}(1),1)) \in G^-;$$

其中根据上面所使用的记号, $x_i^0, i = 1, 2$ 为列向量 x^0 的分块 (见式 (3.5.41)), 而 φ_i 为列向量 φ 的分块.

条件 V 的意义是容易理解的, 正像在渐近稳定时那样, 附加方程组 (3.5.48) 或 (3.5.49) 描述了方程组 (3.5.40) 的解在 $t = 0$ 邻域中的性质. 条件 (3.5.43) 只在 $t = 0$ 对 x 给出了 k 个分量的值 (或 $\tilde{\zeta}$ 的 k 个分量, 即向量 (块)$\tilde{\zeta}$ 的值). 对变量 $\tilde{\zeta}$ 来说, 这个条件也可以写成

$$\tilde{\zeta}_1(0) = x_1^0 - \varphi_1(\bar{y}(0),0). \tag{3.5.52}$$

如果满足条件 V(a), 那么由式 (3.5.52) 求出 $\tilde{\zeta}_1(0)$, 再从式 (3.5.26) 可得 $\tilde{\zeta}_2(0)$ 而且有 $\tilde{\zeta}(0) \in S^+$. 因此从点 $\tilde{\zeta}(0)$ 出发的式 (3.5.49) 的轨线当 $\tau_0 \to \infty$ 时趋于原点, 而对应的方程组 (3.5.48) 的轨线则趋于 $\varphi(\bar{y}(0),0)$, 亦即方程组 (3.5.48) 满足初始条件 $x_0(0,\varepsilon) = \tilde{\zeta}(0) + \varphi(\bar{y}(0),0)$ 的解 $x_0(t,\varepsilon)$ 落在 $\varphi(\bar{y}(t),t)$ 的邻域里; 这样求出的值 $x_0(0,\varepsilon)$ 就是边值问题 (3.5.40)—(3.5.42) 的解 $x(t,\varepsilon)$ 在 $t = 0$ 的零次近似 (下面验证). 同样, 附加方程组 (3.5.50) 或方程组 (3.5.51) 描述了边值问题的解在 $t = 1$ 邻域的性质. 在变量 $\tilde{\tilde{\zeta}}$ 之下, 条件 (3.5.44) 为

$$\tilde{\tilde{\zeta}}_2(0) = x_2^0 - \varphi_2(\bar{y}(1),1). \tag{3.5.53}$$

如果满足条件 V(b), 则由式 (3.5.53) 求出 $\tilde{\tilde{\zeta}}_2(0)$, 再从式 (3.5.27) 可得 $\tilde{\tilde{\zeta}}_1(0)$, 而且 $\tilde{\tilde{\zeta}}(0) \in S^-$. 值 $\tilde{\tilde{\zeta}} + \varphi(\bar{y}(1),1)$ 就是 $x(t,\varepsilon)$ 在点 $t = 1$ 的零次近似值.

3.5.5　构造渐近展开式的算法

我们要找问题 (3.5.40)—(3.5.42) 的解已经不能像式 (3.3.1) 那样只由两项相加, 而是由三项相加, 即

$$\begin{cases} x(t,\varepsilon) = \bar{x}(t,\varepsilon) + Bx(\tau_0,\varepsilon) + Qx(\tau_1,\varepsilon), \\ y(t,\varepsilon) = \bar{y}(t,\varepsilon) + By(\tau_0,\varepsilon) + Qy(\tau_1,\varepsilon), \end{cases} \tag{3.5.54}$$

其中

$$\begin{cases} \bar{x}(t,\varepsilon) = \bar{x}_0(t) + \varepsilon\bar{x}_1(t) + \cdots + \varepsilon^k\bar{x}_k(t) + \cdots, \\ \bar{y}(t,\varepsilon) = \bar{y}_0(t) + \varepsilon\bar{y}_1(t) + \cdots + \varepsilon^k\bar{y}_k(t) + \cdots. \end{cases} \tag{3.5.55}$$

$Bx(\tau_0, \varepsilon), By(\tau_0, \varepsilon)$ 仍然表示在 $t = 0$ 邻域的边界函数, 并且可以展开成其系数依赖于 $\tau_0 = \dfrac{t}{\varepsilon} \geqslant 0$ 的 ε 的幂级数:

$$\begin{cases} Bx(\tau_0, \varepsilon) = B_0 x(\tau_0) + \varepsilon B_1 x(\tau_0) + \cdots + \varepsilon^k B_k x(\tau_0) + \cdots, \\ By(\tau_0, \varepsilon) = B_0 y(\tau_0) + \varepsilon B_1 y(\tau_0) + \cdots + \varepsilon^k B_k y(\tau_0) + \cdots. \end{cases} \tag{3.5.56}$$

而 $Qx(\tau_1, \varepsilon), Qy(\tau_1, \varepsilon)$ 表示在 $t = 1$ 邻域的边界函数, 并且可以展开成其系数依赖于 $\tau_1 = \dfrac{t-1}{\varepsilon} \leqslant 0$ 的 ε 的幂级数:

$$\begin{cases} Qx(\tau_1, \varepsilon) = Q_0 x(\tau_1) + \varepsilon Q_1 x(\tau_1) + \cdots + \varepsilon^k Q_k x(\tau_1) + \cdots, \\ Qy(\tau_1, \varepsilon) = Q_0 y(\tau_1) + \varepsilon Q_1 y(\tau_1) + \cdots + \varepsilon^k Q_k y(\tau_1) + \cdots. \end{cases} \tag{3.5.57}$$

于是代替原来两个变量的方程, 我们现在有

$$\begin{cases} \varepsilon \dfrac{\mathrm{d}\bar{x}}{\mathrm{d}t} + \dfrac{\mathrm{d}Bx}{\mathrm{d}\tau_0} + \dfrac{\mathrm{d}Qx}{\mathrm{d}\tau_1} = \overline{F} + BF + QF, \\ \varepsilon \dfrac{\mathrm{d}\bar{y}}{\mathrm{d}t} + \dfrac{\mathrm{d}By}{\mathrm{d}\tau_0} + \dfrac{\mathrm{d}Qy}{\mathrm{d}\tau_1} = \varepsilon(\overline{f} + Bf + Qf), \end{cases} \tag{3.5.58}$$

其中,

$$\overline{F} \overset{\text{def}}{=} F(\bar{x}(t, \varepsilon), \bar{y}(t, \varepsilon), t) = \overline{F}_0 + \varepsilon \overline{F}_1 + \cdots + \varepsilon^k \overline{F}_k + \cdots; \tag{3.5.59}$$

$$\begin{aligned} BF \overset{\text{def}}{=} {}& F(\bar{x}(\varepsilon\tau_0, \varepsilon) + Bx(\tau_0, \varepsilon), \bar{y}(\varepsilon\tau_0, \varepsilon) + By(\tau_0, \varepsilon), \varepsilon\tau_0) \\ & - F(\bar{x}(\varepsilon\tau_0, \varepsilon), \bar{y}(\varepsilon\tau_0, \varepsilon), \varepsilon\tau_0) \\ = {}& B_0 F + \varepsilon B_1 F + \cdots + \varepsilon^k B_k F + \cdots; \end{aligned} \tag{3.5.60}$$

$$\begin{aligned} QF \overset{\text{def}}{=} {}& F(\bar{x}(1 + \varepsilon\tau_1, \varepsilon) + Qx(\tau_1, \varepsilon), \bar{y}(1 + \varepsilon\tau_1, \varepsilon) + Qy(\tau_1, \varepsilon), 1 + \varepsilon\tau_1) \\ & - F(\bar{x}(1 + \varepsilon\tau_1, \varepsilon), \bar{y}(1 + \varepsilon\tau_1, \varepsilon), 1 + \varepsilon\tau_1) \\ = {}& Q_0 F + \varepsilon Q_1 F + \cdots + \varepsilon^k Q_k F + \cdots. \end{aligned} \tag{3.5.61}$$

类似地还有 $\overline{f}, Bf, Qf$. 但是应当注意的是与两个变量相比, 两者存在着一定的差别. 在前面, $\overline{F} + BF$ 是用恒等的形式进行变换:

$$F(\bar{x} + Bx, \bar{y} + By, t) \equiv \overline{F} + BF \tag{3.5.62}$$

得到的, 可现在却是

$$F(\bar{x} + Bx + Qx, \bar{y} + By + Qy, t) \neq \overline{F} + BF + QF. \tag{3.5.63}$$

而且只能把式 (3.5.58)~(3.5.61) 看成是推导出式 (3.5.55)~ 式 (3.5.57) 各系数计算公式的出发点. 我们可以这样来考虑问题, 即除了在 $t = 1$ 的某个邻域之外, Q 函

数是处处可以忽略的小量, 因此可以认为式 (3.5.63) 在 $t = 1$ 的邻域外是一个近似等式, 亦即几乎就是式 (3.5.62). 交换 B 和 Q 的作用, 即可得出在 $t = 1$ 的邻域中式 (3.5.63) 也是一个近似等式的正确性.

关于 BF 展开式的系数, 完全类似于展开式 (3.3.9), 只是应将 τ 改成 τ_0; 而对 QF 也有类似的表达式, 只是应当用 $t = 1$ 和 τ_1 分别代替 $t = 0$ 和 τ. 对于 Bf 和 Qf 也完全类似.

将式 (3.5.53) 代入边界条件 (3.5.41)(利用式 (3.5.43)—(3.5.44) 的形式) 和式 (3.5.42), 于是代替式 (3.5.42) 有

$$a[\bar{x}_0(0) + \cdots + \varepsilon^k \bar{x}_k(0) + \cdots + B_0 x(0) + \cdots + \varepsilon^k B_k x(0) + \cdots] = ax^0; \quad (3.5.64)$$

$$b[\bar{x}_0(1) + \cdots + \varepsilon^k \bar{x}_k(1) + \cdots + Q_0 x(0) + \cdots + \varepsilon^k Q_k x(0) + \cdots] = bx^0; \quad (3.5.65)$$

$$\bar{y}_0(0) + \cdots + \varepsilon^k \bar{y}_k(0) + \cdots + B_0 y(0) + \cdots + \varepsilon^k B_k y(0) + \cdots = y^0. \quad (3.5.66)$$

现在我们来写出确定式 (3.5.55)～式 (3.5.57) 系数的方程, 为此首先将式 (3.5.58) 两边按 t, τ_0 和 τ_1 对应分开, 然后再令两边关于 ε 的同次幂系数相等, 于是对于 t 的零次近似为

$$0 = \overline{F}_0 \stackrel{\text{def}}{=} F(\bar{x}_0, \bar{y}_0, t), \quad \frac{\mathrm{d}\bar{y}_0}{\mathrm{d}t} = \overline{f}_0 \stackrel{\text{def}}{=} f(\bar{x}_0, \bar{y}_0, t), \quad (3.5.67)$$

这就是退化方程组 (3.5.45). 对于 τ_0 和 τ_1 的零次近似为

$$\frac{\mathrm{d}B_0 x}{\mathrm{d}\tau_0} = B_0 F \stackrel{\text{def}}{=} F(\bar{x}_0(0) + B_0 x, \bar{y}_0(0) + B_0 y, 0), \quad \frac{\mathrm{d}B_0 y}{\mathrm{d}\tau_0} = 0; \quad (3.5.68)$$

$$\frac{\mathrm{d}Q_0 x}{\mathrm{d}\tau_1} = Q_0 F \stackrel{\text{def}}{=} F(\bar{x}_0(1) + Q_0 x, \bar{y}_0(1) + Q_0 y, 1), \quad \frac{\mathrm{d}Q_0 y}{\mathrm{d}\tau_1} = 0. \quad (3.5.69)$$

有关这些方程组的定解条件可由式 (3.5.65)—(3.5.66) 的零次近似得出, 亦即

$$a(\bar{x}_0(0) + B_0 x(0)) = ax^0; \quad (3.5.70)$$

$$b(\bar{x}_0(1) + Q_0 x(0)) = bx^0; \quad (3.5.71)$$

$$\bar{y}_0(0) + B_0 y(0) = y^0. \quad (3.5.72)$$

由式 (3.5.68) 和式 (3.5.69) 即知, $B_0 y(\tau_0) \equiv$ 常数, $Q_0 y(\tau_1) \equiv$ 常数. 又由于当 $\tau_0 \to \infty$ 和 $\tau_1 \to -\infty$ 时, $B_0 y(\tau_0)$ 和 $Q_0 y(\tau_1)$ 都应当趋于零, 所以这些常数都应等于零, 即

$$B_0 y(\tau_0) \equiv 0, \quad Q_0 y(\tau_1) \equiv 0. \quad (3.5.73)$$

特别由此得出 $B_0 y(0) = 0$, 从而由式 (3.5.72) 有

$$\bar{y}_0(0) = y^0. \quad (3.5.74)$$

于是由方程组 (3.5.67) 与条件 (3.5.74) 一起即可求出解 $\bar{y}_0(t), \bar{x}_0(t) = \varphi(\bar{y}_0(t), t)$, 这是由 3.5.4 中给出的关于退化问题 (3.5.45)—(3.5.46) 在 $[0, 1]$ 上有唯一解的条件 III 得出的. 下面考虑边值问题 (3.5.68)—(3.5.70). 由式 (3.5.73) 即得

$$\frac{\mathrm{d}B_0 x}{\mathrm{d}\tau_0} = F(\bar{x}_0(0) + B_0 x, \bar{y}_0(0), 0).\tag{3.5.75}$$

由于条件 (3.5.70) 只给出向量 $B_0 x(0)$ 的前 k 个分量, 所以为了完全确定方程 (3.5.75) 的解, 我们还要求当 $\tau_0 \to +\infty$ 时有 $B_0 x(\tau_0) \to 0$, 亦即

$$B_0 x(+\infty) = 0.\tag{3.5.76}$$

问题 (3.5.75)—(3.5.70)—(3.5.76) 的解的存在唯一性是由如下事实推出的, 即式 (3.5.75) 和式 (3.5.70) 分别与式 (3.5.49) 和式 (3.5.52) 一致, 于是根据 V(a) 即知在不变流形 S^+ 上存在由式 (3.5.70) 所确定的初始点, 且由引理 3.5.2 可知从这点出发的方程组 (3.5.75) 的轨线保证满足式 (3.5.76). 根据 V(b), 同样可以得到方程组 (3.5.69) 同时满足条件 (3.5.71) 和 $Q_0 x(-\infty) = 0$ 的右边界函数 $Q_0 x(\tau_1)$ 的存在性.

现在考虑关于 $B_1 x(\tau_0)$ 和 $\bar{x}_1(t)$ 的方程组及其定解条件:

$$\frac{\mathrm{d}B_1 x}{\mathrm{d}\tau_0} = B_1 F \overset{\text{def}}{=} F_x(\tau_0) B_1 x + F_y(\tau_0) B_1 y + G_1(\tau_0),\tag{3.5.77}$$

$$\frac{\mathrm{d}B_1 y}{\mathrm{d}\tau_0} = B_0 f.\tag{3.5.78}$$

正像在式 (3.3.11)$_1$ 那样, 这里 $F_x(\tau_0) \overset{\text{def}}{=} F_x(\bar{x}_0(0) + B_0 x(\tau_0), \bar{y}_0(0), 0); F(\tau_0)$ 也有类似的意义. 而 $G_1(\tau_0)$ 仍然由式 (3.3.12) 给出.

$$\frac{\mathrm{d}\bar{x}_0}{\mathrm{d}t}(t) = \overline{F}_x(t)\bar{x}_1 + \overline{F}_y(t)\bar{y}_1, \quad \frac{\mathrm{d}\bar{y}_1}{\mathrm{d}t} = \overline{f}_x(t)\bar{x}_1 + \overline{f}_y(t)\bar{y}_1,\tag{3.5.79}$$

如同式 (3.3.10)$_1$, 这里 $\overline{F}_x(t) \overset{\text{def}}{=} F_x(\bar{x}_0(t), \bar{y}_0(t), t), \overline{F}_y(t), \overline{f}_x(t), \overline{f}_y(t)$ 也有同样的意义.

$$a(\bar{x}_1(0) + B_1 x(0)) = 0,\tag{3.5.80}$$

$$\bar{y}_1(0) + B_1 y(0) = 0.\tag{3.5.81}$$

此外我们还要求

$$B_1 x(+\infty) = 0,\tag{3.5.82}$$

$$B_1 y(+\infty) = 0.\tag{3.5.83}$$

完全如同 3.3 节那样, 从式 (3.5.78)—(3.5.81)—(3.5.83) 可得

$$B_1 y(\tau_0) = -\int_{\tau_0}^{+\infty} B_0 f(s)\mathrm{d}s, \quad B_1 y(0) = -\int_0^{+\infty} B_0 f(s)\mathrm{d}s;\tag{3.5.84}$$

$$\bar{y}_1(0) = \int_0^{+\infty} B_0 f(s)\mathrm{d}s. \tag{3.5.85}$$

条件 (3.5.85) 完全决定了方程 (3.5.79) 的解 $\bar{x}_1(t)$. 将式 (3.5.84) 代入式 (3.5.77) 之后, 即见式 (3.5.77) 中只剩下 $B_1 x(\tau_0)$ 是未知的. 但是边值问题 (3.5.77)—(3.5.80) 是否存在满足补充条件 (3.5.82) 的解 $B_1 x(\tau_0)$? 我们把这个问题留到 3.5.7 小节再讨论, 在那里将给出 B 函数和 Q 函数的估计.

关于 $Q_1 x(\tau_1)$ 的方程和定解条件为

$$\frac{\mathrm{d}Q_1 x}{\mathrm{d}\tau_1} = F_x(\tau_1)Q_1 x + F_y(\tau_1)Q_1 y + H_1(\tau_1), \quad \frac{\mathrm{d}Q_1 y}{\mathrm{d}\tau_1} = Q_0 f(\tau_1), \tag{3.5.86}$$

$$b(\bar{x}_1(1) + Q_1 x(0)) = 0, \tag{3.5.87}$$

其中 $F_x(\tau_1) \overset{\text{def}}{=} F_x(\bar{x}_0(1) + Q_0 x(\tau_1), \bar{y}_0(1), 1)$, 而 $H_1(\tau_1)$ 的结构与式 (3.5.77) 中的 $G_1(\tau_0)$ 类似.

$$Q_1 x(-\infty) = 0; \tag{3.5.88}$$

$$Q_1 y(-\infty) = 0. \tag{3.5.89}$$

由条件 (3.5.89) 立即求得 $Q_1 y(\tau_1) = -\int_{\tau_1}^{-\infty} Q_0 f(s)\mathrm{d}s$. 其次在式 (3.5.87) 中, $\bar{x}_1(1)$ 已由问题 (3.5.79)—(3.5.85) 的解所决定, 因此 $Q_1 x(\tau_1)$ 可以从问题 (3.5.86)—(3.5.88) 得到, 这与从问题 (3.5.77)—(3.5.80)—(3.5.82) 求出 $B_1 x(\tau_0)$ 的过程完全相类似.

对于 $k > 1$, 关于 $B_k x(\tau_0), Q_k x(\tau_1)$ 及 $\bar{x}_k(t)$ 的方程组和定解条件为

$$\frac{\mathrm{d}B_k x}{\mathrm{d}\tau_0} = B_k F, \tag{3.5.90}$$

$$\frac{\mathrm{d}B_k y}{\mathrm{d}\tau_0} = B_{k-1} f; \tag{3.5.91}$$

$$\frac{\mathrm{d}Q_k x}{\mathrm{d}\tau_1} = Q_k F, \quad \frac{\mathrm{d}Q_k y}{\mathrm{d}\tau_1} = Q_{k-1} f; \tag{3.5.92}$$

$$\frac{\mathrm{d}\bar{x}_{k-1}}{\mathrm{d}t} = \overline{F}_k, \quad \frac{\mathrm{d}\bar{y}_k}{\mathrm{d}t} = \overline{f}_k; \tag{3.5.93}$$

$$a(\bar{x}_k(0) + B_k x(0)) = 0, \tag{3.5.94}$$

$$b(\bar{x}_k(1) + Q_k x(0)) = 0, \tag{3.5.95}$$

$$\bar{y}_k(0) + B_k y(0) = 0;$$

$$B_k x(+\infty) = 0, \quad B_k y(+\infty) = 0; \tag{3.5.96}$$

$$Q_k x(-\infty) = 0, \quad Q_k y(-\infty) = 0; \tag{3.5.97}$$

$$\bar{y}_k(0) = \int_0^{+\infty} B_{k-1} f(s) \mathrm{d}s. \tag{3.5.98}$$

像在 $k = 0, 1$ 时所进行的讨论那样, 方程组 (3.5.91) 不依赖于式 (3.5.90), 因而有

$$B_k y(\tau_0) = -\int_{\tau_0}^{+\infty} B_{k-1} f(s) \mathrm{d}s;$$

同样有

$$Q_k y(\tau_1) = -\int_{\tau_1}^{-\infty} Q_{k-1} f(s) \mathrm{d}s.$$

因此剩下的是求解问题 (3.5.93)—(3.5.98); 问题 (3.5.90)—(3.5.94)—(3.5.96) 及问题 (3.5.92)—(3.5.95)—(3.5.97). 这些问题的求解过程与 $k = 1$ 时所进行的讨论完全类似.

3.5.6 基本定理的叙述

像在 3.5.5 小节那样, 我们对式 (3.5.40) 的右端函数给出确切的光滑性条件 I. 为此我们首先给出如下由三条线段组成的曲线 $L_0 = L_{01} \cup L_{02} \cup L_{03}$:

$$L_{01} = \{(x, y, t) : x = \bar{x}_0(0) + B_0 x(\tau_0), \tau_0 \geqslant 0; y = \bar{y}_0(0); t = 0\},$$
$$L_{02} = \{(x, y, t) : x = \bar{x}_0(t), y = \bar{y}_0(t), 0 \leqslant t \leqslant 1\},$$
$$L_{03} = \{(x, y, t) : x = \bar{x}_0(1) + Q_0 x(\tau_1), \tau_1 \leqslant 0; y = \bar{y}_0(1); t = 1\}.$$

I. 假设函数 $F(x, y, t), f(x, y, t)$ 在曲线 L_0 的某个 δ- 邻域中, 具有直到包括 $(N + 2)$ 阶在内的连续偏导数.

在此条件下, 我们考虑展开式 (3.5.55)$\sim$ 式 (3.5.57) 中直到包括 N 在内的项, 并用 $X_N(t, \varepsilon)$ 表示展开式 (3.5.53) 的前 $3(N + 1)$ 项部分和:

$$X_N(t, \varepsilon) = \sum_{k=0}^{N} \varepsilon^k [\bar{x}_k(t) + B_k x(\tau_0) + Q_k x(\tau_1)]. \tag{3.5.99}$$

定理 3.5.1 当满足条件 I~V 时, 必存在常数 $\varepsilon_0 > 0, \delta > 0, c > 0$, 使得当 $0 < \varepsilon \leqslant \varepsilon_0$ 时, 在曲线 L_0 的 δ- 邻域中存在边值问题 (3.5.40)—(3.5.42) 的唯一解 $x(t, \varepsilon)$, 且满足不等式:

$$\|x(t, \varepsilon) - X_N(t, \varepsilon)\| \leqslant c\varepsilon^{N+1}, \quad 0 \leqslant t \leqslant 1. \tag{3.5.100}$$

注 如果只考虑解的存在唯一性问题, 则在条件 I 中只需假设 $N = 0$.

3.5.7 边界函数的估计

引理 3.5.6 对于边界函数 $B_i x(\tau_0), Q_i x(\tau_1), i = 0, 1, \cdots, n$, 满足下列不等式:

$$\|B_i x(\tau_0)\| \leqslant c \exp(-\sigma_0 \tau_0), \quad \tau_0 \geqslant 0; \tag{3.5.101}$$

$$\|Q_i x(\tau_1)\| \leqslant c \exp(\sigma_0 \tau_0), \quad \tau_1 \leqslant 0. \tag{3.5.102}$$

证明 我们从 $i = 0$ 开始. 根据式 (3.5.73) 有 $B_0 y(\tau_0) \equiv 0$. 对于 $B_0 x(\tau_0)$, 我们注意到确定 $B_0 x(\tau_0)$ 的方程组 (3.5.75) 是与满足条件 V(a) 的方程组 (3.5.49) 完全一样. 而且点 $B_0 x(0)$ 位于 S^+ 上, 因此由引理 3.5.4 立即得到对 $B_0 x(\tau_0)$ 所需要的估计. 关于 $Q_0 x(\tau_1)$ 的情形完全类似.

我们现在转到对 $B_1 x(\tau_0)$ 的估计; 这些向量函数是由方程组 (3.5.77)—(3.5.78) 所决定, 其中 $G_1(\tau_0)$ 的表达式与本章小节 3.4.3 中一样, 因此同样有像在那里得到的结论: 对 $\tau_0 \geqslant 0$ 有 $\|G_1(\tau_0)\| \leqslant c \exp(-\sigma_0 \tau_0)$. 其次, 像在 3.4.3 小节中那样, 从式 (3.5.84) 再一次得到 $B_1 y(\tau_0)$ 的估计: $\|B_1 y(\tau_0)\| \leqslant c \exp(-\sigma_0 \tau_0)$, 当 $\tau_0 \geqslant 0$. 从而对于 $B_1 x(\tau_0)$, 我们有如式 (3.4.24) 的方程组:

$$\frac{\mathrm{d} B_1 x}{\mathrm{d} \tau_0} = F_x(\tau_0) B_1 x + \widetilde{G}_1(\tau_0), \tag{3.5.103}$$

这里对 $\tau_0 \geqslant 0$ 有 $\left\|\widetilde{G}_1(\tau_0)\right\| \leqslant c \exp(-\sigma_0 \tau_0)$. 根据式 (3.5.80) 和式 (3.5.82), $B_1 x(\tau_0)$ 的定解条件为

$$a B_1 x(0) = -a \bar{x}_1(0), \quad B_1 x(+\infty) = 0. \tag{3.5.104}$$

不难看出, 问题 (3.5.103)—(3.5.104) 就是在引理 3.5.5 中所讨论的问题, 由此得出对 $B_1 x(\tau_0)$ 的估计式 (3.5.101), 即对 $\tau_0 \geqslant 0$ 有 $\|B_1 x(\tau_0)\| \leqslant c \exp(-\sigma_0 \tau_0)$.

由于对 $\tau_0 \geqslant 0$ 有 $B_1 x(\tau_0)$ 位于流形 S^+ 上, 所以在 3.4.3 小节中关于 $B_1 x(\tau)$ 所进行的一切讨论对 $B_1 x(\tau_0)$ 仍然是正确的; 利用与 3.4 节完全一样的讨论过程, 即可推出所有下标号 $k \geqslant 2$ 的 B 函数估计. 这就完成了估计式 (3.5.101) 的证明. 至于不等式 (3.5.102), 可用完全类似的方法得到.

3.5.8 余项方程

令

$$u(t, \varepsilon) = x(t, \varepsilon) - X_N(t, \varepsilon), \quad v(t, \varepsilon) = y(t, \varepsilon) - Y_N(t, \varepsilon),$$

这里的 $X_N(t, \varepsilon), Y_N(t, \varepsilon)$ 是由公式 (3.5.99) 确定, 即

$$X_N(t, \varepsilon) = \sum_{k=0}^{N} \varepsilon^k [\bar{x}_k(t) + B_k x(\tau_0) + Q_k x(\tau_1)],$$

$$Y_N(t, \varepsilon) = \sum_{k=0}^{N} \varepsilon^k [\bar{y}_k(t) + B_k y(\tau_0) + Q_k y(\tau_1)].$$

余项 u 和 v 满足下列方程组和定解条件:

$$
\begin{cases}
\varepsilon \dfrac{\mathrm{d}u}{\mathrm{d}t} = F(u + X_n, v + Y_n, t) - \varepsilon \dfrac{\mathrm{d}X_n}{\mathrm{d}t}, \\
\dfrac{\mathrm{d}v}{\mathrm{d}t} = f(u + X_n, v + Y_n, t) - \dfrac{\mathrm{d}Y_n}{\mathrm{d}t};
\end{cases}
\tag{3.5.105}
$$

$$
\begin{cases}
au(0, \varepsilon) = -a \displaystyle\sum_{k=0}^{N} \varepsilon^k Q_k x\left(-\dfrac{1}{\varepsilon}\right), \\
bu(1, \varepsilon) = b \displaystyle\sum_{k=0}^{N} \varepsilon^k B_k x\left(\dfrac{1}{\varepsilon}\right), \\
v(0, \varepsilon) = -\displaystyle\sum_{k=0}^{N} \varepsilon^k Q_k y\left(-\dfrac{1}{\varepsilon}\right).
\end{cases}
\tag{3.5.106}
$$

不同于式 (3.4.36), 这些余项满足了非零的定解条件 (3.5.106); 但是由于式 (3.5.101)—(3.5.102), 显然式 (3.5.106) 的右端是一些指数式小的量. 与式 (3.4.38) 完全一样, 我们在此同样引进函数 $H_1(t, \varepsilon)$ 和 $H_2(t, \varepsilon)$, 但不同于式 (3.4.39), 现在这两个函数对 $t \in [0, 1]$, $\varepsilon \in (0, \varepsilon_0]$ 应满足估计:

$$
\begin{cases}
\|H_1(t, \varepsilon)\| \leqslant c\varepsilon^{N+1}, \\
\|H_2(t, \varepsilon)\| \leqslant c\left[\varepsilon^{N+1} + \varepsilon^N \exp\left(-\dfrac{\sigma_0 t}{\varepsilon}\right) + \varepsilon^N \exp\left(-\dfrac{\sigma_0(1 - t)}{\varepsilon}\right)\right].
\end{cases}
\tag{3.5.107}
$$

式 (3.5.107) 的证明可采用证明式 (3.4.39) 时完全一样的方法进行, 而且也是应用类似的技巧, 在此我们不再重复.

练习 对估计式 (3.5.107) 进行详细证明.

我们现在将式 (3.5.105) 写成类似于 3.4 节中式 (3.4.42) 的形式:

$$
\begin{cases}
\varepsilon \dfrac{\mathrm{d}u}{\mathrm{d}t} = F_x(t, \varepsilon)u + F_y(t, \varepsilon)v + G_1(u, v, t, \varepsilon), \\
\dfrac{\mathrm{d}v}{\mathrm{d}t} = f_x(t, \varepsilon)u + f_y(t, \varepsilon)v + G_2(u, v, t, \varepsilon),
\end{cases}
\tag{3.5.108}
$$

其中矩阵 $F_x(t, \varepsilon), F_y(t, \varepsilon), f_x(t, \varepsilon), f_y(t, \varepsilon)$ 的元素都是在点 $(\bar{x}_0(t) + B_0 x(\tau_0), \bar{y}_0(t), t)$ 处进行计算的, 而非齐次项 G_1, G_2 为

$$
G_1(u, v, t, \varepsilon) \overset{\text{def}}{=} F(u + Z_n, v + Y_n, t) - \varepsilon \dfrac{\mathrm{d}Z_n}{\mathrm{d}t} - F_x(t, \varepsilon)u - F_y(t, \varepsilon)v,
$$

$$
G_2(u, v, t, \varepsilon) \overset{\text{def}}{=} f(u + Z_n, v + Y_n, t) - \dfrac{\mathrm{d}Y_n}{\mathrm{d}t} - f_x(t, \varepsilon)u - f_y(t, \varepsilon)v.
$$

我们注意到函数 G_1 和 G_2 两条对今后来讲是重要的性质, 而且可以像在 3.4 节那样对它们进行证明.

(1) 当 $0 \leqslant t \leqslant 1, 0 < \varepsilon \leqslant \varepsilon_0$ 时, 有

$$
\begin{cases}
\|G_1(0,0,t,\varepsilon)\| = \|H_1(t,\varepsilon)\| \leqslant c\varepsilon^{N+1}, \\
\|G_2(0,0,t,\varepsilon)\| = \|H_2(t,\varepsilon)\| \leqslant c\left(\varepsilon^{N+1} + \varepsilon^N \mathrm{e}^{-\frac{\sigma_0 t}{\varepsilon}} + \varepsilon^N \mathrm{e}^{\frac{\sigma_0(t-1)}{\varepsilon}}\right).
\end{cases}
\tag{3.5.109}
$$

(2) 对 $\forall \varepsilon > 0, \exists \delta = \delta(\varepsilon) > 0, \varepsilon_0 = \varepsilon_0(\varepsilon) > 0$, 使得只要 $\|u_1\| \leqslant \delta, \|u_2\| \leqslant \delta, \|v_1\| \leqslant \delta, \|v_2\| \leqslant \delta, 0 < \varepsilon \leqslant \varepsilon_0$, 则对 $i = 1, 2$, 有

$$
\|G_i(u_1, v_1, t, \varepsilon) - G_i(u_2, v_2, t, \varepsilon)\| \leqslant \varepsilon(\|u_1 - u_2\| + \|v_1 - v_2\|).
\tag{3.5.110}
$$

我们还需要进行如下变换, 即把 $F_x(t,\varepsilon) \equiv F_x(\bar{x}_0(t) + B_0 x(\tau_0) + Q_0 x(\tau_1), \bar{y}_0(t), t)$ 写成形式:

$$
F_x(t,\varepsilon) = \overline{F}_x(t) + B_0 F_x + Q_0 F_x + O(\varepsilon),
$$

其中按照 3.5.5 小节的记号有

$$
\begin{aligned}
&\overline{F}_x(t) = F_x(\bar{x}_0(t), \bar{y}_0(t), t), \\
&B_0 F_x(\tau_0) = F_x(\bar{x}_0(0) + B_0 x(\tau_0), \bar{y}_0(0), 0) - F_x(\bar{x}_0(0), \bar{y}_0(0), 0), \\
&Q_0 F_x(\tau_1) = F_x(\bar{x}_0(1) + Q_0 x(\tau_1), \bar{y}_0(1), 1) - F_x(\bar{x}_0(1), \bar{y}_0(1), 1).
\end{aligned}
$$

于是式 (3.5.108) 可以写成

$$
\begin{cases}
\varepsilon\dfrac{\mathrm{d}u}{\mathrm{d}t} = [\overline{F}_x(t) + B_0 F_x(\tau_0) + Q_0 F_x(\tau_1)]u + F_y(t,\varepsilon)v + G_1(u,v,t,\varepsilon), \\
\dfrac{\mathrm{d}v}{\mathrm{d}t} = f_x(t,\varepsilon)u + f_y(t,\varepsilon)v + G_2(u,v,t,\varepsilon),
\end{cases}
\tag{3.5.111}
$$

这里的 $G_i, i = 1, 2$, 不同于式 (3.5.108) 中的 G_i, 不过它们之间的差别只在量阶为 $O(\varepsilon)$ 的项, 因此对于这里的 G_i 来说, 不等式 (3.5.109) 和 (3.5.110) 仍然成立, 所以我们使用了同一记号.

定解条件 (3.5.106) 可以写成

$$
au(0,\varepsilon) = au^0, \quad bu(1,\varepsilon) = bu^0;
\tag{3.5.112}
$$

$$
v(0,\varepsilon) = v^0.
\tag{3.5.113}
$$

由于式 (3.5.106) 的右端是指数式小的量, 所以在这里可以认为对任意的 N 有

$$
\|au^0\| + \|bu^0\| + \|v^0\| \leqslant c\varepsilon^{n+1}.
\tag{3.5.114}
$$

为了完成定理的证明, 我们将把问题 (3.5.101)—(3.5.103) 转化成积分方程组问题, 然后像在 3.4 节那样, 对积分方程组应用逐次逼近法. 为此, 必须构造含有 ε 的 **Green** 矩阵函数, 这是一个相当烦琐的工作, 有兴趣的读者可参看文献 [2] 的第四章.

3.6　一般奇异摄动边值问题

在 3.5 节中, 我们推导了条件稳定方程组

$$\varepsilon\frac{\mathrm{d}x}{\mathrm{d}t} = F(x,y,t), \quad \frac{\mathrm{d}y}{\mathrm{d}t} = f(x,y,t) \tag{3.6.1}$$

解的渐近性质, 其中乘在部分导数上的 ε 为小参数, 而边界条件为

$$ax(0,\varepsilon) + bx(1,\varepsilon) = x^*, \quad y(0,\varepsilon) = y^*, \tag{3.6.2}$$

这里 $x(t,\varepsilon)$ 和 $F(x,y,t)$ 为 m 维向量值函数, $y(t,\varepsilon)$ 和 $f(x,y,t)$ 为 n 维向量值函数, 而 a 和 b 为如下形式的 $m \times m$ 矩阵

$$a = \left[\begin{array}{cc} I_k & 0 \\ 0 & 0 \end{array}\right], \quad b = \left[\begin{array}{cc} 0 & 0 \\ 0 & I_{m-k} \end{array}\right],$$

其中 I_k 和 I_{m-k} 分别为 $k \times k$ 和 $(m-k) \times (m-k)$ 单位方阵.

我们介绍一种找寻奇摄动方程组 (3.6.1) 满足更一般边界条件

$$R(z(0,\varepsilon), z(1,\varepsilon)) = 0 \tag{3.6.3}$$

解的渐近性质的方法, 其中 R 是充分光滑的 $m+n$ 维向量值函数, 而 $z = (x^{\mathrm{T}}, y^{\mathrm{T}})^{\mathrm{T}}$ 为 $m+n$ 维列向量.

在最优控制理论中, 当为了优化而加上必要条件时, 就遇到式 (3.6.1) 和式 (3.6.3) 类型的问题. 如果极小化泛函中不仅含有积分项, 而且还依赖于在有限时刻的相变量, 那么条件 (3.6.3) 可能更为复杂.

我们在下面的推理中, 用到定理 3.5.1 对问题 (3.6.1)—(3.6.2), 得到的结果, 因此我们称问题 (3.6.1)—(3.6.2) 为辅助边值问题.

我们假设定理 3.5.1 的五个条件都满足, 而且把边界条件 (3.6.2) 的向量写成

$$\left\{\begin{array}{l} x^* = x_0^* + \varepsilon x_1^* + \cdots + \varepsilon^k x_k^* + \cdots; \\ y^* = y_0^* + \varepsilon y_1^* + \cdots + \varepsilon^k y_k^* + \cdots. \end{array}\right. \tag{3.6.4}$$

利用在 3.5 节中所描述的方法, 我们得到辅助问题 (3.6.1)—(3.6.2) 解的如下渐近表达式 ($\tau_0 = t/\varepsilon \geqslant 0, \tau_1 = (t-1)/\varepsilon \leqslant 0$):

$$\begin{aligned} z(t,\varepsilon) &= \bar{z}(t,\varepsilon) + Bz(\tau_0,\varepsilon) + Qz(\tau_1,\varepsilon) \\ &= \bar{z}_0(t) + \varepsilon\bar{z}_1(t) + \cdots + \varepsilon^k\bar{z}_k(t) + \cdots \\ &\quad + B_0z(\tau_0) + \varepsilon B_1z(\tau_0) + \cdots + \varepsilon^k B_k z(\tau_0) + \cdots \\ &\quad + Q_0z(\tau_1) + \varepsilon Q_1z(\tau_1) + \cdots + \varepsilon^k Q_k z(\tau_1) + \cdots. \end{aligned} \tag{3.6.5}$$

这个展开式包含了参数 $x_k^*, y_k^*, k = 0, 1, 2, \cdots$ (见式 (3.6.4). 我们打算这样来确定这些参数, 使得展开式满足式 (3.6.5) 和边界条件 (3.6.3). 为此, 我们代入式 (3.6.3), 并把 R 表示成 ε 的幂级数:

$$R = R_0 + \varepsilon R_1 + \cdots + \varepsilon^k R_k + \cdots = 0. \tag{3.6.6}$$

于是我们得到方程序列 $R_k = 0, k = 0, 1, 2, \cdots$.

考虑方程组 $R_0 = 0$. 显然, 向量值函数 R_0 的向量值变量为 $x_0(0), x_0(1)$. 可将这个方程更仔细地写出如下:

$$R_0 = R_0(z_0(0), z_0(1)) = 0, \tag{3.6.7}$$

其中

$$z_0(0) = \bar{z}(0) + B_0 z(0), \quad z_0(1) = \bar{z}_0(1) + Q_0 z(0), \tag{3.6.8}$$

这里 $\bar{y}_0(0) = y_0(0), \bar{x}_0(0) = \varphi(y_0(0), 0)$, 而 $\bar{z}_0(1)$ 与 $y_0(0)$ 的联系是由退化方程组的初值问题

$$\bar{x}_0 = \varphi(\bar{y}_0, t), \quad \frac{\mathrm{d}\bar{y}_0}{\mathrm{d}t} = f(\bar{x}_0, \bar{y}_0, t), \quad \bar{y}_0(0) = y_0(0) \tag{3.6.9}$$

建立起来的.

对于边界层函数, 我们有

$$B_0 y(\tau_0) \equiv 0; \quad Q_0 y(\tau_1) \equiv 0.$$

而 $B_0 x(0)$ 与 $y_0(0)$ 和 $(ax_0(0))_1$(它是由 $x_0(0)$ 的前 k 个分量组成的 k 维向量) 的联系是由有关方程组

$$\frac{\mathrm{d}B_0 x}{\mathrm{d}\tau_0} = F(\bar{x}_0(0) + B_0 x, \bar{y}_0(0), 0) \tag{3.6.10}$$

和定解条件

$$a(\bar{x}_0(0) + B_0 x(0)) = ax_0(0) \tag{3.6.11}$$

一起建立起来的. 类似地, $Q_0 x(0)$ 与 $y_0(0)$ 和 $(bx_0(1))_2$(它是由 $x_0(1)$ 的后 $m - k$ 个分量组成的 $m - k$ 维向量) 的联系是由方程组

$$\frac{\mathrm{d}Q_0 x}{\mathrm{d}\tau_1} = F(\bar{x}_0(1) + Q_0 x, \bar{y}_0(1), 1) \tag{3.6.12}$$

和定解条件

$$b(\bar{x}_0(1) + Q_0 x(0)) = bx_0(1) \tag{3.6.13}$$

一起建立起来的. 因此在 (由 $m + n$ 个方程构成的) 方程组 (3.6.7) 中, 未知量就是向量 $y_0(0), (ax_0(0))_1$ 和 $(bx_0(1))_2$ 的分量, 亦即总共有 $m + n$ 个未知量.

令 x_0^* 为由 $(ax_0(0))_1, (bx_0(1))_2, y_0(0)$ 三个向量组成的 $m+n$ 维向量, 即

$$
x_0^* = \begin{pmatrix} (ax_0(0))_1 \\ (bx_0(1))_2 \\ y_0(0) \end{pmatrix}. \tag{3.6.14}
$$

我们假设下面的条件成立.

VI. 关于 z_0^* 的方程组 (3.6.7) 有唯一解 z_0^0, 且在该点处的雅可比 (Jacobi) 行列式

$$
\left.\frac{DR_0}{Dz_0^*}\right|_{z_0^*=z_0^0} = \det\left(\frac{\partial R_0}{\partial z_0^*}\right)\Bigg|_{z_0^*=z_0^0} = \Delta_0^0 \tag{3.6.15}
$$

不为零. 此外, 要求点 z_0^0 应该位于 V 中给出的流形上, 而且向量值函数 R 在点 $(z_0(0, z_0^0), z_0(1, z_0^0))$ 的某个邻域中 $N+2$ 次连续可微.

我们来研究一下 Δ_0^0 的结构. 令 R^1 和 R^2 为 R_0 分别对其向量值变量 $x_0(0)$ 和 $x_0(1)$ 的雅可比矩阵

$$
R^1 = \frac{\partial R_0}{\partial z_0(0)}, \quad R^2 = \frac{\partial R_0}{\partial z_0(1)};
$$

于是有

$$
\Delta_0^0 = \det\left((R^1)_0^0 \left.\frac{\partial z_0(0, z_0^*)}{\partial z_0^*}\right|_{z_0^*=z_0^0} + (R^2)_0^0 \left.\frac{\partial z_0(1, z_0^*)}{\partial z_0^*}\right|_{z_0^*=z_0^0}\right), \tag{3.6.16}
$$

其中

$$
(R^i)_0^0 = R^i(z_0(0, z_0^*), z_0(1, z_0^*))\big|_{z_0^*=z_0^0}, \quad i = 1, 2.
$$

由式 (3.6.8)～ 式 (3.6.13), 显然有

$$
\left.\frac{\partial z_0(0, z_0^*)}{\partial z_0^*}\right|_{z_0^*=z_0^0} = \left.\begin{bmatrix} \dfrac{\partial x_0(0)}{\partial(ax_0(0))_1} & 0 & \dfrac{\partial x_0(0)}{\partial y_0(0)} \\ 0 & 0 & I_m \end{bmatrix}\right|_{z_0^*=z_0^0}, \tag{3.6.17}
$$

$$
\left.\frac{\partial z_0(1, z_0^*)}{\partial z_0^*}\right|_{z_0^*=z_0^0} = \left.\begin{bmatrix} 0 & \dfrac{\partial x_0(1)}{\partial(bx_0(1))_2} & \dfrac{\partial x_0(1)}{\partial y_0(0)} \\ 0 & 0 & \dfrac{\partial y_0(1)}{\partial y_0(0)} \end{bmatrix}\right|_{z_0^*=z_0^0}. \tag{3.6.18}
$$

我们更详细地考察矩阵 (3.6.17) 中的分块:

$$
\frac{\partial x_0(0)}{\partial(ax_0(0))_1} = \frac{\partial(\bar{x}_0(0) + B_0 x(0))}{\partial(ax_0(0))_1} = \frac{\partial B_0 x(0)}{\partial(ax_0(0))_1}.
$$

如果记

$$\frac{\partial B_0 x}{\partial (ax_0(0))_1} \stackrel{\text{def}}{=} \xi_0^B(\tau_0),$$

那么 $\xi_0^B(\tau_0)$ 满足由方程 (3.6.10) 对 $(ax_0(0))_1$ 求导而得到的如下方程组:

$$\frac{\mathrm{d}\xi_0^B}{\mathrm{d}\tau_0} = F_x(\tau_0)\xi_0^B \tag{3.6.19}$$

以及定解条件

$$a\xi_0^B(0) = E_k, \quad \xi_0^B(\infty) = 0, \tag{3.6.20}$$

其中

$$F_x(\tau_0) \stackrel{\text{def}}{=} F_x(\bar{x}_0(0) + B_0 x(\tau_0), \bar{y}_0(0), 0).$$

我们写出 $\dfrac{\partial x_0(0)}{\partial y_0(0)} = \dfrac{\partial \bar{x}(0)}{\partial y_0(0)} + \dfrac{\partial B_0 x(0)}{\partial y_0(0)}$, 并引进记号

$$\frac{\partial \bar{x}(0)}{\partial y_0(0)} \stackrel{\text{def}}{=} \theta_0^0(0), \quad \frac{\partial B_0 x}{\partial y_0(0)} \stackrel{\text{def}}{=} \zeta_0^B,$$

这里 $\theta_0^0(0)$ 是方程组

$$\overline{F}_x(0)\theta_0^0(0) + \overline{F}_y(0)I_m = 0 \tag{3.6.21}$$

的一个解, 这个方程组是由方程组 $F(\bar{x}_0(0), \bar{y}_0(0), 0) = 0$ 对 $y_0(0)$ 求导得到的, 其中 $\overline{F}_x(0) = F_x(\bar{x}_0(0), \bar{y}_0(0), 0), \overline{F}_y(0) = F_y(\bar{x}_0(0), \bar{y}_0(0), 0)$. 而函数 $\zeta_0^B(\tau_0)$ 满足由方程组 (3.6.10) 对 $y_0(0)$ 求导得到的方程组

$$\frac{\mathrm{d}\zeta_0^B}{\mathrm{d}\tau_0} = F_x(\tau_0)\zeta_0^B + F_x(\tau_0)\theta_0^0(0) + F_y(\tau_0)I_m \tag{3.6.22}$$

以及定解条件

$$a\zeta_0^B(0) = -a\theta_0^0(0), \quad \zeta_0^0(\infty) = 0. \tag{3.6.23}$$

对于式 (3.6.18) 中的分块矩阵, 利用类似的方法, 我们得到

$$\frac{\partial x_0(1)}{\partial (bx_0(1))_2} = \frac{\partial [\bar{x}_0(1) + Q_0 x(0)]}{\partial (bx_0(1))_2} = \frac{\partial Q_0 x(0)}{\partial (bx_0(1))_2} \stackrel{\text{def}}{=} \xi_0^Q(0),$$

其中 $\xi_0^Q(\tau_1)$ 满足方程组

$$\frac{\mathrm{d}\xi_0^Q}{\mathrm{d}\tau_1} = F_x(\tau_1)\xi_0^Q \tag{3.6.24}$$

和定解条件

$$b\xi_0^Q(0) = I_{m-k}, \quad \xi_0^Q(-\infty) = 0, \tag{3.6.25}$$

这里

$$F_x(\tau_1) \stackrel{\text{def}}{=} F_x(\bar{x}_0(1) + Q_0 x(\tau_1), \bar{y}_0(1), 1).$$

现在写出

$$\frac{\partial x_0(1)}{\partial y_0(0)} = \frac{\partial \bar{x}_0(1)}{\partial y_0(0)} + \frac{\partial Q_0 x(0)}{\partial y_0(0)},$$

并引进记号

$$\frac{\partial \bar{x}_0}{\partial y_0(0)} \stackrel{\text{def}}{=} \theta_0^1, \quad \frac{\partial Q_0 x}{\partial y_0(0)} \stackrel{\text{def}}{=} \zeta_0^Q, \quad \frac{\partial \bar{y}_0}{\partial y_0(0)} \stackrel{\text{def}}{=} \eta_0^1,$$

于是有

$$\frac{\partial x_0(1)}{\partial y_0(0)} = \theta_0^1(1) + \zeta_0^Q(0), \quad \frac{\partial y_0(1)}{\partial y_0(0)} = \frac{\partial \bar{y}_0(1)}{\partial y_0(0)} = \eta_0^1(1),$$

其中 θ_0^1 和 η_0^1 为代数微分方程组初值问题

$$\overline{F}_x \theta_0^1 + \overline{F}_y \eta_0^1 = 0, \quad \frac{\mathrm{d}\eta_0^1}{\mathrm{d}t} = \overline{f}_x \theta_0^1 + \overline{f}_y \eta_0^1; \quad \eta_0^1(0) = I_m \quad (3.6.26)$$

的解. 这里 $\overline{F}_x \stackrel{\text{def}}{=} F_x(\bar{x}(t), \bar{y}(t), t)$, 而 $\overline{F}_y, \overline{f}_x$ 以及 $\overline{f}_y$ 有类似的定义. 函数 $\zeta_0^Q(\tau_1)$ 满足由方程组 (3.6.12) 对 $y_0(0)$ 求导得到的方程组

$$\frac{\mathrm{d}\zeta_0^Q}{\mathrm{d}\tau_1} = F_x(\tau_1)\zeta_0^Q + F_x(\tau_1)\theta_0^1(1) + F_y(\tau_1)\eta_0^1, \quad (3.6.27)$$

以及定解条件

$$b\zeta_0^Q(0) = -b\theta_0^1(1), \quad \zeta_0^Q(-\infty) = 0. \quad (3.6.28)$$

我们现在讨论方程组 $R_k = 0 (k \geqslant 1)$, 显然它们有如下形式:

$$R_k = (R^1)_0^0 z_k(0) + (R^2)_0^0 z_k(1) + r_k = 0, \quad (3.6.29)$$

其中非齐次项 r_k 只依赖于 $i < k$ 的 $[ax_i(0)]_1, [bx_i(1)]_2$ 及 $y_i(0)$. 由

$$z_k = \bar{z}_k + B_k z + Q_k z, \quad (3.6.30)$$

而且对 $k \geqslant 1$, 在式 (3.6.30) 中所有的项都是用线性微分方程组的初值问题来确定的 (见 3.5 节). 此外, 在这些方程组的初始条件中, 都只是**线性地依赖于** $[ax_k(0)]_1$, $[bx_k(1)]_2$ 和 $y_k(0)$, 因此我们断定: 方程组 (3.6.29) 是未知量 $[ax_k(0)]_1$, $[bx_k(1)]_2$ 和 $y_k(0)$ 的线性代数方程组. 令 z_k^* 为由三个分块 $[ax_k(0)]_1, [bx_k(1)]_2$ 和 $y_k(0)$ 做成的 $m + n$ 维向量; 于是式 (3.6.29) 就是一个含有 z_k^* 的 $m + n$ 个分量的 $m + n$ 维线性代数方程组. 这个方程组的系数行列式为

$$\Delta_k^0 = \det\left((R^1)_0^0 \frac{\partial z_k(0, z_k^*)}{\partial z_k^*} + (R^2) \frac{\partial z_k(1, z_k^*)}{\partial z_k^*}\right), \quad (3.6.31)$$

其中

$$\frac{\partial z_k(0, z_k^*)}{\partial z_k^*}, \quad \frac{\partial z_k(1, z_k^*)}{\partial z_k^*}$$

与表达式 (3.6.17)—(3.6.18) 完全一样, 只是应将其中的下标 0 改成 k 即可. 我们可以证明 $\Delta_k^0 = \Delta_0^0$; 为此, 只需证明矩阵 $\dfrac{\partial z_k(0, z_k^*)}{\partial z_k^*}$ 和 $\dfrac{\partial z_k(1, z_k^*)}{\partial z_k^*}$ 中的分块像在式 (3.6.17)—(3.6.18) 中相应的情况都是由同样的方程组和定解条件所确定.

作为一个例子, 考虑在 $\dfrac{\partial z_k(0, z_k^*)}{\partial z_k^*}$ 中的分块 $\dfrac{\partial x_k(0)}{\partial [ax_k(0)]_1}$:

$$\frac{\partial x_k(0)}{\partial [ax_k(0)]_1} = \frac{\partial (\bar{x}_k(0) + B_k x(0))}{\partial [ax_k(0)]_1} = \frac{\partial B_k x(0)}{\partial [ax_k(0)]_1} = \xi_k^B(\tau_0),$$

这里 $\xi_k^B(\tau_0)$ 满足将 $B_k x(\tau_0)$ 对 $[ax_k(0)]_1$ 求导得到的方程组

$$\frac{\mathrm{d}\xi_k^B}{\mathrm{d}\tau_0} = F_x(\tau_0)\xi_k^B \tag{3.6.32}$$

及条件

$$a\xi_k^B(0) = I_k, \quad \xi_k^B(\infty) = 0. \tag{3.6.33}$$

对于 ξ_k^B 的问题 (3.6.32)—(3.6.33) 与对于 ξ_0^B 的问题 (3.6.19)—(3.6.20) 完全一样, 因此 $\xi_k^B = \xi_0^B$.

于是我们证明了 $\Delta_k^0 = \Delta_0^0$. 由于 $\Delta_0^0 \neq 0$, 根据条件 VI, 那么对 $k = 1, 2, \cdots$, 可以从方程组 (3.6.29) 求出 z_k^* 而得到解 $z_k^* = z_k^0$.

于是我们可以逐次地得到式 (3.6.4) 中所有的参数, 从而得到展开式 (3.6.5) 中所有的项. 这就是问题 (3.6.1)—(3.6.3) 解的渐近展开式, 这个解存在、而且在某种意义下是唯一的.

定理 3.6.1(Esipova) 如果满足条件 I~VI, 那么存在常数 $\varepsilon_0 > 0, \delta > 0$ 和 $C > 0$, 使得在曲线 L_0 的 δ-邻域中, 问题 (3.6.1)—(3.6.3) 有唯一解 $z(t, \varepsilon)$, 且对 $0 \leqslant t \leqslant 1, 0 < \varepsilon \leqslant \varepsilon_0$ 满足

$$\|z(t, \varepsilon) - Z_N(t, \varepsilon)\| \leqslant C\varepsilon^{N+1}, \tag{3.6.34}$$

其中 $Z_N(t, \varepsilon)$ 是级数 (3.6.5) 的前 $3(N+1)$ 项部分和.

注 如果方程 $F(x, y, t) = 0$ 有不止一个解, 而且方程 $R_0 = 0$ 有几个解, 那么可能存在几个在定理中指出类型的解. 因此对问题 (3.6.1)—(3.6.3) 来说, 在大范围内我们没有唯一性.

证明 令 $z(t, \varepsilon, z^0)$ 是问题 (3.6.1)—(3.1.4) 的解, 并将 $R(z(0, \varepsilon, z^0), z(1, \varepsilon, z^0))$ 看成是 z^0 和 ε 的函数. 令 $\Delta(z^0, \varepsilon)$ 为行列式 $\dfrac{D(R)}{D(z^0)}$. 我们来证明

$$\Delta(z^0, \varepsilon) = \Delta_0(z^0) + O(\varepsilon), \tag{3.6.35}$$

其中 $\Delta_0(z^0) = \dfrac{D(R_0)}{D(z^0)}$ 是上面引进的行列式 (见式 (3.6.15)), 在此用变量 z^0 代替 z_0^*.

行列式 Δ 的元素为

$$R^1(z(0, \varepsilon, z^0), z(1, \varepsilon, z^0)) \frac{\partial z(0, \varepsilon, z^0)}{\partial z^0} + R^2(z(0, \varepsilon, z^0), z(1, \varepsilon, z^0)) \frac{\partial z(1, \varepsilon, z^0)}{\partial z^0}. \tag{3.6.36}$$

由 3.5 节中结果推出

$$\begin{cases} z(0, \varepsilon, z^0) = \bar{z}_0(0, z_0) + B_0 z(0, z^0) + O(\varepsilon), \\ z(1, \varepsilon, z^0) = \bar{z}_0(1, z_0) + Q_0 z(0, z^0) + O(\varepsilon), \end{cases} \tag{3.6.37}$$

其中 $\bar{z}_0(t, z^0)$ 是退化方程 (3.6.9) 满足 $\bar{y}_0(0) = y^0$ 的解; 而 $B_0 x(\tau_0, z^0)$ 和 $Q_0 x(\tau_1, z^0)$ 是相应的辅助方程组分别满足条件

$$a(B_0 x(0, z^0) + \bar{x}_0(0, z^0)) = ax^0, \quad B_0 x(+\infty, z^0) = 0$$

和

$$b(Q_0 x(0, z^0) + \bar{x}_0(1, z^0)) = bx^0, \quad Q_0 x(-\infty, z^0) = 0$$

的解, 以及 $B_0 y = Q_0 y \equiv 0$.

矩阵 $\dfrac{\partial z(t, \varepsilon, z^0)}{\partial z^0}$ 满足由方程组 (3.6.1) 对 z^0 求导得到的方程组:

$$\begin{cases} \varepsilon \dfrac{\mathrm{d}}{\mathrm{d}t}\left(\dfrac{\partial x}{\partial z^0}\right) = F_x(x, y, t)\dfrac{\partial x}{\partial z^0} + F_y(x, y, t)\dfrac{\partial y}{\partial z^0}, \\ \dfrac{\mathrm{d}}{\mathrm{d}t}\left(\dfrac{\partial y}{\partial z^0}\right) = f_x(x, y, t)\dfrac{\partial x}{\partial z^0} + f_y(x, y, t)\dfrac{\partial y}{\partial z^0}, \end{cases} \tag{3.6.38}$$

以及定解条件

$$\begin{cases} a\left(\dfrac{\partial x}{\partial x^0}\right)\Big|_{t=0} + b\left(\dfrac{\partial x}{\partial x^0}\right)\Big|_{t=1} = I_m, \quad \dfrac{\partial y}{\partial y^0}\Big|_{t=0} = I_n, \\ a\left(\dfrac{\partial x}{\partial y^0}\right)\Big|_{t=0} + b\left(\dfrac{\partial x}{\partial y^0}\right)\Big|_{t=1} = 0, \quad \dfrac{\partial y}{\partial x^0}\Big|_{t=0} = 0. \end{cases} \tag{3.6.39}$$

方程组 (3.6.38) 类似于方程组 (3.6.1), 它们主要不同在于 ε(通过 $z(t, \varepsilon, z^0)$) 以非正则的方法进入方程组 (3.6.38) 的右端. 因此 3.5 节中的结果不能直接用于方

程组 (3.6.38)—(3.6.39). 然而, 把方程组 (3.6.1) 和方程组 (3.6.38) 联合起来, 并以式 (3.6.2) 和式 (3.6.39) 为定解条件, 我们就可以利用 3.5 节中的算法来形式上得到联合问题解的渐近展开, 虽然这个联合问题并不满足所有五个条件; 特别其定解条件不是属于式 (3.1.4) 类型. 不过文献 [4] 中利用一个线性变换将式 (3.6.2) 和式 (3.6.39) 转变成式 (3.1.4) 型的定解条件, 而且证明了新的边值问题满足定理 3.5.1 的所有要求, 解 $z(t, \varepsilon, z^0)$ 对初值 z^0 可微, 且可对 ε 进行渐近展开, 因此方程组 (3.6.38) 和定解条件 (3.6.39) 的解满足

$$\left(\frac{\partial z}{\partial z^0}\right)_0 = \overline{\left(\frac{\partial z}{\partial z^0}\right)_0} + B_0 \left(\frac{\partial z}{\partial z^0}\right) + Q_0 \left(\frac{\partial yz}{\partial z^0}\right) + O(\varepsilon). \tag{3.6.40}$$

我们更仔细地讨论一下式 (3.6.40) 中的每一项. 项 $\overline{\left(\dfrac{\partial z}{\partial x^0}\right)_0}$ 是方程组

$$\begin{cases} 0 = \overline{F}_x(t)\overline{\left(\dfrac{\partial x}{\partial x^0}\right)_0} + \overline{F}_y(t)\overline{\left(\dfrac{\partial y}{\partial x^0}\right)_0}, \\[3mm] \dfrac{\mathrm{d}}{\mathrm{d}t}\overline{\left(\dfrac{\partial y}{\partial x^0}\right)_0} = \overline{f}_x(t)\overline{\left(\dfrac{\partial x}{\partial x^0}\right)_0} + \overline{f}_y(t)\overline{\left(\dfrac{\partial y}{\partial x^0}\right)_0} \end{cases}$$

的一个解 (其中 $\overline{F}_x(t) = F_x(\bar{x}_0(t), \bar{y}_0(t), t)$, 而 $\overline{F}_y, \overline{f}_x$ 和 $\overline{f}_y$ 类似地定义), 且根据式 (3.6.39), 它满足初始条件 $\overline{\left(\dfrac{\partial y}{\partial x^0}\right)_0}\bigg|_{t=0} = 0$, 因此

$$\overline{\left(\frac{\partial z}{\partial x^0}\right)_0} \equiv 0. \tag{3.6.41}$$

项 $\overline{\left(\dfrac{\partial z}{\partial y^0}\right)_0}$ 也是退化方程组

$$\begin{cases} 0 = \overline{F}_x(t)\overline{\left(\dfrac{\partial x}{\partial y^0}\right)_0} + \overline{F}_y(t)\overline{\left(\dfrac{\partial y}{\partial y^0}\right)_0}, \\[3mm] \dfrac{\mathrm{d}}{\mathrm{d}t}\overline{\left(\dfrac{\partial y}{\partial y^0}\right)_0} = \overline{f}_x(t)\overline{\left(\dfrac{\partial x}{\partial y^0}\right)_0} + \overline{f}_y(t)\overline{\left(\dfrac{\partial y}{\partial y^0}\right)_0} \end{cases} \tag{3.6.42}$$

的一个解, 且满足条件

$$\overline{\left(\frac{\partial y}{\partial y^0}\right)_0}\bigg|_{t=0} = I_n. \tag{3.6.43}$$

我们现在考虑边界层函数. 按照求得问题 (3.6.38)—(3.6.39) 解的渐近展开式 (3.6.40) 的方法, 我们有

$$B_0\left(\frac{\partial y}{\partial z^0}\right) = Q_0\left(\frac{\partial y}{\partial z^0}\right) \equiv 0. \tag{3.6.44}$$

因此从式 (3.6.41)∼ 式 (3.6.43) 即得

$$\left(\frac{\partial y}{\partial x^0}\right) = 0, \quad \left(\frac{\partial y}{\partial y^0}\right)_0\bigg|_{t=0} = I_n,$$

以及

$$\left(\frac{\partial y}{\partial y^0}\right)\bigg|_{t=1} = \overline{\left(\frac{\partial y}{\partial z^0}\right)}\bigg|_{t=1} \tag{3.6.45}$$

在一个 $O(\varepsilon)$ 项范围之内. 函数 $B_0\left(\frac{\partial x}{\partial x^0}\right)$ 是方程

$$\frac{\mathrm{d}}{\mathrm{d}\tau_0}\left(B_0\left(\frac{\partial \mathrm{x}}{\partial \mathrm{x}^0}\right)\right) = F_x(\tau_0)B_0\left(\frac{\partial x}{\partial x^0}\right) \tag{3.6.46}$$

满足定解条件

$$aB_0\left(\frac{\partial x}{\partial x^0}\right)_{\tau_0=0} = I_k, \quad B_0\left(\frac{\partial x}{\partial x^0}\right)\bigg|_{\tau_0\to+\infty} \to 0 \tag{3.6.47}$$

的解. 函数 $B_0\left(\frac{\partial x}{\partial y^0}\right)$ 满足方程组

$$\frac{\mathrm{d}}{\mathrm{d}\tau_0}\left(B_0\left(\frac{\partial x}{\partial y^0}\right)\right) = F_x(\tau_0)B_0\left(\frac{\partial x}{\partial y^0}\right) + F_x(\tau_0)\overline{\left(\frac{\partial x}{\partial y^0}\right)}_0(0) + F_y(\tau_0)\overline{\left(\frac{\partial x}{\partial y^0}\right)}_0(0)$$
$$\tag{3.6.48}$$

和定解条件

$$aB_0\left(\frac{\partial x}{\partial y^0}\right)\bigg|_{\tau_0=0} = -a\overline{\left(\frac{\partial x}{\partial y^0}\right)}_0(0); \quad B_0\left(\frac{\partial x}{\partial y^0}\right)\bigg|_{\tau_0\to+\infty} \to 0. \tag{3.6.49}$$

现在把矩阵 $\left(\frac{\partial z}{\partial z^0}\right)\bigg|_{t=0}$ 与矩阵 (3.6.17) 进行比较, 并利用式 (3.6.41)∼ 式 (3.6.49), 我们找到

$$\left(\frac{\partial z}{\partial z^0}\right)\bigg|_{t=0} = \frac{\partial z_0(0,z^0)}{\partial z^0} + O(\varepsilon). \tag{3.6.50}$$

类似地, 有

$$\left(\frac{\partial z}{\partial z^0}\right)\bigg|_{t=1} = \frac{\partial z_0(1,z^0)}{\partial z^0} + O(\varepsilon). \tag{3.6.51}$$

于是所需要的关系式 (3.6.35) 现在就从式 (3.6.36)、式 (3.6.37)、R 对其向量值变量的连续性、式 (3.6.50) 及式 (3.6.51) 得出.

由条件 $\Delta_0(z_0^0) \neq 0$ 和 $R(z_0(0,z^0), z_0(1,z^0))$ 对 z^0 导数的连续性推出, $\Delta_0(z_0)$ 在以 z_0^0 为中心、以 δ 为半径的某个球 S_δ 中不等于零:

$$\Delta_0(z^0) \neq 0, \quad z^0 \in S_\delta; \tag{3.6.52}$$

于是从式 (3.6.35) 推出, 对充分小的 ε_0, 当 $0 \leqslant \varepsilon \leqslant \varepsilon_0$ 时有

$$\Delta(z^0, \varepsilon) \neq 0, \quad z^0 \in S_\delta. \tag{3.6.53}$$

考虑函数 $R(z_0(0, z^0), z_0(1, z^0))$. 从式 (3.6.52) 推出, 在 R 的值空间中存在区域 $\bar{\omega}$ 使得 $R = R(z_0(0, z^0), z_0(1, z^0))$ 在 S_δ 与 ω 的点之间实现了一一对应. 由于根据定义有

$$R(z_0(0, z^0), z_0(1, z^0)) = 0, \tag{3.6.54}$$

所以 z^0 变化空间中的点 z_0^0 对应于 R 值空间中的点 $R = 0$.

我们注意到 S_δ 和 $\bar{\omega}$ 都与 ε 无关; 于是在 R 的值空间中存在一个以 $R = 0$ 为中心、以 ε 为半径的球 S_ε 使得 $S_\varepsilon \subset \omega$.

现在考虑函数 $R(z_0(0, \varepsilon, z^0), z_0(1, \varepsilon, z^0))$. 根据式 (3.6.37) 有

$$R(z(0, \varepsilon, z^0), z(1, \varepsilon, z^0)) = R(z_0(0, z^0), z_0(1, z^0)) + O(\varepsilon), \tag{3.6.55}$$

且由式 (3.6.53) 推出在 R 的值空间中存在区域 $\bar{\omega}(\varepsilon)$ 使得 $R = R(z_0(0, \varepsilon, z^0), z_0(1, \varepsilon, z^0))$ 在 S_δ 的点与 $\bar{\omega}(\varepsilon)$ 的点之间实现一一对应; 式 (3.6.55) 说明 $\bar{\omega}(\varepsilon)$ 的点相对于 $\bar{\omega}$ 的点移动了一个不超过 $O(\varepsilon)$ 的距离. 因此, 如果 ε 充分小, 则有 $S_\varepsilon \subset \bar{\omega}$; 特别, 点 $R = 0$ 位于 $\bar{\omega}(\varepsilon)$ 中, 从而 S_δ 含有唯一使得 $R(z(0, \varepsilon, Z^0(\varepsilon)), z(1, \varepsilon, Z^0(\varepsilon))) = 0$ 的点 $Z(\varepsilon)$. 这就意味着对于 $z^* = Z^0(\varepsilon)$ 时问题 (3.6.1), 方程组 (3.6.2) 的解 $Z(t, \varepsilon)$ 满足边界条件 (3.6.3). 亦即

$$R(Z(0, \varepsilon), Z(1, \varepsilon)) = 0.$$

我们现在来证明估计式 (3.6.34). 当 $n = 0$ 时, 式 (3.6.34) 就推出定理关于解 $Z(t, \varepsilon)$ 的存在性和唯一性结论. 关系式 (3.6.53) 和 $R(z(0, \varepsilon, z^0), z(1, \varepsilon, z^0))$ 对 z^0 连续导数的存在性推出 $R = R(z(0, \varepsilon, z^0), z(1, \varepsilon, z^0))$ 的反函数 $z^0 = z^0(R, \varepsilon)$ 的存在性, 它在 $\omega(\varepsilon)$ 有定义、关于 R 有连续导数, 且若 $R \in \bar{\omega}(\varepsilon)$, 则有

$$\left\| \frac{\partial z^0(R, \varepsilon)}{\partial R} \right\| \leqslant C. \tag{3.6.56}$$

考虑方程组 (3.6.1) 满足

$$ax(0, \varepsilon) + bx(1, \varepsilon) = x_0^0, \quad y(0, \varepsilon) = y^0 \tag{3.6.57}$$

的解 $z(t, \varepsilon, z_0^0)$. 根据式 (3.6.54) 和式 (3.6.55), 这个解满足

$$R(z(0, \varepsilon, z_0^0), z(1, \varepsilon, z_0^0)) = R(z_0(0, z_0^0), z_0(1, z_0^0)) + O(\varepsilon) = O(\varepsilon).$$

而且还有

$$R(z(0, \varepsilon, Z^0(\varepsilon)), z(1, \varepsilon, Z^0(\varepsilon))) = 0.$$

于是利用式 (3.6.56) 推出

$$\|Z^0(\varepsilon) - z_0^0\| \leqslant c\varepsilon. \tag{3.6.58}$$

　　我们从 $n = 0$ 开始证明估计式 (3.6.34). 我们把问题 (3.6.1)—(3.6.2) 满足 $z^* = Z^0(\varepsilon)$ 时的解 $Z(t, \varepsilon)$ 与满足式 (3.6.57) 的解 $z(t, \varepsilon, z_0^0)$ 进行比较. 由于问题 (3.6.38)—(3.6.39) 的解 $\dfrac{\partial z(t, \varepsilon, z_0^0)}{\partial z^0}$ 对 $z^0 \in S_\delta, 0 \leqslant t \leqslant 1, 0 < \varepsilon \leqslant \varepsilon_0$ 是一致有界的, 因此从式 (3.6.58) 即得

$$\|Z(t, \varepsilon) - z(t, \varepsilon, z_0^0)\| \leqslant C\varepsilon \tag{3.6.59}$$

对 $0 \leqslant t \leqslant 1, 0 < \varepsilon \leqslant \varepsilon_0$ 成立. 但是 $Z_0(t, \varepsilon)$ 是问题 (3.6.1), 式 (3.6.57) 解的零次近似. 因此有

$$\|z(t, \varepsilon, z_0^0) - Z_0(t, \varepsilon)\| \leqslant C\varepsilon, \quad 0 \leqslant t \leqslant 1. \tag{3.6.60}$$

于是对于 $n = 0$ 的关系式 (3.6.34) 就从式 (3.6.59) 和式 (3.6.60) 得出.

　　对于任意 n, 我们证明式 (3.6.34) 进行如下: 我们用条件

$$(z^0)_N = z_0^0 + \varepsilon z_1^0 + \cdots + \varepsilon^N z_N^0$$

代替定解条件 (3.6.57) 中的向量 z_0^0, 其中 z_k^0 是由上面的算法所确定. 用 $(z^0)_N$ 代替 z_0^0 重复上面的推理, 我们看出 $Z^0(\varepsilon)$ 满足

$$\|Z^0(\varepsilon) - (z^0)_N\| \leqslant C\varepsilon^{N+1}. \tag{3.6.61}$$

这是前面构造过程的结果:

$$R(z(0, \varepsilon, (z^0)_n), z(1, \varepsilon, (z^0)_n)) = R_0 + \varepsilon R_1 + \varepsilon^2 R_2 + \cdots + \varepsilon^n R_n + O(\varepsilon^{n+1}).$$

关系式 (3.6.61) 和 $\dfrac{\partial z(t, \varepsilon, z^0)}{\partial z^0}$ 对 $0 \leqslant t \leqslant 1, 0 < \varepsilon \leqslant \varepsilon_0$ 的一致有界性推出

$$\|Z(t, \varepsilon) - z(t, \varepsilon, (z^0)_N)\| \leqslant C\varepsilon^{N+1}, \tag{3.6.62}$$

但是

$$\|z(t, \varepsilon, (z^0)_N) - Z_N(t, \varepsilon)\| \leqslant C\varepsilon^{N+1}. \tag{3.6.63}$$

而对任意 N 的式 (3.6.34) 就从式 (3.6.62) 和式 (3.6.63) 得出. 这就完成了定理的证明.

应用　考虑二阶半线性方程组奇摄动边值问题:

$$\begin{cases} \varepsilon^2 \dfrac{\mathrm{d}^2 x}{\mathrm{d}t^2} = h(x,t), & 0 < \varepsilon \ll 1,\ (x,t) \in D_X \times [0,1]; \\ x(0,\varepsilon) = \alpha, & x(1,\varepsilon) = \beta; \end{cases} \tag{3.6.64}$$

其中 α, β, x, h 均为 m 维向量, 区域 $D_X \subset \mathbf{R}^m$.

S_1 假设 $h \in C^{N+2}(D_x \times [0,1]), N \geqslant 0$, 并且方程 $h(x,t) = 0$ 有孤立根 $x = \varphi(t) \in D_x$ 对 $0 \leqslant t \leqslant 1$.

将式 (3.6.24) 写成吉洪诺夫系统形式:

$$\begin{cases} \varepsilon \dfrac{\mathrm{d}x}{\mathrm{d}t} = y, \\ \varepsilon \dfrac{\mathrm{d}y}{\mathrm{d}t} = h(x,t), \\ x(0,\varepsilon) = \alpha, \quad x(1,\varepsilon) = \beta. \end{cases} \tag{3.6.65}$$

令

$$z = \left[\begin{array}{c} x \\ y \end{array} \right], \quad F(z,t) = \left[\begin{array}{c} y \\ h(x,t) \end{array} \right],$$

于是

$$F_z(z,t) = \left[\begin{array}{cc} 0 & I_m \\ h_x(x,t) & 0 \end{array} \right]. \tag{3.6.66}$$

S_2 假设 $\bar{h}_x(t) \equiv h_x(\varphi(t),t), 0 \leqslant t \leqslant 1$ 的特征根不为非正值.

由此即见 $\overline{F}_z(t) \equiv F_z(\varphi(t),t)$ 的 $2m$ 个特征值正好是 $\bar{h}_x(t)$ 的 m 个特征值的平方根, 因此由 S_2 即知: $\overline{F}_z(t)$ 特征根实部正好 m 个正的和 m 个负的.

由式 (3.6.65) 即知 $\bar{x}_0(t) = \varphi(t), \bar{y}_0(t) \equiv 0$, 且有

$$\begin{cases} \varepsilon \dfrac{\mathrm{d}B_0 x}{\mathrm{d}\tau_0} = B_0 y, \\ \varepsilon \dfrac{\mathrm{d}B_0 y}{\mathrm{d}\tau_0} = h(\varphi_0 + B_0 x, 0). \end{cases}$$

$$\begin{cases} \varepsilon \dfrac{\mathrm{d}Q_0 x}{\mathrm{d}\tau_0} = Q_0 y, \\ \varepsilon \dfrac{\mathrm{d}Q_0 y}{\mathrm{d}\tau_0} = h(\varphi_1 + Q_0 x, 1). \end{cases} \tag{3.6.67}$$

其中 $\varphi_0 \stackrel{\text{def}}{=} \varphi(0), \varphi_1 \stackrel{\text{def}}{=} \varphi(1)$. 于是方程组 (3.6.67) 存在唯一满足 $Q_0 y(0) = \eta_0$, $Q_0 y(-\infty) = 0$ 的解 $Q_0 y(\tau_1, \eta_0)$, 且有不变稳定流形 $Q_0 x(0) = \Phi_1(\eta_0)$.

S_3 假设关于 η_0 的方程 $\beta - \varphi_1 = \Phi_1(\eta_0)$ 存在唯一解 $\eta_0 = \eta_0^0$, 并且

$$\Delta_0^0 = \det \left. \frac{\partial \Phi_1(\eta_0)}{\partial \eta_0} \right|_{\eta_0 = \eta_0^0} \neq 0.$$

S_4 假设定理 3.5.1 中的条件 V 成立.

容易验证, 在 $S_1 \sim S_4$ 之下, 定理 3.6.1 中的条件 I~VI 都得到满足.

定理 3.6.2   如果满足条件 $S_1 \sim S_4$, 那么问题 (3.6.64) 在 $0 \leqslant t \leqslant 1$ 上存在唯一解 $x(t, \varepsilon)$, 且当 $\varepsilon \to 0$ 时对 $t \in [0, 1]$ 一致地有

$$x(t, \varepsilon) = \sum_{j=0}^{N} \varepsilon^j \left[\bar{x}_j(t) + B_j x(\tau_0) + Q_j x(\tau_1) \right] + O(\varepsilon^{N+1}),$$

其中 $\bar{x}_j(t), B_j x(\tau_0), Q_j x(\tau_1), j = 0, 1, 2, \cdots$, 由边界层函数法完全确定.

参 考 文 献

[1] Tikhonov A N. Systems of differential equations with a small parameter at derivative. Mathematics Transactions, 1952, 31(3): 575-586.

[2] Vasil'eva A B, Butuzov V F. Asymptotic Expansions of Solutions of Singularly Perturbed Equations (in Russian). Moscow: Nauka, 1973.

[3] Esipova V A. Asymptotic properties of solutions of general boundary-value problems for singularly perturbed conditionally stable systems of ODE. Differential Equations, 1975, 11(11): 1457-1465.

[4] Wang Z M, Lin W Z, Wang G X. Differentiability and asymptotic analysis for nonlinear singularly perturbed boundary value problem. Nonlinear Analysis, 2008, 69: 2236-2250.

第4章 微分不等式理论和方法

1937 年, Nagumo[1] 运用上下解方法给出二阶非线性常微分方程 Dirichlet 问题解的存在性定理, 被认为是建立微分不等式理论的奠基性工作. 通过分析微分不等式与相应的微分方程的解之间的关系, 构造出一对适当的界定函数, 在对所论问题的解作出先验估计的同时也证明了解的存在性. 1968 年, Jackson[2] 减弱了对界定函数的要求, 拓展了 Nagumo 定理的应用范围. 1969 年 Schrader[3] 研究了二阶非线性常微分方程 Robin 问题, 建立了相应的微分不等式理论. 随后 Schmitt[4]、Heidel[5] 等有过进一步研究, 也建立了一些好的研究方法. 1984 年, 章国华和 Howes[6] 利用微分不等式理论详细地研究了二阶常微分方程奇异摄动问题及系统的奇异摄动问题, 包括边界层和内角层现象的研究. 同年, Howes[7] 还研究了高阶方程的奇异摄动问题. 林宗池[8]、莫嘉琪[9]、赵为礼[10]、周明儒[11]、林宗池和周明儒[12] 等对上述问题作了大量深入的研究. 微分不等式理论随着它的日益发展与完善已成为处理非线性奇异摄动问题的一种重要手段, 展示出所涉及的理论的广阔的应用前景. 应用微分不等式理论, Howes、Kelley、周钦德、张祥等[13-16] 研究了转向点问题; 鲁世平、杜增吉等[17-19] 研究了时滞微分方程奇异摄动问题; 莫嘉琪等[20-23] 研究了偏微分方程奇异摄动问题.

4.1 Nagumo 定理及其推广形式

4.1.1 纯量问题

考虑二阶非线性常微分方程 Dirichlet 问题

$$y'' = f(x, y, y'), \quad a < x < b, \tag{4.1.1}$$

$$y(a) = A, \quad y(b) = B. \tag{4.1.2}$$

其中函数 f 在区域 $D = [a, b] \times \mathbf{R}^2$ 中连续. Nagumo 于 1937 年发表了一篇题为 "关于微分方程式 $y'' = f(x, y, y')$" 的论文, 建立了著名的 Nagumo 定理, 现将他的结果改述如下.

Nagumo 定理 假设存在函数 $\alpha(x), \beta(x) \in C^2[a, b]$ 使得

$$\alpha(x) < \beta(x), \quad a < x < b, \tag{4.1.3}$$

$$\alpha(a) \leqslant A \leqslant \beta(a), \quad \alpha(b) \leqslant B \leqslant \beta(b), \tag{4.1.4}$$

$$\alpha'' > f(x, \alpha, \alpha'), \quad \beta'' < f(x, \beta, \beta'), \tag{4.1.5}$$

并且函数 f 关于 α, β 满足 Nagumo 条件, 即存在 $[0, +\infty)$ 上连续函数 $\varphi(x) > 0$, $\int^{+\infty} \dfrac{s \mathrm{d}s}{\varphi(s)} = +\infty$, 使得在 D 中

$$|f(x, y, y')| \leqslant \varphi(|y'|), \tag{4.1.6}$$

则问题 (4.1.1)—(4.1.2) 在区间 $[a, b]$ 上存在一个解 $y = y(x)$, 且成立不等式

$$\alpha(x) \leqslant y(x) \leqslant \beta(x). \tag{4.1.7}$$

满足式 (4.1.3)—(4.1.5) 的函数 $\alpha(x), \beta(x)$ 称为问题 (4.1.1)—(4.1.2) 的一个下解和上解, 也称为界定函数. Nagumo 条件 (4.1.6) 表明, 要使解的估计 (4.1.7) 成立, 只要函数 f 在区域 D 中增长得不 "太快". Nagumo 条件的一种常用的形式是

$$f(x, y, z) = O(|z|^2)(|z| \to +\infty), \tag{4.1.8}$$

文献 [4.24] 把条件 (4.1.6) 改为

$$\int_\lambda^{+\infty} \frac{s \mathrm{d}s}{\varphi(s)} > \max_{a \leqslant x \leqslant b} \beta(x) - \max_{a \leqslant x \leqslant b} \alpha(x), \tag{4.1.9}$$

其中 $\lambda(b - a) = \max\{|\alpha(a) - \beta(b)|, |\alpha(b) - \beta(a)|\}$, 并从式 (4.1.9) 推出, 存在常数 $N > 0$, 使得方程 (4.1.1) 在区间 $J \subset [a, b]$ 上满足 $\alpha(x) \leqslant y(x) \leqslant \beta(x)$ 的任一解 $y(x)$, 均在 J 上有

$$|y'(x)| \leqslant N. \tag{4.1.10}$$

通常称式 (4.1.10) 为广义 Nagumo 条件, 它较弱于条件 (4.1.6)、条件 (4.1.8)—(4.1.9).

于是得到下述结果.

广义 Nagumo 定理　假设存在界定函数 $\alpha(x), \beta(x)$, 满足条件 (4.1.3)—(4.1.5), 并且函数 f 关于 α, β 满足广义 Nagumo 条件, 则问题 (4.1.1)—(4.1.2) 在区间 $[a, b]$ 上存在一个解 $y = y(x)$, 且成立不等式

$$\alpha(x) \leqslant y(x) \leqslant \beta(x).$$

为构造足够精细的界定函数 $\alpha(x), \beta(x)$. Jackson[4.2] 指出, 若在 $[a, b]$ 上存在分划 $\{x\}: a = x_0 < x_1 < \cdots < x_n = b$, 使得 $\alpha, \beta \in C^2[x_{i-1}, x_i](i = 1, 2, \cdots, n)$(在左、右端点处的导数分别指右导数和左导数), 即 $\alpha(x), \beta(x)$ 为 $[a, b]$ 上分段 C^2 类函数, 且在每一个子区间 (x_{i-1}, x_i) 内, 成立 $\alpha'(x^-) \leqslant \alpha'(x^+), \beta'(x^-) \geqslant \beta'(x^+)$ 及 $\alpha'' \geqslant f(x, \alpha, \alpha'), \beta'' \leqslant f(x, \beta, \beta')$, 则 Nagumo 定理仍成立.

上面关于 Dirichlet 问题的 Nagumo 理论经过简单修改便可推广到相应的 Robin 问题[5]

$$y'' = f(x, y, y'), \quad a < x < b, \tag{4.1.11}$$

$$y(a) - py'(a) = A, \tag{4.1.12}$$

$$y(b) + qy'(b) = B, \tag{4.1.13}$$

其中 $p, q(i = 1, 2)$ 是正常数.

设 $\alpha(x), \beta(x)$ 为 $[a, b]$ 上分段 C^2 类函数, 满足条件 (4.1.3)—(4.1.5) 以及边界不等式

$$\alpha(a) - p\alpha'(a) \leqslant A \leqslant \beta(a) - p\beta'(a),$$

$$\alpha(b) + q\alpha'(b) \leqslant B \leqslant \beta(b) + q\beta'(b).$$

又设 $f(x, y, y')$ 关于 $\alpha(x), \beta(x)$ 满足 Nagumo 条件 (或广义 Nagumo 条件), 则问题 (4.1.11)—(4.1.13) 在区间 $[a, b]$ 上存在一个解 $y = y(x)$, 且成立不等式

$$\alpha(x) \leqslant y(x) \leqslant \beta(x).$$

4.1.2　向量问题

考虑向量 Dirichlet 问题

$$\varepsilon \vec{x}'' = \vec{F}(t, \vec{x}, \vec{x}'), \quad a < t < b, \tag{4.1.14}$$

$$\vec{x}(a) = A, \quad \vec{x}(b) = B, \tag{4.1.15}$$

其中 $\vec{x}, A, B$ 都是 $\mathbf{R}^N$ 中的向量, $\vec{F} = (F_1, F_2, \cdots, F_N)^{\mathrm{T}}$ 是 $[a, b] \times \mathbf{R}^{2N}$ 上连续的 N 维向量函数.

若向量函数 $\vec{F}$ 满足下面两个条件之一, 则称 $\vec{F}$ 满足 Nagumo 条件:

(1) 存在 $(0, +\infty)$ 上连续递增函数 $\Phi_i > 0$, $\displaystyle\int^{+\infty} \frac{s\mathrm{d}s}{\Phi_i(s)} = +\infty$, 使得 $\vec{F}$ 的每个分量 $F_i(i = 1, 2, \cdots, N)$ 满足

$$\left| \vec{F}_i(t, \vec{x}, \vec{z}) \right| \leqslant \Phi_i(|z_i|);$$

(2) 存在 $(0, +\infty)$ 上连续递增函数 $\Phi > 0$, $\dfrac{s^2}{\Phi(s)} \to +\infty(s \to +\infty)$, 使得

$$\left\| \vec{F}(t, \vec{x}, \vec{z}) \right\| \leqslant \Phi(\|\vec{z}\|),$$

其中 $\|\cdot\|$ 是通常的欧几里得范数. Kelley[25] 模仿纯量问题的 Nagumo 理论, 导出如下结果:

假设存在 m 个 $C^2([a,b]\times \mathbf{R}^N)$ 中的纯量函数 $\rho_j = \rho_j(t,\vec{x})(j=1,2,\cdots,m)$, 使得

$$\rho_j'' \geqslant 0, \quad \rho_j = 0, \rho_j' = 0, \tag{4.1.16}$$

函数 $\vec{F}(t,\vec{x},\vec{x}')$ 在区域 $I\times \mathbf{R}^N$ 中满足 Nagumo 条件. 这里

$$\rho_j' = \frac{\partial \rho_j}{\partial t} + (\nabla \rho_j)\vec{x}', \quad \nabla = \left(\frac{\partial}{\partial x_1}, \frac{\partial}{\partial x_2}, \cdots, \frac{\partial}{\partial x_N}\right),$$

$$\rho_j'' = \frac{\partial^2 \rho_j}{\partial t^2} + \left(2\nabla \frac{\partial \rho_j}{\partial t}\right)\vec{x}' + \vec{x}'^{\mathrm{T}} H \vec{x}' + (\nabla \rho_j)\vec{F}(t,\vec{x},\vec{x}'),$$

H 是 ρ_j 的 Hessian 矩阵, $I = \{(t,\vec{x}) \in [a,b]\times \mathbf{R}^N : \rho_j(t,\vec{x}) \leqslant 0, j=1,2,\cdots,N\}$. 又设始点和终点 $(a,A),(b,B) \in I$, 并在 I 中由一条光滑轨道连接, 则向量边值问题 (4.1.14)—(4.1.15) 有一个解 $\vec{x} = \vec{x}(t) \in C^2[a,b]$ 满足

$$\rho_j''(t,\vec{x}(t)) \leqslant 0(j=1,2,\cdots,N).$$

在 $\vec{F}$ 满足 Nagumo 条件的主要假设下, 由于区域 I 的性质, 使得当始点和终点 $(a,A),(b,B) \in I$ 时, 解的整条轨道 $\{(t,\vec{x}(t))\} \subset I$, 因此通常称 I 为该问题的不变域. 解的性质的描述取决于构造适当的比较函数 ρ_j. 例如, 取一个比较函数 $\rho = \|\vec{x}(t)\| - r(t)$, 使得 $\rho = \rho(t,\vec{x})$ 满足式 (4.1.16), 其中 $r(a) \geqslant \|A\|, r(b) \geqslant \|B\|$. 则在 $[a,b]$ 上就有 $\|\vec{x}(t)\| \leqslant r(t)$, 从而给出 $\vec{x}(t)$ 的范数估计. 计算表明

$$\nabla \rho = \frac{\vec{x}}{\|\vec{x}\|}, \quad \nabla \frac{\partial \rho}{\partial t} \equiv \vec{0}.$$

因为 $\|\cdot\|$ 是凸函数, 可知 $\|\vec{x}\|$(即 ρ) 的 Hessian 矩阵 H 是半正定的, 即对 $\vec{x} \in \mathbf{R}^N$ 有 $\vec{x}'^{\mathrm{T}} H \vec{x}' \geqslant 0$. 于是当 $\rho = 0$ 且 $\rho' = 0$ 时, $r(t) = \|\vec{x}(t)\|, r'(t) = \dfrac{\vec{x}^{\mathrm{T}}\vec{x}'}{\|\vec{x}\|}$, 由此推出

$$\rho'' \geqslant -r''(t) + \frac{\vec{x}^{\mathrm{T}}}{\|\vec{x}\|}\vec{F}(t,\vec{x},\vec{x}') \geqslant 0,$$

或

$$r''(t) \leqslant \frac{\vec{x}^{\mathrm{T}}}{\|\vec{x}\|}\vec{F}(t,\vec{x},\vec{x}').$$

如果再对 $\vec{F}$ 加上适当的要求, 就能确定 $r(t)$.

进一步考虑如下形式的向量 Robin 问题

$$\varepsilon \vec{x}'' = \vec{G}(t,\vec{x}), \quad a < t < b, \tag{4.1.17}$$

$$P\vec{x}(a) - \vec{x}'(a) = A, \quad Q\vec{x}(b) + \vec{x}'(b) = B, \tag{4.1.18}$$

其中 $\vec{x}, A, B$ 是 N 维向量, P, G 是 N 阶常数矩阵, $\vec{G}$ 是 $[a, b] \times \mathbf{R}^N$ 上连续的 N 维向量函数. 如果矩阵 P, G 是半正定的, 则存在非负常数 p, q, 使得对 $\vec{x} \in \mathbf{R}^N$ 有 $\vec{x}^{\mathrm{T}} P \vec{x} \geqslant p \|\vec{x}\|$, $\vec{x}^{\mathrm{T}} Q \vec{x} \geqslant q \|\vec{x}\|$. 类似上面的讨论, 通过构造比较函数 $\rho = \rho(t, \vec{x}) \in C^2(I)$, 使得当 $\rho = 0, \rho' = 0$ 时 $\rho'' \geqslant 0$, 并且

$$p\rho(a, \vec{x}(a)) - \rho'(a, \vec{x}(a)) \leqslant 0,$$

$$q\rho(b, \vec{x}(b)) + \rho'(b, \vec{x}(b)) \leqslant 0,$$

其中 $I = \{(t, \vec{x}) \in [a, b] \times \mathbf{R}^N : \rho(t, \vec{x}) \leqslant 0\}$, 则边值问题 (4.1.17)—(4.1.18) 有一个解 $\vec{x} = \vec{x}(t) \in C^2[a, b]$ 满足 $\rho''(t, \vec{x}(t)) \leqslant 0$.

对于方程 (4.1.14) 的 Robin 问题, 需要对 $\vec{F}$ 加上 Nagumo 条件, 考虑更为普遍的不变域, 详细讨论可参看文献 [25] 和 [26].

4.2　二阶常微分方程

今讨论如下燃烧问题的模型[6,27,28]

$$\varepsilon y'' = (y - t)^n (y + t)^m \equiv h(t, y), \quad -1 < t < 1, \tag{4.2.1}$$

$$y(-1, \varepsilon) - y'(-1, \varepsilon) = A, \tag{4.2.2}$$

$$y(1, \varepsilon) = B, \tag{4.2.3}$$

其中, y 为燃烧火焰的密度, ε 为反应速度的扩散率, 它是一个正的小参数, t 为燃烧位置, 函数 $y - t$ 和 $y + t$ 分别为燃料和氧化物的位置, $A \geqslant 2$ 和 $B \geqslant 1$ 为常数, n 和 m 为正整数.

当反应率 $\varepsilon = 0$ 时, 问题 (4.2.1)—(4.2.3) 的退化方程

$$h(t, y) \equiv (y - t)^n (y + t)^m = 0 \tag{4.2.4}$$

有解 $u_1 = -t$ 和 $u_2 = t$. 现确定方程 (4.2.4) 的一个稳定角层解 $u(t) = |t|$. 我们有

$$h(t, u) = 0, \frac{\partial^i h}{\partial y^i}(t, u) \geqslant 0, \quad i = 1, 2, \cdots, n+m-1, \quad \frac{\partial^{n+m} h}{\partial y^{n+m}}(t, u) = (n+m)!. \tag{4.2.5}$$

首先在 $I \equiv [-1, t_0] \cup (t_0, 1](-1 \leqslant t_0 \leqslant 1)$ 上考虑非线性方程

$$\varepsilon y'' - y^{n+m} = 0. \tag{4.2.6}$$

方程 (4.2.6) 在 I 上有代数型渐近角层解 $y = C(1 + \alpha|t - t_0|)^\beta$, 其中 C 为任意常数. 于是 $\varepsilon C\beta(\beta - 1)\alpha^2(1 + \alpha|t - t_0|)^{\beta-2} = C^{n+m}(1 + \alpha|t - t_0|)^{(n+m)\beta}$. 因此有

$$\alpha = \frac{n+m-1}{2}\left(\frac{n+m+1}{2}\varepsilon\right)^{-\frac{1}{2}} C^{\frac{n+m-1}{2}}, \quad \beta = -\frac{2}{n+m-1}.$$

故

$$y = C\left[1 + \frac{n+m-1}{2}\left(\frac{n+m+1}{2}\varepsilon\right)^{-\frac{1}{2}} C^{\frac{n+m-1}{2}}|t - t_0|\right]^{-\frac{2}{n+m-1}}. \tag{4.2.7}$$

当 $t_0 = -1$ 时, 式 (4.2.7) 为

$$y = C\left[1 + \frac{n+m-1}{2}\left(\frac{n+m+1}{2}\varepsilon\right)^{-\frac{1}{2}} C^{\frac{n+m-1}{2}}(t+1)\right]^{-\frac{2}{n+m-1}}. \tag{4.2.8}$$

由式 (4.2.2) 和式 (4.2.8) 在 $t_0 = -1$ 有一个跃度 $A - (u(-1) - u'(-1)) = A - 2$, 且它是具有左边界层性态的函数. 于是 $y(-1, \varepsilon) - y'(-1, \varepsilon) = C + \left(\frac{n+m+1}{2}\varepsilon\right)^{-\frac{1}{2}} C^{\frac{n+m+1}{2}} = A - 2$. 由此, 我们可得到 $C = O(\varepsilon^{1/(n+m+1)})$, 设 $C = K_1\varepsilon^{1/(n+m+1)}$, 这里 K_1 为常数. 再由式 (4.2.8) 可得

$$L(t, \varepsilon) = K_1\varepsilon^{\frac{1}{n+m+1}}\left[1 + K_1\frac{n+m-1}{2}\left(\frac{n+m+1}{2}\right)^{-\frac{1}{2}}\varepsilon^{(n+m-1)(n+m+1)}(t+1)\right]^{-\frac{2}{n+m-1}}, \tag{4.2.9}$$

它是具有左边界层性质的函数. 同样, 当 $t = 1$ 时, 由式 (4.2.3) 和式 (4.2.8) 可得

$$R(t, \varepsilon) = K_2\varepsilon^{\frac{1}{n+m+1}}\left[1 + K_2\frac{n+m-1}{2}\left(\frac{n+m+1}{2}\right)^{-\frac{1}{2}}\varepsilon^{(n+m-1)(n+m+1)}(1-t)\right]^{-\frac{2}{n+m-1}}, \tag{4.2.10}$$

这里 K_2 为常数, 式 (4.2.10) 是具有右边界层性质的函数. 由于问题 (4.2.1)—(4.2.3) 的退化解 $u(t) = |t|$ 的导数在 $t_0 = 0$ 处有跃度 $u'(+0) - u'(-0) = 2$. 需要在 $t_0 = 0$ 处构造具有角层性质的函数. 令

$$y'(-0, \varepsilon) = -y'(+0, \varepsilon) = \frac{1}{2}(u'(+0) - u'(-0)) = 1.$$

由式 (4.2.8) 得 $y'(-0, \varepsilon) = -y'(+0, \varepsilon) = \left(\frac{n+m+1}{2}\varepsilon\right)^{-\frac{1}{2}} C^{\frac{n+m+1}{2}}$. 于是

$$C = \left(\frac{n+m+1}{2}\varepsilon\right)^{\frac{1}{n+m+1}}.$$

从而得到一个在 $t_0 = 0$ 处具有角层性质的函数

$$M(t,\varepsilon) = \left(\frac{n+m+1}{2}\varepsilon\right)^{\frac{1}{n+m+1}} \left[1 + \frac{n+m-1}{2}\left(\frac{n+m+1}{2}\varepsilon\right)^{-\frac{1}{n+m+1}}|t|\right]^{-\frac{2}{n+m-1}}.$$

$$(4.2.11)$$

我们有如下定理.

定理 4.2.1　设 $A \geqslant 2, B \geqslant 1$, 燃烧问题 (4.2.1)—(4.2.6) 存在一个解 $y(t,\varepsilon)$, 并具有如下的渐近估计式

$$0 \leqslant y(t,\varepsilon) - |t|$$

$$= K_1\varepsilon^{\frac{1}{n+m+1}}\left[1 + K_1\frac{n+m-1}{2}\left(\frac{n+m+1}{2}\right)^{-\frac{1}{2}}\varepsilon^{(n+m-1)(n+m+1)}(t+1)\right]^{-\frac{2}{n+m-1}}$$

$$+ K_2\varepsilon^{\frac{1}{n+m+1}}\left[1 + K_2\frac{n+m-1}{2}\left(\frac{n+m+1}{2}\right)^{-\frac{1}{2}}\varepsilon^{(n+m-1)(n+m+1)}(1-t)\right]^{-\frac{2}{n+m-1}}$$

$$+ \left(\frac{n+m+1}{2}\varepsilon\right)^{\frac{1}{n+m+1}}\left[1 + \frac{n+m-1}{2}\left(\frac{n+m+1}{2}\varepsilon\right)^{-\frac{1}{n+m+1}}|t|\right]^{-\frac{2}{n+m-1}} + O(\varepsilon^{\frac{1}{n+m-1}}),$$

$$-1 \leqslant t \leqslant 1, \quad 0 < \varepsilon \ll 1. \qquad (4.2.12)$$

证明　首先构造辅助函数 $\alpha(t,\varepsilon)$ 和 $\beta(t,\varepsilon)$:

$$\alpha(t,\varepsilon) = |t|, \quad \beta(t,\varepsilon) = |t| + L(t,\varepsilon) + R(t,\varepsilon) + M(t,\varepsilon) + r\varepsilon^{\frac{1}{n+m-1}}, \qquad (4.2.13)$$

其中 $L(t,\varepsilon), R(t,\varepsilon)$ 和 $M(t,\varepsilon)$ 分别为式 (4.2.9)~ 式 (4.2.11) 表示, r 为一个足够大的正数, 它将在下面确定. 显然, 由式 (4.2.13), 可得

$$\alpha(t,\varepsilon), \beta(t,\varepsilon) \in C^2([-1,0)\cup(0,1]), \quad \alpha(t,\varepsilon) \leqslant \beta(t,\varepsilon), \qquad (4.2.14)$$

$$\alpha(-1,\varepsilon) - \alpha'(-1,\varepsilon) = 2 \leqslant A, \quad \alpha(1,\varepsilon) = 1 \leqslant B, \quad \varepsilon\alpha'' - h(t,\alpha) \geqslant 0. \qquad (4.2.15)$$

又不难看出

$$L(-1,\varepsilon) = O\left(\varepsilon^{\frac{1}{n+m+1}}\right), \quad L'(-1,\varepsilon) = O\left(\varepsilon^{(n+m)^2-1+\frac{1}{n+m+1}}\right),$$

$$R(-1,\varepsilon) = O\left(\varepsilon^{\frac{1}{n+m+1}}\right), \quad R'(-1,\varepsilon) = O\left(\varepsilon^{(n+m)^2-1+\frac{1}{n+m+1}}\right),$$

$$M(-1,\varepsilon) = O\left(\varepsilon^{\frac{1}{n+m-1}}\right), \quad M'(-1,\varepsilon) = O\left(\varepsilon^{\frac{1}{n+m-1}}\right),$$

于是存在一个正常数 σ, 使得

$$\beta(-1,\varepsilon) - \beta'(-1,\varepsilon) = 1 + L(-1,\varepsilon) + R(-1,\varepsilon) + M(-1,\varepsilon) + r\varepsilon^{\frac{1}{n+m-1}}$$

$$+1 - L'(-1,\varepsilon) - R'(-1,\varepsilon) - M'(-1,\varepsilon)$$
$$\leqslant 2 + (A-2) + (r - M_1)\varepsilon^{\frac{1}{n+m-1}} = A + (r-\sigma)\varepsilon^{\frac{1}{n+m-1}}.$$

选择 $r \geqslant \sigma$, 便有

$$\beta(-1,\varepsilon) - \beta'(-1,\varepsilon) \geqslant A. \tag{4.2.16}$$

同理可得

$$B \leqslant \beta(1,\varepsilon). \tag{4.2.17}$$

最后, 在 $t \in (-1,0) \cup (0.1)$ 上我们证明

$$\varepsilon\beta'' - h(t,\beta) \leqslant 0. \tag{4.2.18}$$

事实上, 由式 (4.2.5) 可得

$$h(t,\beta) = h(t,u) + \sum_{i=1}^{n+m-1} \frac{1}{i!}\left[\frac{\partial^i h}{\partial y^i}(t,u)\right](\beta-u)^i$$
$$+ \frac{1}{(n+m)!}\left[\frac{\partial^{n+m} h}{\partial y^{n+m}}(t,\xi)\right](\beta-u)^{n+m}$$
$$\geqslant (L(t,\varepsilon))^{n+m} + (R(t,\varepsilon))^{n+m} + (M(t,\varepsilon))^{n+m} + r^{n+m}\varepsilon^{\frac{n+m}{n+m-1}},$$

其中 ξ 为介于 u 与 β 之间的值. 再由式 (4.2.6) 可得

$$\varepsilon\beta'' - h(t,\beta) \leqslant \varepsilon u''(t) + \varepsilon L''(t,\varepsilon) + \varepsilon R''(t,\varepsilon) + \varepsilon M''(t,\varepsilon)$$
$$- (L(t,\varepsilon))^{n+m} - (R(t,\varepsilon))^{n+m} - (M(t,\varepsilon))^{n+m} - r^{n+m}\varepsilon^{\frac{n+m}{n+m-1}}$$
$$= -r^{n+m}\varepsilon^{\frac{n+m}{n+m-1}} \leqslant 0.$$

这时式 (4.2.18) 成立. 利用微分不等式理论[5], 由式 (4.2.14)~ 式 (4.2.18), 问题 (4.2.1)—(4.2.3) 存在一个解 $y(t,\varepsilon)$, 并满足不等式

$$\alpha(t,\varepsilon) \leqslant y(t,\varepsilon) \leqslant \beta(t,\varepsilon), \quad -1 \leqslant t \leqslant 1, 0 < \varepsilon < \varepsilon_0,$$

其中 ε_0 为足够小的正常数. 再由式 (4.2.13), 渐近估计式 (4.2.12) 成立. 定理证毕.

4.3 高阶微分方程

Howes[7] 首先将 Nagumo 定理推广到如下形式的边值问题

$$y' = g(t,y,z), \quad y(a) = A_0, \tag{4.3.1}$$

$$z'' = f(t, y, z, z'), \quad z(a) = A_1, z(b) = B. \tag{4.3.2}$$

假设 (1) 存在函数 $u, v \in C^1[a, b]$ 和函数 $\alpha, \beta \in C^2[a, b]$ 满足

$$u \leqslant v, \quad u(a) \leqslant A_0 \leqslant v(a),$$

和

$$\alpha \leqslant \beta, \quad \alpha(a) \leqslant A_1 \leqslant \beta(a), \quad \alpha(b) \leqslant B_1 \leqslant \beta(b).$$

使得对 $a < t < b, \alpha \leqslant z \leqslant \beta$ 成立不等式

$$u'(t) \leqslant g(t, u(t), z), \quad v'(t) \geqslant g(t, v(t), z),$$

对 $a < t < b, u \leqslant y \leqslant v$ 成立不等式

$$\alpha''(t) \geqslant f(t, y, \alpha(t), \alpha'(t)), \quad \beta''(t) \leqslant f(t, y, \beta(t), \beta'(t)).$$

(2) 函数 $g = g(t, y, z)$ 在区域 $D = [a, b] \times [u, v] \times [\alpha, \beta]$ 中连续, 函数 $f = f(t, y, z, w)$ 在区域 $D \times \mathbf{R}^1$ 中连续, 并满足 Nagumo 条件, 即对 $(t, y, z) \in D$,

$$f(t, y, z, w) = O(|w|^2)(w \to +\infty),$$

则边值问题 (4.3.1)—(4.3.2) 在 $[a, b]$ 上有一个解 $(y, z) = (y(t), z(t))$ 使得

$$u(t) \leqslant y(t) \leqslant v(t), \quad \alpha(t) \leqslant z(t) \leqslant \beta(t).$$

容易将上述结果推广到一般的系统边值问题

$$\vec{y}' = \vec{g}(t, \vec{y}, z), \quad \vec{y}(a) = A, \tag{4.3.3}$$

$$z'' = f(t, \vec{y}, z, z'), \quad z(a) = \xi, z(b) = \eta. \tag{4.3.4}$$

其中 $\vec{y}, \vec{g}, A$ 是 $\mathbf{R}^n$ 中的向量.

假设 (1) 存在函数 $\vec{u}, \vec{v} \in C^1[a, b]$ 和函数 $\alpha, \beta \in C^2[a, b]$ 满足

$$\vec{u} \leqslant \vec{v}, \quad \vec{u}(a) \leqslant A \leqslant \vec{v}(a),$$

$$\alpha \leqslant \beta, \quad \alpha(a) \leqslant \xi \leqslant \beta(a), \quad \alpha(b) \leqslant \eta \leqslant \beta(b),$$

上式和以下出现的向量不等式是指对应的各分量均满足相应的不等式. 使得对 $a < t < b, \alpha \leqslant z \leqslant \beta$ 成立不等式

$$u_i'(t) \leqslant \vec{g}(t, \vec{u}_i(t), z), \quad v_i'(t) \geqslant \vec{g}(t, \vec{v}_i(t), z), \quad i = 1, 2, \cdots, n,$$

其中

$$\vec{u}_i' = (y_1, \cdots, y_{i-1}, u_i, y_{i+1}, \cdots, y_n), \quad \vec{v}_i' = (y_1, \cdots, y_{i-1}, v_i, y_{i+1}, \cdots, y_n).$$

对 $a < t < b, \vec{u} \leqslant \vec{y} \leqslant \vec{v}$ 成立不等式

$$\alpha''(t) \leqslant f(t, \vec{y}, \alpha(t), \alpha'(t)), \quad \beta''(t) \leqslant f(t, \vec{y}, \beta(t), \beta'(t)).$$

(2) 函数 $\vec{g} = \vec{g}(t, \vec{y}, z)$ 在区域 $D = [a, b] \times [\vec{u}, \vec{v}] \times [\alpha, \beta]$ 中连续, 函数 $f = f(t, \vec{y}, z, w)$ 在区域 $D \times \mathbf{R}^1$ 中连续, 并满足 Nagumo 条件, 即对 $(t, \vec{y}, z) \in D$,

$$f(t, \vec{y}, z, w) = O(|w|^2)(w \to +\infty).$$

则边值问题 (4.3.3)—(4.3.4) 在 $[a, b]$ 上有一个解 $(\vec{y}, z) = (\vec{y}(t), z(t))$ 使得

$$\vec{u}(t) \leqslant \vec{y}(t) \leqslant \vec{v}(t), \quad \alpha(t) \leqslant z(t) \leqslant \beta(t).$$

现在考虑如下形式的高阶方程的奇异摄动问题

$$\varepsilon y^{(n)} = f(t, y, y', \cdots, y^{(n-1)}), \quad a < t < b, n \geqslant 3, \tag{4.3.5}$$

$$y^{(i)}(a, \varepsilon) = A_i, 1 \leqslant i \leqslant n - 2, \quad y^{(n-2)}(b, \varepsilon) = B, \tag{4.3.6}$$

其中 $0 < \varepsilon \ll 1$. 如果存在左解 $Y = Y_{\mathrm{L}}(t) \in C^n[a, t_2]$ 和右解 $Y = Y_{\mathrm{R}}(t) \in C^n[t_1, b]$ 分别满足退化问题

$$f(t, Y, Y', \cdots, Y^{(n-1)}) = 0, \quad Y^{(i)}(a) = A_i, 1 \leqslant i \leqslant n - 2 \tag{4.3.7}$$

和

$$f(t, Y, Y', \cdots, Y^{(n-1)}) = 0, \quad Y^{(n-2)}(b) = B, \tag{4.3.8}$$

其中 $a \leqslant t_1 < t_2 \leqslant b$, 并且存在 $t_0 \in (t_1, t_2)$ 满足

$$Y_{\mathrm{L}}^{(i)}(t_0) = Y_{\mathrm{R}}^{(i)}(t_0) \hat{=} \sigma_i, \quad i = 1, 2, \cdots, n - 2, \tag{4.3.9}$$

$$\mu_{\mathrm{L}} = Y_{\mathrm{L}}^{(n-1)}(t_0) \neq Y_{\mathrm{R}}^{(n-1)}(t_0) = \mu_{\mathrm{R}}, \tag{4.3.10}$$

使得对某常数 $k > 0$ 有

$$f_{y^{(n-1)}}(t, Y_{\mathrm{L}}(t), Y_{\mathrm{L}}'(t), \cdots, Y_{\mathrm{L}}^{(n-1)}(t)) \geqslant k, \quad a \leqslant t \leqslant t_0 \tag{4.3.11}$$

和

$$f_{y^{(n-1)}}(t, Y_{\mathrm{R}}(t), Y_{\mathrm{R}}'(t), \cdots, Y_{\mathrm{R}}^{(n-1)}(t)) \leqslant -k, \quad t_0 \leqslant t \leqslant b, \tag{4.3.12}$$

而对介于 μ_{L} 与 μ_{R} 之间的所有 λ 有

$$(\mu_{\mathrm{R}} - \mu_{\mathrm{L}})f(t_0, \sigma_0, \sigma_1, \cdots, \sigma_{n-2}, \lambda) > 0. \tag{4.3.13}$$

应用微分不等式理论能证明, 对充分小的 $\varepsilon > 0$, 问题 (4.3.1)—(4.3.2) 有解 $y = y(t, \varepsilon) \in C^n[a, b]$ 满足

$$\lim_{\varepsilon \to 0} y^{(i)}(t, \varepsilon) = Y^{(i)}(t), \quad i = 0, 1, \cdots, n-2$$

及

$$\lim_{\varepsilon \to 0} y^{(n-1)}(t) = \begin{cases} Y_{\mathrm{L}}^{(n-1)}(t), & a \leqslant t \leqslant t_0, \\ Y_{\mathrm{R}}^{(n-1)}(t), & t_0 \leqslant t \leqslant b. \end{cases}$$

为此考虑与问题 (4.3.1)—(4.3.2) 等价的系统问题

$$y_i' = y_{i+1}, \quad y_i(a, \varepsilon) = A_{i-1}, \quad i = 1, \cdots, n-3, \tag{4.3.14}$$

$$y_{n-2}' = z, \quad y_{n-2}(a, \varepsilon) = A_{n-3}, \tag{4.3.15}$$

$$\varepsilon z'' = f(t, y_1, \cdots, y_{n-2}, z, z'), \quad z(a, \varepsilon) = A_{n-2}, z(b, \varepsilon) = B, \tag{4.3.16}$$

通过分析纯量问题

$$\varepsilon z'' = F(t, z, z'), \quad a < t < b,$$

$$z(a, \varepsilon) = A_{n-2}, \quad z(b) = B,$$

来研究系统问题 (4.3.14)—(4.3.16), 随之转化为式 (4.3.1)—(4.3.2) 的问题, 其中

$$F(t, z, z') = f(t, Y_1(t), \cdots, Y_{n-2}(t), z, z').$$

　　定理 4.3.1[7]　　假设退化问题 (4.3.7)—(4.3.8) 分别存在左解 $Y = Y_{\mathrm{L}}(t) \in C^n[a, t_2]$ 和右解 $Y = Y_{\mathrm{R}}(t) \in C^n[t_1, b]$ 满足条件 (4.3.9)—(4.3.10), 函数 $f(t, y_1, \cdots, y_{n-2}, z, w)$ 在区域 $\Omega = [a, b] \times \Gamma \times D$ 中连续, 对 $(y_1, \cdots, y_{n-1}, w)$ 连续可微, 满足条件 (4.3.11)—(4.3.13), 其中

$$\Gamma = \left\{ (y_1, y_2, \cdots, y_{n-1}) : \left| y_i - Y^{(i-1)}(t) \right| \leqslant \delta, 1 \leqslant i \leqslant n-1 \right\},$$

$$D = \left\{ w : \left| w - Y^{(n-1)}(t) \right| \leqslant d(t) \right\},$$

$d(t)$ 是光滑正函数, 在 $\left[t_0 - \dfrac{\delta}{2}, t_0 + \dfrac{\delta}{2} \right]$ 上 $|\mu_{\mathrm{L}} - \mu_{\mathrm{R}}| \leqslant d(t) \leqslant |\mu_{\mathrm{L}} - \mu_{\mathrm{R}}| + \delta$, 在

$[a, t_0 - \delta] \cup [t_0 + \delta, b]$ 上 $d(t) \leqslant \delta$, 则存在 $\varepsilon_0 > 0$, 使对每个 $0 < \varepsilon < \varepsilon_0$, 问题 (4.3.1)—(4.3.2) 在 $[a, b]$ 上都有一个解 $y = y(t, \varepsilon)$ 满足

$$y^{(i)}(t, \varepsilon) = Y^{(i)}(t) + O(\varepsilon), \quad i = 0, 1, \cdots, n-3,$$

$$y^{(n-2)}(t, \varepsilon) = Y^{(n-2)}(t) + W(t, \varepsilon) + O(\varepsilon),$$

其中 $W(t, \varepsilon) = \dfrac{\varepsilon}{\rho} |\mu_L - \mu_R| \exp\left[-\dfrac{\rho}{\varepsilon} |t - t_0|\right]$ $(0 < \rho < k)$ 是在 t_0 处的内层校正项.

证明 为了简单起见, 只考虑 $n = 3$ 的情形. 对充分小的 $\varepsilon > 0$, 构造函数

$$\alpha(t, \varepsilon) = \begin{cases} Y'_L(t) - W(t, \varepsilon) - \varepsilon r_1 l^{-1} \{\exp[\lambda(t - a)] - 1\}, & a \leqslant t \leqslant t_0, \\ Y'_R(t) - W(t, \varepsilon) - \varepsilon r_2 l^{-1} \{\exp[\lambda(b - t)] - 1\}, & t_0 \leqslant t \leqslant b, \end{cases}$$

$$\beta(t, \varepsilon) = \begin{cases} Y'_L(t) + W(t, \varepsilon) + \varepsilon r_1 l^{-1} \{\exp[\lambda(t - a)] - 1\}, & a \leqslant t \leqslant t_0, \\ Y'_R(t) + W(t, \varepsilon) + \varepsilon r_2 l^{-1} \{\exp[\lambda(b - t)] - 1\}, & t_0 \leqslant t \leqslant b, \end{cases}$$

其中, $r_1 > 0$ 是待定常数, $r_2 = \dfrac{\exp[\lambda(t_0 - a)] - 1}{\exp[\lambda(b - t_0)] - 1} r_1$. $l > 0$ 使得在 Ω 中 $|f'_y| \leqslant l$, $\lambda = -l\rho^{-1} + O(\varepsilon)$ 是方程 $\varepsilon \lambda^2 + \rho \lambda + l = 0$ 的一个根. 选取 u 和 v 分别满足初值问题

$$u' = \alpha(t, \varepsilon), \quad u(a, \varepsilon) = A_0,$$

$$v' = \beta(t, \varepsilon), \quad v(a, \varepsilon) = A_0.$$

于是对 $a < t < b, \alpha \leqslant z \leqslant \beta$ 有 $u' \leqslant z \leqslant v'$. 容易验证在 $[a, b]$ 上 $u \leqslant v, \alpha \leqslant \beta$, 在边界上 $u(a) \leqslant A_0 \leqslant v(a), \alpha(a) \leqslant A_1 \leqslant \beta(a), \alpha(b) \leqslant B \leqslant \beta(b)$, 以及当 $0 < \varepsilon < \varepsilon_0$ 时, 在 $a < t < b, u \leqslant y \leqslant v$ 成立微分不等式

$$\alpha''(t) \geqslant f(t, y, \alpha(t), \alpha'(t)), \quad \beta''(t) \leqslant f(t, y, \beta(t), \beta'(t)).$$

因此应用微分不等式理论, 当 $0 < \varepsilon < \varepsilon_0$ 时, 问题 (4.3.1)—(4.3.2) ($n = 3$ 的情形) 在 $[a, b]$ 上有一个解 $y = y(t, \varepsilon)$ 满足

$$u(t, \varepsilon) \leqslant y(t, \varepsilon) \leqslant v(t, \varepsilon)$$

和

$$\alpha(t, \varepsilon) \leqslant y'(t, \varepsilon) \leqslant \beta(t, \varepsilon).$$

详细讨论请参看文献 [29].

4.4　偏微分方程

微分不等式方法在一些偏微分方程论著中通常被称为上、下解方法或比较定理方法. 现将它的有关理论简介于下.

考虑椭圆型方程边值问题

$$Lu = f(x, u), \quad x \in \Omega, \tag{4.4.1}$$

$$Bu \equiv au + b\frac{\partial u}{\partial n} = g(x), \quad x \in \partial\Omega, \tag{4.4.2}$$

其中 $a = 0, b = 1$ 或 $a = 1, b \equiv b(x) \geqslant 0$, L 为一致椭圆型算子:

$$L = \sum_{i,j=1}^{n} \alpha_{ij}(x)\frac{\partial^2}{\partial x_i \partial x_j} + \sum_{i=1}^{n} \beta_i(x)\frac{\partial}{\partial x_i},$$

$$\sum_{i,j=1}^{n} \alpha_i(x)\xi_i\xi_j \geqslant \lambda \sum_{i=1}^{n} \xi_i^2, \quad \forall \xi_i \in \mathbf{R}, \lambda > 0,$$

而 $x \equiv (x_1, x_2, \cdots, x_n) \in \Omega$, Ω 为 $\mathbf{R}^n$ 中的有界域, $\partial\Omega$ 为具有 $C^{2+\alpha}$ 函数类的 Ω 的边界 ($\alpha \in (0,1)$ 为 Hölder 指数), $\dfrac{\partial}{\partial n}$ 为 $\partial\Omega$ 上的外法向导数.

定义 4.4.1　$\alpha(x) \in C^2(\bar{\Omega})$ 称为椭圆型边值问题 (4.4.1)—(4.4.2) 的一个下解, 若

$$L\alpha \geqslant f(x, \alpha), x \in \Omega, \quad B\alpha \leqslant g(x), x \in \partial\Omega;$$

同样, $\beta(x) \in C^2(\bar{\Omega})$ 称为椭圆型边值问题 (4.4.1)—(4.4.2) 的一个上解, 若

$$L\beta \leqslant f(x, \beta), x \in \Omega, \quad B\beta \geqslant g(x), x \in \partial\Omega.$$

引理 4.4.1[29]　设 $\alpha(x), \beta(x)$ 分别为椭圆型边值问题 (4.4.1)—(4.4.2) 的下解和上解, $\alpha(x) \leqslant \beta(x)(x \in \Omega), m = \min\limits_{\bar{\Omega}} \alpha < M = \max\limits_{\bar{\Omega}} \beta$, 若存在常数 $K > 0$, 对 $\forall (x, u), (y, u) \in \Omega \times [m, M]$, 有 $|f(x, u) - f(y, u)| \leqslant K[|x - y|^\alpha + |x - y|]$. 则椭圆型方程边值问题 (4.4.1)—(4.4.2) 存在一个解 $u(x) \in C^{2+\alpha}(\bar{\Omega})$ 且满足

$$\alpha(x) \leqslant u(x) \leqslant \beta(x), \quad x \in \bar{\Omega}.$$

再考虑抛物型方程初边值问题

$$u_t - Lu = f(t, x, u), \quad (t, x) \in (0, T) \times \Omega, \tag{4.4.3}$$

$$Bu \equiv au + b\frac{\partial u}{\partial n} = g(x, t), \quad x \in \partial\Omega, \tag{4.4.4}$$

$$u(0, x) = h(x), \quad x \in \Omega. \tag{4.4.5}$$

其中 $a = 0, b = 1$ 或 $a = 1, b \equiv b(x) \geqslant 0$, L 为一致椭圆型算子:

$$L = \sum_{i,j=1}^{n} \alpha_{xj}(x)\frac{\partial^2}{\partial x_i \partial x_j} + \sum_{i=1}^{n} \beta_i(x)\frac{\partial}{\partial x_i},$$

$$\sum_{i,j=1}^{n} \alpha_{ij}(x)\xi_i\xi_j \geqslant \lambda \sum_{i=1}^{n} \xi_i, \quad \forall \xi_i \in \mathbf{R}, \lambda > 0,$$

$x \equiv (x_1, x_2, \cdots, x_n) \in \Omega$, Ω 为 $\mathbf{R}^n$ 中的有界域, $\partial\Omega$ 为具有 $C^{2+\alpha}$ 函数类的 Ω 的边界, $\alpha \in (0,1)$, T 为足够大的正常数. $\dfrac{\partial}{\partial n}$ 为 $\partial\Omega$ 上的外法向导数, $h(x) \in C^{2+\alpha}(\bar{\Omega})$ 以及关于 g 和 h 适当的连接条件.

定义 4.4.2 $\alpha(t, x) \in C^{1,2}([0, T] \times \bar{\Omega})$ 称为抛物型边值问题 (4.4.3)—(4.4.5) 的一个下解, 若

$$\alpha_t - L\alpha \leqslant f(t, x, \alpha), \quad (t, x) \in (0, T] \times \Omega,$$

$$B\alpha \leqslant g(t, x), (t, x) \in (0, T] \times \partial\Omega, \quad \alpha(0, x) \leqslant h(x), x \in \Omega;$$

同样, $\beta(x) \in C^{1,2}([0, T] \times \bar{\Omega})$ 称为边值问题 (4.4.3)—(4.4.5) 的一个上解, 若

$$\beta_t - L\beta \geqslant f(t, x, \beta), \quad (t, x) \in (0, T] \times \Omega,$$

$$B\beta \geqslant g(t, x), (t, x) \in (0, T] \times \partial\Omega, \quad \beta(0, x) \geqslant h(x), x \in \Omega.$$

引理 4.4.2[29] 设 $\alpha(t, x), \beta(t, x)$ 分别为抛物型初边值问题 (4.4.3)—(4.4.5) 的下解和上解, $\alpha(t, x) \leqslant \beta(t, x)(x \in \Omega)$, $m = \min\limits_{[0,T] \times \bar{\Omega}} \alpha < M = \max\limits_{[0,T] \times \bar{\Omega}} \beta$, 若存在常数 $K > 0$, 对 $\forall (t, x, u), (t, y, u) \in (0, T] \times \Omega \times [m, M]$, 有

$$|f(t, x, u) - f(t, y, u)| \leqslant K \left[|x - y|^\alpha + |t - s|^{\alpha/2} \right],$$

$$f_u \in C((0, T] \times \bar{\Omega} \times [m, M]).$$

则初边值问题 (4.4.3)—(4.4.5) 存在一个解 $u(t, x) \in C^{2+\alpha}([0, T] \times \bar{\Omega})$ 且满足

$$\alpha(t, x) \leqslant u(t, x) \leqslant \beta(t, x), \quad (t, x) \in [0, T] \times \bar{\Omega}.$$

今考虑如下非线性抛物型奇异摄动问题[23]:

$$\varepsilon\frac{\partial u}{\partial t} - Lu = f(x, u, \varepsilon), \quad (t, x) \in (0, T] \times \Omega, \tag{4.4.6}$$

$$Bu \equiv \frac{\partial u}{\partial n} + a(x)u = g(x, \varepsilon), \quad a(x) \geqslant a_0 > 0, x \in \partial\Omega, \tag{4.4.7}$$

$$u = h(x, \varepsilon), \quad t = 0, \tag{4.4.8}$$

其中 ε 为正的小参数, 且

$$L = \sum_{i,j=1}^{n} \alpha_{ij}(x) \frac{\partial^2}{\partial x_i \partial x_j} + \sum_{i=1}^{n} \beta_i(x) \frac{\partial}{\partial x_i},$$

$$\sum_{i,j=1}^{n} \alpha_{ij}(x)\xi_i\xi_j \geqslant \lambda \sum_{i=1}^{n} \xi_i^2, \quad \forall \xi_i \in \mathbf{R}, \lambda > 0,$$

而 $x \equiv (x_1, x_2, \cdots, x_n) \in \Omega$, Ω 为 $\mathbf{R}^n$ 中的有界域, $\partial\Omega$ 为具有 $C^{2+\alpha}$ 函数类的 Ω 的边界, $\alpha \in (0,1)$, L 为一致椭圆型算子, $\dfrac{\partial}{\partial n}$ 为 $\partial\Omega$ 上的外法向导数, a_0 为常数. 问题 (4.4.6)—(4.4.8) 是一个反应扩散初边值问题. 下面构造解的渐近展开式并讨论解的存在性及其渐近性质.

假设 H_1　α_{jk}, β_j, a 及其一阶偏导数关于其变量在对应的区域内为 Hölder 连续的.

H_2　$f(x, u, \varepsilon), g(x, \varepsilon), h(x, \varepsilon)$ 在对应的区域上关于 x 为 Hölder 连续, 关于 u 为利普希茨连续, 并关于 ε 为充分光滑的函数. 且

$$f_u(x, u, \varepsilon) \leqslant -c_1 \leqslant 0,$$

其中 c_1 为常数.

现构造问题 (4.4.6)—(4.4.8) 解的形式渐近展开式. 其退化问题为

$$-Lu = f(x, u, 0), \quad x \in \Omega. \tag{4.4.9}$$

$$Bu = g(x, 0), \quad x \in \partial\Omega. \tag{4.4.10}$$

我们还需假设 H_3　问题 (4.4.9)—(4.4.10) 存在一个解 $U_0 \in C^{2+\alpha}, 0 < \alpha < 1$.

令原问题 (4.4.6)—(4.4.8) 的外部解 U 的形式展开式为

$$U \sim \sum_{i=0}^{\infty} U_i \varepsilon^i. \tag{4.4.11}$$

将式 (4.4.11) 代入问题 (4.4.6)—(4.4.7), 把 f, g 按 ε 展开, 分别使等式两边 ε 同次幂相等, 得

$$-LU_i + U_{i-1} = f_u(x, U_0, 0)U_i + F_i, \tag{4.4.12}$$

$$BU_i = G_i, \quad x \in \partial\Omega. \tag{4.4.13}$$

其中

$$F_i = \frac{1}{i!}\left[\frac{\partial^i f}{\partial \varepsilon^i}\right]_{\varepsilon=0}, \quad G_i = \frac{1}{i!}\left[\frac{\partial^i g}{\partial \varepsilon^i}\right]_{\varepsilon=0}, \quad i = 1, 2, \cdots.$$

不难看出, F_i, G_i 是 U_k　$k \leqslant i-1$ 的已知函数. 由上面的线性问题 (4.4.12)—(4.4.13), 可依次解出 U_i. 再由式 (4.4.11), 可得原问题的外部解 U. 但是它未必满足初始条件 (4.4.8), 故尚需构造初始层函数 V.

引入伸长变量 $\tau = \dfrac{t}{\varepsilon}$. 并令原问题 (4.4.6)—(4.4.8) 的解 u 为

$$u = U(x, \varepsilon) + V(\tau, x, \varepsilon). \tag{4.4.14}$$

将式 (4.4.14) 代入问题 (4.4.6)—(4.4.8), 得

$$V_\tau - LV = f(x, U + V, \varepsilon) - f(x, U, \varepsilon) \equiv \overline{F}, \tag{4.4.15}$$

$$BV = 0, \quad x \in \partial\Omega, \tag{4.4.16}$$

$$V(0, x, \varepsilon) = h(x, \varepsilon) - U(x, \varepsilon). \tag{4.4.17}$$

令

$$V \sim \sum_{i=0}^{\infty} v_i(\tau, x)\varepsilon^i. \tag{4.4.18}$$

将式 (4.4.14)、式 (4.4.11) 和式 (4.4.18) 代入问题 (4.4.15)—(4.4.17), 展开非线性项并使等式两边 ε 的同次幂项的系数相等, 可得

$$(v_0)_\tau - Lv_0 = f(x, U_0 + v_0, 0) - f(x, U_0, 0), \tag{4.4.19}$$

$$Bv_0 = 0, \quad x \in \partial\Omega, \tag{4.4.20}$$

$$v_0(0, x) = -U_0(x). \tag{4.4.21}$$

对于 $i = 1, 2, \cdots$, 有

$$(v_i)_\tau - Lv_i = f_u(x, U_0 + v_0, 0)v_i + \overline{F}_i, \tag{4.4.22}$$

$$Bv_i = 0, \quad x \in \partial\Omega, \tag{4.4.23}$$

$$v_i(0, x) = h_i(x) - U_i(x), \tag{4.4.24}$$

其中

$$\overline{F}_i = \frac{1}{i!}\left[\frac{\partial^i \overline{F}}{\partial \varepsilon^i}\right]_{\varepsilon=0}, \quad h_i = \frac{1}{i!}\left[\frac{\partial^i h}{\partial \varepsilon^i}\right]_{\varepsilon=0}, \quad i = 1, 2, \cdots.$$

显然, $\overline{F}_i$ 和 $h_i i = 1, 2, \cdots$, 为逐次已知函数.

由问题 (4.4.19)—(4.4.21) 和问题 (4.4.22)—(4.4.24), 我们能得到 v_0 和 $v_i, i = 1, 2, \cdots$. 从而构造出原问题 (4.4.6)—(4.4.8) 的解 u 有如下形式渐近展开式

$$u \sim \sum_{i=0}^{\infty} [U_i + v_i]\varepsilon^i, \quad 0 < \varepsilon \ll 1. \tag{4.4.25}$$

现在来证明上式为一致有效的渐近展开式.

定理 4.4.1　在假设 $H_1 \sim H_3$ 下, 非线性反应扩散方程和边值问题 (4.4.6)—(4.4.6) 存在一个解 u, 并对于 $(t,x) \in [0,T] \times (\Omega + \partial\Omega)$, 成立一致有效的渐近展开式 (4.4.25).

证明　首先构造辅助函数 α 和 β:

$$\alpha = Y_m - r\varepsilon^{m+1}, \quad \beta = Y_m + r\varepsilon^{m+1}, \tag{4.4.26}$$

其中 r 为足够大的正常数, 它在下面决定. 且 $Y_m \equiv \sum_{i=0}^{m} [U_i + v_i]\varepsilon^i$.

显然, 我们有

$$\alpha \leqslant \beta, \quad (t,x) \in [0,T] \times (\Omega + \partial\Omega), \tag{4.4.27}$$

并对 $x \in \partial\Omega$, 存在正常数 M_1, 使得

$$B\alpha \equiv BY_m - B[r\varepsilon^{m+1}] = B\left[\sum_{i=1}^{m} U_i \varepsilon^i\right] + B\left[\sum_{i=1}^{m} v_i \varepsilon^i\right] - a(x) r\varepsilon^{m+1}$$

$$= g(x,0) + \sum_{i=1}^{m} G_i \varepsilon^i \leqslant g(x,\varepsilon) + M_1 \varepsilon^{m+1} - a_0 r\varepsilon^{m+1}$$

$$= g(x,\varepsilon) + (M_1 - a_0 r)\varepsilon^{m+1}.$$

于是选择 $r \geqslant \dfrac{M_1}{a_0}$, 我们有

$$B\alpha \leqslant g(x,\varepsilon), \quad x \in \partial\Omega, \tag{4.4.28}$$

类似可证

$$B\beta \geqslant g(x,\varepsilon), \quad x \in \partial\Omega. \tag{4.4.29}$$

由假设, 存在一个正常数 M_2, 使得

$$\alpha(0,x,\varepsilon) = Y_m|_{t=0} - r\varepsilon^{m+1} = \sum_{i=0}^{m} U_i \varepsilon^i + \sum_{i=0}^{m} v_i |_{\tau=0} \varepsilon^i - r\varepsilon^{m+1}$$

$$= \sum_{i=1}^{m} [h_i(x) - U_i(x)]\varepsilon^i - r\varepsilon^{m+1} \leqslant h(x,\varepsilon) + (M_2 - r)\varepsilon^{m+1}.$$

选择 $r \geqslant M_2$, 有

$$\alpha(t,x,\varepsilon) \leqslant h(x,\varepsilon), \quad x \in \Omega, t = 0. \tag{4.4.30}$$

同理, 对于 $r \geqslant M_2$, 也有

$$\beta(t,x,\varepsilon) \geqslant h(x,\varepsilon), \quad x \in \Omega, t = 0. \tag{4.4.31}$$

现证:

$$\varepsilon \alpha_t - L\alpha - f(x, \alpha, \varepsilon) \leqslant 0, \quad (t, x) \in (0, T) \times \Omega, \tag{4.4.32}$$

$$\varepsilon \beta_t - L\beta - f(x, \beta, \varepsilon) \geqslant 0, \quad (t, x) \in (0, T) \times \Omega. \tag{4.4.33}$$

由假设, 存在正常数 M_3, 使得

$$
\begin{aligned}
&\varepsilon \alpha_t - L\alpha - f(x, \alpha, \varepsilon) \\
&= \varepsilon (Y_m - r\varepsilon^{m+1})_t - L[Y_m - r\varepsilon^{m+1}] - f(x, \alpha, \varepsilon) \\
&= \varepsilon Y_{mt} - LY_m - f(x, Y_m, \varepsilon) + [f_i(x, Y_m, \varepsilon) - f_i(x, \alpha, \varepsilon)] \\
&\leqslant -[LU_0 + f(x, U_0, 0)] - \sum_{i=1}^{m} [LU_i - U_{i-1} + f_u(x, U_0, 0)U_i + F_i]\varepsilon^i \\
&\quad + [(v_0)_\tau - Lv_0 - f(x, U_0 + V_0, 0) + f(x, U_0, 0)] \\
&\quad + \sum_{i=1}^{m} [(v_i)_\tau - Lv_i - f_u(x, U_0 + V_0, 0)v_i - \overline{F_i}]\varepsilon^i + M_3\varepsilon^{m+1} - c_1 r\varepsilon^{m+1} \\
&\leqslant (M_3 - c_1 r)\varepsilon^{m+1}.
\end{aligned}
$$

选择 $r \geqslant \dfrac{M_3}{c_1}$, 则不等式 (4.3.32) 成立. 同理可证不等式 (4.4.33) 成立.

所以由式 (4.4.27)～ 式 (4.4.33), 及比较定理 (引理 4.4.2) 知, 问题 (4.4.1)— (4.4.3) 存在一个解 u, 并存在足够小的正常数 $\varepsilon_1 > 0$, 满足关系式

$$\alpha(t, x, \varepsilon) \leqslant u(t, x, \varepsilon) \leqslant \beta(t, x, \varepsilon), \quad (t, x, \varepsilon) \in [0, T] \times (\Omega + \partial\Omega) \times [0, \varepsilon_1].$$

再由式 (4.4.26), 得到

$$u = \sum_{i=0}^{m} [U_i + v_i]\varepsilon^i + O(\varepsilon^{m+1}), \quad 0 < \varepsilon \ll 1.$$

定理证毕.

参 考 文 献

[1] Nagumo M. Über die Differential gleichung $y'' = f(x, y, y')$, Proceedings of Physical and Mathematical Society, Japan, 1937, 19: 861-866.

[2] Jackson L K. Subfunctions and second-order ordinary differential inequalities. Adv. in Math., 1968, 2: 307-363.

[3] Schrader K W. Existence theorems second order boundary value problem. J. Differ. Eqs,. 1969, 5: 572-584.

[4] Schmitt K. A nonlinear boundary value problem. J. Differential Equations, 1970, 7: 527-537.

[5] Heidel J W. A second order nonlinear boundary valueproblem. J. Math. Ana. Appl., 1974, 48: 493-503.

[6] Chang K W, Howes F A. Nonlinear Singular Perturbation Phenomena: Theory and Application. New York: Springer-Verlag, 1984.

[7] Howes F A. Differential inequalities of higher order and the asymptotic solutions of nonlinear boundary value problems. SIAM J. Math. Anal., 1982, 13(1): 61-80.

[8] 林宗池. 某类二阶非线性系统 Robin 边值问题的奇摄动. 纯粹数学与应用数学, 1991, 7: 99-104.

[9] Mo J Q. A singularly perturbed nonlinear boundar value problem. J. Math. Anal. Appl., 1993, 178(1): 289-293.

[10] Zhao W L. Singular perturbations of boundary value problems for a class of third-order nonlinear ordinary differential equations. J. Differ. Eqs., 1990, 88: 265-278.

[11] Zhou M G. Boundary and corner layer behavior in singularly perturbed Robin boundary value problems. Ann. Differ. Eqs, 2005, 4(21): 639-647.

[12] 林宗池, 周明儒. 应用数学中的摄动方法. 南京: 江苏教育出版社, 1995.

[13] Howes F A. Singularly perturbed nonlinear boundary value problems with turning points. SIAM J. Math. Anal., 1975, 6: 644-660.

[14] Kelley W G. Solutions with spikes for quasilinear boundary value problems. J. Math. Anal. Appl, 1992, 170: 581-590.

[15] Wei B S, Zhou Q D. Nonmonotone interior layer solutions for singularly perturbed semilinear boundary value problems with turning points. Northeast Math. J., 1996, 12(2): 127-135.

[16] 张祥. 具有转向点的非线性向量问题的奇摄动. 应用数学, 1991, 4(3): 56-62.

[17] 鲁世平. 具非线性边界条件的 Volterra 型泛函微分方程边值问题奇摄动. 应用数学和力学, 2003, 24(12): 1276-1284.

[18] 鲁世平, 任景莉, 葛渭高. 一类奇摄动泛函微分方程边值问题. 数学物理学报, 2001, 21A(增刊): 591-597.

[19] Du Z J, Ge W G, Zhou M G. Singular perturbations for third-order nonlinear multipoint boundary value problem. J. Differ. Eqs., 2005, 218: 69-90.

[20] Mo J Q. Singular perturbation for a class of nonlinear reaction diffusion systems. Science in China, Ser A, 1989, 32(11): 1306-1315.

[21] Mo J Q, Lin W T. The nonlinear singularly perturbed initial boundary value problems of nonlocal reaction diffusion systems. Acta Math. Appl. Sin., 2006, 22(2): 277-286.

[22] Mo J Q. The singularly perturbed generalized Dirichlet problems for semilinear elliptic equation of higher order. Adv. in Math., 2006, 35(1): 75-81.

[23] Mo J Q, Zhu J. The nonlinear nonlocal singularly perturbed problems for reaction diffusion equations. Appl. Math. Mech., 2003, 24(5): 527-531.

[24] Erbe L H. Nonlinear boundary value problem for second order differential equations. J. Differ. Eqs., 1970, 7: 459-472.

[25] Kelley W G. A geometric method of syudying two point boundary value problems for second order systems. Rocky Mtn. J. Math., 1977, 7: 251-263.

[26] Lasota A, Yorke J A. Existence of solutions of two point boundary value problems for nonlinear systems. J. Differ. Eqs., 1972, 11: 509-518.

[27] 陈怀军, 莫嘉琪. 一类燃烧奇摄动问题的渐近估计. 系统科学与数学, 2010, 30(1): 114-117.

[28] Willams F A. Theory of combustion in laminar flows. Ann. Rev. Fluid. Mech., 1971, 3: 171-188.

[29] 叶其孝, 李正元. 反应扩散方程引论. 北京: 科学出版社, 1999.

第5章 奇异奇摄动问题

5.1 临界情况下的奇摄动初值问题

本章考虑在方程组 (3.1.1) 中没有慢变量 y (即 $n = 0$) 的奇摄动初值问题 (在相应的初始条件 (3.1.2) 之下) 和一般边值问题 (在相应的边界条件 (3.1.5) 之下), 但是这时 3.2 节中的条件 II 不成立, 更确切地说, 在 3.3 节中的条件 IV 成立, 其中条件 (3.3.2) 中有 $\bar{\lambda}_i(t) \equiv 0, 0 \leqslant t \leqslant T, i = 1, \cdots, k < m$, 而对 $j = k + 1, \cdots, m$ 有 $\mathrm{Re}\bar{\lambda}_j(t) \neq 0$. 本章的两节就分别讨论这类奇摄动的初值问题和一般边值问题.

5.1.1 定义、假设和辅助结果

我们考虑不含慢变量的奇摄动方程组

$$\varepsilon \frac{\mathrm{d}x}{\mathrm{d}t} = F(x, t, \varepsilon), \quad 0 \leqslant t \leqslant T, \tag{5.1.1}$$

以及初始条件

$$x(0, \varepsilon) = x^0. \tag{5.1.2}$$

其中 x, F 为 m 维向量. 这里与第 3 章的吉洪诺夫定理不同, 退化方程组不存在孤立解, 而存在一族解. 问题还是: 当 $\varepsilon \to 0$ 时, 问题 (5.1.1)—(5.1.2) 的解是否趋向于退化解呢? 如果是, 那么应当趋向于哪一个退化解呢? 精确解又如何对小参数 ε 进行渐近展开和余项估计呢? 本节主要介绍文献 [1] 的结果.

I. 假设函数 $F(x, t, \varepsilon)$ 在区域 $D(x, t, \varepsilon) = D(x, t) \times [0, \varepsilon_0]$ 中充分光滑, 这里 $D(x, t)$ 为 (x, t) 空间的区域, 而 ε_0 为常数.

II. 假设对每个 $t \in [0, T]$, 退化方程组

$$F(x, t, 0) = 0$$

有解族

$$\bar{x} = \varphi(t; \alpha_1, \cdots, \alpha_k) \stackrel{\text{def}}{=} \varphi(t, \alpha),$$

其中 $\varphi(t, \alpha)$ 为 t 和 k 个任意参数 $\alpha_1, \cdots, \alpha_k$ 的函数, 且在区域 $D(t, \alpha) = [0, T] \times D(\alpha)$ 上满足如下条件:

(1) 函数 $\varphi(t, \alpha)$ 充分光滑;

(2) 矩阵 $\varphi_\alpha(t, \alpha) = \dfrac{\partial \varphi(t, \alpha)}{\partial \alpha}$ 的秩等于参数的个数 k.

由假设 II 即知, 对任意 $(t, \alpha) \in D(t, \alpha)$ 有 $F(\varphi(t, \alpha), t, 0) \equiv 0$. 将这个恒等式两边对 α 求偏导, 即得恒等式

$$F_x(\varphi(t, \alpha), t, 0)\varphi_\alpha(t, \alpha) \equiv 0, \quad \forall (t, \alpha) \in D(t, \alpha).$$

由此推出, 矩阵 $F_x(\varphi(t, \alpha), t, 0)$ 有 $\lambda(t, \alpha) \equiv 0$ 的特征值, 且矩阵 $\varphi_\alpha(t, \alpha)$ 的列向量就是对应于特征值 $\lambda \equiv 0$ 的特征向量. 由假设 II 中的 (2) 即知, 这些列向量是线性无关的, 因此 $\lambda \equiv 0$ 的重数不低于 k.

III. 假设特征值 $\lambda \equiv 0$ 的重数正好等于 k, 而 $F_x(\varphi(t, \alpha), t, 0)$ 其余的特征值 $\lambda_i(t, \alpha), i = k + 1, \cdots, m$, 在 $D(t, \alpha)$ 中都满足

$$\mathrm{Re}\lambda_i(t, \alpha) < 0. \tag{5.1.3}$$

按照瓦西里耶娃[1] 的说法, 满足假设 I~III 的方程组 (5.1.1) 就称为临界情况下的奇摄动系统. 与此同时, O'Malley Jr. 也将 3.3 节中的 $\overline{F}_x(t)$(在目前情况下, 即 $\overline{F}_x(t) \stackrel{\text{def}}{=\!=} F_x(\varphi(t, \alpha), t, 0)$) 具有恒为零特征值的奇摄动方程组称为**奇异奇摄动系统**[2].

A. 稳定流形. 在构造边界层函数时起着重要作用的一个方程组是

$$\frac{\mathrm{d}x}{\mathrm{d}\tau} = F(\varphi(0, \alpha) + x, 0, 0), \tag{5.1.4}$$

其中 α 为参数. 对 $\forall \alpha \in D(\alpha)$, 这个方程组总有奇点 $x = 0$. 由假设 III, 对应于这个奇点的特征方程

$$\det[F_x(\varphi(0, \alpha), 0, 0) - \lambda I_m] = 0$$

总有 k 重根 $\lambda = 0$ 和 $(m - k)$ 个满足式 (5.1.3) 的根. 因此奇点 $x = 0$ 不是在李雅普诺夫意义下渐近稳定的. 亦即初值任意接近于这个奇点的解, 当 $\tau \to +\infty$ 时不一定趋于这个奇点. 但是如果适当选择初始条件, 那么对应的解当 $\tau \to +\infty$ 时还是可以指数式地收敛于这个奇点. 确切地说, 我们有下面的引理.

引理 5.1.1 在 $x = 0$ 的充分小邻域中, 存在 $m - k$ 维流形 $\omega(\alpha)$, 只要初值 $x(0) \in \omega(\alpha)$, 则存在 $\gamma > 0$ 和 $\sigma > 0$, 使得对 $\tau \geqslant 0$, 解 $x(\tau)$ 满足不等式

$$\|x(\tau)\| \leqslant \gamma \exp(-\sigma\tau). \tag{5.1.5}$$

证明 将方程组 (5.1.4) 的右端对 x 线性化, 并将其写成

$$\frac{\mathrm{d}x}{\mathrm{d}\tau} = A(\alpha)x + G(x, \alpha), \tag{5.1.6}$$

其中

$$A(\alpha) = F_x(\varphi(0, \alpha), 0, 0), \quad G(x, \alpha) = F(\varphi(0, \alpha) + x, 0, 0) - A(\alpha)x.$$

函数 $G(x, \alpha)$ 具有如下两条重要性质:

(1) $G(0, \alpha) = F(\varphi(0, \alpha), 0, 0) = 0$;

(2) $\forall \mu > 0, \exists \delta = \delta(\mu, \alpha) > 0$, 使得若 $\|x_1\| \leqslant \delta, \|x_2\| \leqslant \delta$, 则有

$$\|G(x_1, \alpha) - G(x_2, \alpha)\| \leqslant \mu \|x_1 - x_2\|.$$

这个不等式可以用泰勒公式推出, 这说明对于充分小的 $\|x\|$ 来说, $G(x, \alpha)$ 是一个**压缩算子**.

如上所述, $A(\alpha)$ 有 k 个特征值 $\lambda = 0$ 和 $m - k$ 个满足式 (5.1.3) 的特征值 $\lambda_i(\alpha)$. 于是存在一个与 $A(\alpha)$ 同样光滑性的矩阵 $B(\alpha)$, 它将 $A(\alpha)$ 化成如下的对角分块形式矩阵:

$$B^{-1}(\alpha)A(\alpha)B(\alpha) = \begin{bmatrix} C(\alpha) & 0 \\ 0 & 0 \end{bmatrix}, \tag{5.1.7}$$

这里 $m - k$ 阶方阵 $C(\alpha)$ 的特征值满足式 (5.1.3).

作变量替换

$$x = B(\alpha) \begin{bmatrix} u \\ v \end{bmatrix},$$

其中 u 和 v 分别为 $m - k$ 和 k 维向量. 关于 u 和 v 有方程

$$\begin{cases} \dfrac{\mathrm{d}u}{\mathrm{d}\tau} = C(\alpha)u + G_1(u, v, \alpha), \\ \dfrac{\mathrm{d}v}{\mathrm{d}\tau} = G_2(u, v, \alpha), \end{cases} \tag{5.1.8}$$

其中 G_1 和 G_2 为向量 $B^{-1}(\alpha)G\left(B(\alpha)\begin{pmatrix} u \\ v \end{pmatrix}, \alpha\right)$ 的分块, 且都满足与 $G(x, \alpha)$ 相同的两条性质.

我们考虑积分方程组

$$\begin{cases} u(\tau) = U(\tau, \alpha)u^0 + \displaystyle\int_0^\tau U(\tau, \alpha)U^{-1}(s, \alpha)G_1(u(s), v(s), \alpha)\mathrm{d}s, \\ v(\tau) = \displaystyle\int_{-\infty}^\tau G_2(u(s), v(s), \alpha)\mathrm{d}s, \end{cases} \tag{5.1.9}$$

这里 $U(\tau, \alpha)$ 是矩阵方程初值问题 $\dfrac{\mathrm{d}U}{\mathrm{d}\tau} = C(\alpha)U, U(0, \alpha) = I_{m-k}$ 的基本解矩阵, 而 u^0 为任意常向量. 此外, $U(\tau, \alpha)$ 满足不等式

$$\left\|U(\tau, \alpha)U^{-1}(s, \alpha)\right\| \leqslant M \exp(-\sigma_0(\tau - s)),$$

其中 M 和 σ_0 可能依赖于 σ. 方程组 (5.1.9) 的每一个解也是方程组 (5.1.8) 的解.

现在我们对方程组 (5.1.9) 应用逐次逼近法. 将方程组 (5.1.9) 右边的 u, v 记为 u_n, v_n, 而在其左边记为 u_{n+1}, v_{n+1}. 取 $u_0 = 0, v_0 = 0$ 即得 $u_1(\tau) = U(\tau, \alpha)u^0$, $v_1(\tau) = 0$. 从而

$$\|u_1(\tau)\| \leqslant M \exp(-\sigma_0 \tau) \|u^0\| \leqslant M \|u^0\| \exp(-\sigma \tau), \qquad (5.1.10)$$

这里 $\sigma \in (0, \sigma_0)$ 为任一数.

令 $\beta = \max(M/(\sigma_0 - \sigma), 1/\sigma)$, 选 $\mu > 0$ 如此小, 使得 $2\beta\mu = q < 1$. 对于这个 μ, 由 G_1 和 G_2 的第二条性质, 即知存在 $\delta > 0$. 取 $\rho > 0$, 使得 $\dfrac{M}{2}\left(\dfrac{1}{1-q} + 1\right)\rho < \delta$ 成立. 现在考虑所有满足 $\|u^0\| < \rho$ 的 u^0, 利用式 (5.1.10) 和 G_1, G_2 的性质 1 即得

$$\begin{aligned}
\|u_2(\tau) - u_1(\tau)\| &\leqslant \int_0^\tau M \exp(-\sigma_0(\tau - s))\mu M \|u^0\| \exp(-\sigma s)\mathrm{d}s \\
&\leqslant \frac{M}{2} q \|u^0\| \exp(-\sigma \tau).
\end{aligned}$$

$$\|v_2(\tau) - v_1(\tau)\| \leqslant \int_\tau^{+\infty} \mu M \|u^0\| \exp(-\sigma s)\mathrm{d}s \leqslant \frac{M}{2} q \|u^0\| \exp(-\sigma \tau).$$

容易证明对 $n \geqslant 1$ 有

$$\|u_{n+1}(\tau) - u_n(\tau)\| \leqslant \frac{M}{2} q^n \|u^0\| \exp(-\sigma \tau),$$

$$\|u_{n+1}(\tau)\| \leqslant \frac{M}{2}\left(q^n + q^{n-1} + \cdots + 2\right)\|u^0\| \exp(-\sigma \tau) \leqslant \delta \exp(-\sigma \tau),$$

以及类似地对 $v_n(\tau)$ 也有同样的估计. 由此立即得到逐次逼近序列对 τ 的一致收敛性, 从而证明了满足

$$\|u(\tau)\| \leqslant \delta \exp(-\sigma \tau), \quad \|v(\tau)\| \leqslant \delta \exp(-\sigma \tau)$$

解的存在性, 因此得到估计式 (5.1.5). 而所需要的流形 $\omega(\alpha)$ 为

$$\omega(\alpha) = \left\{ x : x = B(\alpha)\begin{pmatrix} u^0 \\ v^0 \end{pmatrix}, u = u^0, v^0 = \int_\infty^0 G_2(u(s), v(s), \alpha)\mathrm{d}s, \|u^0\| \leqslant \rho \right\}.$$

引理 5.1.1 证毕.

如果我们考虑方程组 (5.1.4) 的线性近似, 即如果在式 (5.1.6) 中令 $G(x, 0) = 0$, 则方程组 (5.1.8) 成为

$$\frac{\mathrm{d}u}{\mathrm{d}\tau} = C(\alpha)u, \quad \frac{\mathrm{d}v}{\mathrm{d}\tau} = 0.$$

因此为了得到一个当 $\tau \to +\infty$ 时指数式趋于零的解, 必须取 $v(0) = 0$(从而 $v(\tau) \equiv 0$) 及 $u(0) = u^0$, 这里 u^0 为任意的. 用 z 和 y 分别记对 x 进行分块时的上块和下

块, 它们分别为 $m-k$ 维和 k 维向量, 同样 $B_{ij}(\alpha)$ 记 $B(\alpha)$ 的对应分块. 于是从方程 $\begin{pmatrix} z \\ y \end{pmatrix} = B(\alpha) \begin{pmatrix} u \\ 0 \end{pmatrix}$ 即得 $z = B_{11}(\alpha)u, y = B_{21}(\alpha)u$.

IV. 假设对 $\alpha \in D(\alpha)$ 有 $B_{11}(\alpha) \neq 0$.

于是对于线性近似, 流形 $\omega(\alpha)$ 可以写成

$$y = B_{21}(\alpha)B_{11}^{-1}(\alpha)z. \tag{5.1.11}$$

B. 稳定流形的延拓. 引理 5.1.1 中的流形 $\omega(\alpha)$ 只是局部性质的, 如果我们对从 $\omega(\alpha)$ 出发的轨线, 沿 τ 的负方向进行延拓, 即得一个与 $\omega(\alpha)$ 同样性质的拓广流形 $\Omega(\alpha)$, 即在 $\tau = 0$ 从 $\Omega(\alpha)$ 出发的轨线, 对 $\tau > 0$ 仍然留在 $\Omega(\alpha)$ 中, 而且当 $\tau \to +\infty$ 时, 轨线指数式地收敛于奇点 $x = 0$. 在某些情况下, 可以用明确的形式构造出 $\Omega(\alpha)$. 我们在此假设 $\Omega(\alpha)$ 有如下的解析表达式.

V. 假设在某区域 $D(z, \alpha)$ 中, 流形 $\Omega(\alpha)$ 可以表示为

$$y = p(z, \alpha), \tag{5.1.12}$$

这里 $p(z, \alpha)$ 为充分光滑的函数.

实际上, 沿着当 $\tau \to +\infty$ 时指数式地趋于奇点 $x = 0$ 的轨线 (5.1.12) 是一个恒等式, 亦即流形 $\Omega(\alpha)$ 就是由这种轨线组成. 因此沿着任一条这种轨线有 $\dfrac{\mathrm{d}y}{\mathrm{d}\tau} = \dfrac{\partial p(z, \alpha)}{\partial z} \dfrac{\mathrm{d}z}{\mathrm{d}\tau}$, 令 $\dfrac{\partial p(z, \alpha)}{\partial z} = H(z, \alpha)$, 则有

$$\frac{\mathrm{d}y}{\mathrm{d}\tau} = H(z, \alpha)\frac{\mathrm{d}z}{\mathrm{d}\tau}. \tag{5.1.13}$$

以 $F(z, y, \alpha, 0, 0)$ 记 $F(\varphi(0, \alpha) + x, 0, 0)$. 并记 F 的上、下分块为 F_1 和 F_2, 那么由式 (5.1.4) 和式 (5.1.13) 即可推出: 沿着所说的轨线有

$$\frac{\mathrm{d}z}{\mathrm{d}\tau} = F_1(z, p(z, \alpha), \alpha, 0, 0),$$

$$\frac{\mathrm{d}y}{\mathrm{d}\tau} = F_2(z, p(z, \alpha), \alpha, 0, 0) = H(z, \alpha)F_1(z, p(z, \alpha), \alpha, 0, 0). \tag{5.1.14}$$

对于 $(z, \alpha) \in D(z, \alpha)$, 方程组 (5.1.14) 是一个恒等式, 两边对 z 求导即得

$$F_{21} + F_{22}H = \left(\frac{\partial H}{\partial z}F_1\right) + H(F_{11} + F_{12}H), \tag{5.1.15}$$

其中

$$F_{21} = \frac{\partial F_2}{\partial z}, \quad F_{22} = \frac{\partial F_2}{\partial y}, \quad F_{11} = \frac{\partial F_1}{\partial z}, \quad F_{12} = \frac{\partial F_1}{\partial y},$$

而 $\left(\dfrac{\partial H}{\partial z} F_1\right)$ 为 $k \times (m-k)$ 矩阵, 其元素为 $\displaystyle\sum_{l=1}^{m-k} \dfrac{\partial H^{il}}{\partial z^j} F_1^l$(上标表示矩阵的列). 从 $H(z, \alpha)$ 的定义即知

$$\frac{\partial H^{il}}{\partial z^j} = \frac{\partial^2 p^i}{\partial z^j \partial z^l} = \frac{\partial^2 p^i}{\partial z^l \partial z^j} = \frac{\partial H^{ij}}{\partial z^l},$$

因此

$$\sum_{l=1}^{m-k} \frac{\partial H^{il}}{\partial z^j} F_1^l = \sum_{l=1}^{m-k} \frac{\partial H^{ij}}{\partial z^l} F_1^l.$$

显然沿着 $\Omega(\alpha)$ 中的轨线 $x(\tau)$, 最后这个求和式等于 $\dfrac{\mathrm{d} H^{ij}}{\mathrm{d}\tau}$. 同样, 沿着所说的轨线, 方程 $\dfrac{\partial H}{\partial z} F_1 = \dfrac{\mathrm{d} H}{\mathrm{d}\tau}$ 成立, 因此从式 (5.1.15) 即知沿 $\Omega(\alpha)$ 的任一条轨线有矩阵黎卡提 (Riccati) 方程

$$\frac{\mathrm{d} H}{\mathrm{d}\tau} = (F_{21} + F_{22}H) - H(F_{11} + F_{12}H) \tag{5.1.16}$$

成立.

C. 在稳定流形上的变分方程组. 现在我们考虑一个非齐次的线性方程组, 它的齐次方程就是式 (5.1.4) 的变分方程, 亦即

$$\frac{\mathrm{d}\Delta}{\mathrm{d}\tau} = F_x(\tau)\Delta + \psi(\tau), \tag{5.1.17}$$

这里 $F_x(\tau) = F_x(\varphi(0,\alpha) + x(\tau), 0, 0), x(\tau) \in \Omega(\alpha), \alpha \in D(\alpha)$, 而 $\psi(\tau)$ 为某个函数. Δ 的上、下分块 Δ_1, Δ_2 分别为 $(m-k)$ 和 k 维向量, 而 $\psi(\tau)$ 的对应分块记作 $\psi_1(\tau), \psi_2(\tau)$.

引理 5.1.2　变量替换

$$\Delta_1 = \delta_1, \quad \Delta_2 = H(\tau)\delta_1 + \delta_2, \tag{5.1.18}$$

(其中 $H(\tau) = H(z(\tau), \alpha), z(\tau)$ 为 $x(\tau)$ 的上分块) 将方程 (5.1.17) 变成

$$\begin{cases} \dfrac{\mathrm{d}\delta_1}{\mathrm{d}\tau} = a_{11}(\tau)\delta_1 + a_{12}(\tau)\delta_2 + \psi_1(\tau), \\ \dfrac{\mathrm{d}\delta_2}{\mathrm{d}\tau} = a_{22}(\tau)\delta_2 + (\psi_2(\tau) - H(\tau)\psi_1(\tau)), \end{cases} \tag{5.1.19}$$

其中

$$a_{11}(\tau) = F_{11}(\tau) + F_{12}(\tau)H(\tau), \quad a_{12}(\tau) = F_{12}(\tau), \quad a_{22}(\tau) = F_{22}(\tau) - H(\tau)F_{12}(\tau),$$
$$\tag{5.1.20}$$

而 F_{ij} 为 $F_x(\tau)$ 在式 (5.1.15) 中同样的分块.

这条引理的实质在于经过变量替换之后, δ_2 的方程可以与 δ_1 的方程分开, 或者称为**对角化**. 为了证明引理 5.1.2, 只需将式 (5.1.17) 写成分块形式, 然后作变量替换并利用矩阵黎卡提方程 (5.1.16).

现在令式 (5.1.17) 中的非齐次项 $\psi(\tau)$ 为 $F_x(\tau)\varphi_\alpha(0,\alpha)$. 于是式 (5.1.19) 的第二组方程就成为

$$\frac{\mathrm{d}\delta_2}{\mathrm{d}\tau} = a_{22}(\tau)\delta_2 + [F_x(\tau)\varphi_\alpha(0,\alpha)]_2 - H(\tau)[F_x(\tau)\varphi_\alpha(0,\alpha)]_1, \qquad (5.1.21)$$

这里以及下面, 下标 1 和 2 分别记所论矩阵的上 $(m-k)$ 行和下 k 行.

方程组 (5.1.17) 对给定的非齐次项显然有特解 $\Delta = -\varphi_\alpha(0,\alpha)$, 从而式 (5.1.21) 对应的特解为

$$\delta_2 = H(\tau)[\varphi_\alpha(0,\alpha)]_1 - [\varphi_\alpha(0,\alpha)]_2 \overset{\text{def}}{=} R(\tau,\alpha).$$

于是我们证明了如下引理.

引理 5.1.3　矩阵 $\delta_2 = R(\tau,\alpha)$ 为方程 (5.1.21) 满足初始条件

$$\delta_2(0) = H(0)[\varphi_\alpha(0,\alpha)]_1 - [\varphi_\alpha(0,\alpha)]_2 = R(0,\alpha)$$

的解.

D. 关于矩阵 $a_{11}(\tau)$ 和 $a_{22}(\tau)$ 的一些重要结果 (见式 (5.1.20)). 记 $H(\infty)$ 为当 $\tau \to \infty$ 时 $H(\tau) = H(z(\tau),\alpha)$ 的极限值.

由于式 (5.1.11) 是式 (5.1.12) 的线性近似, 因此有

$$\frac{\partial p}{\partial z} = H(\infty) = B_{21}(\alpha)B_{11}^{-1}(\alpha). \qquad (5.1.22)$$

将 $F_{ij}(\tau)$ 的极限值记作 $F_{ij}(\infty)$, 于是 $F_{ij}(\infty)$ 就是出现在方程 (5.1.7) 的 $F_x(\infty) = F_x(\varphi(0,\alpha),0,0) = A(\alpha)$ 的分块. 将式 (5.1.7) 写成

$$F_x(\infty)B(\alpha) = B(\alpha)\begin{bmatrix} C(\alpha) & 0 \\ 0 & 0 \end{bmatrix},$$

并令两边带有下标 11 的分块相等, 即得

$$F_{11}(\infty)B_{11}(\alpha) + F_{12}(\infty)B_{21}(\alpha) = B_{11}(\alpha)C(\alpha).$$

由此及式 (5.1.20) 和式 (5.1.22) 即得

$$F_{11}(\infty) + F_{12}(\infty)H(\infty) = a_{11}(\infty) = B_{11}(\alpha)C(\alpha)B_{11}^{-1}(\alpha).$$

显然, $a_{11}(\infty)$ 与 $C(\alpha)$ 的特征值完全一样, 亦即都是满足条件 (5.1.3) 的 $\lambda_i(0, \alpha) < 0$. 于是线性方程组

$$\frac{\mathrm{d}\delta_1}{\mathrm{d}\tau} = a_{11}(\tau)\delta_1$$

满足条件 $\Phi(0) = I_{m-k}$ 的基本解矩阵 $\Phi(\tau)$ 必满足估计 (见式 (3.4.28))

$$\left\| \Phi(\tau)\Phi^{-1}(\tau) \right\| \leqslant c\exp(-\sigma_0(\tau - s)), \quad 0 \leqslant s \leqslant \tau. \tag{5.1.23}$$

类似地可将式 (5.1.7) 写成

$$B^{-1}(\alpha)F_x(\infty) = \begin{bmatrix} C(\alpha) & 0 \\ 0 & 0 \end{bmatrix} B^{-1}(\alpha),$$

并令两边带有下标 22 的分块相等, 即得

$$[B^{-1}(\alpha)]_{21}F_{12}(\infty) + [B^{-1}(\alpha)]_{22}F_{22}(\infty) = 0.$$

因为 (见第 3 章的弗罗贝尼乌斯 (Frobenius) 公式 (3.5.6))

$$[B^{-1}(\alpha)]_{21} = -[B^{-1}(\alpha)]_{22}B_{21}(\alpha)B_{11}^{-1}(\alpha), \tag{5.1.24}$$

$$\det[B^{-1}(\alpha)]_{22} \neq 0, \tag{5.1.25}$$

所以

$$F_{22}(\infty) - B_{21}(\alpha)B_{11}^{-1}(\alpha)F_{12}(\infty) = F_{22}(\infty) - H(\infty)F_{12}(\infty) = a_{22}(\infty) = 0.$$

由于 $x(\tau)$ 指数式地收敛于零, 因此当 $\tau \to +\infty$ 时, $F_{ij}(\tau) = F_{ij}(\varphi(0, \alpha) + x(\tau), 0, 0)$ 也指数式地趋于 $F_{ij}(\infty)$, 从而即得

$$\|a_{22}(\tau)\| \leqslant c\exp(-\sigma_0\tau), \quad \tau \geqslant 0. \tag{5.1.26}$$

引理 5.1.4 方程组 $\dfrac{\mathrm{d}\delta_2}{\mathrm{d}\tau} = a_{22}(\tau)\delta_2(\Psi(0) = I_k)$ 的基本解矩阵 $\Psi(\tau)$ 满足:

(1) $\Psi(\infty) = \lim\limits_{\tau \to +\infty} \Psi(\tau)$ 存在;

(2) $\det \Psi(\infty) \neq 0$;

(3) $\|\Psi(\tau) - \Psi(\infty)\| \leqslant c\exp(-\sigma_0\tau)$.

证明 考虑矩阵积分方程

$$\widetilde{\Psi}(\tau) = I_k + \int_{+\infty}^{\tau} a_{22}(s)\widetilde{\Psi}(s)\mathrm{d}s. \tag{5.1.27}$$

对此应用逐次逼近法, 即考虑逼近序列

$$\widetilde{\Psi}_{n+1}(\tau) = I_k + \int_{+\infty}^{\tau} a_{22}(s)\widetilde{\Psi}_n(s)\mathrm{d}s, \quad \widetilde{\Psi}_0(\tau) = I_k. \tag{5.1.28}$$

根据式 (5.1.26) 和式 (5.1.28) 可得

$$\left\| \widetilde{\Psi}_1(\tau) - \widetilde{\Psi}_0(\tau) \right\| \leqslant \int_\tau^\infty \|a_{22}(s)\|\, \mathrm{d}s \leqslant \frac{c}{\sigma_0} \exp(-\sigma_0 \tau),$$

$$\left\| \widetilde{\Psi}_2(\tau) - \widetilde{\Psi}_1(\tau) \right\| \leqslant \int_\tau^\infty \|a_{22}(s)\| \left\| \widetilde{\Psi}_1(\tau) - \widetilde{\Psi}_0(\tau) \right\|\, \mathrm{d}s \leqslant \frac{1}{2}\left(\frac{c}{\sigma_0}\right)^2 \exp(-2\sigma_0 \tau),$$

以及

$$\left\| \widetilde{\Psi}_n(\tau) - \widetilde{\Psi}_{n-1}(\tau) \right\| \leqslant \frac{1}{n!}\left(\frac{c}{\sigma_0}\right)^n \exp(-n\sigma_0 \tau) \leqslant \frac{a^n}{n!}, \quad a = \frac{c}{\sigma_0}, n = 1,2,3,\cdots.$$

因此, 当 $\tau \to +\infty$ 时有

$$\widetilde{\Psi}_n(\tau) = I_k + \sum_{i=1}^n \left[\widetilde{\Psi}_i(\tau) - \widetilde{\Psi}_{i-1}(\tau)\right]$$

对 $\tau > 0$ 一致地收敛于矩阵 $\widetilde{\Psi}(\tau)$, 它满足方程 (5.1.27), 因而有

$$\frac{\mathrm{d}\widetilde{\Psi}}{\mathrm{d}\tau} = a_{22}(\tau)\widetilde{\Psi}, \quad \widetilde{\Psi}(\infty) = I_k.$$

由此得出 $\det \widetilde{\Psi}(0) \neq 0$, 否则有 $\det \widetilde{\Psi}(\tau) \equiv 0$, 将与 $\widetilde{\Psi}(\infty) = I_k$ 矛盾. 如果令

$$\Psi(\tau) = \widetilde{\Psi}(\tau)\widetilde{\Psi}^{-1}(0),$$

则 $\Psi(\tau)$ 为满足引理 5.1.4 中性质 (1)~(3) 的基本解矩阵.

E. 关于引理 5.1.3 中的矩阵 $R(\tau, \alpha)$.

引理 5.1.5　$\det R(\infty, \alpha) \neq 0$.

证明　以 h_1 和 h_2 分别记矩阵 $B^{-1}(\alpha)\varphi_\alpha(0, \alpha)$ 的上 $(m - k)$ 行和下 k 行, 亦即

$$\begin{pmatrix} h_1 \\ h_2 \end{pmatrix} = B^{-1}(\alpha)\varphi_\alpha(0, \alpha). \tag{5.1.29}$$

将 $\varphi_\alpha(0, \alpha) = B(\alpha)\begin{pmatrix} h_1 \\ h_2 \end{pmatrix}$ 代入 $F_x(\infty)\varphi_\alpha(0, \alpha) = 0$, 并两边同乘 $B^{-1}(\alpha)$, 于是根据式 (5.1.7) 即得

$$\begin{bmatrix} C(\alpha) & 0 \\ 0 & 0 \end{bmatrix} \begin{pmatrix} h_1 \\ h_2 \end{pmatrix} = 0.$$

总之有 $C(\alpha)h_1 = 0$, 亦即 $h_1 = 0$. 由于 $\varphi_\alpha(0, \alpha)$ 的秩为 k, 所以 $\det h_2 \neq 0$. 因此由式 (5.1.29) 即得

$$h_2 = [B^{-1}(\alpha)]_{21}[\varphi_\alpha(0, \alpha)]_1 + [B^{-1}(\alpha)]_{22}[\varphi_\alpha(0, \alpha)]_2,$$

于是, 由式 (5.1.24) 和式 (5.1.22) 推得

$$h_2 = -[B^{-1}(\alpha)]_{22} \{H(\infty)[\varphi_\alpha(0,\alpha)]_1 - [\varphi_\alpha(0,\alpha)]_2\} = -[B^{-1}(\alpha)]_{22} R(\infty,\alpha) \neq 0.$$

5.1.2　初值问题解的渐近构造

我们将对问题 (5.1.1)—(5.1.2) 的解构造如下形式的渐近展开:

$$x(t,\varepsilon) = \bar{x}(t,\varepsilon) + Bx(\tau,\varepsilon), \quad \tau = \frac{t}{\varepsilon}, \tag{5.1.30}$$

其中,

$$\bar{x}(t,\varepsilon) = \bar{x}_0(t) + \varepsilon \bar{x}_1(t) + \cdots + \varepsilon^n \bar{x}_n(t) + \cdots,$$

$$Bx(\tau,\varepsilon) = B_0x(\tau) + \varepsilon B_1x(\tau) + \cdots + \varepsilon^n B_nx(\tau) + \cdots.$$

将式 (5.1.30) 代入式 (5.1.1), 并将函数 F 如第 3 章的边界层函数法那样写成 $F = \overline{F} + BF$, 于是可得关于 $\bar{x}_i(t)$ 和 $B_ix(\tau), i = 1,2,3,\cdots$ 的方程序列.

对于 $\bar{x}_0(t)$ 有

$$F(\bar{x}_0(t), t, 0) = 0.$$

由条件 I, 这个方程的解可以写成

$$\bar{x}_0(t) = \varphi(t, \alpha(t)), \tag{5.1.31}$$

这里 $\alpha(t)$ 为任意的 k 维向量函数.

对于 $B_0x(\tau)$ 有

$$\frac{\mathrm{d}B_0x}{\mathrm{d}\tau} = F(\varphi(0, \alpha(0)) + B_0x, 0, 0).$$

在此令 $x = B_0x$ 之后, 就与式 (5.1.4) 中令 $\alpha = \alpha(0)$ 之后得到的方程完全一样. 关于 $B_0x(\tau)$ 的初始条件可以从式 (5.1.30) 代入式 (5.1.2) 之后得到

$$B_0x(0) = x^0 - \varphi(0, \alpha(0)) = \begin{pmatrix} z^0 - \varphi_1(0, \alpha(0)) \\ y^0 - \varphi_2(0, \alpha(0)) \end{pmatrix},$$

这里的 z^0 和 y^0 分别为 x^0 的上 $m-k$ 维分块和下 k 维分块, 而 φ_1, φ_2 为 φ 的类似分块. 可注意的是在 $B_0x(\tau)$ 的方程和初始条件中, 都含有至今还是任意的向量 $\alpha(0)$. 我们就利用这个任意性来保证, 当 $\tau \to +\infty$ 时, $B_0x(\tau)$ 指数式地趋于零. 为此只要求 $B_0x(0) \in \Omega(\alpha(0))$, 亦即 $B_0x(0)$ 满足式 (5.1.12), 这就是

$$y^0 - \varphi_2(0, \alpha(0)) = p(z^0 - \varphi_1(0, \alpha(0)), \alpha(0)). \tag{5.1.32}$$

式 (5.1.32) 是一个关于 k 维向量 $\alpha(0)$ 的 k 维向量方程.

VI. 假设方程 (5.1.32) 有解 $\alpha(0) = \alpha^0$.

取 $\alpha(0) = \alpha^0$, 于是 $B_0 x(\tau) \in \Omega(\alpha^0)$ 对 $\tau \geqslant 0$ 成立, 从而 $B_0 x(\tau)$ 的分块 $B_0 z(\tau)$ 和 $B_0 y(\tau)$ 满足 $B_0 y(\tau) = p(B_0 z(\tau), \alpha(0))$, 亦即对 $\tau \geqslant 0$ 有估计

$$\|B_0 x(\tau)\| \leqslant c \exp(-\sigma_0 \tau).$$

于是函数 $B_0 x(\tau)$ 就完全确定了, 虽然对于出现在 $\bar{x}(t)$ 的表达式 (5.1.31) 中的 $\alpha(t)$, 我们仅知道 $\alpha(0) = \alpha^0$, $\alpha(t)$ 的完全确定必须从关于 $\bar{x}_1(t)$ 的方程的可解性条件推出.

关于 $\bar{x}_1(t)$ 的方程为

$$\frac{\mathrm{d}\bar{x}_0(t)}{\mathrm{d}t} = F_x(\bar{x}_0(t), t, 0)\bar{x}_1 + F_\varepsilon(\bar{x}_0(t), t, 0),$$

或者写成

$$F_x(\varphi(t, \alpha(t)), t, 0)\bar{x}_1 = \varphi_\alpha(t, \alpha(t))\frac{\mathrm{d}\alpha}{\mathrm{d}t} + \varphi_t(t, \alpha(t)) - F_\varepsilon(\varphi(t, \alpha(t)), t, 0). \quad (5.1.33)$$

这个代数方程组的行列式等于零. 为了这个方程组可解, 其充要条件是方程组右端与伴随矩阵 $F_x^*(\varphi(t, \alpha(t)), t, 0)$ 对应于特征值 $\lambda = 0$ 的特征向量 $g_j(t, \alpha(t)), j = 1, 2, \cdots, k$ 正交. 记 $g(t, \alpha(t))$ 为其行向量是 $g_j(t, \alpha(t))$ 的 $k \times m$ 阶矩阵. 于是正交条件可以写成

$$[g(t, \alpha(t))\varphi_\alpha(t, \alpha(t))]\frac{\mathrm{d}\alpha}{\mathrm{d}t} + [g(t, \alpha(t))][g_t(t, \alpha(t)) - F_\varepsilon(\varphi(t, \alpha(t)), t, 0)] = 0, \quad (5.1.34)$$

其中 $[g\varphi_\alpha]$ 表示 $k \times m$ 阶矩阵 g 与 $m \times k$ 阶矩阵 φ_α 相乘得到的 k 阶方阵; 式 (5.1.34) 中的其他项有类似的意义. 由线性代数知道, $\det[g\varphi_\alpha] \neq 0$, 因此式 (5.1.34) 可以写成

$$\frac{\mathrm{d}\alpha}{\mathrm{d}t} = f_0(\alpha, t). \quad (5.1.35)$$

VII. 假设方程 (5.1.35) 在初始条件 $\alpha(0) = \alpha^0$ 下有一个在区间 $[0, T]$ 上属于 $D(\alpha)$ 的解 $\alpha(t)$, 这里 $D(\alpha)$ 为条件 II 中的区域.

求出 $\alpha(t)$, 我们就完全确定了零次近似项. 我们给出由两段曲线组成的曲线 $L = L_1 \cup L_2$ 如下:

$$L_1 = \{(x, t) : x = \bar{x}_0(t) + B_0 x(\tau)(\tau \geqslant 0), t = 0\},$$
$$L_2 = \{(x, t) : x = \bar{x}_0(t); 0 \leqslant t \leqslant T\}.$$

于是自然有如下要求.

VIII. 假设曲线 L 位于条件 I 的区域 $D(x, t)$ 之中.

方程组 (5.1.33) 的解可以写成

$$\bar{x}_1(t) = \bar{\varphi}_\alpha(t)\beta(t) + \tilde{x}_1(t), \tag{5.1.36}$$

这里 $\bar{\varphi}_\alpha(t) = \varphi_\alpha(t, \alpha(t)), \beta(t)$ 为至今还是任意的 k 维向量函数, 而 $\tilde{x}_1(t)$ 为式 (5.1.33) 的一个特解.

对于 $B_1 x(\tau)$ 有

$$\frac{\mathrm{d}B_1 x}{\mathrm{d}\tau} = F_x(\tau)B_1 x + [F_x(\tau) - \overline{F}_x(0)][\bar{x}_1(0) + \tau\bar{x}_0'(0)] + [F_t(\tau) - \overline{F}_t(0)]\tau + [F_\varepsilon(\tau) - \overline{F}_\varepsilon(0)], \tag{5.1.37}$$

其中 $F_x(\tau) = F_x(\bar{x}_0(0) + B_0 x(\tau), 0, 0), \overline{F}_x(t) = F_x(\bar{x}_0(t), t, 0)$ 等. 注意到有 $F_x(\infty) = \overline{F}_x(0)$.

在式 (5.1.36) 中令 $t = 0$ 得到 $\bar{x}_1(0)$, 以及由于 $\overline{F}_x(0)\bar{\varphi}_\alpha(0) = 0$, 于是式 (5.1.37) 为

$$\frac{\mathrm{d}B_1 x}{\mathrm{d}\tau} = F_x(\tau)B_1 x + F_x(\tau)\bar{\varphi}_\alpha(0)\beta(0) + \psi(\tau), \tag{5.1.38}$$

其中 $\psi(\tau)$ 为满足 $\|\psi(\tau)\| \leqslant c\exp(-\sigma_0\tau)$ 的已知函数.

$B_1 x$ 的初始条件为

$$B_1 x(0) = -\bar{x}_1(0) = -\bar{\varphi}_\alpha(0)\beta(0) - \tilde{x}_1(0).$$

于是一个至今还是任意的向量 $\beta(0)$ 出现在 $B_1 x(\tau)$ 的方程和初始条件中. 我们就利用这个任意性来保证 $B_1 x(\tau)$ 当 $\tau \to +\infty$ 时指数式地减小. 将 $B_1 x$ 的上、下分块分别记作 $B_1 z, B_1 y$; 令

$$B_1 z = \delta_1, \quad B_1 y = H(\tau)\delta_1 + \delta_2,$$

其中 $H(\tau) = H(B_0 z(\tau), \alpha)$. 于是由引理 5.1.2, 即得 δ_1, δ_2 的方程及初始条件:

$$\begin{cases} \dfrac{\mathrm{d}\delta_1}{\mathrm{d}\tau} = a_{11}(\tau)\delta_1 + a_{12}(\tau)\delta_2 + [F_x(\tau)\bar{\varphi}_\alpha(0)]_1\beta(0) + \psi_1(\tau), \\ \dfrac{\mathrm{d}\delta_2}{\mathrm{d}\tau} = a_{22}(\tau)\delta_2 + \{[F_x(\tau)\bar{\varphi}_\alpha(0)]_2 - H(\tau)[F_x(\tau)\bar{\varphi}_\alpha(0)]_1\}\beta(0) + [\psi_2(\tau) - H(\tau)\psi_1(\tau)]; \end{cases} \tag{5.1.39}$$

$$\begin{cases} \delta_1(0) = -[\bar{\varphi}_\alpha(0)]_1\beta(0) - \tilde{z}_1(0), \\ \delta_2(0) = \{H(0)[\bar{\varphi}_\alpha(0)]_1 - [\bar{\varphi}_\alpha(0)]_2\}\beta(0) + \{H(0)\tilde{z}_1(0) - \tilde{y}_1(0)\}. \end{cases} \tag{5.1.40}$$

根据引理 5.1.3, 并令 $\delta_2^0 = [H(0)\tilde{z}_1(0) - \tilde{y}_1(0)]$ 可得

$$\delta_2(\tau) = R(\tau, \alpha^0)\beta(0) + \Psi(\tau)\delta_2^0 + \int_0^\tau \Psi(\tau)\Psi^{-1}(s)[\psi_2(s) - H(s)\psi_1(s)]\mathrm{d}s. \tag{5.1.41}$$

要求当 $\tau \to +\infty$ 时 $\delta_2(\tau) \to 0$ 即得

$$R(\infty, \alpha^0)\beta(0) = -\Psi(\infty) \left\{ \delta_2^0 + \int_0^\infty \Psi^{-1}(s)[\psi_2(s) - H(s)\psi_1(s)]\mathrm{d}s \right\}. \tag{5.1.42}$$

根据引理 5.1.5 这个方程对 $\beta^0 = \beta(0)$ 是唯一可解的. 将此代入式 (5.1.41), 并利用 $\Psi(\tau)$ 和 $H(\tau)$ 的指数式衰减, 即得

$$\|\delta_2(\tau)\| \leqslant c\exp(-\sigma_0\tau), \quad \tau \geqslant 0. \tag{5.1.43}$$

由于 $F_x(\tau)\bar{\varphi}_\alpha(0) = [F_x(\tau) - \overline{F}_x(0)]\bar{\varphi}_\alpha(0)$ 满足同样的指数式估计, 因此有

$$\frac{\mathrm{d}\delta_1}{\mathrm{d}\tau} = a_{11}(\tau)\delta_1 + \tilde{\psi}_1(\tau),$$

其中 $\left\|\tilde{\psi}_1(\tau)\right\| \leqslant c\exp(-\sigma_0\tau)$, 于是

$$\delta_1(\tau) = \Phi(\tau)\delta_1(0) + \int_0^\tau \Phi(\tau)\Phi^{-1}(s)\tilde{\psi}_1(s)\mathrm{d}s,$$

这里基本解矩阵 $\Phi(\tau)$ 满足估计式 (5.1.23), 从而有

$$\|\delta_1(\tau)\| \leqslant c\exp(-\sigma_0\tau) + \int_0^\tau c\exp(-\sigma_0(\tau-s))c\exp(-\sigma_0 s))\mathrm{d}s \leqslant c\exp(-\sigma_0\tau). \tag{5.1.44}$$

$$\frac{\mathrm{d}\bar{x}_1}{\mathrm{d}t} = \overline{F}_x(t)\bar{x}_2 + \frac{1}{2}(\bar{x}_1, \overline{F}_{xx}(t)\bar{x}_1) + \overline{F}_{x\varepsilon}(t)\bar{x}_1 + \frac{1}{2}\overline{F}_{\varepsilon\varepsilon}(t), \tag{5.1.45}$$

其中 $(\bar{x}_1, \overline{F}_{xx}(t)\bar{x}_1)$ 是其分量为数量积 $\left\langle \bar{x}_1, \overline{F}_{xx}^l \bar{x}_1 \right\rangle = \displaystyle\sum_{i,j=1}^m \frac{\partial^2 \overline{F}^l}{\partial x^i \partial x^j}(t)\bar{x}^i\bar{x}^j$, $l = 1, 2, \cdots, m$ 的向量. 将式 (5.1.36) 的 $\bar{x}_1$ 代入式 (4.1.45), 并将所得方程的可解性条件写成类似于式 (4.1.34) 的形式, 即可得到方程

$$\frac{\mathrm{d}\beta}{\mathrm{d}t} = f_1(\beta, t). \tag{5.1.46}$$

初看起来似乎 $f_1(\beta, t)$ 由于式 (5.4.45) 中的项 $(\bar{x}_1, \overline{F}_{xx}(t)\bar{x}_1)$ 平方地依赖于 $\beta(t)$, 然而并非如此, 因为对 $j = 1, \cdots, k$ 有

$$\langle g_j(t, \alpha(t)), (\bar{\varphi}_\alpha(t)\beta(t), \overline{F}_{xx}(t)\bar{\varphi}_\alpha(t)\beta(t)) \rangle = 0. \tag{5.1.47}$$

为了验证式 (5.1.47), 将恒等式 $F(\varphi(t, \alpha), t, 0) \equiv 0$ 对分量 α_p 和 $\alpha_q(p, q = 1, \cdots, k)$ 两次求导即得

$$\left(\frac{\partial\varphi}{\partial\alpha_p}, F_{xx}\frac{\partial\varphi}{\partial\alpha_q} \right) + F_x\frac{\partial^2\varphi}{\partial\alpha_p\partial\alpha_q} = 0.$$

于是与 $g_j(t, \alpha)$ 作数量积, 并注意到由于 $F_x^* g_j = 0$ 而有 $\left\langle g_j, F_x \dfrac{\partial^2 \varphi}{\partial \alpha_p \partial \alpha_q} \right\rangle = 0$, 从而即有

$$\left\langle g_j, \left(\frac{\partial \varphi}{\partial \alpha_p}, F_{xx} \frac{\partial \varphi}{\partial \alpha_q} \right) \right\rangle = 0, \quad j, p, q = 1, 2, \cdots, k.$$

因此方程 (5.1.46) 对 β 是线性的, 亦即 $f_1(\beta, t) = A(t)\beta + B_1(t)$, 这里 $A(t)$ 和 $B_1(t)$ 的表达式都可以从式 (5.1.45) 求出. 由线性性即知, 方程 (5.1.46) 存在唯一在 $[0, T]$ 上满足 $\beta(0) = \beta^0$ 的解.

总之, 渐近展开式中的 ε 阶项就完全确定了. 渐近展开式中以后各项的确定可以用类似于确定 $\bar{x}_1(t)$ 和 $B_1 x(\tau)$ 的办法求出. 到第 i 步, 一个任意函数 (如 $\gamma(t)$) 出现在 $\bar{x}_i(t)$ 的表达式中, 首先从当 $\tau \to +\infty$ 时 $B_1 x(\tau) \to 0$ 的条件确定 $\gamma(0)$. 关于 $\gamma(0)$ 的方程是与式 (5.1.32) 同一类型的, 其中 $\det R(\infty, \alpha^0) \neq 0$. 其次从关于 $\bar{x}_{i+1}(t)$ 方程的可解性条件可得像式 (5.1.46) 那样对于 $\gamma(t)$ 的方程, 即

$$\frac{\mathrm{d}\gamma}{\mathrm{d}t} = A(t)\gamma + B_i(t),$$

这就在 $[0, T]$ 上唯一确定了 $\gamma(t)$. 因此在条件 I~VIII 之下, 可以求出级数 (5.1.30) 任意的项.

5.1.3 定理的陈述和余项估计

我们首先确切提出有关函数 $F(x, t, \varepsilon)$ 的光滑性, 并且仍然记作条件 I. 此外我们注意到可以取曲线 L(条件 VIII) 的任意 δ-邻域作为区域 $D(x, t)$.

I. 假设函数 $F(x, t, \varepsilon)$ 在区域 $D(x, t, \varepsilon) = D(x, t) \times [0, \varepsilon_0]$ 中对每个变量有直到包括 $N + 2$ 阶在内的连续偏导数.

令

$$X_n(t, \varepsilon) = \sum_{i=0}^{n} \varepsilon^i (\bar{x}_i(t) + B_i x(\tau)).$$

定理 5.1.1(瓦西里耶娃)   当满足条件 I~VIII 时, 存在常数 $\varepsilon_0 > 0$ 和 $c > 0$, 使得当 $0 < \varepsilon \leqslant \varepsilon_0$ 时, 问题 (5.1.1)—(5.1.2) 的解 $x(t, \varepsilon)$ 在区间 $[0, T]$ 上存在、唯一且满足不等式

$$\|x(t, \varepsilon) - X_N(t, \varepsilon)\| \leqslant c\varepsilon^{N+1}, \quad 0 \leqslant t \leqslant T.$$

证明   将 $x = X_{n+1} + \xi$ 代入式 (5.1.1), 即得方程

$$\varepsilon \frac{\mathrm{d}\xi}{\mathrm{d}t} = F_x(t, \varepsilon)\xi + G(\xi, t, \varepsilon), \tag{5.1.48}$$

其中

$$F_x(t, \varepsilon) = F_x(X_1(t, \varepsilon), t, \varepsilon),$$

而

$$G(\xi, t, \varepsilon) = F(X_{n+1}(t, \varepsilon) + \xi, t, \varepsilon) - F_x(t, \varepsilon)\xi - \varepsilon \frac{\mathrm{d}X_{n+1}(t, \varepsilon)}{\mathrm{d}t}.$$

函数 $G(\xi, t, \varepsilon)$ 有如下两条重要性质:

(1) $G(0, t, \varepsilon) = O(\varepsilon^{n+2})$;

(2) 如果对 $0 \leqslant t \leqslant T$ 和 $0 < \varepsilon \leqslant \varepsilon_1$, 有 $\|\xi_1(t, \varepsilon)\| \leqslant c_1\varepsilon^2$ 和 $\|\xi_2(t, \varepsilon)\| \leqslant c_1\varepsilon^2$($c_1$ 和 ε_1 为常数), 那么存在常数 c_0 和 $\varepsilon_0 \leqslant \varepsilon_1$, 使得对 $0 \leqslant t \leqslant T$ 和 $0 \leqslant \varepsilon \leqslant \varepsilon_0$ 有

$$\|G(\xi_1, t, \varepsilon) - G(\xi_2, t, \varepsilon)\| \leqslant c_0\varepsilon^2 \max_{0 \leqslant t \leqslant T} \|\xi_1 - \xi_2\|. \tag{5.1.49}$$

因此, 对于 $\xi = O(\varepsilon^2), G(\xi, t, \varepsilon)$ 是以 $O(\varepsilon^2)$ 量阶为压缩系数的**压缩算子**.

我们进行变量替换

$$\xi = T(t)\begin{pmatrix} u \\ v \end{pmatrix},$$

其中, 对 $\overline{F}_x(t) = F_x(\bar{x}_0(t), t, 0)$ 有

$$T^{-1}(t)\overline{F}_x(t)T(t) = \begin{bmatrix} \bar{a}_{11}(t) & 0 \\ 0 & 0 \end{bmatrix},$$

这里 $m - k$ 方阵 $\bar{a}_{11}(t)$ 的特征值 $\lambda_i(t, \alpha(t))$ 满足条件 (5.1.3), 于是

$$T^{-1}(t)F_x(t, \varepsilon)T(t) = \begin{bmatrix} a_{11}(t, \varepsilon) & a_{12}(t, \varepsilon) \\ a_{21}(t, \varepsilon) & a_{22}(t, \varepsilon) \end{bmatrix},$$

因此

$$\|a_{11}(t, \varepsilon) - \bar{a}_{11}(t)\| \leqslant c\left(\varepsilon + \exp\left(-\frac{\sigma_0 t}{\varepsilon}\right)\right),$$

而其他分块 $a_{ik}(t, \varepsilon)$ 满足

$$\|a_{ik}(t, \varepsilon)\| \leqslant c\left(\varepsilon + \exp\left(-\frac{\sigma_0 t}{\varepsilon}\right)\right).$$

u 和 v 的方程组为

$$\begin{cases} \varepsilon \dfrac{\mathrm{d}u}{\mathrm{d}t} = a_{11}(t, \varepsilon)u + a_{12}(t, \varepsilon)v - \varepsilon b_{11}(t)u - \varepsilon b_{12}(t)v + (T^{-1}G)_1, \\ \varepsilon \dfrac{\mathrm{d}v}{\mathrm{d}t} = a_{21}(t, \varepsilon)u + a_{22}(t, \varepsilon)v - \varepsilon b_{21}(t)u - \varepsilon b_{22}(t)v + (T^{-1}G)_2, \end{cases} \tag{5.1.50}$$

其中 $b_{ik}(t)$ 为 $T^{-1}(t)\dfrac{\mathrm{d}T(t)}{\mathrm{d}t}$ 的分块. 可注意的是 $A_{ik}(t, \varepsilon) = a_{ik}(t, \varepsilon) - \varepsilon b_{ik}(t)$ 满足像 $a_{ik}(t, \varepsilon)$ 所满足的同样不等式.

现在假设 $U(t,s,\varepsilon)$ 和 $V(t,s,\varepsilon)$ 为下面两个齐次方程组的基本解矩阵:

$$\frac{\mathrm{d}u}{\mathrm{d}t} = A_{11}(t,\varepsilon)u, \quad U(s,s,\varepsilon) = I_{m-k},$$

$$\frac{\mathrm{d}v}{\mathrm{d}t} = A_{22}(t,\varepsilon)v, \quad V(s,s,\varepsilon) = I_k,$$

由 $\bar{a}_{11}(t,\varepsilon), A_{11}(t,\varepsilon)$ 及 $A_{22}(t,\varepsilon)$ 的性质即知, 这两个基本解矩阵对 $0 \leqslant s \leqslant t \leqslant T$ 和 $0 < \varepsilon \leqslant \varepsilon_0$ 满足

$$\|U(t,s,\varepsilon)\| \leqslant c\exp\left(-\frac{\sigma_0(t-s)}{\varepsilon}\right), \quad \|V(t,s,\varepsilon)\| \leqslant c.$$

利用基本解矩阵 $V(t,s,\varepsilon)$ 以及 u, v 和 ξ 的零初始值, 可将式 (5.1.50) 的第二组方程写成积分方程:

$$v(t,\varepsilon) = \int_0^t K_2(t,s,\varepsilon)u(s,\varepsilon)\mathrm{d}s + Q_2(u,v,t,\varepsilon), \tag{5.1.51}$$

这里核

$$K_2(t,s,\varepsilon) = \frac{1}{\varepsilon}V(t,s,\varepsilon)A_{21}(s,\varepsilon)$$

显然满足不等式

$$\|K_2(t,s,\varepsilon)\| \leqslant c\left(\frac{1}{\varepsilon}\exp\left(-\frac{\sigma_0 s}{\varepsilon}\right) + 1\right), \tag{5.1.52}$$

而由 $G(\xi,t,\varepsilon)$ 的两条性质即知, 积分算子

$$Q_2(u,v,t,\varepsilon) = \frac{1}{\varepsilon}\int_0^t V(t,s,\varepsilon)(T^{-1}G)_2\mathrm{d}s$$

满足估计 $Q_2(0,0,t,\varepsilon) = O(\varepsilon^{n+1})$, 从而对 $O(\varepsilon^2)$ 量阶的 u, v 来说, $Q_2(u,v,t,\varepsilon)$ 是以 $O(\varepsilon)$ 量阶为压缩系数的**压缩算子**.

将式 (5.1.51) 代入式 (5.1.52) 的第一组方程, 并利用 $U(t,s,\varepsilon)$ 即得积分方程

$$u(t,\varepsilon) = \int_0^t K_1(t,s,\varepsilon)u(s,\varepsilon)\mathrm{d}s + Q_1(u,v,t,\varepsilon), \tag{5.1.53}$$

这里核

$$K_1(t,s,\varepsilon) = \frac{1}{\varepsilon}\int_s^t U(t,p,\varepsilon)A_{12}(p,\varepsilon)K_2(p,s,\varepsilon)\mathrm{d}p$$

满足像 $K_2(t,s,\varepsilon)$ 所满足的不等式 (见式 (5.1.50)), 而积分算子

$$Q_1(u,v,t,\varepsilon) = \frac{1}{\varepsilon}\int_0^t U(t,s,\varepsilon)(A_{12}(s,\varepsilon)Q_2(u,v,s,\varepsilon) + (T^{-1}\mathrm{G})_1)\mathrm{d}s$$

具有像 $Q_2(u,v,t,\varepsilon)$ 同样的两条性质. 记 $K_1(t,s,\varepsilon)$ 的预解核为 $R(t,s,\varepsilon)$, 则 $R(t,s,\varepsilon)$ 满足像核 $K_1(t,s,\varepsilon)$ 本身一样的估计. 将式 (5.1.53) 表示成与之等价的方程

$$u(t,\varepsilon) = Q_1(u,v,t,\varepsilon) + \int_0^t R(t,s,\varepsilon)Q_1(u,v,s,\varepsilon)\mathrm{d}s \overset{\text{def}}{=} S_1(u,v,t,\varepsilon), \qquad (5.1.54)$$

这里积分算子 $S_1(u,v,t,\varepsilon)$ 具有像 $Q_1(u,v,t,\varepsilon)$ 同样两条性质.

　　将式 (5.4.54) 代入式 (5.4.51) 即得

$$v(t,\varepsilon) = \int_0^t K_2(t,s,\varepsilon)S_1(u,v,s,\varepsilon)\mathrm{d}s + Q_2(u,v,t,\varepsilon) \overset{\text{def}}{=} S_2(u,v,t,\varepsilon), \qquad (5.1.55)$$

这里 S_2 有 S_1 的性质. 因此我们可以对方程组 (5.1.54)—(5.1.55) 应用逐次逼近法 (初始条件为 $u_0, v_0 \equiv 0$). 并像通常那样, 容易证明, 对这充分小的 ε, 在区间 $[0,T]$ 上存在唯一的解 $u(t,\varepsilon), v(t,\varepsilon)$, 且满足估计 $u(t,\varepsilon) = O(\varepsilon^{n+1}), v(t,\varepsilon) = O(\varepsilon^{n+1})$, 由此即得 $\xi(t,\varepsilon) = x(t,\varepsilon) - X_{n+1}(t,\varepsilon) = O(\varepsilon^{n+1})$, 从而有 $x(t,\varepsilon) - X_N(t,\varepsilon) = O(\varepsilon^{N+1})$. 定理证毕.

5.2　奇异奇摄动边值问题

5.2.1　引论

　　同 5.1 节一样, 我们在此也只考虑含有快变量的如下形式的边值问题

$$\varepsilon x' = F(x,t,\varepsilon), \quad 0 \leqslant t \leqslant 1; \qquad (5.2.1)$$

$$R(x(0,\varepsilon), x(1,\varepsilon)) = 0; \qquad (5.2.2)$$

其中 x, F 和 R 均为 m 维向量, ε 为正小参数. 方程组 (5.2.1) 的退化系统为

$$0 = F(x,t,0). \qquad (5.2.3)$$

如果式 (5.2.3) 存在一个解流形, 我们就称奇摄动方程组 (5.2.1) 为**奇异奇摄动方程组**. 问题 (5.2.1)—(5.2.2) 就是奇异奇摄动边值问题.

　　我们假设式 (5.2.3) 的这个由解曲线组成的曲面 (流形) 为 $x = \varphi(\alpha,t)$, 这里 α 是一个 m_0 维参数. 于是矩阵 $F_x(\varphi(\alpha,t),t,0)$ 有 m_0 维化零 (核) 空间, 而剩下的 $m - m_0$ 个特征值都有不为零的有界实部.

　　问题 (5.2.1)—(5.2.2) 解的渐近分析分两步进行, 即构造一个形式渐近解和证明这个渐近解的有效性. 后一步颇为繁杂和冗长, 本书在此略去, 有兴趣的读者可参看文献 [3].

5.2.2 假设和形式级数的渐近展开

我们首先考虑奇异奇摄动边值问题 (5.2.1)—(5.2.2) 满足下面假设.

H_1 假设 $m \times m_0$ 阶矩阵 $\varphi_\alpha(\alpha, t)$ 有不变的秩数 m_0, 而对于 $0 \leqslant t \leqslant 1, m \times m$ 阶方阵 $F_x(\varphi(\alpha, t), t, 0)$ 有 m_- 个严格稳定和 m_+ 个严格不稳定的特征值, 其中 $m_- + m_+ + m_0 = m$.

将恒等式

$$F(\varphi(\alpha, t), t, 0) \equiv 0$$

两边对 α 求导, 即得

$$\overline{F}_x(t)\varphi_\alpha(\alpha, t) \equiv 0, \tag{5.2.4}$$

其中 $\overline{F}_x(t)$ 表示 F_x 的变量在点 $(\varphi(\alpha, t), t, 0)$ 处取值. 于是 $\overline{F}_x(t)$ 有一个 m_0 维化零空间, 它是由 $\varphi_\alpha(\alpha, t)$ 的列向量展成的. 加上展成 $\overline{F}_x(t)$ 的稳定和不稳定子空间的 $m_- + m_+$ 个列向量, 我们得到一个变换矩阵 (见文献 [6])

$$E(\alpha, t) = [E_-(\alpha, t) E_+(\alpha, t) \varphi_\alpha(\alpha, t)],$$

它把 $\overline{F}_x(t)$ 变成对角分块

$$E^{-1}(\alpha, t)\overline{F}_x(t)E(\alpha, t) = \Lambda = \begin{bmatrix} \Lambda_- & 0 & 0 \\ 0 & \Lambda_+ & 0 \\ 0 & 0 & 0 \end{bmatrix},$$

其中 $\Lambda_- = \Lambda_-(\alpha, t)$ 和 $\Lambda_+ = \Lambda_+(\alpha, t)$ 分别为特征值全是负实部和正实部的 m_- 阶和 m_+ 阶方阵.

以 $H(\alpha, t)$ 记 $E^{-1}(\alpha, t)$ 的最后 m_0 行, 立即得到

$$H(\alpha, t)\varphi_\alpha(\alpha, t) = I_{m_0} \tag{5.2.5}$$

以及

$$H(\alpha, t)\overline{F}_x(t) = 0, \tag{5.2.6}$$

其中 I_r 是 $r \times r$ 阶单位矩阵.

对于问题 (5.2.1)—(5.2.2) 的解 $x(t, \varepsilon)$, 我们利用形式展开

$$x(t, \varepsilon) = \sum_{i=0}^{n} [\bar{x}_i(t) + B_i x(\tau) + Q_i x(\tau_1)]\varepsilon^i + \cdots, \tag{5.2.7}$$

其中 $\tau = \dfrac{t}{\varepsilon} \geqslant 0, \tau_1 = \dfrac{1-t}{\varepsilon} \geqslant 0, n \geqslant 1$ 以及

$$\lim_{\tau \to +\infty} B_i x(\tau) = 0, \quad \lim_{\tau_1 \to +\infty} Q_i x(\tau_1) = 0, \quad i = 0, 1, 2, \cdots. \tag{5.2.8}$$

1. 头项的构造

将式 (5.2.7) 代入式 (5.2.1), 并令 $\varepsilon = 0$ 即得

$$\bar{x}_0(t) = \varphi(\alpha, t). \tag{5.2.9}$$

为了确定作为 t 的函数但至今尚不知道的参数 α 所满足的方程, 从式 (5.2.1) 收集 ε 阶项系数所得出的关系推出

$$\bar{x}_0'(t) = \overline{F}_x(t)\bar{x}_1 + \overline{F}_\varepsilon(t). \tag{5.2.10}$$

利用式 (5.2.9) 和式 (5.2.10) 得到

$$\varphi_\alpha \alpha' + \varphi_t = \overline{F}_x(t)\bar{x}_1 + \overline{F}_\varepsilon(t). \tag{5.2.11}$$

用 $H(\alpha, t)$ 乘式 (5.2.11) 两边, 并利用式 (5.2.5)—(5.2.6) 即得 α 的关系式

$$\alpha' = H(t)(\overline{F}_\varepsilon(t) - \varphi_t(t, \alpha)), \quad 0 \leqslant t \leqslant 1. \tag{5.2.12}$$

注意从式 (5.2.11) 得到式 (5.2.12) 通常是不直接利用 $H(t)$, 而是在式 (5.2.11) 中从 m_0 个方程消去 $\bar{x}_1$ 而得到.

头项边界层函数的方程为

$$\begin{cases} \dfrac{\mathrm{d}B_0 x}{\mathrm{d}\tau} = F(\varphi(\alpha(0), 0) + B_0 x, 0, 0), \quad 0 \leqslant \tau < +\infty, \\ B_0 x(+\infty) = 0 \end{cases} \tag{5.2.13}$$

和

$$\begin{cases} \dfrac{\mathrm{d}Q_0 x}{\mathrm{d}\tau_1} = -F(\varphi(\alpha(1), 1) + Q_0 x, 1, 0), \quad 0 \leqslant \tau_1 < +\infty, \\ Q_0 x(+\infty) = 0. \end{cases} \tag{5.2.14}$$

在式 (5.2.2) 中令 ε 的零阶系数相等即得

$$R(\varphi(\alpha(0), 0) + B_0 x(0), \varphi(\alpha(1), 1) + Q_0 x(0)) = 0. \tag{5.2.15}$$

现在可以叙述第二个基本假设.

H_2　假设边值问题 (5.2.12)—(5.2.15) 有一个孤立解.

由于在式 (5.2.13)—(5.2.14) 中有无穷远的边界条件, 因此必须讨论稳定流形. 关于这个不变流形问题已有很多文献, 可以在 Kelley 的文章[5] 中找到某些结果, 得出式 (5.2.13) 存在 m_- 维稳定流形和式 (5.2.14) 存在 m_+ 维稳定流形. 在无穷远

处的边界条件要求 B_0x 和 Q_0x 是在这些流形上的轨线. 于是由文献 [4] 中的引理 3 得出指数式估计

$$\begin{cases} \|B_0x(\tau)\| \leqslant c \exp(-\kappa\tau), \\ \|Q_0x(\tau_1)\| \leqslant c \exp(-\kappa\tau_1), \end{cases} \tag{5.2.16}$$

其中 κ 为正常数. 下面 $\|\cdot\|$ 将记向量的范数或者相应的矩阵范数.

一般来说, 试图求解问题 (5.2.12)—(5.2.15) 是十分繁杂的. 由于边界条件存在耦合, 因此必须同时在有限和无限区间上求解微分方程. 但是, 在应用中有关式 (5.2.13) 和式 (5.2.14) 稳定流形结构的知识使我们有可能从式 (5.2.15) 单独得到式 (5.2.12) 的 m_0 个 "退化" 边界条件, 而不包含有 $B_0x(0)$ 和 $Q_0x(0)$. 一般的应用中就是这种情况, 这时在区间 $[0,1]$ 上的问题和在无限区间 $[0,+\infty)$ 上的问题可以连续求解.

从假设 H_2 可以推出线性化方程组边值问题

$$w' = [H_\alpha\langle\cdot, \overline{F}_\varepsilon - \varphi_t\rangle + H(\overline{F}_{x\varepsilon}\varphi_\alpha - \varphi_{\alpha t})]w; \tag{5.2.17a}$$

$$\frac{\mathrm{d}u}{\mathrm{d}\tau} = F_x(\varphi(\alpha(0),0) + B_0x,0,0)[u + \varphi_\alpha(\alpha(0),0)w(0)]; \tag{5.2.17b}$$

$$\frac{\mathrm{d}v}{\mathrm{d}\tau_1} = F_y(\varphi(\alpha(1),1) + Q_0x,1,0)[v + \varphi_\alpha(\alpha(1),1)w(1)]; \tag{5.2.17c}$$

$$R_0[\varphi_\alpha(\alpha(0),0)w(0) + u(0)] + R_1[\varphi_\alpha(\alpha(1),1)w(1) + v(0)] = 0. \tag{5.2.17d}$$

$$u(+\infty) = 0, \quad v(+\infty) = 0 \tag{5.2.18}$$

只有平凡解. 在式 (5.2.17d) 中, R_0 和 R_1 分别是 R 对第一个变量和第二个变量的雅可比 m 阶方阵, 且在 $(\varphi(\alpha(0),0) + B_0x(0), \varphi(\alpha(1),1) + Q_0x(0))$ 处取值. 我们用记号 $B\langle\cdot,\cdot\rangle$ 记双线性型 B.

2. 高阶项的构造

式 (5.2.11) 是正则部分一阶项 $\bar{x}_1$ 的线性方程, 其系数矩阵 $\overline{F}_x(t)$ 是奇异的. 由式 (5.2.12) 我们已经用一种使得式 (5.2.11) 的解存在的办法 (可解性条件) 来限定它的非齐次项 $\varphi_\alpha\alpha' + \varphi_t - F_\varepsilon$. 式 (5.2.11) 的通解可以写成形式:

$$\bar{x}_1(t) = \varphi_\alpha(\alpha,t)\beta_1(t) + \bar{x}_{1p}(t),$$

其中 $\bar{x}_{1p}(t)$ 是一个特解, 而 β_1 是一个 m_0 维的参数. 为了确定 $\beta_1(t)$, 我们式 (5.2.1) 中令 ε^2 的系数相等, 可得

$$\varphi_\alpha\beta_1' + \varphi_\alpha'\beta_1 + \bar{x}_{1p}' = \overline{F}_x\bar{x}_2 + \frac{1}{2}\overline{F}_{xx}\langle\bar{x}_1,\bar{x}_1\rangle + \overline{F}_{x\varepsilon}\bar{x}_1 + \frac{1}{2}\overline{F}_{\varepsilon\varepsilon}. \tag{5.2.19}$$

类似于 α 的确定, 将式 (5.2.19) 的两边乘以 $H(t)$ 得出

$$\beta_1' = H\left[\frac{1}{2}\overline{F}xx\langle\bar{x}_1,\bar{x}_1\rangle + \overline{F}x\varepsilon\bar{x}_1 - \phi_\alpha'\beta_1\right]\varphi_\alpha + H\left[\frac{1}{2}\overline{F}\varepsilon\varepsilon - \bar{x}_{1p}'\right]. \tag{5.2.20}$$

在 5.1 节中, Vasil'eva 和 Butuzov 已经证明了式 (5.2.20) 是 β_1 的线性方程. 由于我们要求明确的系数矩阵, 因此对它们重新进行讨论. 记

$$\frac{1}{2}H(t)\overline{F}xx\langle\bar{x}_1,\bar{x}_1\rangle = \frac{1}{2}H(t)\overline{F}xx\langle\varphi_\alpha\beta_1,\varphi_\alpha\beta_1\rangle + \frac{1}{2}\overline{F}xx\langle\bar{x}_{1p},\bar{x}_{1p}\rangle$$
$$+ H(t)\overline{F}xx\langle\varphi_\alpha\beta_1,\bar{x}_{1p}\rangle, \tag{5.2.21}$$

这是从 $\overline{F}_{xx}$ 是一个对称双线性型的事实得出的. 将式 (5.2.6) 对 α 求导推出

$$H_\alpha(t)\langle\cdot,\overline{F}_{x^*}\rangle + H(t)\overline{F}_{xx}\langle\varphi_{x^*},\cdot\rangle = 0. \tag{5.2.22}$$

用 φ_α 左乘式 (5.2.22) 给出

$$H_\alpha(t)\langle\cdot,F_x\varphi_{\alpha^*}\rangle^* + H(t)\overline{F}_{xx}\langle\varphi_{\alpha^*},\varphi_{\alpha^*}\rangle = 0.$$

由于式 (5.2.4) ($\overline{F}_x\varphi_\alpha = 0$), 因此式 (5.2.21) 右端第一项为零, 从而式 (5.2.20) 可以写成如下形式:

$$\beta_1' = H(t)\left[\overline{F}xx\langle\varphi_{\alpha^*},\bar{x}_{1p}\rangle + \overline{F}x\varepsilon\varphi_\alpha - \varphi_\alpha'\right]\beta_1 + \overline{G}_1, \tag{5.2.23}$$

其中 $\overline{G}_1$ 只依赖于 α 和 t. 下面我们要证明式 (5.2.23) 的系数 S 就等于式 (5.2.17a) 的系数. 显然,

$$S = H(t)\left[\overline{F}xx\langle\varphi_{\alpha^*},\bar{x}_{1p}\rangle - \varphi_{\alpha\alpha}\langle\alpha',\cdot\rangle\right] + H(t)\left[\overline{F}x\varepsilon\varphi_\alpha - \varphi_{\alpha t}\right]. \tag{5.2.24}$$

将式 (5.2.5) 对 α 求导给出

$$H_\alpha(t)\langle\cdot,\varphi_{\alpha^*}\rangle + H(t)\varphi_{\alpha\alpha}\langle\cdot,\cdot\rangle = 0. \tag{5.2.25}$$

从式 (5.2.22), 式 (5.2.24) 和式 (5.2.25) 即得

$$S = H_\alpha(t)\langle\cdot,\varphi_\alpha\alpha' - \overline{F}_x\bar{x}_{1p}\rangle + H(t)\left[\overline{F}x\varepsilon\Phi_\alpha - \varphi_{\alpha t}\right].$$

利用 $\bar{x}_{1p}$ 是式 (5.2.11) 特解的事实, 显然有: 在式 (5.2.17a) 和式 (5.2.23) 中的系数是一样的.

假设我们已经构造了 $\bar{x}_0,\cdots,\bar{x}_{n-1},n \geqslant 2$. 于是我们从形式为

$$\overline{F}_x\bar{x}_n = F_n(\bar{x}_0,\cdots,\bar{x}_{n-1}) \tag{5.2.26}$$

的方程确定 $\bar{x}_n$, 其中非齐次项满足可解性条件 $HF_n = 0$. 因此方程 (5.2.26) 的通解可写成

$$\bar{x}_n = \varphi_\alpha \beta_n + \bar{x}_{np}.$$

在式 (5.2.1) 中令 ε^{n+1} 的系数相等即得

$$\varphi_\alpha \beta'_n + \varphi'_\alpha \beta_n = \overline{F}_{yx} \bar{x}_{n+1} + \overline{F}_{xx} \langle \bar{x}_1, \bar{x}_n \rangle + \overline{F}_{x\varepsilon} \bar{x}_n + \widetilde{G},$$

其中 $\widetilde{G}$ 只依赖于 $\bar{x}_0, \cdots, \bar{x}_{n-1}$. 用 $H(t)$ 左乘上式两边并重复我们用于证明 β_1 方程线性性的讨论, 即得

$$\beta'_n = H(t) \left[\overline{F}_{xx} \langle \bar{x}_{1p}, \varphi_\alpha \rangle + \overline{F}_{x\varepsilon} \varphi_\alpha - \varphi'_\alpha \right] \beta_n + \overline{G}_n, \tag{5.2.27}$$

显然, β_n 有与式 (5.2.23) 一样的系数矩阵. 类似于 $\widetilde{G}, \overline{G}$ 也只依赖于 $\bar{x}_1, \cdots, \bar{x}_{n-1}$. 假设我们已经构造了 $\bar{x}_0, \cdots, \bar{x}_{n-1}$; $B_0 x, \cdots, B_{n-1} x$; $Q_0 x, \cdots, Q_{n-1} x$; 这里边界层校正项 $B_i x, Q_i x$ 满足式 (5.2.16) 型的指数式估计. 于是 $B_n x$ 和 $Q_n x$ 满足

$$\frac{\mathrm{d}B_n y}{\mathrm{d}\tau} = F_x(\varphi(\alpha(0), 0) + B_0 x, 0, 0)[B_n x + \varphi_\alpha(\alpha(0), 0)\beta_n(0)] + B_n G; \tag{5.2.28a}$$

$$\frac{\mathrm{d}Q_n y}{\mathrm{d}\tau_1} = -F_x(\varphi(\alpha(1), 1) + Q_0 x, 1, 0)[Q_n x + \varphi_\alpha(\alpha(1), 1)\beta_n(1)] + Q_n G; \tag{5.2.28b}$$

$$B_n x(+\infty) = 0, \quad Q_n x(+\infty) = 0. \tag{5.2.28c}$$

其中 $B_n G$ 和 $Q_n G$ 依赖于展开式中直到 $n-1$ 阶的项; 而且, $B_n G$ 和 $Q_n G$ 还满足式 (5.2.16) 型的指数式估计. 此外, 式 (5.2.28a) 和式 (5.2.28b) 不同于式 (5.2.17b) 和式 (5.2.17c) 仅在于项 $B_n G$ 和 $Q_n G$. 令式 (5.2.2) 中 ε^n 系数相等, 即得边界条件

$$R_0(\varphi(\alpha(0), 0)\beta_n(0) + B_n x(0)) + R_1(\varphi(\alpha(1), 1)\beta_n(1) + Q_n x(0)) = c_n, \tag{5.2.29}$$

这里 c_n 与 $B_n G$ 和 $Q_n G$ 一样依赖于同样的项. 这些边界条件不同于边界条件 (5.2.17d) 仅在于右端项 c_n. 问题 (5.2.27)(式 (5.2.23) 是它当 $n = 1$ 的情形)—(5.2.28) 和式 (5.2.29) 的唯一可解性立即从式 (5.2.17)—(5.2.18) 只有零解的事实得出. 至于 $B_n x$ 和 $Q_n x$ 是指数式衰减函数, 这是在下一步讨论无穷区间边值问题时的一个结果 (见文献 [3] 的引理 3.2). 于是, 在形式渐近展开式 (5.2.7) 中的项可以不断地构造直到任意阶数.

5.2.3 存在唯一性结果

令 $X_N(t, \varepsilon)$ 记式 (5.2.7) 中前 $N+1$ 项部分和, 亦即

$$X_N(t, \varepsilon) = \sum_{j=0}^{N} \left(\bar{x}_j(t) + B_j x\left(\frac{t}{\varepsilon}\right) + Q_j x\left(\frac{1-t}{\varepsilon}\right) \right) \varepsilon^j, \quad N \geqslant 0.$$

令空间 $C^1[0,1]$ 的范数 $\|\cdot\|_*$ 定义为

$$\|x\|_* = \|x\|_{[0,1]} + \varepsilon \|x'\|_{[0,1]}.$$

于是, $C^1([0,1],\|\cdot\|_*)$ 是一个 Banach 空间. 这个空间的球记为

$$B_\delta(x_0) = \left\{ x \in C^1[0,1] \big| \|x - x_0\|_* \leqslant \delta \right\}.$$

我们现在来证明本节的主要结果.

定理 5.2.1 令问题 (5.2.1)—(5.2.2) 中的 F 和 R 是 $N+1$ 次连续可微的, 并令假设 H_1 和 H_2 成立. 于是存在常数 $c, \varepsilon_0 > 0$, 使得对于 $0 < \varepsilon \leqslant \varepsilon_0$, 在球 $B_{c\varepsilon}(X_1)$ 中问题 (5.2.1)—(5.2.2) 存在唯一解 $x(t,\varepsilon)$, 且满足

$$\|x(t,\varepsilon) - X_N(t,\varepsilon)\| = O(\varepsilon^{N+1}), \quad N \geqslant 0.$$

5.2.4 拟线性奇摄动方程组边值问题

考虑拟线性奇摄动方程组边值问题 (见文献 [4]):

$$\varepsilon \frac{\mathrm{d}^2 x}{\mathrm{d}t^2} = A(x,t)\frac{\mathrm{d}x}{\mathrm{d}t} + g(x,t), \quad 0 \leqslant t \leqslant 1; \tag{5.2.30}$$

$$x(0,\varepsilon) = x^0, \quad x(1,\varepsilon) = x^1. \tag{5.2.31}$$

其中 x, g 都是 m 维向量, 而 A 为 m 阶方阵, g, A 对 (x,t) 充分光滑, $\varepsilon \geqslant 0$ 为小参数. 将式 (5.2.30) 化成与它等价的 $2m$ 维一阶方程组:

$$\begin{cases} \varepsilon \dfrac{\mathrm{d}x}{\mathrm{d}t} = y, \\ \varepsilon \dfrac{\mathrm{d}y}{\mathrm{d}t} = A(x,t)y + \varepsilon g(x,t). \end{cases} \tag{5.2.32}$$

I. 假设 $A(x,t)$ 的 m 个特征值全为负实部.

令

$$z = \begin{pmatrix} x \\ y \end{pmatrix},$$

于是式 (5.2.32) 写成

$$\varepsilon \frac{\mathrm{d}z}{\mathrm{d}t} = F(z,t,\varepsilon) \equiv \begin{pmatrix} y \\ A(x,t)y + \varepsilon g(x,t) \end{pmatrix}, \tag{5.2.33}$$

因此退化方程组 $F(z,t,0) = 0$ 有解流形

$$z = \varphi(\alpha,t) = \begin{pmatrix} \alpha \\ 0 \end{pmatrix},$$

这里 α 为任意 m 维向量. 由此不难推出

$$\overline{F}_z(t) = F_z(\varphi(\alpha,t),t,0) = \begin{bmatrix} 0 & I_m \\ 0 & A(\alpha,0) \end{bmatrix}.$$

从而不难验证, 方程组 (5.2.33) 确实是一个奇异奇摄动系统; 它的形式渐近解为

$$z(t,\varepsilon) = \sum_{j=0}^{n} \varepsilon^j [\bar{z}_j(t) + B_j z(\tau)] + \cdots.$$

在正则部分的零次近似 $\bar{z}_0(t)$ 中有 $\bar{x}_0(t) \equiv \alpha(t), \bar{y}_0(t) \equiv 0$, 而 $\alpha(t)$ 为初值问题

$$\begin{cases} \dfrac{\mathrm{d}\alpha}{\mathrm{d}t} = -A^{-1}(\alpha,t)g(\alpha,t), \\ \alpha(1) = x^1 \end{cases} \tag{5.2.34}$$

的解; 边界层函数 B_0x, B_0y 应该是边值问题

$$\begin{cases} \dfrac{\mathrm{d}B_0x}{\mathrm{d}\tau} = B_0y, \\ \dfrac{\mathrm{d}B_0y}{\mathrm{d}\tau} = A(\alpha(0) + B_0x, 0)B_0y, \\ B_0x(0) = x^0 - \alpha(0), \quad B_0x(+\infty) = B_0y(+\infty) = 0 \end{cases} \tag{5.2.35}$$

的解.

II. 假设问题 (5.2.34) 在区间 $[0,1]$ 上存在唯一解 $\alpha = \alpha(t)$; 点 $x^0 - \alpha(0)$ 位于过 $2m$ 维空间 (B_0x, B_0y) 原点的 m 维稳定不变流形 $B_0y = \Phi(B_0x)$ 定义域内.

如果条件 I, II 满足, 那么不难验证, 对于奇异奇摄动边值问题 (5.2.32)—(5.2.31), 定理 5.2.1 成立.

如果把假设 I, II 修改如下.

I^0. 假设 $A(x,t)$ 的 m_- 个特征值为负实部. $m_+ = m - m_-$ 个特征值为正实部. 这时 $\alpha(t)$ 应满足边值问题

$$\begin{cases} \dfrac{\mathrm{d}\alpha}{\mathrm{d}t} = -A^{-1}(\alpha,t)g(\alpha,t), \\ b\alpha(0) + a\alpha(1) = bx^0 + ax^1, \end{cases} \tag{5.2.36}$$

其中

$$a = \begin{bmatrix} I_{m_-} & 0 \\ 0 & 0 \end{bmatrix}, \quad b = I_m - a.$$

左端边界层函数 B_0x, B_0y 应该满足边值问题

$$\begin{cases} \dfrac{\mathrm{d}B_0x}{\mathrm{d}\tau} = B_0y, \\[2mm] \dfrac{\mathrm{d}B_0y}{\mathrm{d}\tau} = A(\alpha(0) + B_0x, 0)B_0y, \\[2mm] aB_0x(0) = a(x^0 - \alpha(0)), \quad B_0x(+\infty) = B_0y(+\infty) = 0. \end{cases} \tag{5.2.37}$$

右端边界层函数 Q_0x, Q_0y 应该满足边值问题

$$\begin{cases} \dfrac{\mathrm{d}Q_0x}{\mathrm{d}\tau_1} = Q_0y, \quad \tau_1 = \dfrac{1-t}{\varepsilon} \geqslant 0, \\[2mm] \dfrac{\mathrm{d}Q_0y}{\mathrm{d}\tau_1} = A(\alpha(1) + Q_0x, 1)Q_0y; \\[2mm] bQ_0x(0) = b(x^1 - \alpha(1)), \quad Q_0x(+\infty) = Q_0y(+\infty) = 0. \end{cases} \tag{5.2.38}$$

II^0. 假设边值问题 (5.2.36) 在区间 $[0,1]$ 上存在唯一解 $\alpha = \alpha(t)$; 点 $a(x^0 - \alpha(0))$ 位于过 $2m$ 维空间 (B_0x, B_0y) 原点的 m_- 维稳定不变流形定义域内; 点 $b(x^1 - \alpha(1))$ 位于过 $2m$ 维空间 (Q_0x, Q_0y) 原点的 m_+ 维稳定不变流形定义域内.

在条件 I^0, II^0 的假设下, 同样不难验证定理 5.2 成立, 因此可以构造它的渐近近似解.

5.2.5　例子

我们考虑一个含有慢变量的常系数线性吉洪诺夫奇异奇摄动系统:

$$\begin{cases} \varepsilon \dfrac{\mathrm{d}x}{\mathrm{d}t} = Ax + By, \\[2mm] \dfrac{\mathrm{d}y}{\mathrm{d}t} = Cx + Dy, \end{cases} \tag{5.2.39}$$

其中 x, y 分别为 m, n 维向量, 矩阵 A, B, C, D 为适当阶数. 由于式 (5.2.39) 是奇异奇摄动系统, 因此有

$$\det A = 0.$$

另外, 我们要求退化系统的特征多项式

$$\bar{p}(\lambda) = \det \begin{bmatrix} -A & -B \\ -C & \lambda I_n - D \end{bmatrix} \not\equiv 0.$$

显然 $\bar{p}(\lambda)$ 的次数 n_0 必定小于 n. 下面我们取

$$A = \begin{bmatrix} 2 & 0 & -1 \\ 1 & -1 & 0 \\ 3 & -1 & -1 \end{bmatrix}, \quad B = \begin{bmatrix} 4 & 2 \\ 1 & 3 \\ 3 & 3 \end{bmatrix}, \quad C = \begin{bmatrix} -2 & 1 & 2 \\ -1 & 0 & 2 \end{bmatrix}, \quad D = \begin{bmatrix} 3 & 0 \\ 0 & -2 \end{bmatrix}.$$

直接计算即得
$$\bar{p}(\lambda) = -12\lambda - 6 \neq 0,$$
从而特征根为 $\lambda = -1/2$. 于是由此得出退化系统的通解为
$$\bar{x} = c \begin{bmatrix} -6 \\ 6 \end{bmatrix} \exp\left(-\frac{1}{2}t\right), \quad \bar{y} = c \begin{bmatrix} 11 \\ 23 \\ 10 \end{bmatrix} \exp\left(-\frac{1}{2}t\right).$$

这里 c 为任意常数.

顺便指出, 如果将矩阵 B 中的第一行第一列的元素 4 改成 0, 而其余全不变, 则有 $\bar{p}(\lambda) = -56 \neq 0$, 于是这时式 (5.2.39) 的退化系统只有零解. 这种情况可以作为文献 [7] 提出的所谓**非标准奇摄动问题**的一个例子, 其精确解的渐进展开有待进一步研究.

在方程组 (5.2.39) 中令 $t = \varepsilon\tau$ 可得
$$\frac{\mathrm{d}x}{\mathrm{d}\tau} = Ax + By, \quad \frac{\mathrm{d}y}{\mathrm{d}\tau} = \varepsilon Cx + \varepsilon Dy, \tag{5.2.40}$$
其特征多项式为
$$p(\lambda, \varepsilon) \overset{\text{def}}{=} \det \begin{bmatrix} \lambda I_m - A & -B \\ -\varepsilon C & \lambda I_r - \varepsilon D \end{bmatrix}.$$

根据代数函数论中关于 Puiseux 级数的结论和 Newton 多边形法, 可求得上面例子的特征根的 Puiseux 级数为
$$\lambda_1(\varepsilon) = -\frac{1}{2}\varepsilon + \varepsilon \sum_{k=1}^{\infty} \lambda_{1k}\varepsilon^k, \quad \lambda_2(\varepsilon) = (12\varepsilon)^{\frac{1}{4}} + \sum_{k=2}^{\infty} \lambda_{2k}\varepsilon^{k/4},$$
$$\lambda_3(\varepsilon) = -(12\varepsilon)^{\frac{1}{4}} + \sum_{k=2}^{\infty} \lambda_{3k}\varepsilon^{k/4}, \quad \lambda_4(\varepsilon) = (12\varepsilon)^{\frac{1}{4}}\mathrm{i} + \sum_{k=2}^{\infty} \lambda_{4k}\varepsilon^{k/4},$$
$$\lambda_5(\varepsilon) = -(12\varepsilon)^{\frac{1}{4}}\mathrm{i} + \sum_{k=2}^{\infty} \lambda_{5k}\varepsilon^{k/4}.$$

由此即见, 含有慢变量的奇异奇摄动系统, 即使在线性情况下, 都有分数幂出现, 而退化解空间, 甚至只有零解. 至于如何给出定解条件, 使得这类奇异奇摄动问题适定, 还需深入研究.

参 考 文 献

[1] Vasil'eva A B, Butuzov V F. Singularly Perturbed Equations in the Critical Case. Moscow: Moscow State University, 1978.

[2]　O'Malley Jr R E. On singular singularly perturbed initial value problems. Applicable Analysis, 1978, 8: 71-81.

[3]　Schmeiser C, Weiss R. Asymptotic analysis of singular singularly perturbed boundary value problems. SIAM J. Math. Anal., 1986, 17: 560-679.

[4]　Wang Z M, Lin W Z. The Dirichlet problem for a quasilinear singularly perturbed second order systems. J. Math Anal. Appl., 1996, 201: 897-910.

[5]　Kelley A. The stable, center-stable, center, center-unstable and unstable manifolds// Abraham R, Robben J. ed. Appendix in Transversal Mappings and Flows. New York: Benjamin, 1967

[6]　Hsieh P F, Sibuya Y. A global analysis of matrices of functions of several variables. Journal of mathematical analysis and applications, 1966, 14: 332-340.

[7]　Etcechoury M, Muravchik C. Nonstandard singular perturbation systems and higher index differential-algebraic systems. Applied Mathematics and Computation, 2003, 134: 323-344.

第 6 章   快–慢系统的慢流形和鸭解问题

由 Fenichel 发展的慢流形理论是奇异摄动几何理论的重要内容, 是约化多尺度模型的重要方法. 发生在快–慢系统中的鸭现象是与慢流形理论密切相关的一类重要分支现象. 本章简要介绍慢流形的基本定理及其渐近近似; 介绍鸭解问题的研究概况以及几类平面和三维快慢系统的鸭解问题.

6.1   快–慢系统的慢流形

6.1.1   引言

考虑如下形式的一阶常微分方程组

$$\varepsilon \frac{\mathrm{d}x}{\mathrm{d}t} = f(x, y, \varepsilon), \quad x \in \mathbf{R}^m, \tag{6.1.1}$$

$$\frac{\mathrm{d}y}{\mathrm{d}t} = g(x, y, \varepsilon), \quad x \in \mathbf{R}^n, \tag{6.1.2}$$

其中, f 和 g 是在某个区域 $D \subset \mathbf{R}^m \times \mathbf{R}^n$ 上任意次连续可微的函数, ε 是正的小参数. 通常称 x 为快变量, y 为慢变量. 因而, 方程组 (6.1.1)—(6.1.2) 也称为快–慢系统. 它是一类典型的奇异摄动系统, 当令 $\varepsilon \to 0$ 时, 其并不退化成同样类型方程组, 而是变成代数–微分系统

$$0 = f(x, y, 0), \tag{6.1.3}$$

$$\frac{\mathrm{d}y}{\mathrm{d}t} = g(x, y, 0). \tag{6.1.4}$$

称集合 $M_0 \equiv \{(x, y) | f(x, y, 0) = 0, (x, y) \in D\}$ 为临界流形 (或退化流形). 假若方程组 (6.1.1)—(6.1.2) 的临界流形能表示成函数 $x = h(y)$ 的图像, 我们得到控制方程

$$\frac{\mathrm{d}y}{\mathrm{d}t} = g(h(y), y, 0),$$

这显然比研究系统 (6.1.1)—(6.1.2) 更容易. 一个重要问题就是, 原系统 (6.1.1)—(6.1.2) 的解与退化系统 (6.1.3)—(6.1.4) 的解有何关系?

作尺度变换 $\tau = t/\varepsilon$, 得到等价的快系统

$$\frac{\mathrm{d}x}{\mathrm{d}\tau} = f(x, y, \varepsilon), \tag{6.1.5}$$

$$\frac{\mathrm{d}y}{\mathrm{d}\tau} = \varepsilon g(x, y, \varepsilon). \tag{6.1.6}$$

相对于系统 (6.1.1)—(6.1.2), 称系统 (6.1.5)—(6.1.6) 为慢系统. 令 $\varepsilon \to 0$, 得到所谓的伴随系统

$$\frac{\mathrm{d}x}{\mathrm{d}\tau} = f(x, y, 0),$$
$$\frac{\mathrm{d}y}{\mathrm{d}\tau} = 0,$$

在第一个方程里, y 看作一个参数.

例 6.1.1　考虑系统

$$\varepsilon \frac{\mathrm{d}x}{\mathrm{d}t} = -x + \sin y, \tag{6.1.7}$$
$$\frac{\mathrm{d}y}{\mathrm{d}t} = 1. \tag{6.1.8}$$

系统 (6.1.7)—(6.1.8) 的临界流形由曲线 $x = \sin y$ 给出, 其约化到临界流形上的动态方程的解为

$$x(t) = \sin(y_0 + t), \quad y(t) = y_0 + t,$$

其中 $y_0 = y(0)$. 伴随系统为

$$\frac{\mathrm{d}x}{\mathrm{d}\tau} = -x + \sin y, \quad y = \text{const.},$$

其满足初始条件 $(x(0), y(0)) = (x_0, y_0)$ 的解为

$$x(\tau) = (x_0 - \sin y_0)\mathrm{e}^{-\tau} + \sin y_0.$$

因此, 所有的解当 $\tau \to +\infty$ 都收敛到临界流形 $x = \sin y$.

为了把以上的解与原系统 (6.1.7)—(6.1.8) 的解作比较, 用常数变易法解系统 (6.1.7)—(6.1.8), 得到

$$x(t) = [x_0 - \bar{x}(0, \varepsilon)]\mathrm{e}^{-t/\varepsilon} + \bar{x}(t, \varepsilon), \quad y(t) = y_0 + t,$$

其中,

$$\bar{x}(t, \varepsilon) = \frac{\sin(y_0 + t) - \varepsilon \cos(y_0 + t)}{1 + \varepsilon^2}.$$

对足够小的 t, $\bar{x}(t, \varepsilon) = \sin y_0 + O(\varepsilon) + O(t)$, 进而

$$x(t) = [x_0 - \bar{x}(0, \varepsilon)]\mathrm{e}^{-t/\varepsilon} + \sin y_0 + O(\varepsilon) + O(t).$$

故, 对充分小的 t, 系统 (6.1.7)—(6.1.8) 满足初始条件 $(x(0), y(0)) = (x_0, y_0)$ 的解可用伴随系统相应的解来近似, 且其误差随着时间的增大而越来越大. 但当 $t \gg \varepsilon |\ln \varepsilon|$ 时, 系统 (6.1.7)—(6.1.8) 满足初始条件 $(x(0), y(0)) = (x_0, y_0)$ 的解充分接近于

$$x(t, \varepsilon) = \frac{\sin y(t) - \varepsilon \cos y(t)}{1 + \varepsilon^2}, \quad y(t) = y_0 + t.$$

即当 $t \gg \varepsilon |\ln \varepsilon|$ 时, 约化到临界流形上的退化方程的解是原系统相应解的很好近似.

从上例可以看出, 任何一个单独的极限方程都不能完整地反映原系统 (6.1.1)—(6.1.2) 解的性态. 事实上, 在临界流形 M_0 上, 伴随系统的流是平凡的, 系统 (6.1.3)—(6.1.4) 的流尽管不是平凡的, 但离开 M_0 就没有定义了.

6.1.2　慢流形定理

定义 6.1.1　称 $M \subset M_0$ 是法向双曲的, 如果矩阵 $\dfrac{\partial f}{\partial x}(x, y, 0)$ 取值于 M 的所有特征根皆具有非零实部. 进一步, 如果矩阵 $\dfrac{\partial f}{\partial x}(x, y, 0)$ 取值于 M 的所有特征根皆具有负实部, 就称 M 为吸引的; 如果矩阵 $\dfrac{\partial f}{\partial x}(x, y, 0)$ 取值于 M 的特征根中至少有一个具有正实部, 其余的皆为负实部, 就称 M 为排斥的.

定义 6.1.2　称集合 Γ 关于系统 (6.1.1)—(6.1.2) 的流是局部不变的, 如果其有一个邻域 V 使得

$$\forall x \in \Gamma, \quad x \cdot [0, t] \subset V \Rightarrow x \cdot [0, t] \subset \Gamma, \quad t > 0,$$

$$\forall x \in \Gamma, \quad x \cdot [t, 0] \subset V \Rightarrow x \cdot [t, 0] \subset \Gamma, \quad t < 0.$$

定理 6.1.1[1,2](Fenichel 慢流形定理)　假设 $M \subset M_0$ 是一个紧的法向双曲流形, 那么对充分小的 $\varepsilon > 0$, 存在一个位于 M 的 $O(\varepsilon)$- 邻域内的流形 M_ε 满足:

(a) M_ε 微分同胚于 M;

(b) M_ε 关于系统 (6.1.1)—(6.1.2) 的流是局部不变的;

(c) 对任意 $0 < r < +\infty$, M_ε 是 C^r 光滑的.

定义 6.1.3　定理 6.1.1 得到的流形 M_ε 称为系统 (6.1.1)—(6.1.2) 的慢流形.

临界流形 M_0 如果在某点是非法向双曲的, 则定理 6.1.1 不再成立, 这可能导致更有趣的现象发生, 如松弛振荡和鸭现象.

事实上, 慢流形 M_ε 可以表示成一个函数图像. 因为临界流形是法向双曲的, 即矩阵 $\dfrac{\partial f}{\partial x}(x, y, 0)$ 对任意 $(x, y) \in M_0$ 皆可逆, 由隐函数定理知 x 可以局部表示为 y 的函数. 不妨设存在一个定义在 $\mathbf{R}^n$ 中的某个紧区域 E 上的函数 $x = h_0(y)$, 使得 $M_0 = \{(x, y) : x = h_0(y)\}$.

定理 6.1.2[1,2]　假设 M_0 由一个 C^∞ 函数 $x = h_0(y), y \in E$ 给出, 其中 E 是 $\mathbf{R}^n$ 中紧的单连通区域, 其边界是 $n - 1$ 维 C^∞ 子流形. 那么对充分小的 $\varepsilon > 0$, 存在一个定义在 E 的函数 $x = h_\varepsilon(y)$ 满足:

(a) M_ε 微分同胚于 M;

(b) M_ε 关于系统 (6.1.1)—(6.1.2) 的流是局部不变的;

(c) 对任意 $0 < r < +\infty$, M_ε 是 C^r 光滑的.

这里, $M_\varepsilon = \{(x, y) : x = h_\varepsilon(y)\}$. 此外, $h_\varepsilon(y)$ 有如下渐近展开

$$h_\varepsilon(y) = h_0(y) + \varepsilon h_1(y) + \varepsilon^2 h_2(y) + \cdots, \quad \varepsilon \to 0.$$

据定理 6.1.1 或定理 6.1.2, 我们容易得到限制到 M_ε 的动态方程. 将 $x = h_\varepsilon(y)$ 代入式 (6.1.1), 考虑到慢流形 M_ε 可由 y 参数化, 因而 M_ε 上的流由

$$\frac{\mathrm{d}y}{\mathrm{d}\tau} = \varepsilon g(h_\varepsilon(y), y, \varepsilon)$$

给出. 回到慢时间尺度, 有

$$\frac{\mathrm{d}y}{\mathrm{d}t} = g(h_\varepsilon(y), y, \varepsilon),$$

其退化方程为

$$\frac{\mathrm{d}y}{\mathrm{d}t} = g(h_0(y), y, 0),$$

它是临界流形 M_0 上的流方程. 这样, 原系统 (6.1.1)—(6.1.2) 限制到慢流形 M_ε 上就化为正则摄动问题.

6.1.3　慢流形的渐近近似

慢流形定理告诉我们: 慢流形 M_ε 可以看作临界流形 M_0 的扰动, 且位于 M_0 的 $O(\varepsilon)$ 邻域内. 然而慢流形 M_ε 的精确表示一般是难以得到的, 因此我们感兴趣于它关于小参数 ε 的渐近表示. 我们首先推导每个 $h_i(y)(i = 0, 1, 2, \cdots)$ 所满足的不变性方程. 注意到

$$\frac{\mathrm{d}x}{\mathrm{d}t} = Dh_\varepsilon(y)\frac{\mathrm{d}y}{\mathrm{d}t}.$$

将其代入到系统 (6.1.1)—(6.1.2), 得到所满足的不变性方程:

$$f(h_\varepsilon(y), y, \varepsilon) - \varepsilon Dh_\varepsilon(y)g(h_\varepsilon(y), y, \varepsilon) = 0, \quad y \in E. \tag{6.1.9}$$

将函数 $f(h_\varepsilon(y), y, \varepsilon)$ 和 $g(h_\varepsilon(y), y, \varepsilon)$ 在 $\varepsilon = 0$ 处 Taylor 展开,

$$f(h_\varepsilon(y), y, \varepsilon) = \sum_{q=0}^{\infty} f_q \varepsilon^q, \quad g(h_\varepsilon(y), y, \varepsilon) = \sum_{q=0}^{\infty} g_q \varepsilon^q, \tag{6.1.10}$$

其中,

$$f_q = \sum_{k=0}^{q-1} \sum_{j=1}^{q-k} \frac{1}{k!j!} \left(D_x^j D_\varepsilon^k f\right)_0 \sum_{|i|=q-k} \left(h_{i_1}, \cdots, h_{i_j}\right) + \frac{1}{q!} \left(D_\varepsilon^q f\right)_0, \qquad (6.1.11)$$

$$g_q = \sum_{k=0}^{q-1} \sum_{j=1}^{q-k} \frac{1}{k!j!} \left(D_x^j D_\varepsilon^k g\right)_0 \sum_{|i|=q-k} \left(h_{i_1}, \cdots, h_{i_j}\right) + \frac{1}{q!} \left(D_\varepsilon^q g\right)_0, \qquad (6.1.12)$$

这里, 若求和记号下限超过上限时, 则和式理解为零; 记号 $(\cdot)_0$ 指括号里的量在 M_0 上取值; $D_x^j D_\varepsilon^k$ 是将 j-形式映为向量的多重线性算子; 式中 $\displaystyle\sum_{|i|=q-k}$ 是对多重指标 $i = (i_1, i_2, \cdots, i_j)$ 满足约束条件 $|i| = i_1 + \cdots + i_j = q - k$ 的所有可能求和, $i_1, i_2, \cdots, i_j$ 为正整数. 把式 (6.1.10) 代入不变性方程 (6.1.9), 令 ε^q 的系数为零, 可得系列递推方程

$$f_0 = 0,$$
$$(D_x f)_0 h_1 + (D_\varepsilon f)_0 - (Dh_0) g_0 = 0,$$
$$(D_x f)_0 h_2 + \frac{1}{2} \left(D_x^2 f\right)_0 (h_1, h_1) + (D_x D_\varepsilon f)_0 h_1 + \frac{1}{2} \left(D_\varepsilon^2 f\right)_0$$
$$- (Dh_1)(g)_0 - (Dh_0)\left((D_x g)_0 h_1 + (D_\varepsilon g)_0\right) = 0,$$
$$\cdots\cdots$$
$$f_q - \sum_{l=0}^{q-1} (Dh_l) g_{q-1-l} = 0, \quad q = 1, 2, \cdots.$$

显然, 若 $h_\varepsilon(y)$ 为一元实值函数时, 由上述递推方程容易求出每个 $h_i(y)$, 即得到慢流形 $h_\varepsilon(y)$ 的渐近近似.

例 6.1.2　求例 6.1.1 中慢流形的渐近近似.

显然, $h_\varepsilon(y)$ 所满足的不变性方程为

$$-h_\varepsilon(y) + \sin y - \varepsilon h_\varepsilon'(y) = 0.$$

把

$$h_\varepsilon(y) = h_0(y) + h_1(y)\varepsilon + h_2(y)\varepsilon^2 + \cdots$$

代入上式并令关于 ε 的同次幂系数相等, 可得

$$h_i(y) = \begin{cases} \sin y, & i = 2k, \\ -\cos y, & i = 2k+1, \end{cases} \quad k = 0, 1, 2, \cdots.$$

因而, 慢流形的渐近近似为

$$h_\varepsilon(y) = \sin y - \varepsilon \cos y + \varepsilon^2 \sin y + \cdots.$$

当 $h_\varepsilon(y)$ 为多元向量值函数时, 计算每个 $h_i(y)$ 并非易事. Lam 等[3] 发展的奇异摄动计算方法 (CSP) 是计算快慢系统慢流形的有效方法, 可以参见文献 [3] 和 [4].

6.2　鸭解问题及其研究概况

考虑快慢系统

$$\varepsilon \frac{\mathrm{d}x}{\mathrm{d}t} = f(x, y, \lambda, \varepsilon), \quad x \in \mathbf{R}^m, \tag{6.2.1}$$

$$\frac{\mathrm{d}y}{\mathrm{d}t} = g(x, y, \lambda, \varepsilon), \quad x \in \mathbf{R}^n, \tag{6.2.2}$$

其中 $f, g \in C^\infty$, $0 < \varepsilon \ll 1$, λ 是依赖于 ε 的控制参数.

系统 (6.2.1)—(6.2.2) 的同时包含吸引部分和排斥部分的慢流形称为鸭流形, 一维的鸭流形即鸭轨线, 孤立的鸭闭轨也称为鸭环. 鸭环的产生伴随着周期解的振幅和周期随着控制参数的微小改变而产生巨大变化. 一个普遍特征是超临界 Hopf 分支出的稳定的小周期轨随着控制参数的改变而很快变成大的松弛环 (松弛振荡[5]). 鸭环是介于小的 Hopf 环和大的松弛环之间的周期轨, 这些周期轨在相空间中的形状类似于 "鸭", 因此称为鸭环 (图 6.2.1).

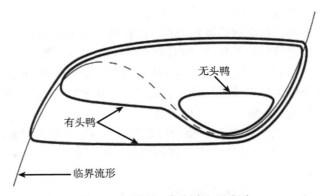

无头鸭

有头鸭

临界流形

图 6.2.1　鸭环: 有头鸭和无头鸭

1978 年, 一些法国学者[6] 研究了具有一个常数受迫项的 van der Pol 方程

$$\frac{\mathrm{d}^2 x}{\mathrm{d}t^2} + \nu(x^2 - 1)\frac{\mathrm{d}x}{\mathrm{d}t} + x = a, \quad \nu \gg 1,$$

或等价的系统

$$\varepsilon \dot{x} = y - \left(\frac{1}{3}x^3 - x\right),$$

$$\dot{y} = -x + a, \quad 0 < \varepsilon \ll 1.$$

对 $a > 0$, 这个系统有唯一的平衡点, 其稳定性随着 $a - 1$ 由正变负而改变, 那么由 Hopf 分支出的极限环对某个 a 成为松弛振荡. 他们用非标准分析的方法分析了极限环随参数 a 的变化, 证明了存在参数 $a^*(\varepsilon)$ 使得当 $a = a^*(\varepsilon)$ 时过渡的极限环存在, 这里 $a^*(\varepsilon) - 1 = o(1)$, $(\varepsilon \to 0)$, 其形状类似于 "鸭"(canard). 这成为非标准分析在奇摄动问题中应用的一个重要例子.

1983 年, Eckhaus[7] 应用标准的渐近分析和 WKB 方法研究了系统

$$\varepsilon \dot{x} = y - f(x), \quad f(x) = \frac{1}{3}x^3 + x^2, \quad \dot{y} = -(x + \alpha) \tag{6.2.3}$$

的鸭现象. 在文献 [7] 中, 通过局部变换

$$y = f(x) - \frac{\varepsilon}{g(x)} + \varepsilon^2\phi(x), \quad xg(x) = f'(x),$$

作者得到一阶方程

$$\varepsilon - \left\{ \left(\frac{\phi}{g(x)}\right)' + \varepsilon\phi\phi' \right\} = -f' - \frac{\alpha}{\varepsilon} + \frac{g'}{g(x)^3}. \tag{6.2.4}$$

那么, 方程 (6.2.4) 的在包含原点的区间上有界解 $\phi(x)$ 对应于系统 (6.2.3) 的鸭轨线. 用 WKB 方法得到方程 (6.2.4) 解的性质, 结合定性理论作者证明了系统 (6.2.3) 存在鸭轨线和鸭环, 并给出了对应参数估计. 不久, 俄罗斯学者 Kolesov 等用渐近方法[5] 研究了一大类松弛系统的鸭现象: 对具有两个慢变量的三维系统给出了发生鸭现象的充分条件以及鸭轨线的渐近近似, 特别对周期受迫 van der Pol 系统研究了不变环面及不稳定鸭环的性质[8]; 对具有扩散项的松弛系统[9], 研究了鸭环由扩散诱导的不稳定性. 用类似的方法 Shchepakina 和 Soblev 等[10] 研究了一类具有一个快变量的高维快慢系统的高维鸭流形的存在性; 在文献 [11] 中研究了一类反应扩散系统的一种新型行波解 —— 鸭行波解.

随着 Blow-up 技巧引入到奇异摄动问题的研究中, 几何奇异摄动理论获得了实质性的发展, 用几何的方法研究鸭问题也取得一些好的结果. 1996 年, Dumortier 和 Roussarie[12] 用中心流形和 Blow-up 方法研究了单参数 van der Pol 系统鸭轨线和鸭环的存在性, 给出了详细的几何解释. Szmolyan 和 Krupa[13,14] 发展了这种方法, 研究了在通有条件下更一般的二维单参数系统的鸭轨线存在性和鸭爆炸问题. 有关用几何的方法研究奇摄动系统的鸭现象, 还可参见文献 [15]~[17].

6.3 平面系统中的鸭解问题

在本节, 我们考虑平面快慢系统鸭解的存在性及渐近性. 这类系统的临界流形是平面中的曲线. 鸭现象的产生一般有两种机制, 一是退化问题的平衡点通过临界流形的折点, 二是临界流形的自交.

6.3.1 临界流形为通有折情形

本小节采用文献 [13] 的几何方法讨论平面快慢系统在临界流形为通有折情形时鸭的存在性. 考虑单参数快慢系统

$$\dot{x} = f(x, y, \lambda, \varepsilon), \tag{6.3.1}$$

$$\dot{y} = \varepsilon g(x, y, \lambda, \varepsilon). \tag{6.3.2}$$

这里 $0 < \varepsilon \ll 1$ 为摄动参数, $|\lambda| \ll 1$ 为控制参数, $f, g \in C^3\left(\mathbf{R}^2 \times (-1, 1) \times [0, 1]\right)$. 其临界流形 $S \equiv \{(x, y)|f(x, y, \lambda, 0) = 0\}$ 为依赖于参数 λ 的平面曲线.

定义 6.3.1 称 (x_0, y_0) 为临界流形 S 当 $\lambda = \lambda_0$ 时的非退化折点, 如果

$$f(x_0, y_0, \lambda_0, 0) = 0, \quad \frac{\partial f}{\partial x}(x_0, y_0, \lambda_0, 0) = 0,$$

$$\frac{\partial^2 f}{\partial x^2}(x_0, y_0, \lambda_0, 0) \neq 0, \quad \frac{\partial f}{\partial y}(x_0, y_0, \lambda_0, 0) \neq 0.$$

假设 $(0, 0)$ 是临界流形 $S \equiv \{(x, y)|f(x, y, \lambda, 0) = 0\}$ 当 $\lambda = 0$ 时的非退化折点, 即

$$f(0, 0, 0, 0) = 0, \quad \frac{\partial f}{\partial x}(0, 0, 0, 0) = 0,$$

$$\frac{\partial^2 f}{\partial x^2}(0, 0, 0, 0) \neq 0, \quad \frac{\partial f}{\partial y}(0, 0, 0, 0) \neq 0. \tag{6.3.3}$$

条件 (6.3.3) 表明, 对充分小的 $|\lambda|$, 系统 (6.3.1)—(6.3.2) 的临界流形 S 有一非退化折点位于原点的小邻域内. 由假设知, 可通过依赖于 λ 的坐标平移变换将此非退化折点平移至原点. 因此, 不失一般性, 可假设对充分小的 $|\lambda|$ 的所有值 $(0, 0)$ 是临界流形 S 的非退化折点. 进一步假设

$$g(0, 0, 0, 0) = 0, \quad \frac{\partial g}{\partial x}(0, 0, 0, 0) \neq 0, \quad \frac{\partial g}{\partial \lambda}(0, 0, 0, 0) \neq 0. \tag{6.3.4}$$

条件 (6.3.4) 保证了零倾线 $g(x, y, \lambda, 0) = 0$ 横截穿过临界流形 S.

临界流形 S 在原点附近由吸引部分 S_a、排斥部分 S_r 及非退化折点 $(0, 0)$ 构成. 由 Fenichel 慢流形定理知, 在原点的任意小邻域之外 S_a 和 S_r 光滑的摄动成系统 (6.3.1)—(6.3.2) 的局部不变的慢流形 $S_{a,\varepsilon}$ 和 $S_{r,\varepsilon}$ (图 6.3.1).

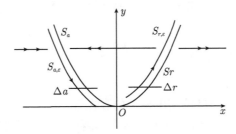

图 6.3.1 系统系统 (6.3.1)—(6.3.2) 的临界流形和慢流形

由假设 (6.3.3) 和 (6.3.4), 用简单的坐标变换可将系统 (6.3.1)—(6.3.2) 变为如下的标准形式:

$$\dot{x} = -yh_1(x, y, \lambda, \varepsilon) + x^2 h_2(x, y, \lambda, \varepsilon) + \varepsilon h_3(x, y, \lambda, \varepsilon),$$

$$\dot{y} = \varepsilon(\pm xh_4(x, y, \lambda, \varepsilon) - \lambda h_5(x, y, \lambda, \varepsilon) + yh_6(x, y, \lambda, \varepsilon)),$$

这里,

$$h_3(x, y, \lambda, \varepsilon) = O(x, y, \lambda, \varepsilon),$$
$$h_j(x, y, \lambda, \varepsilon) = 1 + O(x, y, \lambda, \varepsilon), \quad j = 1, 2, 4, 5.$$

我们假设 xh_4 前的符号为正, 这意味着退化系统限制到临界流形 S 上的轨线有如图 6.3.1 所示的方向.

引入记号

$$a_1 = \frac{\partial h_3}{\partial x}(0,0,0,0), \quad a_2 = \frac{\partial h_1}{\partial x}(0,0,0,0), \quad a_3 = \frac{\partial h_2}{\partial x}(0,0,0,0),$$

$$a_4 = \frac{\partial h_4}{\partial x}(0,0,0,0), \quad a_5 = h_6(0,0,0,0), \quad A = -a_2 + 3a_3 - 2a_4 - 2a_5.$$

对 $j = a, r$, 令 $\Delta_j = \{(x, \rho^2), x \in I_j\}$ 是 S_j 的截线 (ρ 充分小, I_j 是适当区间, 见图 6.3.1). 定义 $q_{j,\varepsilon} = \Delta_j \cap S_{j,\varepsilon}$. π 是系统 (6.3.1)—(6.3.2) 的流从 Δ_a 到 Δ_r 的过渡映射. 下述定理给出了鸭解的存在性及系统 (6.3.1)—(6.3.2) 的流在原点附近的动态性.

定理 6.3.1　假设系统 (6.3.1)—(6.3.2) 满足条件 (6.3.3) 和 (6.3.4), 且标准系统 xh_4 前的符号为正. 那么, 存在 $\varepsilon_0 > 0$ 和定义在 $[0, \varepsilon_0]$ 的光滑函数 $\lambda_c(\sqrt{\varepsilon})$, 使得当 $\varepsilon \in (0, \varepsilon_0]$ 时以下成立:

(1) $\pi(q_{a,\varepsilon}) = q_{r,\varepsilon}$ 当且仅当 $\lambda = \lambda_c(\sqrt{\varepsilon})$;

(2) 函数 $\lambda_c(\sqrt{\varepsilon})$ 有渐近展开式

$$\lambda_c(\sqrt{\varepsilon}) = -\left(\frac{a_1 + a_5}{2} + \frac{A}{8}\right)\varepsilon + O\left(\varepsilon^{\frac{3}{2}}\right);$$

(3) 过渡映射 π 仅当 λ 属于以 $\lambda_c(\sqrt{\varepsilon})$ 为中心 $O\left(\varepsilon^{-c/\varepsilon}\right)$ 为半径的区间内有定义, 这里 $c > 0$;

(4) $\left.\frac{\partial}{\partial \lambda}\left(\pi(q_{a,\varepsilon}) - q_{r,\varepsilon}\right)\right|_{\lambda = \lambda_c(\sqrt{\varepsilon})} > 0.$

证明　参见文献 [13].

定理 6.3.1 中的第一个结论给出鸭解的存在性, 即当 $\lambda = \lambda_c(\sqrt{\varepsilon})$ 时慢流形 $S_{a,\varepsilon}$ 和 $S_{r,\varepsilon}$ 光滑连接构成一个鸭解, 事实上这个鸭解称为最大鸭解. 文献 [14] 进一步研究了鸭极限环的存在性以及所谓的鸭爆炸.

定理 6.3.1 的证明涉及由 Dumortier 和 Roussarie 发展的 Blow-up 技巧和精细的定性分析. 事实上, 我们也可以用经典的渐近分析得到鸭解的存在性及鸭参数值 $\lambda_c(\sqrt{\varepsilon})$ 的渐近展开.

例 6.3.1　考虑如下的系统

$$\dot{x} = -y + x^2 + \varepsilon x,$$

$$\dot{y} = \varepsilon(x - \lambda).$$

把

$$y = x^2 + y_1(x)\varepsilon + y_2(x)\varepsilon^2 + \cdots,$$

$$\lambda_c(\sqrt{\varepsilon}) = \lambda_0 + \lambda_1\varepsilon + \lambda_2\varepsilon^2 + \cdots$$

代入以上系统, 可得

$$\left(\varepsilon x - y_1\varepsilon - y_2\varepsilon^2 - \cdots\right)\left(2x + y_1'\varepsilon + \cdots\right) = \varepsilon\left(x - \lambda_0 - \lambda_1\varepsilon - \lambda_2\varepsilon^2 - \cdots\right).$$

令关于 ε^0 的系数相等, 可得

$$2x(x - y_1) = x - \lambda_0.$$

考虑到 $S_{a,\varepsilon}$ 和 $S_{r,\varepsilon}$ 连接的光滑性可知 $\lambda_0 = 0$, 这样有

$$y_1 = x - \frac{1}{2}.$$

类似地, 可得 $\lambda_1 = -1/2$. 这跟定理 6.3.1 的结果一致. 我们也得到鸭解的渐近近似

$$y = x^2 + (x - 1/2)\varepsilon + \cdots.$$

它的严格证明可参见文献 [7].

当式 (6.3.3) 和式 (6.3.4) 中的非退化条件不成立时, 鸭解仍可能存在, 这方面的工作可参见文献 [18]∼[20].

6.3.2　临界流形为相交曲线情形

考虑平面系统

$$\dot{x} = u(x, y, \lambda, \varepsilon), \tag{6.3.5}$$

$$\varepsilon\dot{y} = v(x, y, \lambda, \varepsilon), \tag{6.3.6}$$

这里 $0 < \varepsilon \ll 1$, $|\lambda| \ll 1$ 为两小参数. 为研究系统 (6.3.5)—(6.3.6) 在相平面上的轨线, 考虑一阶微分方程

$$\varepsilon\frac{\mathrm{d}y}{\mathrm{d}x} = \frac{v(x, y, \lambda, \varepsilon)}{u(x, y, \lambda, \varepsilon)} \equiv f(x, y, \lambda, \varepsilon). \tag{6.3.7}$$

作如下假设:

H$_1$ $f(x, y, \lambda, \varepsilon) \in C^\infty ([a, b] \times \mathbf{R} \times [-\lambda_0, \lambda_0])$;

H$_2$ 代数方程 $f(x, y, 0) = 0$ 恰有两个解

$$y = \varphi_j(x) \in C^\infty ([a, b]), \quad j = 1, 2;$$

H$_3$ 存在 $x_0 \in (a, b)$ 使得

$$\varphi_1(x_0) = \varphi_2(x_0), \quad \varphi_1(x) - \varphi_2(x) \begin{cases} < 0, & x - x_0 < 0, \\ > 0, & x - x_0 > 0. \end{cases}$$

此外, 在区间 $[a, x_0)$ 上成立不等式

$$(-1)^j f_y' (x, \varphi_j(x), 0) > 0, \quad j = 1, 2,$$

$$f(x, y, 0) \begin{cases} < 0, & \varphi_1(x) < y < \varphi_2(x), \\ > 0, & y < \varphi_1(x) \text{ 或 } y > \varphi_2(x); \end{cases}$$

而在在区间 $(x_0, b]$ 上成立不等式

$$(-1)^j f_y' (x, \varphi_j(x), 0) < 0, \quad j = 1, 2,$$

$$f(x, y, 0) \begin{cases} < 0, & \varphi_2(x) < y < \varphi_1(x), \\ > 0, & y < \varphi_2(x) \text{ 或 } y > \varphi_1(x). \end{cases}$$

条件 H$_2$ 说明系统 (6.3.5)—(6.3.6) 的临界流形由两条光滑曲线构成, 而条件 H$_3$ 保证了这两条曲线的横截相交性. 由条件 H$_3$ 可知曲线 $y = \varphi_1(x)$ 分为吸引部分 $(x < x_0)$ 和排斥部分 $(x > x_0)$. 以曲线段 $y = \varphi_1(x), x \in [x_1, x_2]$ 为零阶近似的方程 (6.3.7) 的解称为鸭解, 即系统 (6.3.5)—(6.3.6) 的鸭轨线, 这里 $x_1 \in [a, x_0)$, $x_2 \in (x_0, b]$. 为得到鸭解的存在性, 考虑方程 (6.3.7) 满足如下边界条件的解

$$y \mid_{x=a} = y_1, \quad y \mid_{x=b} = y_2, \tag{6.3.8}$$

其中,

$$y_1 < \varphi_2(a), \quad y_2 > \varphi_2(b). \tag{6.3.9}$$

下述定理给出了鸭解的存在性和渐近性.

定理 6.3.2   假设条件 H$_1$ ~H$_3$ 和不等式 (6.3.9) 成立, 那么对充分小的 $\varepsilon > 0$, 存在唯一的 $\lambda = \lambda^*(\varepsilon)$ $(\lambda^*(0) = 0)$, 使得边值问题 (6.3.7)—(6.3.8) 有一个解 $y(x, \varepsilon)$, 且满足如下的渐近估计:

$$y(x, \varepsilon) = \sum_{k=0}^{\infty} \varepsilon^k y_k(x), \quad y_0(x) = \varphi_1(x), \quad x \in [x_1, x_2],$$

其中 $x_1 \in [a, x_0)$, 　　$x_2 \in (x_0, b]$.

　　证明 　参见文献 [21].

　　下面考虑一个特殊的例子.

　　例 6.3.2 　考虑一阶微分方程

$$\varepsilon \frac{\mathrm{d}y}{\mathrm{d}x} = y^2 - x^2 + \lambda. \tag{6.3.10}$$

易见, 上述定理 6.3.2 中的条件皆满足. 因此方程 (6.3.10) 存在一个鸭解, 其零阶近似为 $y = x$. 事实上, 当 $\lambda = \varepsilon$ 时 $y = x$ 是方程 (6.3.10) 的一个全局鸭解.

6.4 　高维系统中的鸭解问题

6.4.1 　具有一个快变量的三维奇摄动系统

　　考虑三维奇异摄动系统

$$\dot{x} = f(x, y), \quad x \in \mathbf{R}^2, \tag{6.4.1}$$

$$\varepsilon \dot{y} = g(x, y), \quad y \in \mathbf{R}, \tag{6.4.2}$$

其中, 函数 f 和 g 在区域 $\Omega = \Omega_x \times \Omega_y$ 中充分光滑 ($x \in \Omega_x, y \in \Omega_y$).

　　下面给出鸭解存在的条件 $\mathrm{H}_1 \sim \mathrm{H}_4$.

　　H_1 　代数方程 $g(x, y) = 0$ 恰有两个解 $y = \varphi(x) \in C^\infty(\Omega_x)$ 和 $y = \psi(x) \in C^\infty(\Omega_x)$, 且曲面

$$\Gamma_1 = \{(x, y) : x \in \Omega_x, y = \varphi(x)\}, \quad \Gamma_2 = \{(x, y) : x \in \Omega_x, y = \psi(x)\}$$

横截相交于一条光滑曲线 l. 进一步要求, 在曲线 l 上 $g''_{yy} \neq 0$.

　　考虑曲面 Γ_1 的吸引部分和排斥部分

$$\Gamma_1^- = \{(x, y) \in \Gamma_1 : g'_y(x, y) < 0\}, \quad \Gamma_1^+ = \{(x, y) \in \Gamma_1 : g'_y(x, y) > 0\}.$$

　　H_2 　对 $(x, y) \in \Gamma_1 \backslash l$, 不等式 $g'_y(x, y) \neq 0$ 成立, 且 Γ_1 和 Γ_2 非空.

　　进一步, 用 l_0 表示曲线 l 在平面 $y = 0$ 上的投影; 分别用 Γ_0^- 和 Γ_0^+ 表示 Γ_1^- 和 Γ_1^+ 在平面 $y = 0$ 上的投影.

　　H_3 　平面系统 $\dot{x} = f(x, \varphi(x))$ 的每条轨线随时间 t 增加从 Γ_0^- 横截穿过 l_0 到 Γ_0^+.

　　退化系统

$$\dot{x} = f(x, y), \quad 0 = g(x, y)$$

的轨线位于曲面 Γ_1 上, 按以上假设, 这些轨线是鸭. 一个有趣的问题是: 这些轨线中存在一条作为系统 (6.4.1)—(6.4.2) 的轨线的零阶近似吗?

为此, 任意选择点 $x_0 \in l_0$ 和区间 $-t_1 \leqslant t \leqslant t_2, t_1 > 0, t_2 > 0$. 用 $x = x_0(t)$ 表示系统 $\dot{x} = f(x, \varphi(x))$ 的轨线 $x = x(t, x_0)$ 在区间 $[-t_1, t_2]$ 上的部分. 进一步假设曲线 l_0 可参数化表示为 $l_0 = \{x = \gamma(s), a \leqslant s \leqslant b\}$ 且 $x_0 = \gamma(s_0)$. 考虑函数

$$\Phi(s_0) = (\nabla\varphi(x), f(x, \varphi(x)))\big|_{x=\gamma(s)}.$$

H$_4$　　$\Phi(s_0) = 0, \Phi'(s_0) \neq 0$.

下述定理给出系统 (6.4.1)—(6.4.2) 鸭轨线的存在性.

定理 6.4.1　　假设 H$_1$∼H$_4$ 成立, 系统 (6.4.1)—(6.4.2) 存在鸭轨线 $(x(t), y(t))$, 且成立

$$(x(t), y(t)) = (x_0(t) + O(\varepsilon), \phi(x_0(t) + O(\varepsilon))), \quad t \in [-t_1, t_2].$$

证明　　参见文献 [22].

注　　这里的结果可推广到具有一个快变量的高维系统[23] 以及具有两个快变量的三维系统[24].

6.4.2　一个表面氧化模型中的鸭现象

1992 年, Krischer 等[25] 在研究一氧化碳在铂表面氧化反应时提出了如下的模型

$$\frac{du}{dt} = p_{CO}\kappa_c s_c \left(1 - \left(\frac{u}{u_s}\right)^3\right) - k_d u - k_r uv, \tag{6.4.3}$$

$$\frac{dv}{dt} = p_{O_2}\kappa_o s_o \left(1 - \left(\frac{u}{u_s}\right)^3\right) - k_r uv, \tag{6.4.4}$$

$$\frac{dw}{dt} = k_p\left(h(u) - w\right), \tag{6.4.5}$$

$(u, v, w) \in [0, 1] \times [0, 1] \times [0, 1] \equiv D$. 这里 p_{CO} 和 p_{O_2} 分别指 CO 和 O_2 的分压, u 和 v 分别是 CO 和 O_2 的表面覆盖度, w 指展示结构表面的份额. s_0 是氧气的黏着系数, $h(u)$ 是如下形式的连续函数

$$h(u) = \begin{cases} 0, & u < 0.2, \\ \sum_{i=0}^{3} r_i u^i, & 0.2 \leqslant u \leqslant 0.5, \\ 1, & u > 0.5, \end{cases}$$

其中

$$r_3 = -\frac{1}{0.0135}, \quad r_2 = -1.05r_3, \quad r_1 = 0.3r_3, \quad r_0 = -0.026r_3.$$

反应率 k_r, k_d 和 k_p 服从 Arrhenius 定律:

$$k_i = k_i^0 \exp\left(-\frac{E_i}{RT}\right), \quad i = r, d, p.$$

系统中参数的实际取值可参见文献 [25].

通过尺度变换 $t' = k_p t$, 仍用 t 代替 t', 把系统 (6.4.3)—(6.4.5) 写成如下的无量纲形式:

$$\varepsilon \frac{\mathrm{d}u}{\mathrm{d}t} = \beta\left(1 - u^3\right) - \gamma u - \frac{uv}{v_s} \equiv f_1(u, v), \tag{6.4.6}$$

$$\varepsilon \frac{\mathrm{d}v}{\mathrm{d}t} = \alpha(w + s)\left(1 - u - \frac{v}{v_s}\right)^2 - \frac{uv}{v_s} \equiv f_2(u, v, w, \alpha), \tag{6.4.7}$$

$$\frac{\mathrm{d}w}{\mathrm{d}t} = h(u) - w, \tag{6.4.8}$$

其中,

$$\alpha = \frac{p_{\mathrm{O}_2}\kappa_0\left(s_{\mathrm{o}1} - s_{\mathrm{o}2}\right)}{k_r v_s}, \quad \beta = \frac{p_{\mathrm{CO}}\kappa_c}{k_r v_s}, \quad \gamma = \frac{k_d}{k_r v_s},$$

$$\varepsilon = \frac{k_d}{k_r v_s}, \quad s = \frac{s_{\mathrm{o}2}}{s_{\mathrm{o}1} - s_{\mathrm{o}2}} = 2.$$

我们首先讨论最大鸭的存在性. 为方便计, 固定参数 β, γ, s, 仅仅允许 α 改变. 确切地说, 把 α 看作 ε 的函数, 即 $\alpha = \alpha(\varepsilon)$. 对系统 (6.4.6)—(6.4.8) 进行尺度变换 $\tau = t/\varepsilon$, 得到如下等价的快系统

$$\frac{\mathrm{d}u}{\mathrm{d}\tau} = f_1(u, v), \tag{6.4.9}$$

$$\frac{\mathrm{d}v}{\mathrm{d}\tau} = f_2(u, v, w, \alpha), \tag{6.4.10}$$

$$\frac{\mathrm{d}w}{\mathrm{d}t} = \varepsilon\left(h(u) - w\right). \tag{6.4.11}$$

系统 (6.4.9)—(6.4.11) 在 $\mathbf{R}^3$ 中有一维的临界流形

$$S \equiv \{(u, v, w) | f_1(u, v) = f_2(u, v, w, \alpha_0) = 0\} = \{(u, v, w) | v = v_0(u), w = w_0(u)\},$$

其中,

$$\alpha_0 = \alpha(0), \quad v_0(u) = v_s\left(\frac{\beta}{u} - \gamma - \beta u^2\right),$$

$$w_0(u) = -\frac{u^2\left(\gamma u + \beta(u^3 - 1)\right)}{\alpha_0\left((1 + \gamma - u)u + \beta(u^3 - 1)\right)^2} - s.$$

它由五个不相交的部分 $S_1^-, S_1^0, S^+, S_2^0, S_2^-$ 构成. 对 $\varepsilon = 0$ 集合 S 相应于系统 (6.4.9)—(6.4.11) 的平衡点. S_1^-, S_2^- 是吸引部分, S^+ 是排斥部分, S_1^0, S_2^0 作为临界

流形 S 的分支点是非双曲的, 易验证其中一个为折点 (记为 S_2^0). 由慢流形定理知, 对充分小的 $\varepsilon > 0$, S_1^-, S_2^- 和 S^+ 分别摄动成系统 (6.4.3)—(6.4.5) 的局部不变的慢流形 $S_{1,\varepsilon}^-, S_{2,\varepsilon}^-$ 和 S_ε^+. 下面我们寻求参数 α 的某个值 $\alpha^*(\varepsilon)$ 使得当 $\alpha = \alpha^*(\varepsilon)$ 时慢流形 $S_{1,\varepsilon}^-$ 和 S_ε^+ 在非双曲点 S_1^0 的邻域能光滑连接. 对此参数值所得的流形称为最大鸭 (流形), 即它由 $S_{1,\varepsilon}^-$ 和 S_ε^+ 构成.

对参数 β 和 γ 作如下限定:

$$0.054 \leqslant \beta \leqslant 0.15, \quad 0 < \gamma < 3\beta - \frac{3}{4} - \frac{1}{4}\sqrt{25\beta^2 - 50\beta + 9}. \tag{6.4.12}$$

引理 6.4.1　假设式 (6.4.12) 成立, 则下述断言成立.

(1) 临界流形 S 在点 $(u_0, v_0(u_0), w_0(u_0))$ 取得极小值, 其中 u_0 不依赖于 α_0 且满足 $0.2 < u_0 < 0.5, w_0'(u_0) = 0$.

(2) 对 $0.2 < u_0 < 0.5$,

$$uv_0' + \frac{\partial f_2}{\partial v}(u, v_0, w_0, \alpha_0)v_s < 0.$$

这里及以下的 "$'$" 皆指关于 u 的微分.

证明　从条件 (6.4.12) 可得 $w_0'(0.2) < 0, w_0'(0.5) > 0$. 由此及函数 $v_0(u_0), w_0(u_0)$ 的性质知 (1) 成立. 断言 (2) 可直接计算验证.

定理 6.4.2　假设式 (6.4.12) 成立, 则对充分小的 $\varepsilon > 0$ 存在 α 的唯一值 $\alpha^*(\varepsilon)$ 使得当 $\alpha = \alpha^*(\varepsilon)$ 时系统 (6.4.3)—(6.4.5) 有一个最大鸭, 且下述展开式有效:

$$\alpha^*(\varepsilon) = \sum_{i=0}^{\infty} \alpha_i \varepsilon^i. \tag{6.4.13}$$

证明　显然, 仅需证明: 存在参数 α 的某个值 $\alpha^*(\varepsilon)$ 使得当 $\alpha = \alpha^*(\varepsilon)$ 时系统 (6.4.3)—(6.4.5) 在 u_0 的某小邻域有一条连接 $S_{1,\varepsilon}^-$ 和 S_ε^+ 的轨线.

首先确定式 (6.4.13) 的系数. 对系统 (6.4.9)—(6.4.11) 消除时间变量, 可得

$$f_1(u, v)\frac{\mathrm{d}v}{\mathrm{d}u} = f_2(u, v, w, \alpha), \tag{6.4.14}$$

$$f_1(u, v)\frac{\mathrm{d}w}{\mathrm{d}u} = \varepsilon\left(h(u) - w\right). \tag{6.4.15}$$

寻求系统 (6.4.14)—(6.4.15) 如下的形式解

$$v = \sum_{i=0}^{\infty} v_i(u)\varepsilon^i, \quad w = \sum_{i=0}^{\infty} w_i(u)\varepsilon^i. \tag{6.4.16}$$

把式 (6.4.16) 代入系统 (6.4.14)—(6.4.15), 并令关于 ε 的同次幂系数相等, 可得关于函数 $v_i(u)$ 和 $w_i(u)$ 的代数递推方程. 由函数 $v_{i+1}(u)$ 和 $w_{i+1}(u)$ 当 u 趋于 u_0 时的有界性我们能够确定常数 α_i.

在此程序的第一步, 易得

$$f_1(u, v) = f_2(u, v, w, \alpha_0) = 0,$$

即有

$$v_0(u) = v_s(\beta/u - \gamma - \beta u^2), \quad w_0(u) = -\frac{u^2\left(\gamma u + \beta(u^3 - 1)\right)}{\alpha_0\left((1 + \gamma - u)u + \beta(u^3 - 1)\right)^2} - s.$$

为确定 α_0, 在第二步可得

$$w_1 = \frac{v_s\left(h(u) - w_0\right)\left(2\alpha_0\left((u - 1)v_s + v_0\right)(w_0 + s) + uv_s(v_0' - 1)\right)}{uw_0'\alpha_0\left(v_0 + (u - 1)v_s\right)^2} - \frac{\alpha_1(w_0 + s)}{\alpha_0},$$

$$v_1 = -\frac{v_s\left(h(u) - w_0\right)}{uw_0'}.$$

为使系数 $v_1(u)$ 在点 $u = u_0$ 的邻域是有界函数, 考虑到 $w_0'(u_0) = 0$, α_0 需满足下面方程

$$w_0(u_0) = h(u_0). \tag{6.4.17}$$

显然, 只要 α_0 满足方程 (6.4.17) 函数 $w_1(u)$ 在 $u = u_0$ 的邻域内也是光滑的. 这样, 我们确定了系数 α_0.

其他系数 $\alpha_i(i = 1, 2, \cdots)$ 可类似确定.

关于最大鸭的存在性及式 (6.4.13) 的一致有效性的证明因篇幅所限在此省略, 感兴趣的读者可参见文献 [26], 此外, 文献 [26] 也给出了稳定鸭环存在的充分条件.

6.4.3　高维奇异摄动系统的鸭流形

考虑一个简单的例子:

$$\dot{x} = 1,$$
$$\dot{y} = x + z,$$
$$\varepsilon\dot{z} = z^2 - x^2 + \lambda.$$

它的临界流形由 $\mathbf{R}^3$ 中的两个相交平面 $z = x$ 和 $z = -x$ 构成. 对任意的 $\delta > 0$, $S^- \equiv \{(x, y, z)|z = x, x \leqslant -\delta\}$ 是吸引的, $S^+ \equiv \{(x, y, z)|z = x, x \geqslant \delta\}$ 是排斥的. 由 6.4.1 小节的结果知, 存在依赖于 ε 的 $\lambda(= O(\varepsilon))$ 使得分别位于 S^- 和 S^+ 的 $O(\varepsilon)$ 邻域的慢流形 S_ε^- 和 S_ε^+ 能够扩展到 $x = 0$ 的小邻域, 并在某点相交. 这保证了一条鸭轨线的存在性. 一个自然问题是, 存在这样的 λ 使得 S_ε^- 和 S_ε^+ 能被光滑连接吗? 即二维鸭流形存在吗? 对一类具有一个快变量的高维系统, 文献 [10] 证明了 λ 依赖于 y 是鸭流形的存在性. 文献 [27] 研究了具有多个快变量的奇摄动系统高维鸭流形的存在性. 感兴趣的读者可参考原文. 以下我们给出两个例子说明鸭流形的存在性.

例 6.4.1　考虑奇异摄动向量场

$$\dot{x} = \frac{1}{2} + \varepsilon x^2,$$
$$\dot{y} = 0,$$
$$\varepsilon \dot{z} = xz.$$

集合 $S \equiv \{(x, y, z) | z = 0\}$ 定义了以上系统的临界流形. 对任意的 $\delta > 0$, 集合 $S^- \equiv \{(x, y, z) | z = 0, x \leqslant -\delta\}$ 是法向吸引的, $S^+ \equiv \{(x, y, z) | z = 0, x \geqslant \delta\}$ 是法向排斥的. 由 Fenichel 慢流形定理知, 对充分小的 $\varepsilon > 0$ 流形 S^- 和 S^+ 分别摄动成局部不变的慢流形 S_ε^- 和 S_ε^+. 若 S_ε^- 和 S_ε^+ 能被光滑连接, 则得到鸭流形的存在.

消除时间变量 t, 得到

$$\frac{\mathrm{d}y}{\mathrm{d}x} = 0, \quad \varepsilon \frac{\mathrm{d}z}{\mathrm{d}x} = 2xz + \frac{4\varepsilon x^3 z}{1 + \varepsilon x^2}. \tag{6.4.18}$$

注意到式 (6.4.18) 的第二个方程有通解

$$z(x) = c \left(\frac{1}{2} + \varepsilon x^2 \right)^{\frac{1}{2\varepsilon^2}}, \tag{6.4.19}$$

其中 c 是任意常数. 这样, 式 (6.4.19) 给出了连接 S_ε^- 和 S_ε^+ 的单参数流形族. 这些流形中的每一个都是鸭流形.

例 6.4.2　考虑具有两个快变量的四维系统

$$\dot{x} = 1,$$
$$\dot{y} = 1,$$
$$\varepsilon \dot{z}_1 = x^3 z_1 + \lambda_1(y, \varepsilon) - \varepsilon x^3 \sin y,$$
$$\varepsilon \dot{z}_2 = xz_2 + \lambda_2(y, \varepsilon) + \varepsilon^2 xz_1 \cos y - \varepsilon^2 x \sin y.$$

容易验证, 当 $\lambda(y, \varepsilon) = \left(\varepsilon^2 \cos y, \varepsilon^3 \sin y \cos y \right)$ 时以上系统有鸭流形

$$z = \left(\varepsilon \sin x, \varepsilon^2 \sin x \sin y \right).$$

参 考 文 献

[1] Fenichel N. Geometric singular perturbation theory. J. Differential Equations, 1979, 31: 53-98.

[2] Jones C K R T. Geometric singular perturbation theory, in dynamical systems. Lecture Notes in Math. 1609, New York: Springer, 1995, 44-120.

[3] Lam S H, Goussis D A. The CSP method for simplifying kinetics. Int. J. Chem. Kin., 1994, 26 : 461-486.

[4]　Zagaris A, Kaper H G, Kaper T J. Analysis of the computational singular perturbation reduction method for chemical kinetics. J. Nonlinear Science, 2004, 14: 59-91.

[5]　Mishchenko E F, Kolesov Yu S, Kolesov A Y, et al. Asymptotic Methods in Singularly Perturbed Systems. New York, London: Connsultants Bureau, 1994.

[6]　Callot J L, Diener F, Diener M. Le Problème de la "chasse au canard". C. R. Acad. Sci. Paris, 1978, 286: 1059-1061.

[7]　Eckhaus W. Relaxation oscillations including a standard chase on French ducks. Lecture Notes in Math., 1983, 985: 449-494.

[8]　Kolesov A Y. Duck-trajectories of relaxation systems connected with the violation of the conditions of normal switching. Math. USSR-Sb., 1991, 68: 291-301.

[9]　Kolesov A Y. On the instability of duck-cycles arising during the passage of an equilibrium of a multidimensional relaxation system through the disruption manifold. Russ. Math. Surv., 1989, 44: 203-205.

[10]　Shchepakina E, Soblev V. Integral manifolds, canards and black swans. Nonlinear Anal., 2001, 44: 897-908.

[11]　Soblev V, Shchepakina E. Duck trajectories in a problem of combustion theory. Differential Equations, 1996, 32: 1177-1186.

[12]　Dumortier F, Roussarie R. Canard cycles and center manifolds. Mem.Amer. Math. Soc., 1996, 577.

[13]　Krupa M, Szmolyan P. Extending geometric singular perturbation theory to nonhyperbolic points-fold and canard points in two dimensions. SIAM J. Math. Anal., 2001, 33: 286-314.

[14]　Krupa M, Szmolyan P. Relaxation oscillation and canard explosion. J. Differential Equations, 2001, 174: 312-368.

[15]　Dumortier F, Roussarie R. Multiple canard cycles in generalized Liénard equations. J. Differential Equations, 2001, 174: 1-29.

[16]　Szmolyan P, Wechselberger M. Canards in R^3. J. Differential Equations, 2001, 177: 419-453.

[17]　de Maesschalck P, Dumortier F. Canard solutions at non-generic turning points. Trans. Amer. Math. Soc. 2006, 358: 2291-2334.

[18]　李翠萍. 奇异摄动中的鸭解问题. 中国科学, 1999, 29: 1084-1093.

[19]　Chen X F, Yu P, Han M A, Zhang Weijiang, Canard solutions of two-dimensional singularly perturbed systems. Chaos, Soliton and Fractals, 2005, 23: 915-927.

[20]　Xie F, Han M A. Existence of canards under non-generic conditions. Chinese Annals of Mathematics, Series B, 2009, 30(3): 239-250.

[21]　Kolesov A Y, Mishchenko E F, Rozov N Kh. Solution to singularly perturbed boundary value problems by the duck hunting method. Proceedings of the Steklov Institute of Mathematics, 1999, 224: 169-188.

[22] Bobkova A S, Kolesov A Yu, Rozov N Kh. The'duck survival'problem in three-dimensional singularly perturbed systems with two slow variables. Math. Notes, 2002, 71: 749-760.

[23] Bobkova A S. Duck trajectories in multidimensional singularly perturbed systems with a single fast variable. Differential Equations, 2004, 40(10): 1373-1382.

[24] Xie F, Han M A, Zhang W J. The persistence of canards in 3-D singularly perturbed systems with two fast variables. Asymptotic Analysis, 2006, 47(1,2): 95-106.

[25] Krischer K, Eiswirth M, Ertl M. Oscillatory CO oxidation on Pt(110): modelling of temporal self-organization. J. Chem. Phys., 1992, 96: 9161-9172.

[26] Xie F, Han M A, Zhang W J. Canard phenomena in oscillations of a surface oxidation reaction. Journal of Nonlinear Science, 2005, 15(6): 363-386.

[27] Xie F, Han M A, Zhang W A, Existence of canard manifolds in a class of singularly perturbed systems. Nonlinear Analysis, 2006, 64(3): 457-470.

第 7 章　转向点问题

7.1　转向点理论的产生与发展

转向点理论是以奇异方式依赖于参数的微分方程渐近理论的一个分支. 早期工作应追溯到 1817 年意大利天文学家 Carlini[1] 对行星椭圆型轨道的渐近近似的精确计算.

1837 年, Liouville[2] 和 Green[3] 同时研究了方程

$$\frac{\mathrm{d}^2 y}{\mathrm{d}x^2} + \left[\lambda^2 q_1(x) + q_2(x)\right] y = 0$$

当 λ 是大参数时解的性态. 这里一个重要假设是 x 在 $q_1(x) \neq 0$ 的区间中变化, 而 $q_1(x)$ 的零点就是通常所说的 "转向点". 然而自 1817 年以后一百多年来, 许多在渐近理论发展方面做出贡献的数学家没有人仔细地观察解在这种转向点附近的性态. 对此产生重大兴趣开始于物理学家, 他们把这些问题引导到通过对自然现象的数学研究.

1915 年, 理论物理学家 Gans[4] 把研究光在非均匀介质中的传播作为 Maxwell 方程的应用, 导出了方程

$$\varepsilon^2 y'' + q(x) y = 0,$$

其中 $\varepsilon > 0$ 是小参数. 从物理的观点, 全反射现象需要对小的 ε 在 $q(x)$ 改变符号的区间内求解方程. 借助于 "比较方程", 通过引入 "伸展" 变换, 将 "内解" 与 "外解" 进行 "匹配", 在全区间给出解的渐近表达式, 从而解决了解在越过 $q(x)$ 的零点, 即转向点的 "关联问题".

1926 年, 物理学家 Wentzel[5]、Kramers[6] 和 Brillouin[7] 几乎同时在研究 Schrodings 方程中重新发现了 Gans 的结果, 他们的方法在细节上是不同的, 而且他们加入了有关特征值问题的新结果. 他们的工作在原子物理中具有极为重要的意义, 也因此大大提高了数学家对此问题的兴趣. 正是从那时起称 $q(x)$ 的零点为转向点. 为了描述上述三位物理学家对特殊转向点问题的处理方法, 人们以作者第一个字母命名为 WKB 方法. 由于在 1926 年之前, Jeffreys[8,9] 曾于 1924 年独立地重新发现了 Grans 方法, 故也称为 WKBJ 方法.

1931 年, Langer[10] 给出了研究转向点的一种强有力的方法 ——Langer 变换法. 与构造比较方程的 Liouville-Green 变换不同, Langer 变换使得变换后所得方

程的主要部分具有可能有的最简单形式, 同时使它的解与原方程的解的定性性质相同, 从而得到一个用单一函数表示的包括在转向点邻域内处处有效的渐近展开式.

　　　Langer 在他以后的论文[11,12] 中改进了逼近, 使得它接近问题精确解到 ε 的任意阶近似. 随后, 在 1949 年和 1950 年, Cherry[13,14] 在 Langer 变换的基础上得到了一个求单一转向点问题的高阶项的方法. 1954 年, Olver[15] 提出了确定一个完全的渐近展开, 它被认为是合成展开式的一个应用. 此外, Imai[16] 提议重复应用 Langer 变换, 这个方法已由 Moriguchi[17] 所应用并作了相当扩展. Moriguchi 同时还研究了具有两个转向点问题. 多个转向点问题也由 Evgrafov 和 Fedoryuk[18]、Hsieh 和 Sibuya[19]、Lynn 和 Keller[20] 等学者研究过.

　　　1968 年 Fowkes[21] 应用多重尺度法, 不借助于坐标变换, 研究了不含一阶导数项的二阶常微分方程转向点问题和二阶椭圆型方程焦散点 (或面) 的问题, 直接导出了解的一致有效的渐近近似式, 在实用上比 WKB 方法有显著的优点. 1970 年 Ackerberg 和 O'Malley[22] 应用匹配法, 不借助于坐标变换, 研究了含有一阶导数项的二阶常微分方程转向点问题, 并在共振情形下的边值问题的研究中提出 A-O 共振悖理. 自此以后, 出现了大量的关于共振情形下的边值问题的研究工作.1977 年 Matkowsky 和 Schuss[23] 研究了含有一阶导数项的某类二阶椭圆型方程的转向点问题, 导出形式渐近解. 同一年 Grasman 和 Matkowsky[24] 提出应用变分运算来确定文献 [22] 工作中所出现的任意常数的方法. 1980 年江福汝[25] 应用多重尺度法研究了一类具有转向点的常微分方程边值问题, 避免了文献 [22] 工作中所出现的悖理以及文献 [24] 中关于确定任意常数的变分运算, 构造出解的一致有效的渐近近似式, 并研究了非共振情形. 1991 年蔡建平和林宗池[26] 应用多重尺度法研究了一类四阶椭圆型方程的转向点问题. 1995 年林宗池和周明儒[27] 综合阐述了转向点问题的研究概况. 1996 年 de Jager 和江福汝[28] 进一步深入研究了 A-O 共振现象.

　　　1975 年 Howes[29] 应用微分不等式理论研究了二阶非线性常微分方程的转向点问题. 通过构造适当的不等式, 不仅证明了具有内单调过渡层 (激波层) 性质的解的存在性, 同时给出解的渐近估计. 随后涌现出大批应用微分不等式理论研究转向点问题的论文. 1987 年 DeSanti[30] 建立了二阶拟线性边值问题的非单调过渡层理论. 1988 年莫嘉琪[31] 研究了半线性向量问题的角层性质, 同年周钦德和王怀中[32] 研究了高阶转向点问题. 1991 年刘树德[33] 研究了广义转向点问题, 张祥[34] 研究了非线性向量边值问题. 1992 年 Kelley[35] 研究了具有尖层性质的二阶拟线性边值问题. 1996 年魏宝社和周钦德[36] 研究了半线性边值问题. 2005 年余赞平[37] 研究了二次问题.

　　　此外, 倪明康和林武忠[38] 系统阐述了空间对照结构理论, 研究了包括阶梯状空间对照结构和脉冲状空间对照结构.

7.2 WKB 方 法

考虑 Liouville 方程

$$\frac{\mathrm{d}^2 y}{\mathrm{d}x^2} + \left[\lambda^2 q_1(x) + q_2(x)\right] y = 0, \quad a < x < b, \tag{7.2.1}$$

其中参数 $\lambda \gg 1$. 假设 $q_1(x)$ 在区间 $[a,b]$ 上二阶连续可微, $q_2(x)$ 在 $[a,b]$ 上连续.

采用 Liouville-Green 变换或 WKB 近似[39], 可给出方程 (7.2.1) 的解的一次近似. 当 $q_1(x) > 0$ 时,

$$y \approx \frac{c_1 \cos\left[\lambda \int^x \sqrt{q_1(s)}\mathrm{d}s\right] + c_2 \sin\left[\lambda \int^x \sqrt{q_1(s)}\mathrm{d}s\right]}{\sqrt[4]{q_1(x)}}; \tag{7.2.2}$$

当 $q_1(x) < 0$ 时,

$$y \approx \frac{c_3 \exp\left[\lambda \int^x \sqrt{-q_1(s)}\mathrm{d}s\right] + c_4 \exp\left[-\lambda \int^x \sqrt{-q_1(s)}\mathrm{d}s\right]}{\sqrt[4]{-q_1(x)}}, \tag{7.2.3}$$

其中 c_i $(i = 1, 2, 3, 4)$ 为任意常数. 式 (7.2.2) 和式 (7.2.3) 通常称为 WKB 近似. 若 $q_1(x)$ 在 (a,b) 内有一个零点 μ, 则 WKB 近似在点 μ 附近失效. 式 (7.2.2) 和式 (7.2.3) 表明, 解的一次近似式在点 μ 的一侧是振动的, 而在另一侧是指数型的, 通过零点 μ 时函数 y 的性质起了变化, 因此把这样的点称为转向点. 因为在经典力学中, 入射质点在这点的动能等于它的位能, 所以它转向. 若 $x = \mu$ 是 $q_1(x)$ 的 k 阶零点, 则称它为 k 阶转向点. 若 $q_2(x)$ 在转向点 μ 处是奇性的, 则称 μ 是奇转向点. 以后如果不作特别说明, 转向点都是指非奇性的.

因为式 (7.2.1) 是二阶微分方程, 故常数 c_3, c_4 与 c_1, c_2 有关联, 把它们关联起来的问题称为连接问题.

现在设

$$q_1(x) = (x - \mu)f(x),$$

其中 $\mu \in (a, b)$, $f(x)$ 在 $[a,b]$ 上大于零. 于是 $x = \mu$ 是式 (7.2.1) 的一个简单转向点 (即 $q_1(x)$ 在 (a,b) 内只有一个零点), 外部解的一次近似当 $x > \mu$ 时为式 (7.2.2), 当 $x < \mu$ 时为式 (7.2.3). 为了求 $x = \mu$ 附近的有效展开式, 引进伸展变换

$$\xi = (x - \mu)\lambda^\nu, \tag{7.2.4}$$

把式 (7.2.4) 代入式 (7.2.1) 得到

$$\frac{\mathrm{d}^2 y}{\mathrm{d}\xi^2} + [\lambda^{2-3\nu}\xi f(\mu + \xi\lambda^{-\nu}) + \lambda^{-2\nu}q_2(\mu + \xi\lambda^{-\nu})]y = 0. \tag{7.2.5}$$

易知, 特异极限对应于 $\nu = \dfrac{2}{3}$, 式 (7.2.5) 的极限形式为

$$\frac{\mathrm{d}^2 y}{\mathrm{d}\xi^2} + \xi f(\mu) y = 0. \tag{7.2.6}$$

若令

$$z = -\xi \sqrt[3]{f(\mu)},$$

则式 (7.2.6) 化为 Airy 方程

$$\frac{\mathrm{d}^2 y}{\mathrm{d}z^2} - zy = 0.$$

它的通解为

$$y = a_0 \mathrm{Ai}(z) + b_0 \mathrm{Bi}(z), \tag{7.2.7}$$

其中 a_0, b_0 为任意常数, 而 $\mathrm{Ai}(z)$ 和 $\mathrm{Bi}(z)$ 分别是第一类和第二类 Airy 函数, 它们分别有如下积分表示[40]:

$$\mathrm{Ai}(z) = \frac{1}{\pi} \int_0^{+\infty} \cos\left(\frac{1}{3}t^3 + zt\right) \mathrm{d}t;$$

$$\mathrm{Bi}(z) = \frac{1}{\pi} \int_0^{+\infty} \left[\exp\left(-\frac{1}{3}t^3 + zt\right) + \sin\left(\frac{1}{3}t^3 + zt\right)\right] \mathrm{d}t.$$

并且当 $z \to +\infty$ 时,

$$\mathrm{Ai}(z) \sim \frac{\mathrm{e}^{-\frac{2}{3}z^{3/2}}}{2\sqrt{\pi}z^{1/4}}, \tag{7.2.8}$$

$$\mathrm{Bi}(z) \sim \frac{\mathrm{e}^{\frac{2}{3}z^{3/2}}}{\sqrt{\pi}z^{1/4}}; \tag{7.2.9}$$

当 $z \to -\infty$ 时,

$$\mathrm{Ai}(z) \sim \frac{1}{\sqrt{\pi}(-z)^{1/4}} \sin\left[\frac{2}{3}(-z)^{3/2} + \frac{\pi}{4}\right], \tag{7.2.10}$$

$$\mathrm{Bi}(z) \sim \frac{1}{\sqrt{\pi}(-z)^{1/4}} \cos\left[\frac{2}{3}(-z)^{3/2} + \frac{\pi}{4}\right]. \tag{7.2.11}$$

按照匹配原则, 需要将内部解 (7.2.7) 与 WKB 近似 (7.2.2) 和式 (7.2.3) 匹配起来. 为了与式 (7.2.2) 相匹配, 在式 (7.2.7) 中令 $z \to +\infty$ 并利用式 (7.2.8)—(7.2.9) 可得

$$y \sim \frac{a_0 \mathrm{e}^{-\frac{2}{3}z^{3/2}}}{2\sqrt{\pi}z^{1/4}} + \frac{b_0 \mathrm{e}^{\frac{2}{3}z^{3/2}}}{\sqrt{\pi}z^{1/4}}; \tag{7.2.12}$$

为了与式 (7.2.3) 相匹配, 在式 (7.2.7) 中令 $z \to -\infty$ 并利用式 (7.2.10)—(7.2.11) 可得

$$y \sim \frac{a_0}{\sqrt{\pi}(-z)^{1/4}} \sin\left[\frac{2}{3}(-z)^{3/2} + \frac{\pi}{4}\right] + \frac{b_0}{\sqrt{\pi}(-z)^{1/4}} \cos\left[\frac{2}{3}(-z)^{3/2} + \frac{\pi}{4}\right]. \tag{7.2.13}$$

当用内变量 $\xi = (x - \mu)\lambda^{\frac{2}{3}}$ 表示式 (7.2.2) 和式 (7.2.3) 时, 注意到当 $x > \mu$ 时,

$$
\begin{aligned}
\sqrt{q_1(x)} &= \sqrt{x - \mu}\sqrt{f(x)} \\
&= (x - \mu)^{\frac{1}{2}}[f(\mu) + f'(\mu)(x - \mu) + \cdots]^{\frac{1}{2}} \\
&= (x - \mu)^{\frac{1}{2}}[f^{\frac{1}{2}}(\mu) + \frac{1}{2}f^{-\frac{1}{2}}(\mu)f'(\mu)(x - \mu) + \cdots],
\end{aligned}
$$

故推出

$$
\begin{aligned}
\lambda \int_{\mu}^{x} \sqrt{q_1(s)}\mathrm{d}s &= \lambda \int_{\mu}^{x}(s - \mu)^{\frac{1}{2}}\left[f^{\frac{1}{2}}(\mu) + \frac{1}{2}f^{-\frac{1}{2}}(\mu)f'(\mu)(s - \mu) + \cdots\right]\mathrm{d}s \\
&= \lambda\left[\frac{2}{3}f^{\frac{1}{2}}(\mu)(x - \mu)^{\frac{3}{2}} + \frac{1}{5}f^{-\frac{1}{2}}(\mu)f'(\mu)(x - \mu)^{\frac{5}{2}} + \cdots\right] \\
&= \frac{2}{3}\sqrt{f(\mu)}\,\xi^{\frac{3}{2}} + O(\lambda^{-\frac{2}{3}}).
\end{aligned}
\tag{7.2.14}
$$

于是在式 (7.2.2) 中取积分下限为 μ, 固定 ξ, 令 $\lambda \to +\infty$, 得到

$$
y = \lambda^{\frac{1}{6}}[\xi f(\mu)]^{-\frac{1}{4}}\left[c_1\cos\left(\frac{2}{3}\sqrt{f(\mu)}\,\xi^{\frac{3}{2}}\right) + c_2\sin\left(\frac{2}{3}\sqrt{f(\mu)}\,\xi^{\frac{3}{2}}\right)\right] + \cdots
$$

或

$$
y = \lambda^{\frac{1}{6}}[\xi f(\mu)]^{-\frac{1}{4}}\left[c_1\cos\left(\frac{2}{3}(-z)^{\frac{3}{2}}\right) + c_2\sin\left(\frac{2}{3}(-z)^{\frac{3}{2}}\right)\right] + \cdots.
\tag{7.2.15}
$$

由于当 $\xi \to +\infty$ 时 $z \to -\infty$, 按匹配原则令式 (7.2.13) 和式 (7.2.15) 相等, 可确定

$$
c_1 = \frac{1}{\sqrt{\pi}}\lambda^{-\frac{1}{6}}f^{\frac{1}{6}}(\mu)\left[a_0\sin\frac{\pi}{4} + b_0\cos\frac{\pi}{4}\right],
$$

$$
c_2 = \frac{1}{\sqrt{\pi}}\lambda^{-\frac{1}{6}}f^{\frac{1}{6}}(\mu)\left[a_0\cos\frac{\pi}{4} - b_0\sin\frac{\pi}{4}\right].
$$

把 c_1, c_2 的表达式代入式 (7.2.2), 并将它写为

$$
y \approx \frac{b_1\cos\left[\lambda\int_{\mu}^{x}\sqrt{q_1(s)}\mathrm{d}s\right] + a_1\sin\left[\lambda\int_{\mu}^{x}\sqrt{q_1(s)}\mathrm{d}s\right]}{\sqrt[4]{q_1(x)}},
\tag{7.2.16}
$$

其中

$$
a_1 = \frac{1}{\sqrt{\pi}}\lambda^{-\frac{1}{6}}f^{\frac{1}{6}}(\mu)a_0, \quad b_1 = \frac{1}{\sqrt{\pi}}\lambda^{-\frac{1}{6}}f^{\frac{1}{6}}(\mu)b_0.
$$

类似地, 将式 (7.2.3) 与式 (7.2.12) 进行匹配可确定

$$
c_3 = -\frac{1}{\sqrt{\pi}}\lambda^{-\frac{1}{6}}f^{\frac{1}{6}}(\mu)b_0 = -b_1,
$$

$$c_4 = -\frac{1}{2\sqrt{\pi}}\lambda^{-\frac{1}{6}}f^{\frac{1}{6}}(\mu)a_0 = -\frac{1}{2}a_1.$$

而将式 (7.2.3) 写为

$$y \approx \frac{b_1\exp\left[\lambda\int_x^\mu\sqrt{-q_1(s)}\mathrm{d}s\right] + \dfrac{a_1}{2}\exp\left[-\lambda\int_x^\mu\sqrt{-q_1(s)}\mathrm{d}s\right]}{\sqrt[4]{-q_1(x)}}, \tag{7.2.17}$$

式中取 μ 为积分上限使得积分值为正.

综合上述, 具有一个转向点 $x = \mu$ 的方程 (7.2.1) 的渐近解分别由三个不同的表达式给出, 在 $x = \mu$ 附近是式 (7.2.7), 当 $x > \mu$ 时是式 (7.2.16), 当 $x < \mu$ 时是式 (7.2.17), 匹配提供了任意常数 $a_i, b_i(i = 0, 1)$ 之间的联系.

7.3　Langer 变换

7.2 节所述的 WKB 方法需要将在转向点 $x = \mu$ 附近的内部解与外部解 (即 WKB 近似) 匹配起来, 而且解由三个不同的展开式给出, 其结果是不能令人满意的, 并且很难推广到高维的情形. 本节采用 Langer 变换来得出一个用 Airy 函数表示的处处有效的单一展开式.

仍考虑 Liouville 方程

$$\frac{\mathrm{d}^2y}{\mathrm{d}x^2} + \left[\lambda^2q_1(x) + q_2(x)\right]y = 0, \quad \lambda \gg 1.$$

Langer 的方法是, 引入如下的自变量和因变量的变换

$$z = \varphi(x), \quad v = \psi(x)y(x), \tag{7.3.1}$$

通过适当选取 φ 和 ψ, 使得变换后所得方程的主要部分具有简单形式, 同时使它的解与方程 (7.2.1) 的解具有相同的定性性质.

从式 (7.3.1) 推出

$$\frac{\mathrm{d}v}{\mathrm{d}z} = \frac{\psi'y + \psi y'}{\varphi'},$$

$$\frac{\mathrm{d}^2v}{\mathrm{d}z^2} = \frac{\phi'(\psi''y + 2\psi'y' + \psi y'') - \phi''(\psi'y + \psi y')}{\varphi'^3}.$$

上式中为使 y' 的系数 $\dfrac{2\psi'}{(\varphi')^2} - \dfrac{\varphi''\psi}{(\varphi')^3}$ 等于零, 可取 $\psi = \sqrt{\varphi'}$. 从而将方程 (7.2.1) 化为

$$\frac{\mathrm{d}^2v}{\mathrm{d}z^2} + \left(\frac{\lambda^2q_1}{\phi'^2} + \frac{q_2}{\phi'^2} - \frac{\psi''}{\phi'^2\psi} + \frac{2\psi'^2}{\phi'^2\psi^2}\right)v = 0. \tag{7.3.2}$$

若选取

$$\frac{\lambda^2 q_1}{\varphi'^{\,2}} = \begin{cases} 1, & q_1 > 0, \\ -1, & q_1 < 0, \end{cases}$$

则所作变换就是 Liouville-Green 变换, 由此可导出 WKB 近似 (7.2.2)—(7.2.3). 但这只有在 $q_1(x)$ 定号时才适用, 而当 $q_1(x)$ 变号 (即含有转向点) 时便失效了.

现在设

$$q_1(x) = (x - \mu)f(x), \quad f(x) > 0,$$

即 $x = \mu$ 是方程 (7.2.1) 的简单转向点. Langer 采用的变换是

$$\frac{q_1}{\varphi'^{\,2}} = \varphi, \tag{7.3.3}$$

这时式 (7.3.2) 变为

$$\frac{\mathrm{d}^2 v}{\mathrm{d}z^2} + \lambda^2 zv = \delta v, \tag{7.3.4}$$

其中

$$\delta = -\frac{q_2}{\varphi'^{\,2}} - \frac{3}{4}\frac{\varphi''^{\,2}}{\varphi'^{\,4}} + \frac{1}{2}\frac{\varphi'''}{\varphi'^{\,3}}. \tag{7.3.5}$$

当 $x \geqslant \mu$ 时, 从式 (7.3.3) 可得

$$\frac{2}{3}\phi^{\frac{3}{2}} = \int_\mu^x \sqrt{q_1(s)}\mathrm{d}s = \int_\mu^x (s - \mu)^{\frac{1}{2}} f^{\frac{1}{2}}(s)\mathrm{d}s,$$

或

$$\phi = \left[\frac{3}{2}\int_\mu^x (s - \mu)^{\frac{1}{2}} f^{\frac{1}{2}}(s)\mathrm{d}s\right]^{\frac{2}{3}}. \tag{7.3.6}$$

类似地, 当 $x \leqslant \mu$ 时有

$$\phi = -\left[\frac{3}{2}\int_x^\mu (\mu - s)^{\frac{1}{2}} f^{\frac{1}{2}}(s)\mathrm{d}s\right]^{\frac{2}{3}}, \tag{7.3.7}$$

利用式 (7.2.14) 可得

$$\int_\mu^x (s - \mu)^{\frac{1}{2}} f^{\frac{1}{2}}(s)\mathrm{d}s = \frac{2}{3}\sqrt{f(\mu)}(x - \mu)^{\frac{3}{2}} + O\left((x - \mu)^{\frac{5}{2}}\right), \quad x \geqslant \mu;$$

$$\int_x^\mu (\mu - s)^{\frac{1}{2}} f^{\frac{1}{2}}(s)\mathrm{d}s = \frac{2}{3}\sqrt{f(\mu)}(\mu - x)^{\frac{3}{2}} + O\left((\mu - x)^{\frac{5}{2}}\right), \quad x \leqslant \mu.$$

故当 $x \to \mu$ 时,

$$\varphi \sim \sqrt[3]{f(\mu)}\,(x - \mu), \quad 且\varphi' \sim \sqrt[3]{f(\mu)}.$$

于是当 $q_2(x)$ 连续时, 从式 (7.3.5) 得知 $\delta = O(1)$. 因此对于参数 $\lambda \gg 1$, 式 (7.3.4) 的渐近方程为

$$\frac{\mathrm{d}^2 v}{\mathrm{d}z^2} + \lambda^2 z v = 0. \tag{7.3.8}$$

利用 Airy 方程的标准形式, 方程 (7.3.8) 的解可表示为

$$v = c_1 \mathrm{Ai}\left(-\lambda^{\frac{2}{3}} z\right) + c_2 \mathrm{Bi}\left(-\lambda^{\frac{2}{3}} z\right).$$

因此方程 (7.2.1) 的一次近似解为

$$y = \frac{1}{\sqrt{\phi'(x)}} \left[c_1 \mathrm{Ai}\left(-\lambda^{\frac{2}{3}} \varphi(x)\right) + c_2 \mathrm{Bi}\left(-\lambda^{\frac{2}{3}} \varphi(x)\right) \right], \tag{7.3.9}$$

其中 $\varphi(x)$ 由式 (7.3.6) 和式 (7.3.7) 所确定.

表达式 (7.3.9) 作为方程 (7.2.1) 的渐近解对于包括转向点 $x = \mu$ 的邻域的所有 x 都是一致有效的.

一些学者推广了 Langer 变换, 并研究了双转向点, 多转向点, 高阶转向点问题以及高阶近似问题. 例如, 考虑

$$q_1(x) = (x - \mu_1)(x - \mu_2) f(x)$$

的情形, 其中 $\mu_2 > \mu_1$, $f(x) > 0$.

利用 Langer 的结果, 对转向点 $x = \mu_1$ 有

$$y = \frac{1}{\sqrt{\phi_1'(x)}} \left[a_1 \mathrm{Ai}\left(-\lambda^{\frac{2}{3}} \phi_1(x)\right) + b_1 \mathrm{Bi}\left(-\lambda^{\frac{2}{3}} \phi_1(x)\right) \right], \tag{7.3.10}$$

其中,

$$\phi_1 = \left[\frac{3}{2} \int_{\mu_1}^{x} (s - \mu_1)^{\frac{1}{2}} (\mu_2 - s)^{\frac{1}{2}} f^{\frac{1}{2}}(s) \mathrm{d}s \right]^{\frac{2}{3}}, \quad x > \mu_1;$$

$$\phi_1 = -\left[\frac{3}{2} \int_{x}^{\mu_1} (\mu_1 - s)^{\frac{1}{2}} (\mu_2 - s) f^{\frac{1}{2}}(s) \mathrm{d}s \right]^{\frac{2}{3}}, \quad x < \mu_1.$$

由于当 $x \to \mu_2$ 时 $\varphi' = O\left((x - \mu_2)^{\frac{1}{2}}\right)$, 故式 (7.3.10) 在 $x = \mu_2$ 的邻域内不成立, 而当 $\mu_2 - x > \delta_2 \, (0 < \delta_2 \ll 1)$ 时有效.

对转向点 $x = \mu_2$ 有

$$y = \frac{1}{\sqrt{\phi_2'(x)}} \left[a_2 \mathrm{Ai}\left(-\lambda^{\frac{2}{3}} \phi_2(x)\right) + b_2 \mathrm{Bi}\left(-\lambda^{\frac{2}{3}} \phi_2(x)\right) \right], \tag{7.3.11}$$

其中,

$$\phi_2 = \left[\frac{3}{2} \int_{x}^{\mu_2} (s - \mu_1)^{\frac{1}{2}} (\mu_2 - s)^{\frac{1}{2}} f^{\frac{1}{2}}(s) \mathrm{d}s \right]^{\frac{2}{3}}, \quad x < \mu_2,$$

$$\phi_2 = -\left[\frac{3}{2}\int_{\mu_2}^{x}(s-\mu_1)^{\frac{1}{2}}(s-\mu_2)f^{\frac{1}{2}}(s)\mathrm{d}s\right]^{\frac{2}{3}}, \quad x > \mu_2,$$

并且式 (7.3.11) 在 $x = \mu_1$ 的邻域内不成立, 而当 $x - \mu_1 > \delta_1$ $(0 < \delta_1 \ll 1)$ 时有效.

因为式 (7.3.10) 和式 (7.3.11) 在区间 $\mu_1 + \delta_1 < x < \mu_2 - \delta_2$ 上是有效的, 通过匹配可把这两个表达式联系起来. 对 $x > \mu_1$ 展开式 (7.3.10), 并利用式 (7.2.10) 和式 (7.2.11) 可得

$$y = \frac{a_1 \sin\left[\frac{2}{3}(\lambda\varphi_1)^{\frac{3}{2}} + \frac{\pi}{4}\right] + b_1 \cos\left[\frac{2}{3}(\lambda\varphi_1)^{\frac{3}{2}} + \frac{\pi}{4}\right]}{\sqrt{\pi}\lambda^{\frac{1}{6}}[(x-\mu_1)(\mu_2-x)f(x)]^{\frac{1}{4}}}. \tag{7.3.12}$$

类似地, 对 $x < \mu_2$ 展开式 (7.3.11), 可得

$$y = \frac{a_1 \sin\left[\frac{2}{3}(\lambda\varphi_2)^{\frac{3}{2}} + \frac{\pi}{4}\right] + b_1 \cos\left[\frac{2}{3}(\lambda\varphi_2)^{\frac{3}{2}} + \frac{\pi}{4}\right]}{\sqrt{\pi}\lambda^{\frac{1}{6}}[(x-\mu_1)(\mu_2-x)f(x)]^{\frac{1}{4}}}. \tag{7.3.13}$$

若记

$$\sigma = \frac{2}{3}\lambda\left(\varphi_1^{\frac{3}{2}} + \varphi_2^{\frac{3}{2}}\right) + \frac{\pi}{2},$$

则

$$\frac{2}{3}\lambda\varphi_2^{\frac{3}{2}} + \frac{\pi}{4} = \sigma - \left(\frac{2}{3}\lambda\varphi_1^{\frac{3}{2}} + \frac{\pi}{4}\right).$$

令式 (7.3.12) 和式 (7.3.13) 的右边相等, 便可确定常数 a_i, b_i $(i = 1, 2)$ 之间有如下关系

$$a_1 = b_2 \sin\sigma - a_2 \cos\sigma, \quad b_1 = a_2 \sin\sigma + b_2 \cos\sigma.$$

也可以用单一的一致有效的展开式来表示上述情形的解, 详细讨论可参看文献 [41] 和 [42].

7.4 线性方程的转向点问题与 A-O 共振

在一些实际问题中, 如关于黏性流在反向旋转的圆盘间的流动, 人们感兴趣的是这类问题的解当小参数 $\varepsilon \to 0$ 时的渐近性态. Ackerberg 和 O'Malley[22] 首先应用匹配法研究了下面形式的边值问题

$$\varepsilon y'' = f(x, \varepsilon)y' + g(x, \varepsilon)y = 0, \quad -a < x < b,$$

$$y(-a) = \alpha, \quad y(b) = \beta,$$

其中 $f(0,0) = 0$, 即 $x = 0$ 是转向点. 在 $f'(x, \varepsilon) < 0$ 的条件下, 发现问题的解由端点附近的边界层项、转向点附近的校正项和在边界层及内层邻域外的外部解三个部分所组成. 但在他们的工作中出现了共振悖理: 即在外部解是非零解的情形下, 将在两个端点都出现边界层, 而实际上当 $\int_{-a}^{b} f(x, 0)\mathrm{d}x \neq 0$ 时, 只应在一个端点出现边界层. 江福汝[25] 应用多重尺度法对此 A-O 共振现象作了详细研究.

为了简单起见, 考虑如下形式的边值问题

$$\varepsilon y'' + f(x)y' + g(x)y = 0, \quad a < x < b, \tag{7.4.1}$$

$$y(a) = \alpha, \quad y(b) = \beta, \tag{7.4.2}$$

其中 $0 < \varepsilon \ll 1$, $a < 0 < b$, $f(0) = 0$, 即 $x = 0$ 是转向点. 假设在 $[a, b]$ 上 $f(x)$ 和 $g(x)$ 无穷次可微, 并且在 $[a, b]$ 上 $f'(x) < 0$.

引进两个独立变量

$$\xi = \frac{1}{\varepsilon}v(x), \quad \eta = x,$$

则

$$\frac{\mathrm{d}y}{\mathrm{d}x} = \frac{1}{\varepsilon}\frac{\partial y}{\partial \xi}\frac{\mathrm{d}v}{\mathrm{d}x} + \frac{\partial y}{\partial \eta},$$

$$\frac{\mathrm{d}^2 y}{\mathrm{d}x^2} = \frac{1}{\varepsilon^2}\frac{\partial^2 y}{\partial \xi^2}\left(\frac{\mathrm{d}v}{\mathrm{d}x}\right)^2 + \frac{1}{\varepsilon}\frac{\partial y}{\partial \xi}\frac{\mathrm{d}^2 v}{\mathrm{d}x^2} + \frac{2}{\varepsilon}\frac{\partial^2 y}{\partial \xi \partial \eta}\frac{\mathrm{d}v}{\mathrm{d}x} + \frac{\partial^2 y}{\partial \eta^2}.$$

代入方程 (7.4.1) 得到

$$\left(\frac{\mathrm{d}v}{\mathrm{d}x}\right)^2 \frac{\partial^2 y}{\partial \xi^2} + f(x)\frac{\mathrm{d}v}{\mathrm{d}x}\frac{\partial y}{\partial \xi} + \varepsilon\left[2\frac{\mathrm{d}v}{\mathrm{d}x}\frac{\partial^2 y}{\partial \xi \partial \eta} + \frac{\mathrm{d}^2 v}{\mathrm{d}x^2}\frac{\partial y}{\partial \xi}\right.$$

$$\left. + f(x)\frac{\partial y}{\partial \eta} + g(x)y\right] + \varepsilon^2 \frac{\partial^2 y}{\partial \eta^2} = 0. \tag{7.4.3}$$

设解的渐近展开式为

$$y = y_0(\xi, \eta) + \varepsilon y_1(\xi, \eta) + \varepsilon^2 y_2(\xi, \eta) + \cdots, \tag{7.4.4}$$

选取

$$v(x) = \int_{x_0}^{x} f(s)\mathrm{d}s, \quad x_0 \in (a, b). \tag{7.4.5}$$

把式 (7.4.4) 和式 (7.4.5) 代入式 (7.4.3), 并比较 ε 的同次幂的系数, 得到

$$\frac{\partial^2 y_0}{\partial \xi^2} + \frac{\partial y_0}{\partial \xi} = 0, \tag{7.4.6}$$

$$f^2(\eta)\left(\frac{\partial^2 y_1}{\partial \xi^2} + \frac{\partial y_1}{\partial \xi}\right) = -\left[2f(\eta)\frac{\partial^2 y_0}{\partial \xi \partial \eta} + f'(\eta)\frac{\partial y_0}{\partial \xi} + f(\eta)\frac{\partial y_0}{\partial \eta} + g(\eta)y_0\right], \tag{7.4.7}$$

$$\cdots\cdots$$

从式 (7.4.6) 解出

$$y_0(\xi, \eta) = A_0(\eta) + B_0(\eta)e^{-\xi}, \tag{7.4.8}$$

把式 (7.4.8) 代入式 (7.4.7) 的右边, 并令其为零, 得到关于 $A_0(\eta)$ 和 $B_0(\eta)$ 的方程

$$f(\eta)\frac{dA_0}{d\eta} + g(\eta)A_0 = 0, \tag{7.4.9}$$

$$\frac{d}{d\eta}[f(\eta)B_0(\eta)] - g(\eta)B_0(\eta) = 0. \tag{7.4.10}$$

当 $\eta = x \neq 0$ 时, 从方程 (7.4.9)—(7.4.10) 可解出

$$A_0 = c_1 \exp\left(-\int_{x_1}^x \frac{g(s)}{f(s)}ds\right), \quad B_0 = \frac{c_2}{f(x)}\exp\left(\int_{x_2}^x \frac{g(s)}{f(s)}ds\right),$$

或将它们写为

$$A_0(x) = C_0 x^\sigma \exp\left[-\int_{x_1}^x \left(\frac{g(s)}{f(s)} + \frac{\sigma}{s}\right)ds\right], \tag{7.4.11}$$

$$B_0(x) = D_0 \frac{x^{-\sigma}}{f(x)}\exp\left[\int_{x_2}^x \left(\frac{g(s)}{f(s)} + \frac{\sigma}{s}\right)ds\right], \tag{7.4.12}$$

其中 $x_1, x_2 \in (a, b)$ 是适当取定的常数, C_0, D_0 是任意常数, $\sigma = -\dfrac{g(0)}{f'(0)}$. 所以当 $x \neq 0$ 时,

$$y_0(x) = A_0(x) + B_0(x)\exp\left[-\frac{1}{\varepsilon}\int_{x_0}^x f(s)ds\right], \tag{7.4.13}$$

于是式 (7.4.7) 化为齐次方程

$$\frac{\partial^2 y_1}{\partial\xi^2} + \frac{\partial y_1}{\partial\xi} = 0,$$

可求出它的通解

$$y_1(\xi, \eta) = A_1(\eta) + B_1(\eta)e^{-\xi},$$

或

$$y_1(x) = A_1(x) + B_1(x)\exp\left[-\frac{1}{\varepsilon}\int_{x_0}^x f(s)ds\right].$$

其中 $A_1(x), B_1(x)$ 是任意函数. 在式 (7.4.3) 中令 ε^2 项的系数为零可得

$$f(\eta)\frac{dA_1}{d\eta} + g(\eta)A_1 = F_0(\eta), \tag{7.4.14}$$

$$\frac{d}{d\eta}[f(\eta)B_1(\eta)] - g(\eta)B_1(\eta) = G_0(\eta), \tag{7.4.15}$$

其中 $F_0(\eta)$ 是由 $A_0(\eta)$ 所确定的函数, $G_0(\eta)$ 是由 $B_0(\eta)$ 所确定的函数. 令

$$F_0(\eta) = 0, \quad G_0(\eta) = 0, \tag{7.4.16}$$

又得到关于 $A_1(x), B_1(x)$ 的方程, 这样继续下去, 可以逐次地求得 y_i $(i = 1, 2, \cdots)$.

下面根据三种不同的情形来选取式 (7.4.11) 和式 (7.4.12) 中的常数 x_0, x_1, x_2, 并根据边界条件来确定任意常数 C_0, D_0, 以及消除点 $x = 0$ 的奇性.

1. $I \hat{=} \displaystyle\int_a^b f(s)\mathrm{d}s > 0$

由于在 $[a, b]$ 上 $f'(x) < 0$, 故有

$$\int_a^x f(s)\mathrm{d}s > 0, \quad a < x < b. \tag{7.4.17}$$

此时在端点 $x = a$ 可能出现边界层, 而在端点 $x = b$ 不出现边界层, 所以在式 (7.4.13) 中应取 $x_0 = a$, 适当地取 $x_1 = x_2 = a$. 为了消除点 $x = 0$ 的奇性, 作函数

$$\tilde{y}_0(x) = A_0(x) + \Psi_0(x) \exp\left[-\frac{1}{\varepsilon} \int_a^x f(s)\mathrm{d}s\right], \tag{7.4.18}$$

其中

$$\Psi_0(x) = \begin{cases} B_0(x), & |x| > \delta, \\ \psi_0(x), & |x| \leqslant \delta, \end{cases}$$

δ 是满足条件 $0 < \delta < \min(|a|, b)$ 的足够小的常数, $\psi_0(x)$ 是连接 $B_0(-\delta)$ 和 $B_0(\delta)$ 的无穷次可微函数, $A_0(x), B_0(x)$ 是由式 (7.4.11) 和式 (7.4.12) 所确定的函数.

将式 (7.4.18) 代入边界条件 (7.4.2) 得到

$$\alpha = C_0 a^\sigma + D_0 f^{-1}(a) a^{-\sigma},$$

$$\beta = C_0 b^\sigma \exp\left[-\int_a^b \left(\frac{g(s)}{f(s)} + \frac{\sigma}{s}\right)\mathrm{d}s\right],$$

由此确定出常数 C_0, D_0, 再代回式 (7.4.18) 就得到 $\tilde{y}_0$.

当 $\eta = x \neq 0$ 时, 从式 (7.4.14)—(7.4.15) 可解出

$$A_1(x) = C_1 x^\sigma \exp\left[-\int_a^x \left(\frac{g(s)}{f(s)} + \frac{\sigma}{s}\right)\mathrm{d}s\right] + \int_a^x \frac{F_0(s)}{f(s)} \left(\frac{x}{s}\right)^\sigma \exp\left[\int_x^s \left(\frac{g(t)}{f(t)} + \frac{\sigma}{t}\right)\mathrm{d}t\right]\mathrm{d}s.$$

$$B_1(x) = D_1 \frac{x^{-\sigma}}{f(x)} \exp\left[\int_a^x \left(\frac{g(s)}{f(s)} + \frac{\sigma}{s}\right)\mathrm{d}s\right] + \int_a^x G_0(s) \left(\frac{x}{s}\right)^{-\sigma} \exp\left[-\int_x^s \left(\frac{g(t)}{f(t)} + \frac{\sigma}{s}\right)\mathrm{d}t\right]\mathrm{d}s,$$

其中 C_1, D_1 是任意常数. 作函数

$$\tilde{y}_1(x) = A_1(x) + \psi_1(x) \exp\left[-\frac{1}{\varepsilon} \int_a^x f(s)\mathrm{d}s\right], \tag{7.4.19}$$

其中

$$\Psi_1(x) = \begin{cases} B_1(x), & |x| > \delta, \\ \psi_1(x), & |x| \leqslant \delta, \end{cases}$$

$\psi_1(x)$ 是连接 $B_1(-\delta)$ 和 $B_1(\delta)$ 的无穷次可微函数. 代入边界条件

$$\tilde{y}_1(a) = 0, \quad \tilde{y}_1(b) = 0,$$

得

$$C_1 a^\sigma + D_1 f^{-1}(a) a^{-\sigma} = 0,$$

$$C_1 b^\sigma \exp\left[-\int_a^b \left(\frac{g(s)}{f(s)} + \frac{\sigma}{s}\right) \mathrm{d}s\right] = 0.$$

由此确定出常数 C_1, D_1, 再代回式 (7.4.19) 就得到 $\tilde{y}_1$. 在式 (7.4.4) 中取 $y_0 = \tilde{y}_0$, $y_1 = \tilde{y}_1$, 就得到边值问题 (7.4.1)—(7.4.2) 的一阶形式渐近近似式为

$$\tilde{y}_0 + \varepsilon \tilde{y}_1(x) = A_0(x) + \varepsilon A_1(x) + [\Psi_0(x) + \varepsilon \psi_1(x)] \exp\left[-\frac{1}{\varepsilon}\int_a^x f(s)\mathrm{d}s\right].$$

继续上面的过程, 可以逐步地求得它的各阶形式渐近近似式.

2. $I \doteq \displaystyle\int_a^b f(s)\mathrm{d}s < 0$

由于在 $[a,b]$ 上 $f'(x) < 0$, 故有

$$\int_b^x f(s)\mathrm{d}s > 0, \quad a < x < b.$$

此时在端点 $x = b$ 可能出现边界层, 而在端点 $x = a$ 不出现边界层, 所以在式 (7.4.13) 中应取 $x_0 = b$, 应用 1 中同样的方法可构造出解的形式渐近近似式.

3. $I \doteq \displaystyle\int_a^b f(s)\mathrm{d}s = 0$

由于在 $[a,b]$ 上 $f'(x) < 0$, 故有

$$\int_a^x f(s)\mathrm{d}s = \int_b^x f(s)\mathrm{d}s > 0, \quad a < x < b.$$

此时在端点 $x = a$ 和 $x = b$ 都可能出现边界层, 并且在各端点的边界层项可以用同一个式子来表示, 在式 (7.4.13) 中取 $x_0 = x_1 = x_2 = a$, 作函数

$$\tilde{y}_0(x) = U_0(x) + \Phi_0(x) \exp\left[-\frac{1}{\varepsilon}\int_a^x f(s)\mathrm{d}s\right], \tag{7.4.20}$$

其中

$$\Phi_0(x) = \begin{cases} V_0(x), & |x| > \delta, \\ \varphi_0(x), & |x| \leqslant \delta, \end{cases}$$

$\varphi_0(x)$ 是连接 $V_0(-\delta)$ 和 $V_0(\delta)$ 的无穷次可微函数, 而

$$U_0(x) = C_0 x^\sigma \exp\left[-\int_a^x \left(\frac{g(s)}{f(s)} + \frac{\sigma}{s}\right) \mathrm{d}s\right],$$

$$V_0(x) = D_0 \frac{x^{-\sigma}}{f(x)} \exp\left[\int_a^x \left(\frac{g(s)}{f(s)} + \frac{\sigma}{s}\right) \mathrm{d}s\right].$$

将式 (7.4.15) 代入边界条件 (7.4.2) 得到

$$\alpha = C_0 a^\sigma + D_0 f^{-1}(a) a^{-\sigma},$$

$$\beta = C_0 b^\sigma \exp\left[-\int_a^b \left(\frac{g(s)}{f(s)} + \frac{\sigma}{s}\right) \mathrm{d}s\right] + D_0 \frac{b^{-\sigma}}{f(a)} \exp\left[\int_a^b \left(\frac{g(s)}{f(s)} + \frac{\sigma}{s}\right) \mathrm{d}s\right],$$

由此确定出常数 C_0, D_0, 再代回式 (7.4.20) 就得到 $\tilde{y}_0$. 应用 1 中类似的步骤可构造出解的形式渐近近似式. 关于解的渐近正确性的证明请参看文献 [25].

7.5 非线性方程的转向点问题

考虑一般的二阶奇摄动 Dirichlit 问题

$$\varepsilon y'' = f(x, y, y', \varepsilon), \quad a < x < b, \tag{7.5.1}$$

$$y(a, \varepsilon) = A, \quad y(b, \varepsilon) = B, \tag{7.5.2}$$

其中 $0 < \varepsilon \ll 1$, f 当 $\varepsilon \to 0$ 时具有幂级数展开式.

Howes[29] 将线性方程的转向点概念推广到一般的二阶非线性方程 (7.5.1). 运用类比线性方程的方法, 转而考虑线性方程

$$\varepsilon y'' = f'_y(x, y, y', \varepsilon) y' + f_y(x, y, y', \varepsilon) y.$$

若存在 $x_0 \in (a, b)$ 使 $f'_y(x_0, y(x_0), y'(x_0), \varepsilon) = 0$, 则称 x_0 为方程 (7.5.1) 的转向点, 并特别考虑了 $a < 0 < b$, $x = 0$ 为转向点的情形.

假设 H$_1$ 存在函数 $u_L(x) \in C^2[a, 0]$, $u_R(x) \in C^2[0, b]$ 分别满足退化问题

$$f(x, u, u', 0) = 0, \quad u(a) = A$$

和

$$f(x, u, u', 0) = 0, \quad u(b) = B;$$

H$_2$　函数 $f, f_y \in C(D)$, 其中

D：$a \leqslant x \leqslant b$, $|y - u_L(x)| \leqslant d_L$, $|y - u_R(x)| \leqslant d_R$, $|y'| < +\infty$, $0 \leqslant \varepsilon \leqslant \varepsilon_1$, d_L, d_R 和 ε_1 是常数;

H$_3$　$f(x, u_L(x), u_L'(x), \varepsilon) = O(\varepsilon)$, $f(x, u_R(x), u_R'(x), \varepsilon) = O(\varepsilon)$;

H$_4$　存在函数 $h_1(x) \in C^1[a, 0)$, $h_2(x) \in C^1(0, b]$, $h_1'(0^-)$, $h_2'(0^+)$ 存在, $h_1(0) = h_2(0) = 0$, 在 $[a, 0)$ 上 $h_1'(x) \leqslant 0$, $h_1(x) > 0$, 在 $(0, b]$ 上 $h_2'(x) \leqslant 0$, $h_2(x) < 0$, 并且在 D 中, 对 $x \in [a, 0]$, $f_y' \geqslant h_1(x)$, 对 $x \in [0, b]$, $f_y' \leqslant h_2(x)$;

H$_5$　存在常数 $l > 0$, 使在 D 中 $f_y \geqslant l$;

H$_6$　f 在 D 中满足 Nagumo 条件.

应用微分不等式理论[43], 可以证明问题 (7.5.1)—(7.5.2) 解的存在性, 同时通过构造适当的界定函数, 能得到摄动解的精确估计. 先考虑 $u_L'(0) = u_R'(0)$, $u_L(0) \leqslant u_R(0)$ 的情形. 对 $\varepsilon \in (0, \varepsilon_1]$, 定义界定函数

$$\alpha(x) = \begin{cases} u_L(x) - \varepsilon r l^{-1}, & a \leqslant x \leqslant 0, \\ u_R(x) - [u_R(0) - u_L(0)] \exp\left[\dfrac{1}{\varepsilon} \int_0^x h_2(s)\mathrm{d}s\right] - \varepsilon r l^{-1}, & 0 \leqslant x \leqslant b, \end{cases}$$

$$\beta(x) = \begin{cases} u_L(x) + [u_R(0) - u_L(0)] \exp\left[-\dfrac{1}{\varepsilon} \int_x^0 h_1(s)\mathrm{d}s\right] + \varepsilon r l^{-1}, & a \leqslant x \leqslant 0, \\ u_R(x) + \varepsilon r l^{-1}, & 0 \leqslant x \leqslant b, \end{cases}$$

其中 $r > 0$ 为待定常数.

在区间 $(a, 0)$ 内应用微分中值定理得到

$$\varepsilon \alpha'' - f(x, \alpha, \alpha', \varepsilon) = \varepsilon u_L'' - f(x, u_L, u_L', \varepsilon) - f_y[x](-\varepsilon r l^{-1}) \geqslant -\varepsilon M_1 - \varepsilon \sigma_1 + \varepsilon r,$$

其中 $M_1 = \max\limits_{a \leqslant x \leqslant b} |u_L(x)|$, $|f(x, u_L, u_L', \varepsilon)| \leqslant \sigma_1 \varepsilon$, $[x] = (x, u_L - \theta_1 \varepsilon r l^{-1}, u_L', \varepsilon)$ $(0 < \theta_1 < 1)$.

如果选取 $r \geqslant M_1 + \sigma_1$, 就有

$$\varepsilon \alpha'' - f(x, \alpha, \alpha', \varepsilon) \geqslant 0. \tag{7.5.3}$$

在区间 $(0, b)$ 内, 记 $E_2(x) = [u_R(0) - u_L(0)] \exp\left[\dfrac{1}{\varepsilon} \int_0^x h_2(s)\mathrm{d}s\right]$, 则

$$\begin{aligned} \varepsilon \alpha'' - f(x, \alpha, \alpha', \varepsilon) =& \varepsilon u_R'' - \left(h_2' + \frac{h_2^2}{\varepsilon}\right) E_2(x) - f(x, u_R, u_R', \varepsilon) \\ & - f_y\{x\}[-E_2(x) - \varepsilon r l^{-1}] - f_{y'}\{x\}\left[-\frac{h_2}{\varepsilon} E_2(x)\right] \\ \geqslant& -\varepsilon M_2 - \frac{h_2^2}{\varepsilon} E_2(x) - \varepsilon \sigma_2 + \varepsilon r + \frac{h_2^2}{\varepsilon} E_2(x) = -\varepsilon M_2 - \varepsilon \sigma_2 + \varepsilon r, \end{aligned}$$

其中 $M_2 = \max\limits_{a \leqslant x \leqslant b} |u_R(x)|$, $|f(x, u_R, u'_R, \varepsilon)| \leqslant \sigma_2 \varepsilon$, $\{x\} = (x, u_R - \theta(E_2(x) + \varepsilon r l^{-1})u'_R - \theta h_2 E_2(x), \varepsilon)(0 < \theta < 1)$. 如果选取 $r \geqslant M_2 + \sigma_2$, 不等式 (7.5.3) 也成立.

因此, 只要选取 $r \geqslant \max(M_1 + \sigma_1, M_2 + \sigma_2)$, 不等式 (7.5.3) 在区间 $(a, 0)$ 和 $(0, b)$ 上都成立.

类似地, 可以验证不等式

$$\varepsilon\beta'' - f(x, \beta, \beta', \varepsilon) \leqslant 0$$

也都在在区间 $(a, 0)$ 和 $(0, b)$ 上成立.

注意到由于已假设 $u'_L(0) = u'_R(0)$, 故 $\alpha(x), \beta(x)$ 在 $[a, b]\backslash\{0\}$ 上可微, $\alpha'(x)$, $\beta'(x)$ 在 $[a, b]$ 上存在. 容易检验在 $[a, b]$ 上 $\alpha(x) \leqslant \beta(x)$, 并且

$$\alpha(a, \varepsilon) \leqslant A \leqslant \beta(a, \varepsilon), \quad \alpha(b, \varepsilon) \leqslant B \leqslant \beta(b, \varepsilon).$$

故满足推广的微分不等式理论[44] 的条件, 因此边值问题 (7.5.1)—(7.5.2) 的解在 $[a, b]$ 上存在, 而且如下不等式成立:

$$|y(x, \varepsilon) - u_L(x)| \leqslant [u_R(0) - u_L(0)] \exp\left[-\frac{1}{\varepsilon}\int_x^0 h_1(s)\mathrm{d}s\right] + c\varepsilon, \quad a \leqslant x \leqslant 0,$$

$$|y(x, \varepsilon) - u_R(x)| \leqslant [u_R(0) - u_L(0)] \exp\left[\frac{1}{\varepsilon}\int_0^x h_2(s)\mathrm{d}s\right] + c\varepsilon, \quad 0 \leqslant x \leqslant b.$$

当 $u'_L(0) = u'_R(0)$, $u_L(0) \geqslant u_R(0)$ 时. 对 $\varepsilon \in (0, \varepsilon_1]$, 定义界定函数

$$\alpha(x) = \begin{cases} u_L(x) - [u_L(0) - u_R(0)] \exp\left[-\dfrac{1}{\varepsilon}\int_x^0 h_1(s)\mathrm{d}s\right] - \varepsilon r l^{-1}, & a \leqslant x \leqslant 0, \\ u_R(x) - \varepsilon r l^{-1}, & 0 \leqslant x \leqslant b, \end{cases}$$

$$\beta(x) = \begin{cases} u_L(x) + \varepsilon r l^{-1}, & a \leqslant x \leqslant 0, \\ u_R(x) + [u_L(0) - u_R(0)] \exp\left[\dfrac{1}{\varepsilon}\int_0^x h_2(s)\mathrm{d}s\right] + \varepsilon r l^{-1}, & 0 \leqslant x \leqslant b, \end{cases}$$

用类似上面的步骤推出边值问题 (7.5.1)—(7.5.2) 的解在 $[a, b]$ 上存在, 而且成立如下不等式:

$$|y(x, \varepsilon) - u_L(x)| \leqslant [u_L(0) - u_R(0)] \exp\left[-\frac{1}{\varepsilon}\int_x^0 h_1(s)\mathrm{d}s\right] + c\varepsilon, \quad a \leqslant x \leqslant 0,$$

$$|y(x, \varepsilon) - u_R(x)| \leqslant [u_L(0) - u_R(0)] \exp\left[\frac{1}{\varepsilon}\int_0^x h_2(s)\mathrm{d}s\right] + c\varepsilon, \quad 0 \leqslant x \leqslant b.$$

所以当 $u'_L(0) = u'_R(0)$ 时, 总有

$$|y(x, \varepsilon) - u_L(x)| \leqslant |u_L(0) - u_R(0)| \exp\left[-\frac{1}{\varepsilon}\int_x^0 h_1(s)\mathrm{d}s\right] + c\varepsilon, \quad a \leqslant x \leqslant 0,$$

$$|y(x,\varepsilon) - u_{\mathrm{R}}(x)| \leqslant |u_{\mathrm{L}}(0) - u_{\mathrm{R}}(0)| \exp\left[\frac{1}{\varepsilon}\int_0^x h_2(s)\mathrm{d}s\right] + c\varepsilon, \quad 0 \leqslant x \leqslant b.$$

同理讨论 $u_{\mathrm{L}}'(0) \neq u_{\mathrm{R}}'(0)$ 的情形. 当 $u_{\mathrm{L}}(0) = u_{\mathrm{R}}(0)$ 时有

$$|y(x,\varepsilon) - u_{\mathrm{L}}(x)| \leqslant c\sqrt{\varepsilon}, \quad a \leqslant x \leqslant 0,$$

$$|y(x,\varepsilon) - u_{\mathrm{R}}(x)| \leqslant c\sqrt{\varepsilon}, \quad 0 \leqslant x \leqslant b.$$

当 $u_L(0) \neq u_{\mathrm{R}}(0)$ 时, 有

$$|y(x,\varepsilon) - u_{\mathrm{L}}(x)| \leqslant |u_{\mathrm{L}}(0) - u_{\mathrm{R}}(0)| \exp\left[-\frac{1}{\varepsilon}\int_x^0 h_1(s)\mathrm{d}s\right] + c\sqrt{\varepsilon}, \quad a \leqslant x \leqslant 0,$$

$$|y(x,\varepsilon) - u_{\mathrm{R}}(x)| \leqslant |u_{\mathrm{L}}(0) - u_{\mathrm{R}}(0)| \exp\left[\frac{1}{\varepsilon}\int_0^x h_2(s)\mathrm{d}s\right] + c\sqrt{\varepsilon}, \quad 0 \leqslant x \leqslant b.$$

还可以讨论具有边界层的转向点问题, 详细论述请参看文献 [29].

参 考 文 献

[1] Carlini F. Richerche Sulla, Convergenza della serie che serve alla soluzione del problema di Keplero. 1817; Jacobi's Ges Werke, 7: 189-245.

[2] Liouville J. Secondmemoire sur le devoloppement des functions en series dont divers termes sont assujettis a satisfaire a une meme equation differentielle du second ordre contenant un parameter variable. J. Math. Pure Appl., 1837, 2: 16-35.

[3] Green G. On the motion of waves in a variable canal of small depth and width. Trans. Cambridge Phil. Soc., 1837, 6:457-462.

[4] Gans R. Propagation of light through an inhomogeneous media, Ann. Phys., 1915, 7: 709-736.

[5] Wentzel G. Eine Verallgemeinerung der Quantenbedingung fur die Zwecke der Wellen-mechanik. Z. Phys., 1926, 38: 518-529.

[6] Kramers H A. Wellenmechanik und halbzahlige quantisierung. Z. Phys., 1926, 39: 828-840.

[7] Brillouin L. Remarques sur la mecanique ondulatoire. J. Phys. Radium, 1926, 7: 353-368.

[8] Jeffreys H. On certain approximate solutions of linear differential equations of the second order. Proc. London Math. Soc., 1924, 23: 428-436.

[9] Jeffreys H. On certain solutions of Mathieu's equation. Proc. London Math. Soc., 1924, 23: 437-476.

[10] Langer R E. On the asymptotic solutions of differential equations, with an application to the Bessel funcaions of large complex order. Trans. Am.Math.Soc., 1931, 33: 23-64.

[11]   Langer R E. The asymptotic solutions of certain linear ordinary differential equations of the second order. Trans. Am. Math. Soc., 1934, 36: 90-106.

[12]   Langer R E. The asymptotic solutions of certain linear ordinary differential equations of the second order, with special reference to a turning point. Trans. Am.Math.Soc., 1949, 67: 461-490.

[13]   Cherry T M. Uniform asymptotic expansions. J. London Math. Soc., 1949, 24: 121-130.

[14]   Cherry T M. Uniform asymptotic formulae for functions with transitions points. Trans. Am. Math. Soc., 1950, 68: 224-257.

[15]   Olver F W J. The asymptotic solution of linear differential equations of the second order for large values of a parameter and the asymptotic expansion of Bessel functions of large order. Phil. Trans. Roy. Soc. London Soc. A., 1954, 247: 307-327.

[16]   Imai I. On a refinement of the W.K.B. method. Phys. Rev., 1948, 74: 104-113.

[17]   Moriguchi H. An improvement of the WKB method in the presence of turning points and asymptotic solutions of a class of Hill equations. J. Phys. Soc. Japan, 1959, 14: 1771-1796.

[18]   Evgrafov M A, Fedoryuk M B. Asymptotic behavior of solutions of the equation $w''(z) - p(z'\lambda)w(z) = 0$ as $\lambda \to 0$ in the complex z-plane. Usp. Mat. Nauk, 1966, 21: 3-50.

[19]   Hsieh P F, Sibuya Y. On the asymptotic integration of second order linear ordinary differential equations with polynomial coefficients. J. Math. Anal. Appl., 1966, 16: 84-103.

[20]   Lynn R Y S, Keller J B. Uniform asymptotic solutions of second order linear ordinary differential equations with turning points. Comm. Pure Appl. Math., 1970, 23: 379-408.

[21]   Fowkes N D. A singular perturbation method,Parts I and Parts II. Quart. Appl. Math., 1968, 26: 57-69,71-85.

[22]   Ackerberg R C. O'Malley Jr R E. Boundary layer problems exhibiting resonance. Stud. Appl. Math., 1970, 49: 277-295.

[23]   Matkowsky B J, Schuss Z. The exit problem for randomly perturbed dynamical systems. SIAM J. Appl. Math., 1977, 33(2): 365-382.

[24]   Grasman J, Matkowsky B J. A variational approach to singularly perturbed boundary value problems for ordinary and partial differential equations with turning points. SIAM J. Appl. Math., 1977, 33(2): 588-597.

[25]   江福汝. 关于具有转向点的一类常微分方程的边值问题. 应用数学和力学, 1980, 1(2): 201-213.

[26]   蔡建平. 林宗池, 具有转向点的一类四阶椭圆型方程的奇摄动. 现代数学和力学, 兰州: 兰州大学出版社, 1991: 189-193.

[27]   林宗池, 周明儒. 应用数学中的摄动方法. 南京: 江苏教育出版社, 1995.

[28] de Jager E M Jiang F R. The Theoy of Singular Perturbations. Amsterdam: Elsvier. 1996.

[29] Howes F A. Singularly perturbed nonlinear boundary value problems with turning points. SIAM J.Math.Anal., 1975, 6: 644-660.

[30] DeSanti A J. Nonmonotone interior layer theory for some singularly perturbed quasilinear boundary value problems with turning points. SIAM J. Math. Anal., 1987, 18(2): 321-331.

[31] Mo J Q. The solution of corner layer behavior for a singularly perturbed semilinear vector differential equation. Proceeding of Fifth International Conference on BICAM. Dublin. Boole, 1988, 257-262.

[32] 周钦德, 王怀中. 带有高阶转向点的奇摄动边值问题解的一致估计. 吉林大学学报, 1988, 4: 19-26.

[33] Liu S D. Nonmonotone interior layer theory for singularly perturbed nonlinear boundary value problems with generalized turning points. Ann. Differential Equations, 1991, 7(2): 182-190.

[34] 张祥. 具有转向点的非线性向量问题的奇摄动. 应用数学, 1991, 4(3): 56-62.

[35] Kelley W. Solutions with spikes for quasilinear boundary value problems. J. Math. Anal. Appl, 1992, 170: 581-590.

[36] Wei B S, Zhou Q D. Nonmonotone interior layer solutions for singularly perturbed semilinear boundary value problems with turning points. Northeast Math. J., 1996, 12(2): 127-135.

[37] 余赞平. 一类具有高阶转向点的二次问题的奇摄动. 数学研究, 2005, 38(2): 180-183.

[38] 倪明康, 林武忠. 奇异摄动问题中的渐近理论. 北京: 高等教育出版社, 2009.

[39] Nayfeh A H. Introduction for Perturbation Techniques. New York: John Wiley & Sons, 1981.

[40] Erdelyi A. Asymptotic Expansions. New York: Dover, 1956.

[41] Kazainoff N D. Aympototic theory of second order differential equations with two simple turning points. Arch. Rat. Mech.Anal. 1958, 2: 129-150.

[42] Langer R E. The asymptotic solutions of a linear differential equation of the second order with two turning points. Trans. Am. Math. Soc., 1959, 90: 113-142.

[43] Nagumo M. Überdie Differential gleichung $y'' = f(x, y, y')$. Proceedings of Physical and Mathematical Society, Japan, 1937, 19: 861-866.

[44] Jackson L K. Subfunctions and second-order ordinary differential inequalities. Adv. in Math., 1968, 2: 307-363.

第 8 章　偏微分方程奇异摄动问题

奇异摄动偏微分方程在 20 世纪 50 年代就开始了研究[1]. Levinson[2] 首先在 1950 年给出了二阶椭圆型方程的 Dirichlet 问题解的构造, 得到了形式解, 并用椭圆型方程的极值原理对渐近解进行了估计. 1957 年 Vishik-Lynsternik[3] 应用先验估计方法得出了余项按 Sobolev 空间范数的估计. 1961 年苏煜城[4] 讨论了一类拟线性椭圆型方程 Dirichlet 问题, 1965 年 Eckhaus 和 de Jager[5] 对二阶椭圆型方程 Dirichlet 问题导出余项按极值模的估计式. 1972 年 Nayfeh[6] 利用奇异摄动方法讨论了波动方程并应用于几何光学的一些问题. 1975 年 Besjes[7] 对高阶椭圆型方程 Dirichlet 问题导出了余项按 Hölder 空间范数的估计. 1979 年江福汝和高如熹[8] 把 Besjes 的工作推广到一般边值问题. 此外, 1970 年 Berger 和 Fraenkel[9], 1973 年 Fife[10], 1978 年 van Hartten[11] 等也讨论了某些非线性奇异摄动偏微分方程问题, 1996 年 Kevorkian 和 Cole[12] 用多重尺度法讨论了一类奇异摄动波动方程和非线性扩散方程. 1996 年 de Jager 和江福汝[13] 综合阐述了奇异摄动理论和方法, 并对二阶和高阶偏微分方程问题的渐近解作了系统的研究. 1999 年 Vasilieva[14] 开始了转移型空间对照结构的研究, 即研究了二阶抛物方程内部转移层的移动规律. 2006 年 Nefedov[15] 用微分不等式理论, 不但证明了二阶反应扩散方程内部转移层解的存在性, 而且研究了稳态解的稳定性问题. 2007 年 Barbu 和 Morosanu[16] 较全面地讨论了奇异摄动偏微分方程的渐近解并讨论了在 Hilbert 空间下的余项估计.

8.1　椭圆型方程奇异摄动问题

考虑如下奇异摄动半线性椭圆型方程 Dirichlet 问题

$$\varepsilon^2 \frac{\partial^2 u}{\partial x^2} + \frac{\partial^2 u}{\partial y^2} - u = \varepsilon \exp u, \quad 0 < x < 1, \ 0 < y < 1, \tag{8.1.1}$$

$$u\,|_{y=0} = 1, \quad u\,|_{y=1} = 1, \tag{8.1.2}$$

$$u\,|_{x=0} = 1, \quad u\,|_{x=1} = 1. \tag{8.1.3}$$

其中 $\varepsilon > 0$ 为小参数. 设问题的 "外部解" U 为

$$U = U_0 + \varepsilon U_1 + \cdots. \tag{8.1.4}$$

将式 (8.1.4) 代入问题 (8.1.1)—(8.1.2), 按 ε 的幂函数展开非线性项, 分别由 ε^0 和 ε^1 的系数可得

$$\frac{\partial^2 U_0}{\partial y^2} - U_0 = 0, \tag{8.1.5}$$

$$U_0\,|_{y=0} = U_0\,|_{y=1} = 1. \tag{8.1.6}$$

$$\frac{\partial^2 U_1}{\partial y^2} - U_1 = \exp U_0, \tag{8.1.7}$$

$$U_1\,|_{y=0} = U_1\,|_{y=1} = 0. \tag{8.1.8}$$

不难得到线性问题 (8.1.5)—(8.1.6) 和问题 (8.1.7)—(8.1.8) 的解分别为

$$U_0 = 1, \tag{8.1.9}$$

$$U_1 = \mathrm{e}\left[\frac{\exp y + \exp(1-y)}{\mathrm{e}+1} - 1\right]. \tag{8.1.10}$$

将它们代入式 (8.1.4) 得

$$U = 1 + \varepsilon\,\mathrm{e}\left[\frac{\exp y + \exp(1-y)}{\mathrm{e}+1} - 1\right] + \cdots. \tag{8.1.11}$$

显然, 由式 (8.1.11) 决定的 U 不满足边界条件

$$u\,|_{x=0} = u\,|_{x=1} = 1. \tag{8.1.12}$$

为此, 我们尚需构造在 $x = 0$ 和 $x = 1$ 附近的边界层校正项.

首先, 在 $x = 0$ 附近构造边界层性质的函数 V. 作伸长变量的变换: $\xi = \dfrac{x}{\varepsilon}$. 这时式 (8.1.1) 为

$$\frac{\partial^2 u}{\partial \xi^2} + \frac{\partial^2 u}{\partial y^2} - u = \varepsilon \exp u, \quad 0 < \xi < \infty,\ 0 < y < 1. \tag{8.1.13}$$

设

$$u = U + V, \tag{8.1.14}$$

其中

$$V = V_0 + \varepsilon V_1 + \cdots. \tag{8.1.15}$$

将式 (8.1.14)—(8.1.15) 代入方程 (8.1.13), 式 (8.1.2) 和式 (8.1.3) 的第一个等式, 展开非线性项为 ε 的幂函数, 由 ε^0 的系数并考虑到边界层函数在 $\xi \to \infty$ 的性质可得

$$\frac{\partial^2 V_0}{\partial \xi^2} + \frac{\partial^2 V_0}{\partial y^2} - V_0 = 0, \quad 0 < \xi < \infty,\ 0 < y < 1, \tag{8.1.16}$$

$$V_0\,|_{\xi=0} = \ V_0\,|_{y=0} = V_0\,|_{y=1} = 0, \quad \lim_{\xi\to\infty} V_0 = 0. \tag{8.1.17}$$

显然, 问题 (8.1.16)—(8.1.17) 的解为

$$V_0(\xi, y) = 0. \tag{8.1.18}$$

将式 (8.1.14)—(8.1.15) 代入方程 (8.1.13), 式 (8.1.2) 和式 (8.1.3) 的第一个等式, 由 ε^1 的系数并考虑到边界层函数在 $\xi \to \infty$ 的性质可得

$$\frac{\partial^2 V_1}{\partial\,\xi^2} + \frac{\partial^2 V_1}{\partial\,y^2} - V_1 = 0, \quad 0 < \xi < \infty, \ 0 < y < 1, \tag{8.1.19}$$

$$V_1\,|_{y=0} = V_1\,|_{y=1} = 0. \tag{8.1.20}$$

$$V_1\,\bigg|_{\xi=0} = 1 - \mathrm{e}\left[\frac{\exp y + \exp(1-y)}{\mathrm{e}+1} - 1\right], \quad \lim_{\xi\to\infty} V_1 = 0. \tag{8.1.21}$$

利用 Fourier 方法, 问题 (8.1.19)—(8.1.21) 的解为

$$V_1(\xi, y) = \sum_{k=1}^{\infty} A_k \exp(-(1 + k^2\pi^2)\xi)\sin(k\pi y), \tag{8.1.22}$$

其中

$$A_k = \frac{2\mathrm{e}}{k\pi}[(-1)^k - 1] + \frac{2\mathrm{e}k\pi}{(1+\mathrm{e})(1+k^2\pi^2)}[(-1)^{k+1}(\mathrm{e}+\mathrm{e}^{-1}) + 2]. \tag{8.1.23}$$

其次, 在 $x = 1$ 附近构造边界层性质的函数 W. 作伸长变量的变换 $\eta = \dfrac{1-x}{\varepsilon}$. 这时式 (8.1.1) 为

$$\frac{\partial^2 u}{\partial\,\eta^2} + \frac{\partial^2 u}{\partial\,y^2} - u = \varepsilon\exp u, \quad 0 < \eta < \infty, \ 0 < y < 1. \tag{8.1.24}$$

设

$$u = U + W, \tag{8.1.25}$$

其中

$$W = W_0 + \varepsilon\,W_1 + \cdots. \tag{8.1.26}$$

将式 (8.1.25) 和式 (8.1.26) 代入方程 (8.1.24), 式 (8.1.2) 和式 (8.1.3) 的第二个等式, 展开非线性项为 ε 的幂函数, 由 ε^0 的系数并考虑到边界层函数在 $\eta \to \infty$ 的性质可得

$$\frac{\partial^2 W_0}{\partial\,\eta^2} + \frac{\partial^2 W_0}{\partial\,y^2} - W_0 = 0, \quad 0 < \eta < \infty, \ 0 < y < 1, \tag{8.1.27}$$

$$W_0\,|_{\eta=0} = W_0\,|_{y=0} = W_0\,|_{y=1} = 0, \quad \lim_{\eta\to\infty} W_0 = 0. \tag{8.1.28}$$

显然, 问题 (8.1.27)—(8.1.28) 的解为

$$W_0(\eta, y) = 0. \tag{8.1.29}$$

将式 (8.1.25)—(8.1.26) 代入方程 (8.1.24), 式 (8.1.2)—(8.1.3) 的第二个等式, 由 ε^1 的系数并考虑到边界层函数在 $\eta \to \infty$ 的性质可得

$$\frac{\partial^2 W_1}{\partial \mu^2} + \frac{\partial^2 W_1}{\partial y^2} - W_1 = 0, \quad 0 < \eta < \infty, \ 0 < y < 1, \tag{8.1.30}$$

$$W_1 \big|_{y=0} = w_1 \big|_{y=1} = 0. \tag{8.1.31}$$

$$W_1 \bigg|_{\eta=0} = 1 - \mathrm{e} \left[\frac{\exp y + \exp(1-y)}{\mathrm{e}+1} - 1 \right], \quad \lim_{\eta \to \infty} W_1 = 0, \tag{8.1.32}$$

同样, 利用 Fourier 方法, 问题 (8.1.30)—(8.1.32) 的解为

$$W_1(\eta, y) = \sum_{k=1}^{\infty} A_k \exp(-(1+k^2\pi^2)\eta) \sin(k\pi y). \tag{8.1.33}$$

综合上述的计算结果由式 (8.1.4)、(8.1.14)—(8.1.15)、(8.1.25)—(8.1.26) 和式 (8.1.11)、(8.1.18)、(8.1.22)、(8.1.29)、(8.1.33), 并考虑到伸长变量 ξ, η 的表示式, 便得到奇异摄动半线性椭圆型方程 Dirichlet 问题 (8.1.1)—(8.1.3) 的形式渐近解

$$u(x,y) = 1 + \varepsilon \left\{ \mathrm{e} \left(\frac{\exp y + \exp(1-y)}{\mathrm{e}+1} - 1 \right) \right.$$

$$\left. + \Psi(y) \sum_{k=1}^{\infty} A_k \left[\exp \left(-(1+k^2\pi^2) \frac{x}{\varepsilon} \right) + \exp \left(-(1+k^2\pi^2) \frac{1-x}{\varepsilon} \right) \right] \sin(k\pi y) \right\}$$

$$+ O(\varepsilon^2), \quad 0 \leqslant x, y \leqslant 1, \ 0 < \varepsilon \ll 1, \tag{8.1.34}$$

其中 $A_k(k = 1, 2, \cdots)$ 由式 (8.1.23) 表示, 而 $\Psi(y)$ 为在 $0 \leqslant y \leqslant \delta$ 上的充分光滑且满足

$$\Psi(y) = \begin{cases} 1, & 0 \leqslant y \leqslant \delta, \\ 0, & y \geqslant 2\delta/3 \end{cases}$$

的函数, 其中 δ 为小于 1 的正常数.

利用半线性椭圆型方程的极值原理[13] 可以证明, 若 $u(x,y)$ 为问题 (8.1.1)—(8.1.3) 的解, 则式 (8.1.34) 在 $0 \leqslant x \leqslant 1, 0 \leqslant y \leqslant 1$ 上一致成立.

8.2　奇异摄动问题的内层解

考虑如下奇异摄动导热问题

$$\varepsilon^2 \Delta u - u = f(x,y), \quad x^2 + y^2 < 1, \tag{8.2.1}$$

$$u\big|_{x^2+y^2=1}=0\,, \tag{8.2.2}$$

其中 Δ 为 Laplace 算子, $f(x,y)$ 在 $(-\sqrt{1-x^2}<y<0)\cup(0<y<\sqrt{1-x^2})$ 内为光滑但在 $y=0$ 上为第一类间断的函数.

现求奇异摄动问题 (8.2.1)—(8.2.2) 的渐近解. 问题 (8.2.1)—(8.2.2) 的退化解为

$$U_0(x,y)=-f(x,y), \tag{8.2.3}$$

显然, 由式 (8.2.3) 决定的退化解未必满足边界条件, 并且在 $y=0$ 处有跳跃. 为此, 尚需构造边界层和内部层校正项.

首先, 构造在 $y=0$ 附近的具有内部层性态的校正项 V_ε, 并要求 U_0+V_ε 及 $\dfrac{\partial}{\partial y}(U_0+V_\varepsilon)$ 在 $x^2+y^2\leqslant 0$ 上连续. 为此, 设 V_ε 有如下的形式:

$$V_\varepsilon(x,y)=\begin{cases}\varphi_1(x)\exp(-y/\varepsilon), & y>0,\\ \varphi_2(x)\exp(y/\varepsilon), & y<0,\end{cases} \tag{8.2.4}$$

其中 $\varphi_i(x)(i=1,2)$ 为待定的光滑函数.

为了使得 U_0+V_ε 及 $\dfrac{\partial}{\partial y}(U_0+V_\varepsilon)$ 在 $x^2+y^2\leqslant 0$ 上连续, 要求

$$U_0+V_\varepsilon=\frac{\partial}{\partial y}(U_0+V_\varepsilon)=0. \tag{8.2.5}$$

由式 (8.2.4) 和式 (8.2.5), 有

$$U_0=-(\varphi_1(x)-\varphi_2(x)), \tag{8.2.6}$$

$$\frac{\partial U_0}{\partial y}=-\frac{1}{\varepsilon}(\varphi_1(x)+\varphi_2(x)). \tag{8.2.7}$$

由式 (8.2.6), 便可得到

$$\varphi_1(x)=-\frac{1}{2}\left(U_0-\varepsilon\frac{\partial U_0}{\partial y}\right), \tag{8.2.8}$$

$$\varphi_2(x)=\frac{1}{2}\left(U_0+\varepsilon\frac{\partial U_0}{\partial y}\right). \tag{8.2.9}$$

将式 (8.2.8)—(8.2.9) 代入式 (8.2.4), 便有

$$V_\varepsilon(x,y)=\begin{cases}-\dfrac{1}{2}\left(U_0-\varepsilon\dfrac{\partial U_0}{\partial y}\right)\exp(-y/\varepsilon), & y>0,\\[3mm] \dfrac{1}{2}\left(U_0+\varepsilon\dfrac{\partial U_0}{\partial y}\right)\exp(y/\varepsilon), & y<0.\end{cases} \tag{8.2.10}$$

其次, 构造在边界 $x^2+y^2=1$ 附近的具有边界层性态的校正项 W_ε, 并使

$$[U_0+V_\varepsilon+W_\varepsilon]_{x^2+y^2=1}=0.$$

由上式得

$$W_\varepsilon\big|_{x^2+y^2=1} = [U_0 + V_\varepsilon]_{x^2+y^2=1}. \tag{8.2.11}$$

设 W_ε 具有形式

$$W_\varepsilon = \psi(x,y)\exp(1-(x^2+y^2)/\varepsilon). \tag{8.2.12}$$

由于式 (8.2.12) 应满足式 (8.2.11), 故可取

$$\psi(x,y) = (U_0 + V_\varepsilon). \tag{8.2.13}$$

将式 (8.2.13) 代入式 (8.2.12), 便得到具有边界层性态的校正项 W_ε,

$$W_\varepsilon = (U_0 + V_\varepsilon)\exp(1-(x^2+y^2)/\varepsilon). \tag{8.2.14}$$

综上所述, 由式 (8.2.3)、式 (8.2.4) 和式 (8.2.14), 便得到了奇异摄动问题 (8.2.1)—(8.2.2) 解的形式渐近式:

$$u(x,y) = -f(x,y) + V_\varepsilon + [-f(x,y) + V_\varepsilon]\exp(1-(x^2+y^2)/\varepsilon) + O(\varepsilon),$$

$$x^2 + y^2 \leqslant 1, \quad 0 < \varepsilon \ll 1, \tag{8.2.15}$$

其中 V_ε 由式 (8.2.3) 表示.

利用线性椭圆型方程的极值原理 [13] 不难证明, 若 $u(x,y)$ 是问题 (8.2.1)—(8.2.2) 的解, 则式 (8.2.15) 在 $x^2 + y^2 \leqslant 1$ 上一致成立.

8.3　两参数奇异摄动问题

考虑如下两参数线性抛物型方程初边值问题

$$\varepsilon\frac{\partial u}{\partial t} - \mu\frac{\partial^2 u}{\partial x^2} + u = f(x,t), \quad 0 < x < 1, \quad 0 < t < T, \tag{8.3.1}$$

$$u(0,t) = 0, \quad u(1,t) = 0, \tag{8.3.2}$$

$$u(x,0) = \varphi(x), \tag{8.3.3}$$

其中 μ, ε 为两个正的小参数, T 为足够大的正常数, t 为时间变量, x 为空间变量, f, g 关于其自变量在它们的变化范围内为充分光滑的函数, 且 $f(0,t) = f(1,0) = f(x,0) = \varphi(0) = \varphi(1) = 0$.

设问题 (8.3.1)—(8.3.3) 的外部解 U 为

$$U(x,t) = \sum_{i,j=0}^{\infty} U_{ij}(x,t)\varepsilon^i\mu^i. \tag{8.3.4}$$

将式 (8.3.4) 代入方程 (8.3.1), 合并 $\varepsilon^i \mu^j (i,j = 0,1,\cdots)$ 的系数, 并分别令方程两边 $\varepsilon^i \mu^j$ 同次幂的系数相等. 可依次得到

$$U_{00}(x,t) = f(x,t), \tag{8.3.5}$$

$$U_{ij}(x,t) = \frac{\partial^2 U_{i(j-1)}}{\partial x^2} - \frac{\partial U_{(i-1)j}}{\partial t}, \quad i,j = 0,1,2,\cdots, \ (i,j) \neq (0,0). \tag{8.3.6}$$

上式和下面各式中具有负下标的项设为 0.

将式 (8.3.5)—(8.3.6) 代入式 (8.3.4), 得到奇异摄动问题 (8.3.1)—(8.3.3) 的外部解 U 的展开式

$$U(x,t) = f(x,t) + \sum_{\substack{i,j=0 \\ (i,j)\neq(0,0)}}^{\infty} \left[\frac{\partial^2 U_{i(j-1)}}{\partial x^2} - \frac{\partial U_{(i-1)j}}{\partial t} \right] \varepsilon^i \mu^j. \tag{8.3.7}$$

由于外部解 (8.3.6) 未必满足边界条件 (8.3.2) 和初始条件 (8.3.3), 故尚需分别构造边界层和初始层校正项.

首先, 分别在 $x = 0$ 和 $x = 1$ 附近构造边界层校正项. 作伸长变换 $\xi = x/\mu^{1/2}$. 这时方程 (8.3.1) 为

$$\varepsilon \frac{\partial u}{\partial t} - \frac{\partial^2 u}{\partial \xi^2} + u = f(\mu^{1/2}\xi, t), \tag{8.3.8}$$

设问题 (8.3.1)—(8.3.3) 的解为

$$u = U + V, \tag{8.3.9}$$

其中 V 为在 $x = 0$ 附近的边界层校正项, 并有形式

$$V(\xi, t) = \sum_{i,j=0}^{\infty} V_{ij}(\xi, t) \varepsilon^i \mu^i. \tag{8.3.10}$$

将式 (8.3.8)、式 (8.3.9) 代入方程 (8.3.7) 和式 (8.3.2) 的第一式, 合并 $\varepsilon^i \mu^j (i,j = 0,1,\cdots)$ 的系数, 并分别令方程两边 $\varepsilon^i \mu^j$ 同次幂的系数相等. 考虑到边界层型函数的性态, 可依次得到

$$\frac{\partial^2 V_{00}}{\partial \xi^2} - V_{00} = 0, \tag{8.3.11}$$

$$V_{00}(0,t) = -f(0,t), \quad \lim_{\xi \to \infty} V_{00}(\xi, t) = 0, \tag{8.3.12}$$

$$\frac{\partial^2 V_{ij}}{\partial \xi^2} - V_{ij} = \frac{\partial V_{(i-1)j}}{\partial t}, \quad i,j = 0,1,2,\cdots, \ (i,j) \neq (0,0), \tag{8.3.13}$$

$$V_{ij}(0,t) = -U_{ij}(0,t), \quad \lim_{\xi \to \infty} V_{00}(\xi, t) = 0, \quad i,j = 0,1,2,\cdots, \ (i,j) \neq (0,0). \tag{8.3.14}$$

由式 (8.3.10) 和式 (8.3.13), 可以依次求出 V_{ij}:

$$V_{00}(\xi,t) = -f(0,t)\exp(-\xi)], \tag{8.3.15}$$

$$V_{ij}(\xi,t) = -U_{ij}(0,t)\exp(-\xi) - \int_0^\xi \frac{\partial V_{(i-1)j}(\xi_1,t)}{\partial t}\exp(\xi_1 - \xi)\mathrm{d}\eta,$$
$$j = 0,1,2,\cdots, \quad (i,j) \neq (0,0). \tag{8.3.16}$$

将式 (8.3.14)—(8.3.15) 代入式 (8.3.9), 便得到奇异摄动问题 (8.3.1)—(8.3.3) 在 $x = 0$ 附近的边界层校正项 V 的展开式

$$V(\xi,t) = -f(0,t)\exp(-\xi) - \sum_{\substack{i,j=0 \\ (i,j)\neq(0,0)}}^\infty \left[U_{ij}(0,t)\exp(-\xi) \right.$$
$$\left. - \int_0^\xi \frac{\partial V_{(i-1)j}(\xi_1,t)}{\partial t}\exp(\xi_1 - \xi)\mathrm{d}\xi_1 \right]\varepsilon^i\mu^j. \tag{8.3.17}$$

用同样的方法能够构造在 $x = 1$ 附近具有边界层性态的校正项 W 的展开式:

$$W(\xi,t) = -f(1,t)\exp(-\eta) - \sum_{\substack{i,j=0 \\ (i,j)\neq(0,0)}}^\infty \left[U_{ij}(1,t)\exp(-\eta) \right.$$
$$\left. - \int_0^\eta \frac{\partial W_{(i-1)j}(\eta_1,t)}{\partial t}\exp(\eta_1 - \eta)\mathrm{d}\eta_1 \right]\varepsilon^i\mu^j, \tag{8.3.18}$$

其中 η 为在 $x = 1$ 附近的伸长变量: $\eta = (1-x)/\mu^{1/2}$.

其次, 在 $t = 0$ 附近构造初始层校正项. 作伸长变换 $\zeta = t/\varepsilon$. 这时方程 (8.3.1) 为

$$\frac{\partial u}{\partial \zeta} - \mu\frac{\partial^2 u}{\partial \xi^2} + u = f(x,\varepsilon\zeta), \tag{8.3.19}$$

设问题 (8.3.1)—(8.3.3) 的解为

$$u = U + Z, \tag{8.3.20}$$

其中 Z 为在 $t = 0$ 附近的初始层校正项, 并有形式

$$Z(x,\zeta) = \sum_{i,j=0}^\infty Z_{ij}(x,\zeta)\varepsilon^i\mu^i. \tag{8.3.21}$$

将式 (8.3.19)、式 (8.3.20) 代入方程 (8.3.18) 和式 (8.3.3), 合并 $\varepsilon^i\mu^j$ $(i,j = 0,1,\cdots)$ 的系数, 并分别令方程两边 $\varepsilon^i\mu^j$ 同次幂的系数相等. 考虑到初始层型函数的性态, 可依次得到

$$\frac{\partial Z_{00}}{\partial \zeta} + Z_{00} = 0, \tag{8.3.22}$$

$$Z_{00}(x,0) = -U_{00}(x,0), \quad \lim_{\zeta \to \infty} Z_{00}(x,\zeta) = 0, \tag{8.3.23}$$

$$\frac{\partial Z_{ij}}{\partial \zeta} + Z_{ij} = \frac{\partial^2 Z_{(i-1)j}}{\partial x^2}, \quad i,j = 0,1,2,\cdots, \ (i,j) \neq (0,0), \tag{8.3.24}$$

$$Z_{ij}(x,0) = -U_{ij}(x,0), \quad \lim_{\zeta \to \infty} Z_{00}(x,\zeta) = 0, \quad i,j = 0,1,2,\cdots, \ (i,j) \neq (0,0). \tag{8.3.25}$$

由问题 (8.3.21)—(8.3.24), 可以依次求出 V_{ij}:

$$Z_{00}(\xi,t) = -f(x,0)\exp(-\zeta), \tag{8.3.26}$$

$$Z_{ij}(\xi,t) = -U_{ij}(x,0)\exp(-\zeta) - \int_0^\zeta \frac{\partial^2 Z_{(i-1)j}(x,\zeta_1)}{\partial x^2}\exp(\zeta_1-\zeta)\mathrm{d}\zeta_1,$$
$$j = 0,1,2,\cdots, \ (i,j) \neq (0,0). \tag{8.3.27}$$

将式 (8.3.25)、式 (8.3.26) 代入式 (8.3.20), 得到奇异摄动问题 (8.3.1)—(8.3.3) 在 $t=0$ 附近初始层校正项 Z 的展开式

$$Z(\xi,t) = -f(x,0)\exp(-\zeta) - \sum_{\substack{i,j=0 \\ (i,j)\neq(0,0)}}^\infty \Bigg[U_{ij}(x,\zeta)\exp(-\zeta)$$
$$- \int_0^\zeta \frac{\partial^2 Z_{(i-1)j}(x,\zeta_1)}{\partial x^2}\exp(\zeta_1-\zeta)\mathrm{d}\zeta_1 \Bigg]\varepsilon^i\mu^j. \tag{8.3.28}$$

综上讨论, 便得到两参数线性抛物型方程初边值问题 (8.3.1)—(8.3.3) 解 U 的渐近展开式:

$$U(x,t) = [U_{00}(x,t) - \Phi_1 f(0,t)\exp(-\xi) - \Phi_2 f(1,t)\exp(-\eta) - \Psi f(x,0)\exp(-\zeta)]$$
$$+ \sum_{i=0}^n \sum_{\substack{j=0 \\ (i,j)\neq(0,0)}}^m \Bigg\{ \left(\frac{\partial^2 U_{i(j-1)}}{\partial x^2} - \frac{\partial U_{(i-1)j}}{\partial t} \right)$$
$$- \Phi_1 \Bigg[U_{ij}(0,t)\exp(-\xi) + \int_0^\xi \frac{\partial V_{(i-1)j}(\xi_1,t)}{\partial t}\exp(\xi_1-\xi)\mathrm{d}\xi_1 \Bigg]$$
$$- \Phi_2 \Bigg[U_{ij}(1,t)\exp(-\eta) + \int_0^\eta \frac{\partial W_{(i-1)j}(\eta_1,t)}{\partial t}\exp(\eta_1-\eta)\mathrm{d}\eta_1 \Bigg]$$
$$- \Psi \Bigg[U_{ij}(x,\zeta)\exp(-\zeta) + \int_0^\zeta \frac{\partial^2 Z_{(i-1)j}(x,\zeta_1)}{\partial x^2}\exp(\zeta_1-\zeta)\mathrm{d}\zeta_1 \Bigg] \Bigg\}\varepsilon^i\mu^j + O(\lambda),$$
$$0 \leqslant x \leqslant 1, \quad 0 \leqslant t \leqslant T, \quad 0 < \lambda = \max(\varepsilon^{n+1}\mu^m, \varepsilon^n\mu^{m+1}) \ll 1, \tag{8.3.29}$$

其中 $\xi = x/\mu^{1/2}, \eta = (1-x)/\mu^{1/2}, \zeta = t/\varepsilon$, 而 Φ_1, Φ_2, Ψ 分别为充分光滑且满足如下情形的单调截断函数:

$$\Phi_1 = \begin{cases} 1, & 0 \leqslant x \leqslant \delta/3, \\ 0, & x \geqslant 2\delta/3, \end{cases} \qquad \Phi_2 = \begin{cases} 1, & 0 \leqslant 1-x \leqslant \delta/3, \\ 0, & 1-x \geqslant 2\delta/3, \end{cases} \qquad \Psi = \begin{cases} 1, & 0 \leqslant t \leqslant \delta/3, \\ 0, & t \geqslant 2\delta/3, \end{cases}$$

其中 δ 为适当小的正常数.

由线性抛物型方程的极值原理可以证明, 若 $U(x,t)$ 是问题 (8.3.1)—(8.3.3) 的解, 则式 (8.3.28) 在 $0 \leqslant x \leqslant 1, 0 \leqslant t \leqslant T$ 上一致成立.

由式 (8.3.28) 还可以看出, 两参数线性抛物型方程初边值问题 (8.3.1)—(8.3.3) 的解同时具有边界层和初始层. 再由伸长变量 ξ, η, ζ 的表示式知, 边界层的厚度为 $O(\mu^{1/2})$, 初始层的厚度为 $O(\varepsilon)$. 因此还有如下结论:

(1) 当 $\dfrac{\mu}{\varepsilon^2} \to 0$ 时, 边界层的厚度比初始层的厚度的量级小;

(2) 当 $\dfrac{\varepsilon^2}{\mu} \to 0$ 时, 初始层的厚度比边界层的厚度的量级小.

8.4　高阶方程奇异摄动问题

考虑如下高阶拟线性椭圆型方程 Dirichlet 问题[17]

$$\varepsilon^{2m-1} L_{2m}[u] + \sum_{i=1}^{n} b_i(x,u) \frac{\partial u}{\partial x_i} - f(x,u,\varepsilon) = 0,$$

$$x = (x_1, x_2, \cdots, x_n) \in \Omega \subset \mathbf{R}^n, \tag{8.4.1}$$

$$\frac{\partial^j u}{\partial n^j} = g_j(x), \quad x \in \partial\Omega, j = 0, 1, \cdots, m-1, \tag{8.4.2}$$

其中 ε 为小的正参数, Ω 为 $\mathbf{R}^n$ 中的一个有界凸域, $\partial\Omega = \partial\Omega_+ + \partial\Omega_-$ 为 Ω 中的光滑边界, 其中 $\partial\Omega_+$ 为退化方程对应特征线穿入区域 Ω 的边界, $\partial\Omega_-$ 为对应特征线穿出区域 Ω 的边界, 且

$$L_{2m} \equiv \sum_{1 \leqslant |\mu|, |\sigma| \leqslant m} (-1)^{|\mu|} D^\mu (a^{\mu\sigma}(x) D^\sigma),$$

$$D_j = \frac{\partial}{\partial x_j}, \quad D^\alpha = D_1^{\alpha_1} D_2^{\alpha_2} \cdots D_n^{\alpha_n}, \quad |\alpha| = \sum_{j=1}^{n} \alpha_j,$$

m 为正整数, 系数 $a^{\mu\sigma}$ 和 b_i 为 $C^m(\Omega)$ 类实值函数, $\sum_{i=1}^{n} b_i^2 \neq 0$, f 和 g 为关于其自变量在对应的变化区域内为充分光滑的函数, $\dfrac{\partial}{\partial n}$ 表示在 $\partial\Omega$ 上的外法线导数, L_{2m} 为在 $\overline{\Omega}$ 内的一致强椭圆型算子:

$$\sum_{1 \leqslant |\mu|, |\sigma| \leqslant m} \xi^\mu a^{\mu\sigma}(x) \xi^\sigma \geqslant \lambda_m |\xi|^{2m} := \lambda_m \left(\sum_{i=1}^{n} \xi_i^2 \right)^m, \quad \forall \xi \in \mathbf{R}^n, \ x \in \overline{\Omega}, \lambda_m > 0.$$

设 H_1　存在一个正常数 δ, 使得 $\dfrac{\partial f}{\partial u}(x,u,\varepsilon) \geqslant \delta, \forall x \in \overline{\Omega}, \forall u \in \mathbf{R}$.

H$_2$ 原问题 (8.4.1)—(8.4.2) 的退化问题

$$\sum_{i=1}^{n} b_i(x,w)\frac{\partial w}{\partial x_i} = f(x,w,0), \quad w\,|_{\partial\Omega_-} = g(x)$$

有唯一的解 $w(x)$, 它在 Ω 中, 除了子特征线与 $\partial\Omega_+$ 和 $\partial\Omega_-$ 的切点 A_1 和 A_2 外, 为无限可微的函数.

显然, $w(x)$ 未必在 $\partial\Omega_+$ 上满足当 $j = 1, 2, \cdots, m-1$ 时的边界条件 (2), 为此我们需要构造边界层校正项 v.

首先在 $\partial\Omega$ 附近建立局部坐标系 (ρ, ϕ). 按如下方法定义在 $\partial\Omega$ 附近的每一点 Q 的坐标: 坐标 $\rho(\leqslant \rho_0)$ 为点 Q 到边界 $\partial\Omega$ 的距离, 其中 ρ_0 为足够地小, 使得在 $\partial\Omega$ 的邻域内, $\partial\Omega$ 上的每一点的内法线互不相交. $\phi = (\phi_1, \phi_2, \cdots, \phi_{n-1})$ 为 $(n-1)$ 维流形 $\partial\Omega$ 上的一个非奇坐标系. Q 的坐标 ϕ 与 $P \in \partial\Omega$ 的坐标 ϕ 相同, 通过 P 的内法线通过 Q.

在 $\partial\Omega$ 的邻域: $0 \leqslant \rho \leqslant \rho_0$ 上, 有

$$L_{2m} = \bar{a}_{mm}\frac{\partial^{2m}}{\partial\rho^{2m}} + \bar{L}_{2m-1}, \quad \sum_{i=1}^{n} b_i\frac{\partial}{\partial x_i} = \bar{b}_n\frac{\partial}{\partial\rho} + \bar{L}_0,$$

其中

$$\bar{a}_{mm} = \sum_{|\mu|=|\sigma|=m} D^\mu a^{\mu\sigma} D^\sigma, \quad \bar{b}_n = \sum_{i=1}^{n} b_i\frac{\partial\rho}{\partial x_i},$$

其中 $\bar{L}_j$ 为关于 ρ 的 j 次的导数的偏微分算子. 现在 $0 \leqslant \rho \leqslant \rho_0$ 上引入伸长变量变换 $\tau = \rho/\varepsilon$. 我们有

$$\varepsilon^{2m}L_{2m} = \bar{a}_{mm}\frac{\partial^{2m}}{\partial\tau^{2m}} + \varepsilon\,\tilde{L}_{2m-1}, \tag{8.4.3}$$

其中 $\tilde{L}_j$ 为关于 τ 的 j 次的导数的偏微分算子.

设原问题 (8.4.1)—(8.4.2) 的形式渐近解 $\bar{u}$ 为

$$\bar{u}(x) = w(x) + v(\tau).$$

将上式代入式 (8.4.1), 由式 (8.4.3), 并取 $\varepsilon = 0$, 有

$$\bar{a}_{mm}\frac{\partial^{2m}v}{\partial\tau^{2m}} + \bar{b}_n\frac{\partial v}{\partial\tau} = 0. \tag{8.4.4}$$

由式 (8.4.2),

$$\frac{\partial^j v}{\partial\rho}\bigg|_{\rho=0} = g_j(x)\,|_{x\in\partial\Omega} - \frac{\partial^j w}{\partial n^j}\bigg|_{x\in\partial\Omega}, \quad j = 0, 1, \cdots, m-1. \tag{8.4.5}$$

不难看出问题 (8.4.4)—(8.4.5) 存在一个解 v, 并具有如下边界层性态

$$v = O(\exp[-\delta_0\tau]) = O\left(\exp\left[-\delta_0\frac{\rho}{\varepsilon}\right]\right), \quad 0 < \varepsilon \ll 1,$$

其中 δ_0 为适当小的正常数.

最后, 设

$$\bar{v} = \Psi(\rho)v, \tag{8.4.6}$$

其中单调函数 $\Psi(x) \equiv \Psi(\rho) \in C^\infty[0,\infty)$, 且满足

$$\Psi(\rho) = \begin{cases} 1, & 0 \leqslant \rho \leqslant \rho_0/3, \\ 0, & \rho \geqslant 2\rho_0/3. \end{cases}$$

这时我们得到了高阶椭圆型方程 Dirichlet 问题 (8.4.1)—(8.4.2) 的如下形式渐近表示式:

$$\bar{u} = w + \bar{v}. \tag{8.4.7}$$

在假设 H$_1$ 和 H$_2$ 下, 应用不动点定理[13], 可以证明奇异摄动高阶拟线性椭圆型方程 Dirichlet 问题存在唯一的解 $u(x,\varepsilon)$, 并在 $\overline{\Omega}$ 上, 除 A_1, A_2 的足够小的邻域外, 一致地成立如下渐近展开式

$$u(x,\varepsilon) = w(x) + \bar{v}(x) + O(\varepsilon), \quad 0 < \varepsilon \ll 1,$$

其中 $w(x)$ 为退化问题 (8.4.3)—(8.4.4) 的解, $\bar{v}(x)$ 为由式 (8.4.6) 表示的边界层校正函数.

8.5　长期型奇异摄动问题

考虑如下半线性双曲型方程

$$\frac{\partial^2 u}{\partial t^2} - a^2\frac{\partial^2 u}{\partial x^2} + \gamma^2 u = \beta u^3. \tag{8.5.1}$$

式 (8.5.1) 为 Klein-Gordon 方程. 求它在小振幅情形下的周期行波解.

如果方程 (8.5.1) 中的 $\beta = 0$, 不难得到小振幅的线性简谐行波解为

$$u = \varepsilon\cos(kx - \omega t), \quad \omega^2 = a^2k^2 + \gamma^2, \tag{8.5.2}$$

其中 ε 为振幅, 设其为小的正参数, 方程 (8.5.2) 中波的相速度为 ω/k, 它与振幅 ε 无关. 但在非线性方程 (8.5.1) 中, 相速度一般是振幅的函数.

作行波变换: $\theta = x - ct$. 这时方程 (8.5.1) 为

$$(c^2 - a^2)\frac{\mathrm{d}^2 u}{\mathrm{d}\theta^2} + \lambda^2 u = \beta u^3. \tag{8.5.3}$$

将 u 和 c 按 ε 展开:

$$u = u_0\varepsilon + u_3\varepsilon^3 + \cdots, \tag{8.5.4}$$

$$c = c_0 + u_2\varepsilon^2 + \cdots. \tag{8.5.5}$$

上两式中, 如果添加 $u_2\varepsilon^2$ 和 $c_1\varepsilon$ 项, 在下面的计算中其结果是相同的. 故在此略去. 把式 (8.5.4)—(8.5.5) 代入方程 (8.5.3), 令 ε 的同次幂合并, 使方程的两边同次幂的系数相等, 得

$$(c_0^2 - a^2)\frac{\mathrm{d}^2 u_1}{\mathrm{d}\theta^2} + \gamma^2 u_1 = 0, \tag{8.5.6}$$

$$(c_0^2 - a^2)\frac{\mathrm{d}^2 u_3}{\mathrm{d}\theta^2} + \gamma^2 u_3 = -2c_0 c_2 \frac{\mathrm{d}^2 u_1}{\mathrm{d}\theta^2} + \beta u_1^3. \tag{8.5.7}$$

取方程 (8.5.6) 的解为

$$u_1 = \cos k\theta, \quad c_0^2 = a^2 + \gamma^2 k^{-2}. \tag{8.5.8}$$

这时方程 (8.5.7) 为

$$(c_0^2 - a^2)\frac{\mathrm{d}^2 u_3}{\mathrm{d}\theta^2} + \gamma^2 u_3 = \left(2c_0 c_2 k^2 + \frac{3}{4}\beta\right)\cos k\theta + \frac{1}{4}\beta\cos 3k\theta. \tag{8.5.9}$$

显然, 方程 (8.5.9) 的右边第一项的存在, 将会使方程的解出现具有非周期的长期项. 为了消除方程中产生长期项的解, 需要

$$2c_0 c_2 k^2 + \frac{3}{4}\beta = 0.$$

故只能选取 c_2 为

$$c_2 = -3\beta/8c_0 k^2. \tag{8.5.10}$$

这时方程 (8.5.9) 的解 u_3 为

$$u_3 = -\frac{\beta}{32\gamma^2}\cos 3k\theta. \tag{8.5.11}$$

将式 (8.5.8)、式 (8.5.10)—(8.5.11) 代入式 (8.5.4)—(8.5.5), 我们便有

$$u = \varepsilon\cos k\theta - \frac{\varepsilon^3\beta}{32\gamma^2}\cos 3k\theta + O(\varepsilon^4), \quad 0 < \varepsilon \ll 1,$$

$$c = \sqrt{a^2 + \gamma^2 k^{-2}}\left(1 - \frac{3\varepsilon^2\beta}{8(a^2 + \gamma^2 k^{-2})}\right) + O(\varepsilon^3), \quad 0 < \varepsilon \ll 1.$$

利用能量积分理论[13] 可以证明, 上述关系式在 x, t 的变化范围内一致成立.

8.6　反应扩散方程奇异摄动问题的广义解

考虑广义非线性反应扩散问题[18]

$$(\phi, D_0 u) + \varepsilon^2 B_1[\phi, u] = (\phi, f(t, x, u)),$$

$$0 < t \leqslant T, \quad x \in \Omega, \quad \forall \phi \in C_0^\infty(\Omega), \tag{8.6.1}$$

$$(\phi, u) = (\phi, g_1), \quad x \in \partial\Omega, \quad \forall \phi \in C_0^\infty(\Omega), \tag{8.6.2}$$

$$(\phi, u) = (\phi, g_2), \quad t = 0, \quad \forall \phi \in C_0^\infty(\Omega), \tag{8.6.3}$$

其中 ε 是正的小参数, Ω 为 $\mathbf{R}^n$ 中的有界凸域, $\partial\Omega$ 为 Ω 的光滑边界, 且

$$D_0 = \frac{\partial}{\partial t}, \ D_j = \frac{\partial}{\partial x_j}, \quad j = 1, 2, \cdots, n,$$

$$D^\alpha = D_1^{\alpha_1} D_2^{\alpha_2} \cdots D_n^{\alpha_n}, \quad \alpha = \sum_{j=1}^n \alpha_j,$$

而

$$B_1[\phi, u] \equiv \sum_{0 < |\mu|, |\sigma| \leqslant 1} (D^\mu \phi, a^{\mu\sigma} D^\sigma u) = (\phi, L[u]),$$

$$L \equiv \sum_{0 \leqslant \mu, \sigma \leqslant 1} (-1)^\mu D^\mu (a^{\mu\sigma}(x) D^\sigma),$$

$x^\alpha = x_1^{\alpha_1} x_2^{\alpha_2} \cdots x_n^{\alpha_n}$, 系数 $a^{\mu\sigma}$ 假设为在 $C^\infty(\Omega)$ 中的实值函数, L 为在 $\bar{\Omega}$ 上一致椭圆型的:

$$\sum_{0 \leqslant \mu, \sigma \leqslant 1}^n \xi^\mu a^{\mu\sigma}(x) \xi^\sigma \geqslant \lambda |\xi|^2 := \lambda \left(\sum_{i=1}^n \xi_i^2 \right), \quad \forall \xi \in \mathbf{R}^n, \, x \in \bar{\Omega}, \lambda > 0,$$

而 $C_0^\infty(\Omega)$ 为由 Ω 中具有紧支函数并为 $C^\infty(\Omega)$ 的子集, 表示式 $B_1[v, u]$ 为双线性形式, 该形式是 u, v 在 Ω 中有界, 并被定义在 Sobolev 空间 $H^1(\Omega)$ 的且具有有限模:

$$\|\phi\|_j = \left\{ \sum_{\alpha \leqslant j} \int_\Omega |D^\alpha \phi(x)|^2 \, \mathrm{d}x \right\}^{\frac{1}{2}}, \quad \forall \phi \in C^1(\Omega), \quad j = 0, 1,$$

同时 (u, v) 是被定义在 $H^1(\Omega)$ 中的内积.

首先假设 H_1　存在不依赖于 v 和 u 的常数 C_{j1}, $j = 1, 2$, 对于 $\forall v$, $u \in H^1$,

$$|B_1[v, u]| \leqslant C_{11} \|v\|_1 \cdot \|u\|_1, \quad |B_1[v, v]| \geqslant C_{21} \|v\|^2, \quad \forall v, u \in H^1;$$

H$_2$ 存在常数 δ_i, $i = 1, 2$, 使得

$$-\delta_2 \leqslant \frac{\partial f}{\partial u} \leqslant -\delta_1 < 0, \quad \forall x \in \bar{\Omega}, \quad \forall u \in \mathbf{R};$$

H$_3$ 系数 $a^{\mu\sigma}(0 \leqslant |\mu|, |\sigma| \leqslant 1)$ 在 Ω 中有上界 C_2, 且

$$|a^{\mu\sigma}(x) - a^{\mu\sigma}(y)| \leqslant C_2(|x - y|), \quad \mu = \sigma = 1, \quad \forall x, y \in \Omega,$$

其中 $C_2(|x - y|) \to 0$, 当 $|x - y| \to 0$.

可以证明, 在假设H$_1$~H$_3$, 广义边值问题 (8.6.1)—(8.6.3) 存在唯一的解 $u_\varepsilon(t, x)$, 使得 $u_\varepsilon(t, x)$, $D_0 u_\varepsilon(t, x) \in H^1(\Omega)$, $\forall t \in [0, T]$.

现在来求出解 $u_\varepsilon(t, x)$ 的渐近展开式. 考虑式 (8.6.1)—(8.6.3) 的退化问题:

$$(\phi, D_0 u) = (\phi, f(t, x, u)), \quad 0 < t \leqslant T, x \in \Omega, \forall \phi \in C_0^\infty(\Omega), \tag{8.6.4}$$

$$(\phi, u) = (\phi, g_2), \quad t = 0, \forall \phi \in C_0^\infty(\Omega), \tag{8.6.5}$$

由假设, 问题 (8.6.4)—(8.6.5) 存在唯一解 $w_0(t, x)$.

现构造问题 (8.6.1)—(8.6.3) 的外部渐近解. 设

$$u = \sum_{i=0}^{\infty} w_i(t, x) \varepsilon^i,$$

将上式代入式 (8.6.1)—(8.6.2), 并把各项按 ε 的幂进行展开. 考虑到 $w_0(t, x)$ 为问题 (8.6.4)—(8.6.5) 的解, 取 $\varepsilon^i, i = 1, 2$, 的系数的代数和为 0. 可得

$$(\phi, D_0 w_1) - (\phi, f_u(t, x, w_0) w_1) = 0, \quad 0 < t \leqslant T, x \in \Omega, \forall \phi \in C_0^\infty(\Omega), \tag{8.6.6}$$

$$(\phi, w_1) = 0, \quad t = 0, \tag{8.6.7}$$

$$(\phi, D_0 w_2) - (\phi, f_u(t, x, w_0) w_2) = B_1[\phi, w_0] + (\phi, h_0), \quad 0 < t \leqslant T, x \in \Omega, \forall \phi \in C_0^\infty(\Omega), \tag{8.6.8}$$

$$(\phi, w_2) = 0, \quad t = 0, \tag{8.6.9}$$

其中 h_0 为 w_0 的已知函数. 由式 (8.6.6) 和式 (8.6.7), 不难看出可得 $w_1 = 0$, 由线性问题 (8.6.8)—(8.6.9) 可得唯一的光滑解 $w_2(t, x)$.

为了得到原问题解的渐近近似式, 还需在区域 Ω 的边界附近构造边界层校正项.

首先在 $\partial\Omega$ 附近建立局部坐标系 (ρ, ϕ). 定义在 $\partial\Omega$ 附近的每一点 Q 的坐标按如下方法: 坐标 $\rho(\leqslant \rho_0)$ 为点 Q 到边界 $\partial\Omega$ 的距离, 其中 ρ_0 为足够地小, 使得在 $\partial\Omega$ 的邻域内, $\partial\Omega$ 上的每一点的内法线互不相交. $\phi = (\phi_1, \phi_2, \cdots, \phi_{n-1})$ 为 $(n-1)$

维流形 $\partial\Omega$ 上的一个非奇坐标系. Q 的坐标 ϕ 与 P 的坐标 ϕ 相同, 通过 $P \in \partial\Omega$ 的内法线通过 Q.

在上述局部坐标系下, 于 $\partial\Omega$ 的邻域 $0 \leqslant \rho \leqslant \rho_0$ (ρ_0 为足够小的常数) 内, 椭圆型算子 L 的表示式为

$$L = \bar{a}_{11}\frac{\partial^2}{\partial\rho^2} + \bar{L}, \tag{8.6.10}$$

其中 $\bar{a}_{11} = \displaystyle\sum_{0\leqslant|\mu|,|\sigma|\leqslant 1}(-1)^\mu D^\mu a^{\mu\sigma} D^\sigma$, 而 $\bar{L}$ 为不含 $\dfrac{\partial^2}{\partial\rho^2}$ 项的二阶线性算子.

作伸长变量的变换[9]

$$\tau = \frac{\rho}{\varepsilon}, \tag{8.6.11}$$

并设

$$u_\varepsilon(t,x) \sim \sum_{i=0}^\infty w_i(t,x)\varepsilon^i + \sum_{i=0}^\infty v_i(t,\psi)\varepsilon^i, \tag{8.6.12}$$

考虑到式 (8.6.10) 和式 (8.6.11), 将上式代入问题 (8.6.1)—(8.6.3), 并把各项按 ε 的幂进行展开. 注意到 $w_i(t,x)$, $i = 0,1,2$ 分别为问题 (8.6.4)—(8.6.5) 和 (8.6.6)—(8.6.7) 及问题 (8.6.8)—(8.6.9) 解, 取 ε^i, $i = 0,1,2$ 的系数的代数和为 0. 可得

$$\left(\phi, \frac{\partial v_0}{\partial\tau}\right) + K_0[\phi,v_0] + (\phi, f(t,x,w_0) - f(t,x,w_0+v_0)) = 0,$$

$$0 < t \leqslant T, \quad \forall\phi \in C_0^\infty(\Omega), \tag{8.6.13}$$

$$(\phi, v_0) = (\phi, g_1) + (\phi, -w_0), \quad \rho = 0, \tag{8.6.14}$$

$$(\phi, v_0) = 0, \quad t = 0, \tag{8.6.15}$$

$$\left(\phi, \frac{\partial v_1}{\partial\tau}\right) + K_1[\phi,v_1] - (\phi, f_u(t,x,w_0+v_0)v_1) = (\phi, h_1),$$

$$0 < t \leqslant T, \quad \forall\phi \in C_0^\infty(\Omega), \tag{8.6.16}$$

$$(\phi, v_1) = (\phi, -w_1), \quad \rho = 0, \tag{8.6.17}$$

$$(\phi, v_1) = 0, \quad t = 0, \tag{8.6.18}$$

$$\left(\phi, \frac{\partial v_2}{\partial\tau}\right) + K_2[\phi,v_2] - (\phi, f_u(t,x,w_0+v_0)v_2) = (\phi, h_2),$$

$$0 < t \leqslant T, \quad \forall\phi \in C_0^\infty(\Omega), \tag{8.6.19}$$

$$(\phi, v_2) = (\phi, -w_2), \quad \rho = 0, \tag{8.6.20}$$

$$(\phi, v_2) = 0, \quad t = 0, \tag{8.6.21}$$

其中 $K_i, i = 0, 1, 2$ 为与 $\dfrac{\partial^2}{\partial \tau^2}$ 无关的线性算子, $h_i,\ i = 1, 2$ 为已知的函数.

由假设, 不难看出问题 (8.6.13)—(8.6.15)、(8.6.16)—(8.6.18)、(8.6.19)—(8.6.21) 分别有在 $C^2(0, T) \cap H^1(\Omega)$ 意义下的解 $v_i,\ i = 0, 1, 2$, 使得

$$v_i = O(\exp(-r_i \tau)) = O\left(\exp\left(-r_i \frac{\rho}{\varepsilon}\right)\right), \quad 0 < \varepsilon \ll 1, \tag{8.6.22}$$

其中 $0 < r_i \leqslant \delta_0$. 再令

$$\bar{v}_i(t, x) = \psi(\rho) v_i, \quad i = 0, 1, 2,$$

其中单调函数 $\psi(\rho) \equiv \psi(x) \in C^\infty(\Omega)$, 并满足

$$\psi(\rho) = \begin{cases} 1, & 0 \leqslant \rho \leqslant (1/3)\rho_0, \\ 0, & \rho \geqslant (1/3)\rho_0. \end{cases}$$

因此, $\bar{v}_i$ 为具有边界层校正项性质的函数.

于是, 将所的的结果代入式 (8.6.12), 便得到问题 (8.6.1)—(8.6.3) 解 $u_\varepsilon(t, x)$ 的二阶形式的渐近估计式

$$\left\| u_\varepsilon - \sum_{i=0}^{2} [w_i - v_i] \varepsilon^i \right\|_0 = O(\varepsilon^3), \quad 0 < \varepsilon \ll 1, \tag{8.6.23}$$

其中 $w_0(t, x)$ 为广义退化问题 (8.6.4)—(8.6.5) 的解, $\displaystyle\sum_{i=0}^{2} w_i(x)\varepsilon^i$ 为问题 (8.6.1)—(8.6.3) 的外部解的近似值, $v_i\left(t, \dfrac{\rho}{\varepsilon}\right), i = 0, 1, 2$ 为具有边界层性质 (8.6.22) 的校正项. 利用不动点定理[13], 可以证明式 (8.6.23) 在 $[0, T] \times \overline{\Omega}$ 上一致成立.

参 考 文 献

[1] 钱伟长. 奇异摄动理论及其在力学中的应用. 北京: 科学出版社, 1981.

[2] Levinson N. The first boundary value problem for $\varepsilon\ \Delta u + A(x, y)u_x + B(x, y)u_y + C(x, y)u = D(x, y)$ for small ε. Ann. of Math., 1950, 51: 428-445.

[3] Вищик М И и, Люстерник Л А. Регулярное вырождение и пограничный слой для линейных длффециальных уравнений с малым параметром УМН, 1957, 12(5): 3-122.

[4] СуЮй-чэн Асимптотика решений нкоторых вырождающихся квазилиней - ных гиперболических уравнений второго порядка. ДАН, 1961, 138(1): 63-66.

[5]　Eckhaus W, de Jager E M. Asymptotic solutions of singular perturbation problems for liear differential equations of elliptic type, Arch. Rot. Mech. and Anal., 1966, 23: 25-86.

[6]　Nayfeh A H. Perturbation Methods. New York: Wiley, 1972.

[7]　Besjes J G. Singular perturbations problems for linear elliptic differential operator of arbitrary order. J. Math. and Appl., 1975, 49: 24-46.

[8]　江福如, 高如熹. 高阶椭圆型方程一般边值问题的奇摄动. 复旦学报, 1979, 3:37-45.

[9]　Berger M S, Fraenkel L E. On the asymptotic solution of a nonlinear Dirichlet problem. J. Math. Mech., 1970, 19: 553-585.

[10]　Fife P C. Semilinear elliptic boundary value problems with small parameters. Arch. Rat. Mech. Anal., 1973, 52: 205-232.

[11]　van Harten A. Nonlinear singular perurbation problem: Proof of correctness of a formal approximation based on a contraction principle in a Banach space. J. Math. Anal. and Appl., 1978, 65: 126-168.

[12]　Kevorkian J, Cole J D. Multiple Scale and Singular Perturbation Methods. New York: Springer-Verlag, 1996.

[13]　de Jager E M, Jiang F R. The Theoy of Singular Perturbations. Amsterdam: North-Holland Publishing Co., 1996.

[14]　Васильева А Б О. контрастных структурах переменного типа. Ж. вычисл. матем. и матем. фиеики. 1999, 39(8): 1296-1304.

[15]　Нефедов Н Н. Общая шема асимптотичского исследования устоичивых контрастхых структур, Нелчнечная бчнамчка , 2010, 6(1): 181-186.

[16]　Barbu L. Morosnu. Singularly Perturbed Boundary-Value Problems. Basel: Birkhäuser Velag AG, 2007.

[17]　Mo J Q, Zhu J. A class of singularly perturbed boundary value problems for quasilinear elliptic equation of higher order. Math. Appl., 2003, 16(3): 94-98.

[18]　Yao J S, Mo J Q. Generalized solution of singularly perturbed problems for reaction diffusion equations, Ann. Diffe. Eqs, 2006, 22(1), 81-86.

第9章　奇异摄动的应用

奇异摄动理论在自然科学和工程技术领域有着十分广泛的应用, 这里只以两个自由度的陀螺系统、薄板弯曲问题、非线性捕食–被捕食系统和大气等离子体反应扩散模型为例, 作一简单的介绍, 更多的例子可参看本丛书其他分册和文献.

9.1　两个自由度的陀螺系统

9.1.1　两个自由度的陀螺系统

今讨论如下两个自由度的陀螺系统:

$$\frac{\mathrm{d}^2 u_1}{\mathrm{d}t^2} + \frac{\mathrm{d}u_2}{\mathrm{d}t} + 2u_1 = 2u_1 u_2, \tag{9.1.1}$$

$$\frac{\mathrm{d}^2 u_2}{\mathrm{d}t^2} - \frac{\mathrm{d}u_1}{\mathrm{d}t} + 2u_2 = u_1^2. \tag{9.1.2}$$

我们要得到具有小振幅振动解. 现采用多重尺度法[1]. 设

$$u_1 = \varepsilon\, u_{11}(T_0, T_1) + \varepsilon^2 u_{12}(T_0, T_1) + \cdots, \tag{9.1.3}$$

$$u_2 = \varepsilon\, u_{21}(T_0, T_1) + \varepsilon^2 u_{22}(T_0, T_1) + \cdots, \tag{9.1.4}$$

其中 ε 为无量纲小的正参数, $T_0 = t$, $T_1 = \varepsilon t$ 为两个不同量级的尺度.

将式 (9.1.3)—(9.1.4) 代入系统 (9.1.1)—(9.1.2), 且

$$\frac{\mathrm{d}}{\mathrm{d}t} = D_0 + \varepsilon D_1 + \varepsilon^2 D_2 + \cdots,$$

$$\frac{\mathrm{d}^2}{\mathrm{d}t^2} = D_0^2 + 2\varepsilon D_0 D_1 + \varepsilon^2 (2D_0 D_1 + D_1^2) + \cdots,$$

这里 $D_i = \dfrac{\partial}{\partial T_i}$ $(i = 1, 2)$. 于是可得

$$(D_0^2 + 2\varepsilon D_0 D_1)(\varepsilon\, u_{11} + \varepsilon^2 u_{12}) + (D_0 + \varepsilon D_1)(\varepsilon\, u_{21} + \varepsilon^2 u_{22})$$
$$+2(\varepsilon\, u_{11} + \varepsilon^2 u_{12}) + \cdots = 2(\varepsilon\, u_{11} + \varepsilon^2 u_{12})(\varepsilon\, u_{21} + \varepsilon^2 u_{22}) + \cdots, \tag{9.1.5}$$

$$(D_0^2 + 2\varepsilon D_0 D_1)(\varepsilon\, u_{21} + \varepsilon^2 u_{22}) - (D_0 + \varepsilon D_1)(\varepsilon\, u_{11} + \varepsilon^2 u_{12})$$
$$+2(\varepsilon\, u_{21} + \varepsilon^2 u_{22}) + \cdots = (\varepsilon\, u_{11} + \varepsilon^2 u_{12})^2 + \cdots, \tag{9.1.6}$$

令式 (9.1,5)—(9.1.6) 中 ε 的同次幂的系数相等. 对于 ε^1 的项有

$$D_0^2 u_{11} + D_0 u_{21} + 2u_{11} = 0, \tag{9.1.7}$$

$$D_0^2 u_{21} - D_0 u_{11} + 2u_{21} = 0. \tag{9.1.8}$$

系统 (9.1.7)—(9.1.8) 为两个耦合常系数微分方程组. 故可令

$$u_{11} = c_1 \exp(i\omega T_0), \quad u_{21} = c_2 \exp(i\omega T_0), \tag{9.1.9}$$

来得到它们的解, 其中 $i = \sqrt{-1}$. 将式 (9.1.9) 代入式 (9.1.7)—(9.1.8) 得到

$$(2 - \omega^2)c_1 + i\omega\, c_2 = 0, \tag{9.1.10}$$

$$-i\omega\, c_1 + (2 - \omega^2)\, c_2 = 0. \tag{9.1.11}$$

方程组 (9.1.10)—(9.1.11) 具有非零解必须使对应的系数行列式为零, 即

$$\begin{vmatrix} 2 - \omega^2 & i\omega \\ -i\omega & 2 - \omega^2 \end{vmatrix} = 0.$$

所以有两个正根 (频率): $\omega = 1$, $\omega = 2$.

当 $\omega = 1$ 时, 由式 (9.1.10) 或式 (9.1.11) 知 $c_2 = ic_1$; 当 $\omega = 2$ 时, 由式 (9.1.10) 或式 (9.1.11) 知 $c_2 = -ic_1$.

于是方程组 (9.1.7)—(9.1.8) 的通解可写为

$$\begin{aligned} u_{11} = {}& A_1(T_1) \exp(iT_0) + \bar{A}_1(T_1) \exp(-iT_0) \\ & + A_2(T_1) \exp(2iT_0) + \bar{A}_2(T_1) \exp(-2iT_0), \end{aligned} \tag{9.1.12}$$

$$\begin{aligned} u_{21} = {}& iA_1(T_1) \exp(iT_0) - i\bar{A}_1(T_1) \exp(-iT_0) \\ & - iA_2(T_1) \exp(2iT_0) + i\bar{A}_2(T_1) \exp(-2iT_0). \end{aligned} \tag{9.1.13}$$

对于 ε^2 的项有

$$D_0^2 u_{12} + D_0 u_{22} + 2u_{12} = -2D_0 D_1 u_{11} - D_1 u_{21} + 2u_{11} u_{21}, \tag{9.1.14}$$

$$D_0^2 u_{22} - D_0 u_{12} + 2u_{22} = -2D_0 D_1 u_{21} + D_1 u_{11} + u_{11}^2. \tag{9.1.15}$$

将式 (9.1.12)—(9.1.13) 代入式 (9.1.14)—(9.1.15). 得

$$\begin{aligned} D_0^2 u_{12} + D_0 u_{22} + 2u_{12} = {}& -i(3A_1' + 4A_2\bar{A}_1) \exp(iT_0) \\ & + i(-3A_2' + 2A_1^2) \exp(2iT_0) + cc + \text{NST}, \end{aligned} \tag{9.1.16}$$

$$D_0^2 u_{22} - D_0 u_{12} + 2u_{22} = (3A_1' + 2A_2\bar{A}_1)\exp(\mathrm{i}T_0)$$
$$+ (-3A_2' + A_1^2)\exp(2\mathrm{i}T_0) + cc + \mathrm{NST}, \qquad (9.1.17)$$

其中 cc 表示对应的共轭复数项, NST 表示不具有产生长期项的项. 由于式 (9.1.16)—(9.1.17) 中的非齐次项中出现正比于 $\exp(\pm\mathrm{i}T_0)$ 和 $\exp(\pm 2\mathrm{i}T_0)$ 的项, 故系统 (9.1.16)—(9.1.17) 的解 u_{12}, u_{22} 就会出现长期项.

9.1.2　消除长期项

为了消除相应解出现长期项, 寻找形式为

$$u_{12} = P_1(T_1)\exp(\mathrm{i}T_0) + P_2(T_1)\exp(2\mathrm{i}T_0), \qquad (9.1.18)$$

$$u_{22} = Q_1(T_1)\exp(\mathrm{i}T_0) + Q_2(T_1)\exp(2\mathrm{i}T_0) \qquad (9.1.19)$$

的解, 使其不存在对应于 $\exp(\mathrm{i}T_0)$ 和 $\exp(2\mathrm{i}T_0)$ 的长期项.

将式 (9.1.18)—(9.1.19) 代入系统 (9.1.16)—(9.1.17), 可得

$$(P_1 + \mathrm{i}Q_1)\exp(\mathrm{i}T_0) + (-2P_2 + 2\mathrm{i}Q_2)\exp(2\mathrm{i}\bar{T}_0)$$
$$= -\mathrm{i}(3A_1' + 4A_2\bar{A}_1)\exp(\mathrm{i}T_0) + \mathrm{i}(-3A_2' + 2A_1^2)\exp(2\mathrm{i}T_0), \qquad (9.1.20)$$

$$(-\mathrm{i}P_1 + Q_1)\exp(\mathrm{i}T_0) + (-2\mathrm{i}P_2 - 2Q_2)\exp(2\mathrm{i}\bar{T}_0)$$
$$= (3A_1' + 2A_2\bar{A}_1)\exp(\mathrm{i}T_0) + \mathrm{i}(-3A_2' + A_1^2)\exp(2\mathrm{i}T_0). \qquad (9.1.21)$$

令式 (9.1.20)—(9.1.21) 中两端 $\exp(\mathrm{i}T_0)$ 和 $\exp(2\mathrm{i}T_0)$ 的系数分别相等, 我们得到

$$P_1 + \mathrm{i}Q_1 = -\mathrm{i}(3A_1' + 4A_2\bar{A}_1), \qquad (9.1.22)$$

$$-\mathrm{i}P_1 + Q_1 = 3A_1' + 2A_2\bar{A}_1, \qquad (9.1.23)$$

$$-2P_2 + 2\mathrm{i}Q_2 = \mathrm{i}(-3A_2' + 2A_1^2), \qquad (9.1.24)$$

$$-2\mathrm{i}P_2 - 2Q_2 = -3A_2' + A_1^2. \qquad (9.1.25)$$

由方程组 (9.1.22)—(9.1.23) 有非零解, 可得

$$A_1' = -A_2\bar{A}_1. \qquad (9.1.26)$$

同样, 由方程组 (9.1.24)—(9.1.25) 有非零解, 可得

$$A_2' = \frac{1}{2}A_1^2. \qquad (9.1.27)$$

然后, 由式 (9.1.26) 和式 (9.1.27) 分离出实部与虚部. 解出相应的方程后, 就可得到二个自由度的陀螺系统 (9.1.1)—(9.1.2) 的解 u_1, u_2 关于 ε 具有一阶小量的一致有效的渐近解, 它们的具体表达式在此从略.

9.2　薄板弯曲问题的匹配解

9.2.1　薄板弯曲的挠度模型及其外部解

今讨论如下环形薄板弯曲的挠度方程[2,3]

$$\Delta^2 W - \frac{N(r)}{D}\frac{\partial^2 W}{\partial r^2} = 0, \quad a \leqslant r \leqslant b,$$

其中, W 为挠度函数, $D = \dfrac{Eh^2}{12(1-v^2)}$ 为薄板的弯曲刚度, $N(r)$ 为薄板径向力, h 为薄板的厚度, E 为 Young 弹性模量, v 为 Poisson 比, Δ 为 Laplace 算子, a 和 b 分别为环形板的内缘和外缘半径. 我们现在考虑的是薄板不具有环向力和剪力, 即 $N_\theta = N_{r\theta} = 0$, 且 $\varepsilon^2 = \dfrac{h^2}{12a^2(1-\nu^2)} \ll 1$ 的情形. 这时环形薄板弯曲的挠度方程为

$$\varepsilon^2 \Delta^2 W - N(r)\frac{\partial^2 W}{\partial r^2} = 0, \quad a \leqslant r \leqslant b. \tag{9.2.1}$$

设对应于方程 (9.2.1) 的边界条件为

$$W|_{r=a} = A_0, \quad W|_{r=b} = B_0, \quad \frac{\partial W}{\partial r}\Big|_{r=a} = A_1, \quad \frac{\partial W}{\partial r}\Big|_{r=b} = B_1, \tag{9.2.2}$$

其中 A_i, B_i $(i = 0, 1)$ 为常数.

显然, 薄板弯曲方程 (9.2.1) 的挠度函数只与径向变量 r 有关, 即 $W = W(r)$. 由 Laplace 算子的径向表示式, 薄板弯曲挠度方程 (9.2.1) 可写为

$$\varepsilon^2 \left(\frac{d^2}{dr^2} + \frac{1}{r}\frac{d}{dr}\right)^2 W - N(r)\frac{d^2 W}{dr^2} = 0. \tag{9.2.3}$$

现构造薄板弯曲挠度模型 (9.2.2)—(9.2.3) 的外部解 $\overline{W}$. 设它可表示为 ε 的幂级数:

$$\overline{W} = \sum_{i=0}^{\infty} w_i(r)\varepsilon^i. \tag{9.2.4}$$

将式 (9.2.4) 代入方程 (9.2.3), 合并 ε 的同次幂的系数, 并令 $\varepsilon^i(i = 0, 1)$ 的系数为零, 可得

$$\frac{d^2 w_i}{dr^2} = 0, \quad i = 0, 1. \tag{9.2.5}$$

方程 (9.2.5) 的解为

$$w_i(r) = C_i + D_i r, \quad i = 0, 1, \tag{9.2.6}$$

其中 $C_i, D_i (i = 0, 1)$ 为任意常数. 于是由式 (9.2.4) 便得到薄板弯曲模型外部解 $\bar{W}$ 的一次近似展开式 $\bar{W}_1$:

$$\bar{W}_1(r) = [C_0 + D_0 r] + \varepsilon [C_1 + D_1 r]. \tag{9.2.7}$$

由式 (9.2.7) 得到的薄板弯曲模型的渐近解, 未必满足边界条件 (9.2.2). 为此我们尚需分别在环形薄板的内、外缘边界 $r = a$ 和 $r = b$ 附近构造内层解.

9.2.2 环形薄板模型的内层解

1. 求内缘边界 $r = a$ 的内层解

引入伸长变量

$$\xi = \frac{r - a}{\varepsilon}, \tag{9.2.8}$$

于是有

$$\frac{\mathrm{d}}{\mathrm{d}r} = \varepsilon^{-1} \frac{\mathrm{d}}{\mathrm{d}\xi}, \quad \frac{\mathrm{d}^2}{\mathrm{d}r^2} = \varepsilon^{-2} \frac{\mathrm{d}^2}{\mathrm{d}\xi^2}.$$

设在内缘边界 $r = a$ 附近的内层解为 U. 这时方程 (9.2.3) 为

$$\left(\frac{\mathrm{d}^2}{\mathrm{d}\xi^2} + \frac{\varepsilon}{\varepsilon\xi + a} \frac{\mathrm{d}}{\mathrm{d}\xi} \right)^2 U - N(\varepsilon\xi + a) \frac{\mathrm{d}^2 U}{\mathrm{d}\xi^2} = 0. \tag{9.2.9}$$

再设

$$U = \sum_{i=0}^{\infty} u_i(\xi) \varepsilon^i. \tag{9.2.10}$$

将式 (9.2.10) 代入式 (9.2.9) 以及式 (9.2.2) 中的第一、三式, 合并 ε 的同次幂的系数, 并分别令 $\varepsilon^i (i = 0, 1)$ 的系数为零. 可得

$$\frac{\mathrm{d}^4 u_0}{\mathrm{d}\xi^4} - N(a) \frac{\mathrm{d}^2 u_0}{\mathrm{d}\xi^2} = 0. \tag{9.2.11}$$

$$u |_{\xi=0} = 0, \quad \frac{\mathrm{d}u_0}{\mathrm{d}\xi} \bigg|_{\xi=0} = 0, \tag{9.2.12}$$

$$\frac{\mathrm{d}^4 u_1}{\mathrm{d}\xi^4} - N(a) \frac{\mathrm{d}^2 u_1}{\mathrm{d}\xi^2} = -\frac{2}{a} \frac{\mathrm{d}^3 u_0}{\mathrm{d}\xi^3} + \xi N'(a) \frac{\mathrm{d}^2 u_0}{\mathrm{d}\xi^2}. \tag{9.2.13}$$

$$u_1 |_{\xi=0} = 0, \quad \frac{\mathrm{d}u_1}{\mathrm{d}\xi} \bigg|_{\xi=0} = A_1. \tag{9.2.14}$$

2. 求外缘边界 $r = b$ 的内层解

引入伸长变量

$$\eta = \frac{b - r}{\varepsilon}. \tag{9.2.15}$$

于是有

$$\frac{\mathrm{d}}{\mathrm{d}r} = -\varepsilon^{-1}\frac{\mathrm{d}}{\mathrm{d}\eta}, \quad \frac{\mathrm{d}^2}{\mathrm{d}r^2} = \varepsilon^{-2}\frac{\mathrm{d}^2}{\mathrm{d}\eta^2}.$$

设在外缘边界 $r = b$ 附近的内层解为 r. 这时方程 (9.2.3) 为

$$\left(\frac{\mathrm{d}^2}{\mathrm{d}\eta^2} - \frac{\varepsilon}{b - \varepsilon\eta}\frac{\mathrm{d}}{\mathrm{d}\eta}\right)^2 V - N(b - \varepsilon\eta)\frac{\mathrm{d}^2 V}{\mathrm{d}\eta^2} = 0. \tag{9.2.16}$$

再设

$$V = \sum_{i=0}^{\infty} v_i(\xi)\varepsilon^i. \tag{9.2.17}$$

将式 (9.2.17) 代入式 (9.2.16) 以及式 (9.2.2) 中的第二、四式, 合并 ε 的同次幂的系数, 并分别令 $\varepsilon^i(i = 0, 1)$ 的系数为零. 可得

$$\frac{\mathrm{d}^4 v_0}{\mathrm{d}\eta^4} - N(b)\frac{\mathrm{d}^2 v_0}{\mathrm{d}\eta^2} = 0. \tag{9.2.18}$$

$$v_0\,|_{\eta=0} = B_0, \quad \frac{\mathrm{d}v_0}{\mathrm{d}\eta}\bigg|_{\eta=0} = 0, \tag{9.2.19}$$

$$\frac{\mathrm{d}^4 v_1}{\mathrm{d}\eta^4} - N(b)\frac{\mathrm{d}^2 v_1}{\mathrm{d}\eta^2} = \frac{2}{b}\frac{\mathrm{d}^3 v_0}{\mathrm{d}\eta^3} - \eta\,N'(b)\frac{\mathrm{d}^2 v_1}{\mathrm{d}\eta^2}. \tag{9.2.20}$$

$$v_1\,|_{\eta=0} = 0, \quad \frac{\mathrm{d}v_1}{\mathrm{d}\eta}\bigg|_{\eta=0} = B_1. \tag{9.2.21}$$

9.2.3　零次内层解及其与外部解匹配

(1) 零次内层解.

(i) 薄板内缘边界 $r = a$ 附近的零次内层解.

由式 (9.2.11)—(9.2.12), 得到具有边界层性态内层解的零次项 $u_0(\xi)$:

$$u_0(\xi) = A_0 + c_0[\exp(-\sqrt{N(a)}\xi) + \sqrt{N(a)}\,\xi - 1]. \tag{9.2.22}$$

于是, 我们便构造了在内缘边界 $r = a$ 附近的内层解 U 的零次渐近式 U_0:

$$U_0(\xi) = A_0 + c_0[\exp(-\sqrt{N(a)}\xi) + \sqrt{N(a)}\,\xi - 1], \tag{9.2.23}$$

其中 c_0 为任意常数.

(ii) 薄板外缘边界 $r = b$ 附近的零次内层解.

由式 (9.2.18)—(9.2.19), 得到具有边界层性态内层解的零次项 $v_0(\eta)$:

$$v_0(\eta) = B_0 + d_0[\exp(-\sqrt{N(b)}\eta) + \sqrt{N(b)}\,\eta - 1]. \tag{9.2.24}$$

于是, 我们便构造了在外缘边界 $r = b$ 附近的内层解 V 的零次渐近式 V_0:

$$V_0(\eta) = B_0 + d_0[\exp(-\sqrt{N(b)}\eta) + \sqrt{N(b)}\,\eta - 1], \tag{9.2.25}$$

其中 d_0 为任意常数.

(2) 现用 van Dyke 匹配原理 (参看 2.3 节或文献 [1]), 将环形薄板模型的零次外部解和环形薄板内、外缘边界零次内层解分别进行匹配.

(i) 将外部解式 (9.2.7) 的零次渐近式 $C_0 + D_0 r$ 中的外变量 r 由内变量 ξ 来表示, 得到 $C_0 + (\varepsilon\xi + a)D_0$. 固定 ξ 按 ε 展开, 取其关于 ε 的零次幂项的内展开式 $(\bar{W}_{0_1})^{\mathrm{i}}$ 得

$$(\bar{W}_0)^{\mathrm{i}} = C_0 + aD_0. \tag{9.2.26}$$

将零次内层解式 $(9.2.23)A_0 + c_0\left[\exp(-\sqrt{N(a)}\xi) + \sqrt{N(a)}\xi - 1\right]$ 中的内变量 ξ 由外变量 r 来表示. 得到 $A_0 + c_0\left[\exp\left(-\sqrt{N(a)}\dfrac{r-a}{\varepsilon}\right) + \sqrt{N(a)}\dfrac{r-a}{\varepsilon} - 1\right]$. 固定 r 按 ε 展开, 得到 $A_0 + c_0\left[\sqrt{N(a)}\dfrac{r-a}{\varepsilon} - 1\right] + \mathrm{EST}$, 其中 EST 表示具有指数型衰减的项. 然后取其关于 ε 的零次幂项为主项的外展开式 $(U_0)^{\circ}$ 得

$$(U_0)^{\circ} = A_0, \quad c_0 = 0. \tag{9.2.27}$$

由匹配原则[1] 和式 (9.2.26)、式 (9.2.27), 我们有

$$C_0 + aD_0 = A_0, \quad c_0 = 0. \tag{9.2.28}$$

(ii) 将外部解式 (9.2.7) 的零次渐近式 $C_0 + D_0 r$ 中的外变量 r 由内变量 η 来表示, 得到 $C_0 + (b - \varepsilon\eta)D_0$. 固定 η 按 ε 展开, 取其关于 ε 的零次幂项的内展开式 $(\tilde{W}_{0_1})^{\mathrm{i}}$ 得

$$(\tilde{W}_0)^{\mathrm{i}} = C_0 + bD_0. \tag{9.2.29}$$

将零次内层解式 $(9.2.25)B_0 + d_0\left[\exp\left(-\sqrt{N(b)}\eta\right) + \sqrt{N(b)}\eta - 1\right]$ 中的内变量 η 由外变量 r 来表示. 得到 $B_0 + d_0\left[\exp\left(-\sqrt{N(b)}\dfrac{b-r}{\varepsilon}\right) + \sqrt{N(b)}\dfrac{b-r}{\varepsilon} - 1\right]$. 固定 r 按 ε 展开得到 $B_0 + d_0\left[\sqrt{N(b)}\dfrac{b-r}{\varepsilon} - 1\right] + \mathrm{EST}$. 然后取其关于 ε 的零次幂项为主项的外展开式 $(V_0)^{\circ}$ 得

$$(V_0)^{\circ} = B_0, \quad d_0 = 0. \tag{9.2.30}$$

由匹配原则和式 (9.2.29)、式 (9.2.30), 我们有

$$C_0 + bD_0 = B_0, \quad d_0 = 0. \tag{9.2.31}$$

因此由式 (9.2.28) 和式 (9.2.31), 可得

$$C_0 = \frac{aB_0 - bA_0}{a - b}, \quad D_0 = \frac{A_0 - B_0}{a - b}, \quad c_0 = d_0 = 0. \tag{9.2.32}$$

9.2.4　一次内层解及其与外部解匹配

(1) 一次内层解.

(i) 薄板内缘边界 $r = a$ 附近的一次内层解.

考虑到式 (9.2.22)—(9.2.32), 方程 (9.2.13) 可改写为

$$\frac{\mathrm{d}^4 u_1}{\mathrm{d}\,\xi^4} - N(a)\frac{\mathrm{d}^2 u_1}{\mathrm{d}\,\xi^2} = 0.$$

再由上式和条件式 (9.2.14), 我们便可得到具有边界层性态的解 $u_1(\xi)$:

$$u_1(\xi) = A_1\xi + c_1[\exp(-\sqrt{N(a)}\xi) + \sqrt{N(a)}\,\xi - 1], \tag{9.2.33}$$

其中 c_1 为任意常数.

于是, 由式 (9.2.22)—(9.2.33) 和式 (9.2.32) 我们便构造了问题 (9.2.13)—(9.2.14) 在内缘边界 $r = a$ 附近的一次内层解 U_1 为

$$U_1(\xi) = A_0 + \varepsilon\left[A_1\xi + c_1[\exp(-\sqrt{N(a)}\xi) + \sqrt{N(a)}\,\xi - 1]\right], \tag{9.2.34}$$

其中 c_1 为待定常数.

(ii) 薄板外缘边界 $r = b$ 附近的一次内层解.

考虑到式 (9.2.24) 和式 (9.2.32), 方程 (9.2.20) 可改写为

$$\frac{\mathrm{d}^4 v_1}{\mathrm{d}\,\eta^4} - N(b)\frac{\mathrm{d}^2 v_1}{\mathrm{d}\,\eta^2} = 0.$$

再由上式和条件式 (9.2.21), 我们便可得到具有边界层性态的解 $v_1(\eta)$:

$$v_1(\eta) = B_1\eta + d_1[\exp(-\sqrt{N(b)}\eta) + \sqrt{N(b)}\,\eta - 1], \tag{9.2.35}$$

其中 c_1 为任意常数.

于是, 由式 (9.2.24)、式 (9.2.35) 和式 (9.2.32), 我们便构造了在外缘边界 $r = b$ 附近的一次内层解 V_1 为

$$V_1(\eta) = B_0 + \varepsilon\left[B_1\eta + d_1[\exp(-\sqrt{N(b)}\eta) + \sqrt{N(b)}\,\eta - 1]\right], \tag{9.2.36}$$

其中 d_1 为待定常数.

(2) 一次外部解和环形薄板内、外缘边界附近的一次内层解匹配.

(i) 将一次外部解 (9.2.7) 的外展开式 $C_0 + D_0 r + \varepsilon(C_1 + D_1 r)$ 中的外变量 r 由内变量 ξ 来表示, 得 $C_0 + (\varepsilon\xi + a)D_0 + \varepsilon(C_1 + (\varepsilon\xi + a)D_1)$. 固定 ξ 按 ε 展开, 取其关于 ε 的零次、一次幂项的内展开式 $(W_1)^{\mathrm{i}}$, 得

$$(\bar{W}_1)^{\mathrm{i}} = C_0 + aD_0 + \varepsilon(C_1 + D_0\xi + aD_1).$$

将上式用外变量 r 表示

$$(\bar{W}_1)^{\mathrm{i}} = C_0 + aD_0 + D_0(r - a) + \varepsilon(C_1 + aD_1). \tag{9.2.37}$$

将一次内层解式 (9.2.34) 右端的内变量 ξ 由外变量 r 来表示, 得到

$$A_0 + \varepsilon\left[A_1\frac{r-a}{\varepsilon} + c_1\left(\exp\left(-\sqrt{N(a)}\frac{r-a}{\varepsilon}\right) + \sqrt{N(a)}\frac{r-a}{\varepsilon} - 1\right)\right].$$

固定 r 按 ε 展开, 得到 $A_0 + A_1(r-a) + c_1N(a)(r-a) - \varepsilon c_1 + \mathrm{EST}$. 然后取其关于 ε 的零次、一次幂项的外展开式 $(U_1)^{\mathrm{o}}$ 得

$$(U_1)^{\mathrm{o}} = A_0 + (A_1 + c_1N(a))(r-a) - \varepsilon c_1. \tag{9.2.38}$$

由匹配原则和式 (9.2.37)—(9.2.38), 我们有

$$D_0 = A_1 + c_1N(a), \quad C_1 + aD_1 = -c_1.$$

再由式 (9.2.32), 得

$$c_1 = \frac{A_0 - B_0 - A_1(a-b)}{N(a)(a-b)}, \quad C_1 + aD_1 = \frac{-A_0 + B_0 + A_1(a-b)}{N(a)(a-b)}. \tag{9.2.39}$$

(ii) 将外部解式 (9.2.7) 的外展开式 $C_0 + D_0 r + \varepsilon(C_1 + D_1 r)$ 中的外变量 r 由内变量 η 来表示, 得 $C_0 + D_0(b - \varepsilon\eta) + \varepsilon(C_1 + D_1(b - \varepsilon\eta))$. 固定 η 按 ε 展开, 取其关于 ε 的零次、一次幂项的内展开式 $(W_1)^{\mathrm{i}}$, 得

$$(\tilde{W}_1)^{\mathrm{i}} = C_0 + bD_0 + \varepsilon(C_1 - D_0\eta + bD_1).$$

将上式用外变量 r 表示

$$(\tilde{W}_1)^{\mathrm{i}} = C_0 + bD_0 - D_0(b - r) + \varepsilon(C_1 + bD_1). \tag{9.2.40}$$

将一次内层解式 (9.2.36) 右端的内变量 η 由外变量 r 来表示, 得到

$$B_0 + \varepsilon\left[B_1\frac{b-r}{\varepsilon} + d_1\left(\exp\left(-\sqrt{N(b)}\frac{b-r}{\varepsilon}\right) + \sqrt{N(b)}\frac{b-r}{\varepsilon} - 1\right)\right].$$

固定 r 按 ε 展开, 得到 $B_0 + B_1(b - r) + d_1 N(b)(b - r) - \varepsilon d_1 +$ EST. 然后取其关于 ε 的零次、一次幂项的外展开式 $(V_1)^\circ$, 得

$$(V_1)^\circ = B_0 + (B_1 + d_1 N(b))(b - r) - \varepsilon d_1. \tag{9.2.41}$$

由匹配原则和式 (9.2.40)、式 (9.2.41), 我们有

$$-D_0 = B_1 + d_1 N(b), \quad C_1 + b D_1 = -d_1.$$

再由式 (9.2.32), 得

$$d_1 = -\frac{A_0 - B_0 + B_1(a - b)}{N(b)(a - b)}, \quad C_1 + b D_1 = \frac{A_0 - B_0 + B_1(a - b)}{N(b)(a - b)}. \tag{9.2.42}$$

由式 (9.2.39) 和式 (9.2.42), 可得

$$d_1 = -\frac{A_0 - B_0 + B_1(a - b)}{N(b)(a - b)}, \tag{9.2.43}$$

$$C_1 = \frac{(A_0 - B_0)(aN(a) + bN(b)) + (B_1 aN(a) - A_1 bN(b))(a - b)}{N(a)N(b)(a - b)^2}, \tag{9.2.44}$$

$$D_1 = \frac{-(A_0 - B_0)(N(a) + N(b)) + (A_1 N(b) - B_1 N(a))(a - b)}{N(a)N(b)(a - b)^2}. \tag{9.2.45}$$

9.2.5　解的合成展开式

由式 (9.2.7)、(9.2.32)、(9.2.34) 和式 (9.2.36), 我们便得到薄板弯曲模型 (9.2.2)— (9.2.3) 的外部解 $\bar{W}$ 和内、外缘边界附近的内层解 U 和 V 的一次渐近表示式:

$$\bar{W}_1(r) = [C_0 + D_0 r] + \varepsilon [C_1 + D_1 r], \quad 0 < \varepsilon \ll 1, \tag{9.2.46}$$

$$U_1(\xi) = A_0 + \varepsilon [A_1 \xi + c_1(\exp(-\sqrt{N(a)}\xi) + \sqrt{N(a)}\,\xi - 1)], \quad 0 < \varepsilon \ll 1, \tag{9.2.47}$$

$$V_1(\eta) = B_0 + \varepsilon [B_1 \eta - d_1(\exp(-\sqrt{N(b)}\,\eta) + \sqrt{N(b)}\,\eta - 1)], \quad 0 < \varepsilon \ll 1. \tag{9.2.48}$$

因此, 原问题 (9.2.2)—(9.2.3) 解 W 的一次渐近合成展开式为 (参看 2.3 节)

$$W(r) = \bar{W}_1(r) + U_1(\xi) + V_1(\eta) - (\bar{W}_1)^{\mathrm{i}} - (\tilde{W}_1)^{\mathrm{i}} + O(\varepsilon^2), \quad 0 < \varepsilon \ll 1.$$

于是由式 (9.2.37)、式 (9.2.40) 和式 (9.2.46)—(9.2.48), 我们得到

$$
\begin{aligned}
W(r) = {} & [A_0(r - a) + B_0(b - r) - (C_0 + D_0 r)] \\
& + [c_0(\exp(-\sqrt{N(a)}\xi) + \sqrt{N(a)}\xi - 1)] + d_0(\exp(-\sqrt{N(b)}\xi) + \sqrt{N(b)}\eta - 1)] \\
& + \varepsilon\,[\,(C_1 + D_1 r) + c_1(\exp(-\sqrt{N(a)}\xi) \\
& + \sqrt{N(a)}\xi - 1) + d_1(\exp(-\sqrt{N(b)}\eta) + \sqrt{N(b)}\,\eta - 1)] + O(\varepsilon^2), \quad 0 < \varepsilon \ll 1,
\end{aligned}
$$

其中 $\xi = \dfrac{r-a}{\varepsilon}, \eta = \dfrac{b-r}{\varepsilon}$, 而 $c_i, d_i\ C_i, D_i\ (i = 0, 1)$ 分别由式 (9.2.32)、式 (9.2.39) 和式 (9.2.43)—(9.2.45) 表示.

注 由上述方法, 可以继续得到该薄板弯曲的挠度问题的更高次渐近解.

9.3 非线性捕食–被捕食系统

9.3.1 捕食–被捕食系统

现讨论如下非线性捕食–被捕食系统[4]

$$\frac{\partial u_1}{\partial t} - \varepsilon L u_1 = u_1 f_1(\lambda_1 - r_{11}u_1 - r_{12}u_2) \equiv F_1(u_1, u_2), \quad (t, x) \in (0, T] \times \Omega \quad (9.3.1)$$

$$\frac{\partial u_2}{\partial t} - \varepsilon L u_2 = u_2 f_2(-\lambda_2 + r_{21}u_1) \equiv F_2(u_1, u_2), \quad (t, x) \in (0, T] \times \Omega, \quad (9.3.2)$$

$$u_i|_{x \in \partial\Omega} = g_i(t, x), \quad i = 1, 2, \quad (9.3.3)$$

$$u_i|_{t=0} = h_i(x), \quad i = 1, 2, \quad (9.3.4)$$

其中, ε 为正的小参数, 它表示小扩散系数的情形, u_1 和 u_2 分别表示被捕食和捕食者数, λ_i, r_{ij} 为正常数, λ_1 为被捕食者的实际增长率, λ_2 为捕食者的死亡率, r_{1j}, r_{2j} 分别为被捕食者和捕食者的密度系数, 且

$$L = \sum_{i,j=1}^{n} \alpha_{ij}(x) \frac{\partial^2}{\partial x_i \partial x_j} + \sum_{i=1}^{n} \beta_i(x) \frac{\partial}{\partial x_i},$$

$$\sum_{i,j=1}^{n} \alpha_{ij}(x)\xi_i\xi_j \geqslant \lambda \sum_{i=1}^{n} \xi_i^2, \quad \forall \xi_i \in \mathbf{R}, \lambda > 0,$$

$x \equiv (x_1, x_2, \cdots, x_n) \in \Omega, \Omega$ 表示 $\mathbf{R}^n$ 中的有界区域, $\partial\Omega$ 为 Ω 中具有 $C^{1+\alpha}$ 类的边界 ($\alpha \in (0, 1)$ 为 Hölder 指数), L 为一致椭圆型算子.

在上述式 (9.3.1) 和式 (9.3.2) 中, 如果特别选取

$$f_1(\lambda_1 - r_{11}u_1 - r_{12}u_2) = \lambda_1 - r_{11}u_1 - r_{12}u_2,$$

$$f_2(-\lambda_2 + t_{21}u_1) = -\lambda_2 + t_{21}u_1,$$

则相应的问题就是生物数学中的一个典型的捕食–被捕食实际模型.

现首先构造问题 (9.3.1)—(9.3.4) 解的形式渐近展开式. 问题 (9.3.1)—(9.3.4) 的退化问题为

$$\frac{\partial u_1}{\partial t} = u_1 f_1(\lambda_1 - r_{11}u_1 - r_{12}u_2), \quad (9.3.5)$$

$$\frac{\partial u_2}{\partial t} = u_2 f_2(-\lambda_2 + r_{21}u_1), \tag{9.3.6}$$

$$u_i = h_i(x), \quad t = 0, \ i = 1, 2. \tag{9.3.7}$$

假设 H_1　α_{jk}, β_j, $g_i > 0$ 和 $h_i > 0$ 关于其变量在对应的范围内为 Hölder 连续, 且当 $x \in \partial\Omega$ 时, $g_i(0, x) = h_i(x), i = 1, 2$;

H_2　问题 (9.3.5)—(9.3.7) 有一个正解 (U_{10}, U_{20});

H_3　$f_i(y), i = 1, 2$ 为连续可微, 且

$$f_1(\lambda_1 - r_{11}U_{10} - r_{12}U_{20}) < 0, \quad f_2(-\lambda_2 + r_{21}U_{10}) < 0, \quad f_{iy}(y) \leqslant 0, \ i = 1, 2.$$

9.3.2　构造形式解

令原问题 (9.3.1)—(9.3.4) 的外部解 $U_i(t, x, \varepsilon)$, $i = 1, 2$ 的形式展开式为

$$U_i(t, x, \varepsilon) \sim \sum_{j=0}^{\infty} U_{ij}(t, x)\varepsilon^j, \quad i = 1, 2. \tag{9.3.8}$$

将式 (9.3.8) 代入式 (9.3.1)—(9.3.2) 和式 (9.3.4), 按 ε 展开 F_i　$i = 1, 2$, 并使 ε 的同次幂项的系数分别相等, 对于 $j = 1, 2, \cdots$ 我们有

$$\frac{\partial U_{1j}}{\partial t} = [f_1(\lambda_1 - r_{11}U_{10} - r_{12}U_{20}) - r_{11}f_{1y}(\lambda - r_{11}U_{i0} - r_{12}U_{20})U_{10}]U_{1j}$$
$$- r_{12}[f_{iy}(\lambda - r_{11}U_{i0} - r_{12}U_{20})U_{10}]U_{2j} + \overline{F}_{1j}, \tag{9.3.9}$$

$$\frac{\partial U_{2j}}{\partial t} = [f_2(-\lambda_2 + r_{21}U_{10})]U_{2j} + r_{21}[f_{iy}(-\lambda_2 + r_{21}U_{i0})U_{20}]U_{1j} + \overline{F}_{2j}, \tag{9.3.10}$$

$$U_{ij}\,|_{t=0} = 0. \tag{9.3.11}$$

其中 $\overline{F}_{ij}$ 为 U_{ik},　$k \leqslant j - 1$ 的已知函数. 在上面和以下总是假设带负下标的项为零. 由线性问题 (9.3.9)—(9.3.11), 能分别求出 U_{ij}. 于是便得到了原问题的外部解 (U_1, U_2). 但是它未必满足边界条件 (9.3.3), 所以还需要构造边界层校正函数 (V_1, V_2).

如文献 [5], 在 $\partial\Omega : 0 \leqslant \rho \leqslant \rho_0$ 的邻域建立局部坐标系 (ρ, ϕ), 其中 $\phi = (\phi_1, \phi_2, \cdots, \phi_{n-1})$. 这时

$$L = a_{nn}\frac{\partial^2}{\partial\rho^2} + \sum_{i=1}^{n-1} a_{ni}\frac{\partial^2}{\partial\rho\partial\phi_i} + \sum_{i,j=1}^{n-1} a_{ij}\frac{\partial^2}{\partial\phi_i\partial\phi_j} + a_n\frac{\partial}{\partial\rho} + \sum_{i=1}^{n-1} a_i\frac{\partial}{\partial\phi_i}, \tag{9.3.12}$$

$$a_{nn} = \sum_{i=1}^{n}\left(\frac{\partial\rho}{\partial x_i}\right)^2, \quad a_{ni} = 2\sum_{k=1}^{n}\frac{\partial\rho}{\partial x_k}\frac{\partial\phi_i}{\partial x_k}, \quad a_{ij} = \sum_{k=1}^{n}\frac{\partial\phi_i}{\partial x_k}\frac{\partial\phi_j}{\partial x_k},$$

$$a_n = \sum_{j=1}^{n} \frac{\partial^2 \rho}{\partial x_j^2}, \quad a_i = \sum_{j=1}^{n} \frac{\partial^2 \phi_i}{\partial x_j^2}.$$

在 $0 \leqslant \rho \leqslant \rho_0$ 中引入多重尺度变量[6]:

$$\tau = \frac{h(\rho, \phi)}{\varepsilon}, \quad \overline{\rho} = \rho, \quad \phi = \phi,$$

其中 $h(\rho, \phi)$ 为待定函数, 它将由式 (9.3.26) 来决定. 为方便起见, 下面仍用 ρ 来代替 $\overline{\rho}$. 由式 (9.3.12), 有

$$L = \frac{1}{\varepsilon^2} K_0 + \frac{1}{\varepsilon} K_1 + K_2, \tag{9.3.13}$$

其中,

$$K_0 = a_{nn} h_\rho^2 \frac{\partial^2}{\partial \tau^2},$$

$$K_1 = 2 a_{nn} h_\rho \frac{\partial^2}{\partial \tau \partial \rho} + \sum_{i=1}^{n-1} a_{ni} h_\rho \frac{\partial^2}{\partial \tau \partial \phi_i} + (a_{nn} h_\rho + a_n h_\rho) \frac{\partial}{\partial \tau},$$

$$K_2 = a_{nn} \frac{\partial^2}{\partial \rho^2} + \sum_{i=1}^{n-1} a_{ni} \frac{\partial^2}{\partial \tau \partial \phi_i} + \sum_{i,j=1}^{n-1} a_{ij} \frac{\partial^2}{\partial \phi_i \partial \phi_j} + a_n \frac{\partial}{\partial \rho} + \sum_{i=1}^{n-1} a_i \frac{\partial}{\partial \phi_i}.$$

令原问题 (9.3.1)—(9.3.4) 的解 (u_1, u_2) 为

$$u_i = U_i(t, x, \varepsilon) + V_i(t, \tau, \rho, \phi, \varepsilon), \quad i = 1, 2. \tag{9.3.14}$$

将式 (9.3.14) 代入式 (9.3.1)—(9.3.3), 得

$$\frac{\partial V_i}{\partial t} - \varepsilon L V_i = F_i(U_1 + V_1, U_2 + V_2) - F_i(U_1, U_2), \quad i = 1, 2, \tag{9.3.15}$$

$$V_i |_{\rho=0} = g_i(t, x) - U_i |_{x \in \partial \Omega}, \quad x \equiv (\rho, \phi) = (0, \phi) \in \partial \Omega, \quad i = 1, 2. \tag{9.3.16}$$

再设

$$V_i \sim \sum_{j=0}^{\infty} v_{ij}(t, \tau, \rho, \phi) \varepsilon^j, \quad i = 1, 2. \tag{9.3.17}$$

将式 (9.3.8)、式 (9.3.17) 和式 (9.3.14) 代入式 (9.3.15)—(9.3.16), 按 ε 展开非线性项, 并使 ε 的同次幂的系数相等, 有

$$K_0 v_{i0} = 0, \tag{9.3.18}$$

和

$$K_0 v_{i1} = (v_{i0})_t - K_1 v_{i0} - G_{i0}, \tag{9.3.19}$$

$$K_0 v_{ij} = (v_{i(j-1)})_t - K_1 v_{i(j-1)} - K_2 v_{i(j-2)} - G_{i(j-1)}, \quad j = 2, 3, \cdots, \tag{9.3.20}$$

$$v_{i0}\mid_{\rho=0} = g_i(t,0,\phi) - U_{i0}, \quad x = (0,\phi) \in \partial\Omega, \tag{9.3.21}$$

$$v_{ij}\mid_{\rho=0} = -U_{ij}, \quad x = (0,\phi) \in \partial\Omega, \quad j = 1,2,\cdots, \tag{9.3.22}$$

其中,

$$G_{ij} = \frac{1}{j!}\left[\frac{\partial^j G_i}{\partial\varepsilon^j}\right]_{\varepsilon=0}, \quad G_i \equiv F_i(U_1+V_1, U_2+V_2) - F_i(U_1, U_2),$$

$$i = 1,2, \quad j = 0,1,\cdots.$$

且 $G_{ij}(i=0,1,j=0,1,\cdots)$ 为逐次已知的函数, 其结构从略.

令方程 (9.3.19)—(9.3.20) 的左边为零:

$$K_0 v_{ij} = 0, \quad i = 1,2, j = 1,2,\cdots. \tag{9.3.23}$$

同时有

$$(v_{i0})_t - K_1 v_{i0} - G_{i0} = 0, \tag{9.3.24}$$

$$(v_{i(i-1)})_t - K_1 v_{i(j-1)} - K_2 v_{i(j-2)} - G_{i(j-1)} = 0, \quad i = 1,2, j = 2,3,\cdots, \tag{9.3.25}$$

设 $h_\rho = \dfrac{b_n}{a_{nn}}$, 即

$$h(\rho,\phi) = \int_0^\rho \frac{b_n(s,\phi)}{a_{nn}(s,\phi)}\mathrm{d}s. \tag{9.3.26}$$

这时, 由式 (9.3.18)、式 (9.3.23) 和式 (9.3.21)—(9.3.22), 可得 $v_{ij}, i=1,2, j=0,1,\cdots$, 它们为具有边界层性质的函数

$$v_{ij} = C_{ij}\exp\left(-\delta_{ij}\frac{\rho}{\varepsilon}\right), \quad i = 1,2, j = 0,1,\cdots, \tag{9.3.27}$$

其中 $\delta_{i(j-1)} \geqslant \delta_{ij} > 0(i=1,2,j=1,2,\cdots)$ 为常数且 $C_{ij}(i=1,2,j=0,1,\cdots)$, 分别可由式 (9.3.24) 和式 (9.3.25) 得到.

设 $V_{ij} = \psi(\rho)v_{ij}$, 其中 $\psi(\rho)$ 为在 $0 \leqslant \rho \leqslant \rho_0$ 上的一个充分光滑的函数, 并满足

$$\psi(\rho) = \begin{cases} 1, & 0 \leqslant \rho \leqslant \dfrac{1}{3}\rho_0, \\ 0, & \rho \geqslant \dfrac{2}{3}\rho_0. \end{cases}$$

这时能构造如下问题 (9.3.1)—(9.3.4) 的解 (u_1, u_2) 的形式渐近展开式:

$$u_i \sim \sum_{j=0}^m (U_{ij} + V_{ij})\varepsilon^j + O(\varepsilon^{m+1}), \quad i = 1,2, 0 < \varepsilon \ll 1. \tag{9.3.28}$$

9.3.3 一致有效性

定理   在假设 $H_1 \sim H_3$ 下, 非线性捕食–被捕食反应扩散系统 (9.3.1)—(9.3.4) 存在一个解 (u_1, u_2), 并成立一致有效的渐近展开式 (9.3.28).

证明   先构造辅助函数 α_i 和 β_i:

$$\alpha_i = \sum_{j=0}^{m} [U_{ij} + V_{ij}]\varepsilon^j - \delta_1 \varepsilon^{m+1}, \quad i = 1, 2, \tag{9.3.29}$$

$$\beta_i = \sum_{j=0}^{m} [U_{ij} + V_{ij}]\varepsilon^j + \delta_2 \varepsilon^{m+1}, \quad i = 1, 2, \tag{9.3.30}$$

其中 δ_i, $i = 1, 2$, 为足够大的正常数, 它们将在下面决定. 显然,

$$\alpha_i \leqslant \beta_i, \quad (t, x) \in [0, T] \times (\Omega + \partial\Omega), \quad i = 1, 2. \tag{9.3.31}$$

且在 $x \in \partial\Omega$ 上, 有正常数 M_{i1}, $i = 1, 2$, 使得

$$\alpha_i |_{x \in \partial\Omega} = \left[\sum_{j=0}^{m} [U_{ij} + V_{ij}]\varepsilon^j \right]_{x \in \partial\Omega} - \delta_1 \varepsilon^{m+1}$$

$$= g_i(t, x) |_{x \in \partial\Omega} + M_{i1} \varepsilon^{m+1} - \delta_1 \varepsilon^{m+1}, \quad i = 1, 2,$$

于是选取 $\delta_i \geqslant \max\{M_{11}, M_{21}\}$, 有

$$\alpha_i |_{x \in \partial\Omega} \leqslant g_i(t, x) |_{x \in \partial\Omega}, \quad i = 1, 2, \tag{9.3.32}$$

同样可得

$$\beta_i |_{x \in \partial\Omega} \geqslant g_i(t, x) |_{x \in \partial\Omega}, \quad i = 1, 2. \tag{9.3.33}$$

还可得到

$$\alpha_i(0, x) \leqslant h_i(x) \leqslant \beta_i(0, x), \quad x \in \Omega, i = 1, 2. \tag{9.3.34}$$

现在来证明

$$\frac{\partial\alpha_1}{\partial t} - \varepsilon L\alpha_1 - \alpha_1 f_1(\lambda_1 - r_{11}\alpha_1 - r_{12}\alpha_2) \leqslant 0, \quad (t, x) \in (0, T) \times \Omega, \tag{9.3.35}$$

$$\frac{\partial\alpha_2}{\partial t} - \varepsilon L\alpha_2 - \alpha_2 f_2(-\lambda_2 + r_{21}\alpha_1) \leqslant 0, \quad (t, x) \in (0, T) \times \Omega, \tag{9.3.36}$$

和

$$\frac{\partial\beta_1}{\partial t} - \varepsilon L\beta_1 - \beta_1 f_1(\lambda_1 - r_{11}\beta_1 - r_{12}\beta_2) \geqslant 0, \quad (t, x) \in (0, T) \times \Omega, \tag{9.3.37}$$

$$\frac{\partial \beta_2}{\partial t} - \varepsilon L\beta_2 - \beta_2 f_2(-\lambda_2 + r_{21}\beta_1) \geqslant 0, \quad (t,x) \in (0,T) \times \Omega. \tag{9.3.38}$$

首先, 当 $0 \leqslant \rho \leqslant (1/3)\rho_0$ 时, 注意到 $V_{ij} = v_{ij}, i = 1,2, j = 0,1,\cdots,m$, 这时

$$\alpha_i(t,x,\varepsilon) = \sum_{j=0}^{m} [U_{ij} + v_{ij}]\varepsilon^j + \delta_1\varepsilon^{m+1}.$$

由中值定理及式 (9.3.27), 对于 ε 足够地小 $0 < \varepsilon \leqslant \varepsilon_1$, 存在正常数 $M'_{i2}, M''_{i2}(i = 1,2)$, 使得

$$
\frac{\partial \alpha_1}{\partial t} - \varepsilon L\alpha_1 - \alpha_1 f_1(\lambda_1 - r_{11}\alpha_1 - r_{12}\alpha_2)
$$
$$
= \left[\frac{\partial U_{10}}{\partial t} - U_{10}f_1(\lambda_1 - r_{11}U_{10} - r_{12}U_{20})\right] + \sum_{j=1}^{m}\left\{\frac{\partial U_{1j}}{\partial t} - [f_1(\lambda_1 - r_{11}U_{10} - r_{12}U_{20})\right.
$$
$$
\left. -r_{11}f_{iy}(\lambda - r_{11}U_{i0} - r_{12}U_{20})U_{10}]U_{1j} - r_{12}[f_{iy}(\lambda - r_{11}U_{i0} - r_{12}U_{20})U_{10}]U_{2j} - \overline{F}_{1j}\right\}\varepsilon^j
$$
$$
+ \sum_{j=0}^{m}[K_0 v_{1j}]\varepsilon^j + \left\{\left(\sum_{j=0}^{m}U_{1j}\varepsilon^j\right)f_1\left(\lambda_1 - r_{11}\sum_{j=0}^{m}U_{1j}\varepsilon^j - r_{12}\sum_{j=0}^{m}U_{2j}\varepsilon^j\right)\right.
$$
$$
- \left(\sum_{j=0}^{m}[U_{1j} + v_{1j}]\varepsilon^j - \delta_1\varepsilon^{m+1}\right)\left[f_1\left(\lambda_1 - r_{11}\left(\sum_{j=0}^{m}[U_{1j} + v_{1j}]\varepsilon^j - \delta_1\varepsilon^{m+1}\right)\right.\right.
$$
$$
\left.\left.\left. - r_{12}\left(\sum_{j=0}^{m}[U_{2j} + v_{2j}]\varepsilon^j - \delta_2\varepsilon^{m+1}\varepsilon^{m+1}\right)\right)\right]\right\} + M'_{12}\varepsilon^{m+1}
$$
$$
= \left\{\left(\sum_{j=0}^{m}U_{1j}\varepsilon^j\right)f_1\left(\lambda_1 - r_{11}\sum_{j=0}^{m}U_{1j}\varepsilon^j - r_{12}\sum_{j=0}^{m}U_{2j}\varepsilon^j\right)\right.
$$
$$
- \left(\sum_{j=0}^{m}[U_{1j} + v_{1j}]\varepsilon^j - \delta_1\varepsilon^{m+1}\right)\left[f_1\left(\lambda_1 - r_{11}\left(\sum_{j=0}^{m}[U_{1j} + v_{1j}]\varepsilon^j - \delta_1\varepsilon^{m+1}\right)\right.\right.
$$
$$
\left.\left.\left. - r_{12}\left(\sum_{j=0}^{m}[U_{2j} + v_{2j}]\varepsilon^j - \delta_2\varepsilon^{m+1}\right)\right)\right]\right\} + M'_{12}\varepsilon^{m+1}
$$
$$
\leqslant f_1\left(\lambda_1 - r_{11}\sum_{j=0}^{m}U_{1j}\varepsilon^j - r_{12}\sum_{j=0}^{m}U_{2j}\varepsilon^j\right)\delta_1\varepsilon^{m+1}
$$
$$
+ \left(\sum_{j=0}^{m}[U_{ij} + v_{1j}]\varepsilon^j - \delta_1\varepsilon^{m+1}\right)[f_{1y}(*)]\delta_1\varepsilon^{m+1} + (M'_{12} + M''_{12})\varepsilon^{m+1}
$$

和

$$\frac{\partial \alpha_2}{\partial t} - \varepsilon L \alpha_2 - \alpha_2 f_2(-\lambda_2 + r_{21}\alpha_1)$$

$$= \left[\frac{\partial U_{20}}{\partial t} - U_{20} f_2(-\lambda_2 + r_{21}U_{10}) \right] + \sum_{j=1}^{m} \left\{ \frac{\partial U_{2j}}{\partial t} - [f_2(-\lambda_2 + r_{21}U_{10})]U_{2j} \right.$$

$$\left. + r_{21}[f_{iy}(-\lambda_2 + r_{21}U_{i0})U_{20}]U_{1j} - \overline{F}_{2j} \right\} \varepsilon^j + \sum_{j=0}^{m}[K_0 v_{2j}]\varepsilon^j$$

$$+ \left\{ \left(\sum_{j=0}^{m} U_{2j}\varepsilon^j \right) f_2 \left(-\lambda_2 + r_{21} \sum_{j=0}^{m} U_{1j}\varepsilon^j \right) - \left(\sum_{j=0}^{m}[U_{2j} + v_{2j}]\varepsilon^j - \delta_2 \varepsilon^{m+1} \right) \right.$$

$$\left. \times \left[f_2 \left(-\lambda_2 + r_{21} \left(\sum_{j=0}^{m}[U_{1j} + v_{1j}]\varepsilon^j - \delta_1 \varepsilon^{m+1} \right) \right) \right] \right\} + M'_{22}\varepsilon^{m+1}$$

$$= \left\{ \left(\sum_{j=0}^{m} U_{2j}\varepsilon^j \right) f_2 \left(-\lambda_2 + r_{21} \sum_{j=0}^{m} U_{1j}\varepsilon^j \right) - \left(\sum_{j=0}^{m}[U_{2j} + v_{2j}]\varepsilon^j - \delta_2 \varepsilon^{m+1} \right) \right.$$

$$\left. \times \left[f_2 \left(-\lambda_2 + r_{21} \left(\sum_{j=0}^{m}[U_{1j} + v_{1j}]\varepsilon^j - \delta_1 \varepsilon^{m+1} \right) \right) \right] \right\} + M'_{22}\varepsilon^{m+1}$$

$$\leqslant f_2 \left(-\lambda_2 + r_{21} \sum_{j=0}^{m} U_{1j}\varepsilon^j \right) \delta_2 \varepsilon^{m+1} + \left(\sum_{j=0}^{m}[U_{2j} + v_{2j}]\varepsilon^j - \delta_2 \varepsilon^j \right)[f_{2y}(**)]$$

$$\times r_{21}\delta_1 \varepsilon^{m+1} + (M'_{22} + M''_{22})\varepsilon^{m+1},$$

其中 "*" 表示 $\lambda_1 - r_{11} \sum_{j=0}^{m} U_{1j}\varepsilon^i - r_{12} \sum U_{12}\varepsilon^j$ 和 $\lambda_1 - r_{11} \left(\sum_{j=0}^{m}[U_{1j} + v_{1j}]\varepsilon^j - \delta_1 \varepsilon^{m+1} \right) -$ $r_{12} \left(\sum_{j=0}^{m}[U_{2j} + v_{2j}]\varepsilon^j - \delta_2 \varepsilon^{m+1} \right)$ 之间的某个数, "**" 表示 $-\lambda_2 + r_{21} \sum_{j=0}^{m} U_{1j}\varepsilon^j$ 和 $-\lambda_2 + r_{21} \left(\sum_{j=0}^{m}[U_{1j} + v_{1j}]\varepsilon^j - \delta_1 \varepsilon^{m+1} \right)$ 之间的某个数.

由假设并选取 $\delta_i (i = 1, 2)$ 足够地大, 便分别证明了不等式 (9.3.35) 和 (9.3.36).

其次, 当 $\rho \geqslant (2/3)\rho_0$ 和 $(1/3)\rho_0 \leqslant \rho \leqslant (2/3)\rho_0$ 时, 考虑到这时 $V_{ij} = 0(i = 1, 2, j = 0, 1, \cdots, m)$ 及由式 (9.3.27)v_{ij} $(i = 1, 2, \ j = 0, 1, \cdots, m)$, 及其偏导数为指数型下降的函数并渐近地趋于零, 所以可用上述类似的方法也可证明式 (9.3.35) 和式 (9.3.36) 成立.

同理可证不等式 (9.3.37)—(9.3.38).

于是由式 (9.3.31)—(9.3.38), 可得到问题 (9.3.1)—(9.3.4) 存在一个解 (u_1, u_2) 并成立

$$\alpha_i(t, x, \varepsilon) \leqslant u_i(t, x, \varepsilon) \leqslant \beta_i(t, x, \varepsilon), \quad i = 1, 2,$$

$$(t, x, \varepsilon) \in [0, T] \times (\Omega + \partial\Omega) \times [0, \varepsilon_1].$$

再由式 (9.3.29) 和式 (9.3.30), 便有式 (9.3.28).

9.4 大气等离子体反应扩散模型

9.4.1 等离子体反应扩散模型

大气等离子体广泛地应用于化工、环保、材料等学科领域. 在大气环境下, 载体需提供足够的功率, 以保持一定浓度和厚度的等离子体所需的流量. 它可归纳为研究半无界空间下解一维扩散的反应速率问题. 为了探讨一维大气等离子体扩散、迁移、反应共同作用下的粒子数密度的演化规律, 需研究纯扩散和迁移的作用. 在一定的情况下, 一维情形的通量可表示为[7-9]

$$\Gamma_k = \pm \mu_k n_k E - D_k \frac{\partial \mu_k}{\partial x}, \tag{9.4.1}$$

其中, Γ_k 为第 k 种粒子的通量, μ_k, D_k 分别为第 k 种粒子的迁移率和扩散系数, n_k 为第 k 种粒子数的密度, E 为电场强度, 式 (9.4.1) 右端第一项前的 "+" 号表示对应于正离子体的情形, "−" 号表示对应于负离子体的情形, 而中性粒子由于没有电场作用的迁移, 因而这时 $\mu_k = 0$. 再考虑到在一定的情况下的反应作用, 可得一维大气等离子体的反应扩散模型的基本方程[8]

$$\frac{\partial n_k}{\partial t} = -\frac{\partial \Gamma_k}{\partial x} + P_k - L_k n_k. \tag{9.4.2}$$

其中 P_k 为单位时间、单位体积内第 k 种成分的反应生成量, $L_k n_k$ 为单位时间、单位体积内第 k 种成分的反应消耗量. 这里反应项 $P_k - L_k n_k$ 应由此成分的反应关系和其他成分的浓度和反应速率系数来决定. 今不妨设研究的等离子体为正离子, 并设等离子体的粒子密度的时间变化率远低于扩散系数且反应过程与微扰反应的情况. 这时由式 (9.4.1) 和式 (9.4.2), 一维半无界空间下的大气等离子体扰动反应扩散模型的基本方程可以归纳为如下的一类非线性偏微分方程

$$\varepsilon \frac{\partial n}{\partial t} - D \frac{\partial^2 n}{\partial x^2} + a n = f(t, x, n, \varepsilon), \quad t > 0, \quad x > 0, \tag{9.4.3}$$

其中 ε 为正的小参数, n 为等离子体粒子数密度, D 为等效的扩散系数, $a > 0$ 为迁移率系数, f 为与 $P_k - L_k n_k$ 的相关的反应项. 假设 f 为关于其自变量为充分光滑的函数, 且 $f(t, x, n, 0) = 0$, $f_n(t, x, n, \varepsilon) \geqslant \delta$, 其中 δ 为正常数.

9.4.2　模型的外部解

设等离子体粒子数密度 n 在左边界 $x = 0$ 处有持续的粒子流输入, 输入的粒子密度为 $Q(t)$, 且初始时刻具有均匀分布的粒子数密度 N. 故模型的边界条件和初始条件可表示为

$$n\,|_{x=0} = Q(t)\,, \quad \lim_{x \to +\infty} n\,(t,x) = 0, \quad t \geqslant 0, \tag{9.4.4}$$

$$n\,|_{t=0} = N\,, \quad x \geqslant 0. \tag{9.4.5}$$

现利用奇摄动方法求出模型 (9.4.3)—(9.4.5) 的渐近解[9]. 设模型的外部解 $U(t, x, \varepsilon)$ 为

$$U(t, x, \varepsilon) = \sum_{i=0}^{\infty} U_i(t, x)\,\varepsilon^i. \tag{9.4.6}$$

将式 (9.4.6) 分别代入式 (9.4.3) 和式 (9.4.4), 按 ε 展开其中非线性的项, 并令方程两边 ε 的同次幂项的系数相等. 由 ε 的零次幂项有

$$D\frac{\partial^2 U_0}{\partial x^2} - aU_0 = 0, \quad x > 0, \tag{9.4.7}$$

$$U_0\,|_{x=0} = Q(t), \quad \lim_{x \to +\infty} U_0\,(t,x) = 0. \tag{9.4.8}$$

不难得到问题 (9.4.7)—(9.4.8) 的解为

$$U_0(t, x) = Q(t) \exp\left(-\sqrt{\frac{a}{D}}\,x\right). \tag{9.4.9}$$

将式 (9.4.6) 分别代入式 (9.4.3) 和式 (9.4.4), 由 ε 的第 i 次幂项有

$$D\frac{\partial^2 U_i}{\partial x^2} - aU_i = \frac{\partial U_{i-1}}{\partial t} - F_i(t,x), \quad x > 0, i = 1, 2, 3, \cdots, \tag{9.4.10}$$

$$U_i\,|_{x=0} = \lim_{x \to +\infty} U_i\,|_{t=0} = 0, \quad i = 1, 2, 3, \cdots. \tag{9.4.11}$$

其中 $F_i(t,x)\ (i = 1, 2, 3, \cdots)$ 为

$$F_i(t,x) = \frac{1}{(i-1)!} \left[\frac{\partial^{i-1}}{\partial \varepsilon^{i-1}} f\Big(t, x, \sum_{j=0}^{\infty} U_j(t,x)\varepsilon^j, \varepsilon\Big)\right]_{\varepsilon=0}, \quad i = 1, 2, 3, \cdots.$$

问题 (9.4.10)—(9.4.11) 的解为

$$U_i(t, x) = \frac{1}{2}\sqrt{\frac{D}{a}} \int_x^{+\infty} \left[\frac{\partial U_{i-1}(t,\xi)}{\partial t} - F_i(t,\xi)\right]$$

$$\times \left[\exp\left(\sqrt{\frac{a}{D}}(\xi-x)\right) - \exp\left(-\sqrt{\frac{a}{D}}(\xi-x)\right)\right] \mathrm{d}\xi, \quad i = 1, 2, \cdots. \tag{9.4.12}$$

将式 (9.4.9) 和式 (9.4.12) 代入式 (9.4.6), 我们便得到一维大气等离子体反应扩散问题 (9.4.3)—(9.4.5) 的外部解的渐近表示式. 但外部解未必满足初始条件 (9.4.5). 为此尚需构造初始层校正项 V.

9.4.3　初始层校正项

引入伸长变量 $\tau = t/\varepsilon$, 并设

$$n(t, x, \varepsilon) = U(t, x, \varepsilon) + V(\tau, x, \varepsilon). \tag{9.4.13}$$

这时方程 (9.4.3) 为

$$\frac{\partial V}{\partial \tau} - D\frac{\partial^2 V}{\partial x^2} + aV = f(\varepsilon\tau, x, U+V, \varepsilon) - f(\varepsilon\tau, x, U, \varepsilon). \tag{9.4.14}$$

设

$$V(\tau, x, \varepsilon) = \sum_{i=0}^{\infty} V_i(\tau, x)\,\varepsilon^i. \tag{9.4.15}$$

将式 (9.4.15) 分别代入式 (9.4.14)、式 (9.4.4) 和式 (9.4.5), 按 ε 展开其中非线性的项, 并令方程两边 ε 的同次幂项的系数相等. 由 ε 的零次幂项有

$$\frac{\partial V_0}{\partial \tau} - D\frac{\partial^2 V_0}{\partial x^2} + aV_0 = 0, \tag{9.4.16}$$

$$V_0\,|_{x=0} = \lim_{x\to+\infty} v_0 = 0, \quad t \geqslant 0, \tag{9.4.17}$$

$$V_0\,|_{t=0} = N - U_0(0, x), \quad x \geqslant 0. \tag{9.4.18}$$

利用延拓理论和 Fourier 变换法, 问题 (9.4.16)—(9.4.18) 的解为

$$V_0(\tau, x) = \frac{1}{\sqrt{D\pi\tau}} \int_0^{+\infty} (N - U_0(0, \xi))$$
$$\times \left[\exp\left(-\frac{(x-\xi)^2}{4D\tau} - a\tau\right) + \exp\left(-\frac{(x+\xi)^2}{4D\tau} - a\tau\right) \right] \mathrm{d}\xi. \tag{9.4.19}$$

将式 (9.4.15) 分别代入式 (9.4.14)、式 (9.4.4) 和式 (9.4.5). 由 $\varepsilon^i(i = 1, 2, 3, \cdots)$ 的系数有

$$\frac{\partial V_i}{\partial \tau} - D\frac{\partial^2 V_i}{\partial x^2} + aV_i = \bar{F}_i(\tau, x), \quad i = 1, 2, 3, \cdots, \tag{9.4.20}$$

$$V_i\,|_{x=0} = \lim_{x\to+\infty} v_i = 0, \quad t \geqslant 0, \quad V_i\,|_{t=0} = -U_i(0, x), \quad x \geqslant 0, \quad i = 1, 2, \cdots, \tag{9.4.21}$$

其中

$$\bar{F}_i(\tau, x) = \frac{1}{i} \left[\frac{\partial^i}{\partial \varepsilon^i} \left[f\left(\varepsilon\tau, x, \sum_{j=0}^{\infty} [U_j(\varepsilon\tau, x) + V_j(\tau, x)\, \varepsilon^j, \varepsilon\right) \right.\right.$$

$$\left.\left. -f\left(\varepsilon\tau, x, \sum_{j=0}^{\infty} U_j(\varepsilon\tau, x)\varepsilon^j, \varepsilon\right) \right] \right]_{\varepsilon=0}, \quad i = 1, 2, \cdots.$$

同样可得问题 (9.4.20)—(9.4.21) 的解为

$$V_i(\tau, x) = -\frac{1}{\sqrt{D\pi\tau}} \int_0^{+\infty} U_i(0, \xi) \left[\exp\left(-\frac{(x-\xi)^2}{4D\tau} - a\tau\right) + \exp\left(-\frac{(x+\xi)^2}{4D\tau} - a\tau\right) \right] d\xi$$

$$+ \frac{1}{\sqrt{D\pi}} \int_0^\tau \int_0^{+\infty} \frac{\bar{F}_i(\tau_1, \xi)}{\sqrt{\tau - \tau_1}} \left[\exp\left(-\frac{(x-\xi)^2}{4D(\tau - \tau_1)} - a\tau\right) \right.$$

$$\left. + \exp\left(-\frac{(x+\xi)^2}{4D(\tau - \tau_1)} - a\tau\right) \right] d\xi d\tau_1, \quad i = 1, 2, \cdots. \tag{9.4.22}$$

将式 (9.4.19) 和式 (9.4.22) 代入式 (9.4.15), 得到初始层校正项的渐近表示式. 再由式 (9.4.13) 我们便得到一维大气等离子体反应扩散问题 (9.4.3)—(9.4.5) 的 m 阶渐近解 $n_{\rm asp}(t, x, \varepsilon)$ 为

$$n_{\rm asp}(t, x, \varepsilon) = Q(t) \exp\left(-\sqrt{\frac{a}{D}}\, x\right) + \frac{1}{2\sqrt{D\pi\tau}} \int_0^{+\infty} (N - U_0(0, \xi))$$

$$\times \left[\exp\left(-\frac{(x-\xi)^2}{4D\tau} - a\tau\right) + \exp\left(-\frac{(x+\xi)^2}{4D\tau} - a\tau\right) \right] d\xi$$

$$+ \sum_{i=1}^m \left\{ \frac{1}{2} \sqrt{\frac{D}{a}} \int_x^{+\infty} \left(\frac{\partial U_{i-1}(t, \xi)}{\partial t} - F_i(t, \xi) \right) \left[\exp\left(\sqrt{\frac{a}{D}}(\xi - x)\right) \right.\right.$$

$$\left. - \exp\left(-\sqrt{\frac{a}{D}}(\xi - x)\right) \right] d\xi - \frac{1}{\sqrt{D\pi\tau}} \int_0^{+\infty} U_i(0, \xi) \left[\exp\left(-\frac{(x-\xi)^2}{4D\tau} - a\tau\right) \right.$$

$$\left. + \exp\left(-\frac{(x+\xi)^2}{4D\tau} - a\tau\right) \right] d\xi + \frac{1}{\sqrt{D\pi}} \int_0^\tau \int_0^{+\infty} \frac{\bar{F}_i(\tau_1, \xi)}{\sqrt{\tau - \tau_1}}$$

$$\left. \times \left[\exp\left(-\frac{(x-\xi)^2}{4D(\tau - \tau_1)} - a\tau\right) + \exp\left(-\frac{(x+\xi)^2}{4D(\tau - \tau_1)} - a\tau\right) \right] d\xi d\tau_1 \right\} + O(\varepsilon^{m+1})$$

$$\equiv Y_m(t, x, \varepsilon) + O(\varepsilon^{m+1}), \quad 0 < \varepsilon \ll 1. \tag{9.4.23}$$

9.4.4　渐近解的一致有效性

首先定义辅助函数

$$\alpha(t, x, \varepsilon) = Y_m(t, x, \varepsilon) - r\varepsilon^{m+1}, \quad \beta(t, x, \varepsilon) = Y_m(t, x, \varepsilon) + r\varepsilon^{m+1}, \tag{9.4.24}$$

其中 r 为足够大的正常数, 它将在下面决定.

不难看出, 只要选取足够大的 $r \geqslant M_1 > 0$, 使得

$$\alpha(t, x, \varepsilon) \leqslant \beta(t, x, \varepsilon), \quad 0 \leqslant t \leqslant T_0, 0 \leqslant x \leqslant X_0, \tag{9.4.25}$$

$$\alpha\,|_{x=0} \leqslant Q(t) \leqslant \beta\,|_{x=0}, \quad \alpha\,|_{t=0} \leqslant N \leqslant \beta\,|_{t=0}. \tag{9.4.26}$$

同时我们还可看出, 选取足够大的 $r \geqslant M_2 > 0$, 使得

$$\frac{\partial \alpha}{\partial t} - D\frac{\partial^2 \alpha}{\partial x^2} - f(t, x, \alpha, \varepsilon) \leqslant 0, \frac{\partial \beta}{\partial t} - D\frac{\partial^2 \phi}{\partial x^2} - f(t, x, \beta, \varepsilon) \geqslant 0, \quad t > 0, x > 0, \tag{9.4.27}$$

由关系式 (9.4.25)—(9.4.27) 和微分不等式理论知, 问题 (9.4.3)—(9.4.5) 存在一个解 $n(t, x)$, 使得 $\alpha(t, x, \varepsilon) \leqslant n(t, x, \varepsilon) \leqslant \beta(t, x, \varepsilon)(t \geqslant 0, \ x \geqslant 0)$. 再由式 (9.4.24), 我们便得知关系式 (9.4.23) 为一致有效的渐近展开式.

注　我们还能够进一步证明, 对于 ε 足够地小, 式 (9.4.23) 当 $m \to \infty$ 时就是一维大气等离子体反应扩散问题 (9.4.3)—(9.4.5) 在 $t \geqslant 0, x \geqslant 0$ 上的精确级数解.

9.4.5　举例

现仅考虑一个特殊的一维大气等离子体微扰反应扩散问题, 并取某正粒子 $k = 1$ 等离子体的迁移率系数 $a = 10^4 \, (\mathrm{cm^2/s})$, 扩散系数 $D = 4.8 \times 10^4 (\mathrm{cm^2/s})$, 初始粒子密度 $N = 5 \times 10^2 (\mathrm{cm^{-3}})$, 在边界 $x = 0$ 处的粒子密度变化率 $Q(t) = 5 \times 10^2 \exp(-t)(\mathrm{cm^{-3}})$, $\varepsilon \ll 1(\mathrm{cm^2})$ 扰动项为 $f(t, x, n, \varepsilon) = \varepsilon\, b\, n^3$ $(b = 1\mathrm{cm^6}x/\mathrm{s})$. 这时非线性微扰反应扩散模型为

$$\varepsilon\frac{\partial n}{\partial t} - 4.8 \times 10^4 \frac{\partial^2 n}{\partial x^2} + 10^4 n = \varepsilon n^3, \quad t > 0, \quad x > 0. \tag{9.4.28}$$

$$n\,|_{x=0} = 5 \times 10^2 \exp(-t), \quad \lim_{x \to +\infty} n = 0, \quad t \geqslant 0, \tag{9.4.29}$$

$$n\,|_{t=0} = 5 \times 10^2, \quad x \geqslant 0. \tag{9.4.30}$$

利用上面所述奇摄动方法, 由式 (9.4.9)、式 (9.4.12) 和式 (9.4.19)、式 (9.4.22), 可分别得到 $U_i, V_i (i = 0, 1)$. 再由式 (9.4.23) 可得一维大气等离子体微扰反应扩散模型 (9.4.28)—(9.4.30) 粒子数密度解的一阶摄动渐近解 $n_{\mathrm{asy}}(t, x, \varepsilon)(\mathrm{cm^{-3}})$ 为

$$\begin{aligned}
n_{\mathrm{asp}}(t, x, \varepsilon) =\ & 5 \times 10^2 \exp(-(t + 4.8^{-1/2} \times 10^{-1} x)) \\
& + \frac{10^{-2}\sqrt{\varepsilon}}{\sqrt{4.8\pi t}} \int_0^{+\infty} [5 \times 10^2 (1 - \exp(-4.8^{-1/2} \times 10^{-2} \xi))] \\
& \times \left[\exp\left(-\frac{\varepsilon(x-\xi)^2}{4 \times 4.8 \times 10^4 t} - 10^4 t/\varepsilon\right) + \exp\left(-\frac{\varepsilon(x+\xi)^2}{4 \times 4.8 \times 10^4 t} - 10^4 t/\varepsilon\right)\right] \mathrm{d}\xi
\end{aligned}$$

$$+\varepsilon[-2.5\times(4.8)^{1/2}\times10^3\int_x^{+\infty}[\exp(-t+4.8^{-1/2}\times10^{-2}\xi)$$

$$+5^2\times10^4\exp(-3(t+4.8^{-1/2}\times10^{-2}\xi))]$$

$$\times\left[\exp(4.8^{-1/2}\times10^{-2}(\xi-x))-\exp(-4.8^{-1/2}\times10^{-2}(\xi-x)]\mathrm{d}\xi\right.$$

$$-\frac{5\sqrt{\varepsilon}}{\sqrt{4.8\pi t}}\int_0^{+\infty}\exp(-(4.8^{-1/2}\times10^{-2}\xi))\left[\exp\left(-\frac{\varepsilon(x-\xi)^2}{4\times4.8\times10^4t}-10^4t/\varepsilon\right)\right.$$

$$+\exp\left(-\frac{\varepsilon(x+\xi)^2}{4\times4.8\times10^4t}-10^4t/\varepsilon\right)\bigg]\mathrm{d}\xi$$

$$+\frac{5^3\times10^4}{(4.8\pi)^{1/2}}\int_0^{t/\varepsilon}\int_0^{+\infty}\frac{1}{\sqrt{t/\varepsilon-\tau_1}}\exp(-3(\tau_1+4.8^{-1/2}\times10^{-2}\xi))$$

$$\times\left[\exp\left(-\frac{(x-\xi)^2}{4\times4.8\times10^4(t/\varepsilon-\tau_1)}-10^4t/\varepsilon\right)\right.$$

$$+\exp\left(-\frac{(x+\xi)^2}{4\times4.8\times10^4(t/\varepsilon-\tau_1)}-10^4t/\varepsilon\right)\bigg]\mathrm{d}\xi\mathrm{d}\tau_1\bigg]+O(\varepsilon^2),$$

$$t\geqslant0,\quad x\geqslant0,\quad 0<\varepsilon\ll1.$$

注　本书是针对大气等离子体正粒子密度的反应扩散方程 (9.4.1) 的近似求解. 如果等离子体为负粒子的情形, 这时粒子的迁移率 $a<0$, 如果等离子体为中性粒子的情形, 这时粒子的迁移率 $a=0$, 故得到的解将具有不同的性态.

利用奇摄动渐近方法, 还可求解更高维的大气等离子体在更复杂的反应扩散模型的渐近解.

参 考 文 献

[1] Nayfeh A H. Introduction to Perturbation Techniques. New York: John Wiley & sons, 1981.

[2] Mo J Q, Shi B G. Perturbation method for thin plate bending problems. Appl. Math. Mech., 1981, 2(5): 567-574.

[3] 徐惠, 陈丽华, 莫嘉琪. 一类奇摄动薄板弯曲问题的匹配渐近解. 物理学报, 2011, 60(10): 100201.

[4] 姚静苏, 莫嘉琪. 非线性捕食–被捕食反应扩散系统的奇摄动, 武汉大学学报, 2005, 51(3): 265-268.

[5] Mo J Q, Shao S. The Singularly Perturbed Boundary Value Problems for Higher-Order Semilinear Elliptic Equations. Advances in Math, 2001, 30(2): 141-148.

[6] de Jager E M, Jiang F R. The Theory of Singular Perturbation. Amsterdam: North-Holland Publishing Co, 1996.

[7] 欧阳建明, 王龙, 房同珍, 等. 一维大气等离子体化学过程数值模拟. 物理学报, 2006, 55(9): 4974-4979.

[8] 尹增谦, 赵盼盼, 董丽芳, 等. 有源等离子体在开放大气环境下的反应扩散过程研究. 物理学报, 2011, 60(2): 025206.

[9] 石兰芳, 欧阳成, 陈丽华, 等. 一类大气等离子体反应扩散模型的解法. 物理学报, 2012, 60(5): 052203.

索　引

(说明：标有 * 号的，只列出介绍该概念的页码)

《奇异摄动丛书》书目